▲ 红海滩风景区坐落于辽宁省盘锦市大洼县赵圈河乡境内，总面积 20 余万亩。这里以红海滩为特色，以湿地资源为依托，以芦苇荡为背景，再加上碧波浩渺的苇海、数以万计的水鸟和一望无际的浅海滩涂，使其成为一处自然环境与人文景观完美结合的纯绿色生态旅游系统，被喻为拥有红色春天的自然景观

▲ 卧龙湖是辽宁省内最大的平原淡水湖、东北地区第二大内陆平原淡水湖、东北亚鸟类迁徙廊道重要驿站、东北最大淡水型国家湿地公园，同时还是科尔沁沙地南缘最大生态屏障，素有"沈阳北海""塞北明珠"之称。卧龙湖占地 112 km²，是杭州西湖的 12 倍大，区内水面泱泱，天水相接，环湖青山相对，绿野相连，四季如画，风景宜人

1

▲ 辽宁省是我国重要的老工业基地之一，曾是战略产业、骨干企业、重点项目的重点分布区域，为我国建成独立完整的工业体系和国民经济体系、为国家的改革开放和现代化建设作出过历史性的重大贡献。但在由计划经济向市场经济转轨的过程中，由于结构性和体制性矛盾充分显现，辽宁省老工业基地陷入了发展困境。当前，辽宁省面临着振兴老工业基地的新任务。图为沈阳市"中国工业博物馆"中老工业基地场景

▲ 辽宁省海域地跨黄海、渤海，水质肥沃，是各种海洋生物繁殖、生长的理想场所，是我国著名的近海渔场。辽宁省海洋水产资源非常丰富，具有经济价值的鱼类达 200 多种，虾蟹贝类 30 多种，藻类 100 多种，海参、鲍鱼等名贵海珍品产量居全国首位。图为素有"海底银行""黄海明珠"之美誉的獐子岛的码头场景

▲ 近年来，辽宁省积极践行"生态文明城市"理念，城市建设飞速发展，全省城镇化水平不断提高，城市基础设施不断完善，老旧城区改造不断推进，城市绿地、公园等开放绿色空间系统日趋完善，城市生态功能不断提升。图为大连市星海广场

▲ 九一八事变残历碑。它记录了中国人一段充满屈辱的历史：1931 年 9 月 18 日夜，日军炸毁南满铁路柳条湖段轨道，反诬中国军队所为，遂进攻东北军北大营，攻占沈阳，制造了九一八事变。此后短短数月，东北三省全部沦陷，国难降临……中华儿女应以史为鉴，居安思危，勿忘国耻，振兴中华

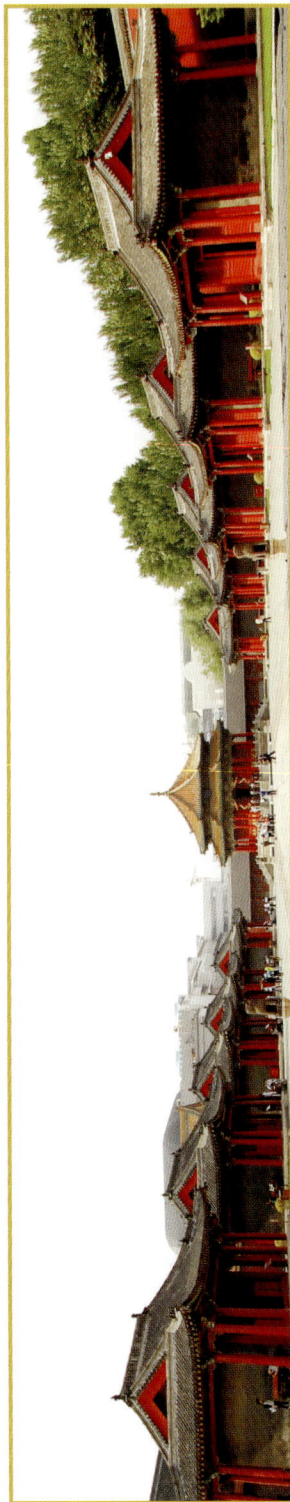

▲ 沈阳故宫占地约 6 hm²，现有古建筑 114 座，是我国现存最完整的两座宫殿建筑群之一。它是清朝入关前清太祖努尔哈赤、清太宗皇太极创建的皇宫，距今已有近 400 年的历史。

沈阳故宫按照建筑布局和建造先后，可以分为 3 个部分：东路为努尔哈赤时期建造的大政殿与十王亭；中路为清太宗时期续建的大中阙，包括大清门、崇政殿、凤凰楼，以及清宁宫、关雎宫、衍庆宫、启福宫等；西路则是乾隆时期增建的文溯阁等。整座皇宫楼阁林立、殿宇巍峨、富丽堂皇，具有浓郁的少数民族建筑特色；后宫建于高台之上；大政殿为独特的帐殿式风格。图为反映清初政治与军事体制（八旗制度）的十王亭

"十二五"国家重点图书出版规划项目

中·国·省·市·区·地·理

丛书主编 ◎ 王静爱

辽宁地理

LIAONING DILI

主　编 ◎ 傅鸿志

副主编 ◎ 尹德涛　张建松

编　委 ◎ 陈　思　朱恒峰　李仁仲

北京师范大学出版集团
BEIJING NORMAL UNIVERSITY PUBLISHING GROUP
北京师范大学出版社

图书在版编目（CIP）数据

辽宁地理/傅鸿志主编. —北京：北京师范大学出版社，2014.6
（中国省市区地理丛书）
ISBN 978-7-303-14657-4

Ⅰ.①辽… Ⅱ.①傅… Ⅲ.①地理-辽宁省 Ⅳ.①K923.1

中国版本图书馆 CIP 数据核字（2012）第 125943 号

营 销 中 心 电 话　010-58802181　58805532
北师大出版社高等教育分社网　http://gaojiao.bnup.com
电 子 信 箱　gaojiao@bnupg.com

出版发行：北京师范大学出版社 www.bnup.com
　　　　　北京新街口外大街 19 号
　　　　　邮政编码：100875
印　　刷：三河市兴达印务有限公司
经　　销：全国新华书店
开　　本：170 mm × 230 mm
印　　张：21.25
插　　页：2
字　　数：400 千字
版　　次：2014 年 6 月第 1 版
印　　次：2014 年 6 月第 1 次印刷
定　　价：45.00 元
审 图 号：辽 S（2013）19 号

策划编辑：胡廷兰　　　责任编辑：王　强　毛　佳
美术编辑：王齐云　　　装帧设计：国美嘉誉
责任校对：李　菡　　　责任印制：孙文凯

总　序

　　地理的区域性始终是地理学者关注和探讨的重要主题。编纂一套中国省市区的地理丛书，对认识中国地理的区域规律有重要的学术价值，对加深理解中国国情也有着极为重要的现实意义。

　　中国地域辽阔，南北和东西都跨越 5 000 多千米，陆域面积约 960×10^4 km²，管辖的海域面积约 300×10^4 km²。由于中国地域差异大，自然地理呈现出极为丰富的多样性特征；由于中国历史悠久，人文地理也呈现出一派绚丽多姿的景象。自然地理与人文地理在一个行政区内叠加在一起，构成一部丰富多彩的省市区地理，即组成了环境、资源、人口与发展的区域格局。"中国省市区地理丛书"正是从综合集成的角度，系统地梳理中国 23 个省、4 个直辖市、5 个少数民族自治区、2 个特别行政区的环境、资源、人口与发展特征，并从全国的角度，阐述其区域时空变化规律。

　　中国国情特色鲜明，人口众多，地区发展不平衡，环境展布地带性明显，资源保障不足等因素较为突出。"中国省市区地理丛书"正是从历史透视的角度，分析了省、直辖市、少数民族自治区、特别行政区地理过程的形成与发展规律，特别是经济与社会的发展格局，在这个意义上说，丛书是对已完成的《中国地理》、《中国自然地理》、《中国经济地理》等图书的重要的学术补充。

　　"中国省市区地理丛书"的主要功能：一是中国地理课程和乡土地理课程的教学用书和教学参考书，完善高校师生和中学教师的区域地理教学的教材支撑体系；二是降尺度认识区域地理的科学著作，为区域研究者提供参考；三是从地理视角介绍中国国情、省情、县情的系统总结，为国民和各级管理人员提供地理信息和国情教育参考。

　　"中国省市区地理丛书"的编纂，对深化辖区主体功能区的规划，加快缩小区域差异，特别是城乡差异，探求可持续发展的区域模式，有着极为重要的意义。科学发展模式的确立，需要客观把握国情、省情、县情，也需要认识辖区的地理规律。经过 30 多年的改革开放、快速发展，中国与世界的发展已息息相关，同时中国各省市区的地理格局也发生了重大变化，对于任何一个省市区来说，今天的发展都离不开与相邻的省市区甚至国家和地区的密切合作。了解邻接省市区的地理格局，对构建相互合作的区域模式和网络有着重要的实践价值。特别是处在同一个大江大河流域，或处在同一个受风沙影响的沙源区，或处在一个共同受益的高速交通线或空港枢纽区的省市区，更需要相互间的了解和理解、合作与协作，以追求共同发展，实现双赢或多赢的目标。

"中国省市区地理丛书"使读者可以从降尺度的视角，更全面地认识中国的地理时空格局，加深对中国国情方方面面的理解；也能在省市区的尺度上，对中国地理进行系统而综合的深化研究，并能帮助决策者从省市区对比的角度，更客观地审视和厘定本辖区发展的科学模式。

"中国省市区地理丛书"由 35 本组成，包括 1 本中国地理纲要和 23 个省、5 个少数民族自治区、4 个直辖市和 2 个特别行政区的 34 本分册。在每一本省级辖区地理图书中，都集中体现了"中国省市区地理丛书"的整体框架，即突出其辖区的地理区位、区域环境、资源、人口与发展的总体特征，区域地理的时空分异规律，区域可持续发展的对策建议等。此外，对省级区域地理，在突出辖区整体性特征的同时，更要重视辖区的区域差异，特别是城乡差异；对直辖市的区域地理，在突出其城市化的区域差异的基础上，高度关注城市可持续发展遇到的突出的地理问题；对少数民族自治区的区域地理，在高度关注其自然环境多样性的同时，突出其民族自治区域的特色，特别是语言、文化等文化遗产的区域特征；对特别行政区地理，更加关注其特殊发展历程及国际化进程的地理特色和人口高度密集区域的可持续发展模式等。

34 本分册具有统一的体例和结构框架，分总论、分论和专论三个部分。

总论，是各分册的地理基础，是丛书分册之间可比较的部分，主要阐述各省市区的地理区位、地理特征和地理区划。地理区位是区域地理的出发点，强调从自然、文化和经济等多个视角，理解地理区位的特点和优势，结合行政区划与历史沿革，凸显各省市区的国内地位与区际联系。地理特征是区域地理的基础和重点内容，也是传统地理描述的精华，强调以自然地理和人文/经济地理要素为基础，以人口、资源、环境与发展（PRED）为综合的地理概括，结合专题地图和成因分析，凸显区域人地关系地域系统特征。地理区划是承上（总论）启下（分论）的重要部分，也是区域地理的理论体现，强调从自然、文化与经济的地域差异分析入手，梳理前人对区域划分的认识，凸显自然与人文的综合，最终提出地理分区的方案。

分论，是各分册辨识省市区内地域差异的主体，属乡土地理范畴，具有浓郁的乡土意蕴。依据地理分区方案，各地理区单独成章。每个地理区主要阐述：区域概况、资源与环境特征、产业发展与规划、人地关系与可持续发展、最突出或最重要的地理现象等。

专论，是各分册彰显区域综合分析和深入研究的部分，主要阐述省市区有特色的地理问题。这些特色问题大多是与区域发展联系密切的，在全国范围内具有重要地理意义或地位的，由多地理特征相互作用、相互影响产生的区域综合特征，也有自然地理与人文地理相结合的综合命题。这部分内容体现特色性、综合性、研究性，同时展现具有一定权威性的研究新进展。

组织编纂"中国省市区地理丛书"，需要多方面的合作和投入。北京师范大学"区域地理国家级教学团队"、全国高校中国地理教学研究会、北京师范大学区域地理研究实验室，承担了这项编撰任务的组织工作。2005年开始筹备，2006年北京师范大学出版社立项资助，后组织覆盖中央和地方30多所师范大学和综合性大学的地理相关专业院系的教师参编本丛书。共分四个组织层次：一是编辑委员会，由王静爱教授担任编委会主任，由各分册主编和北京师范大学"区域地理国家级教学团队"中的教师共同担任编委会成员；二是审稿专家群，丛书邀请各省市区的区域地理专家、全国高校中国地理教学研究会部分教授、北京师范大学"区域地理国家级教学团队"中的教授和民俗文化、历史方面的专家担任审稿人，分别审阅丛书部分书稿；三是编务工作组，由苏筠副教授担任负责人，由北京师范大学区域地理实验室师生组成工作团队；四是出版编辑部，北京师范大学出版社高度重视，将其列为社内重大选题，指派王松浦、胡廷兰负责协调全套书的编辑出版工作。全套丛书将于2010年至2012年陆续面世。

　　"中国省市区地理丛书"在由北京师范大学出版社资助的基础上，还得到北京师范大学区域地理国家级教学团队、教育部"211"工程项目经费的支持，以及地表过程与资源生态国家重点实验室、环境演变与自然灾害教育部重点实验室的人力、物力支持。当"中国省市区地理丛书"呈现在读者面前时，我要感谢全体编著者的辛勤工作与团结合作；感谢各分册的审稿人，他们是（按姓氏音译排列）：蔡运龙教授、崔海亭教授、樊杰教授、方修琦教授、葛岳静教授、江源教授、康慕谊教授、梁进社教授、刘宝元教授、刘连友教授、刘明光教授、刘学敏教授、马礼教授、史培军教授、宋金平教授、孙金铸教授、王恩涌教授、王卫教授、王岳平教授、吴殿廷教授、伍永秋教授、许学工教授、杨胜天教授、袁书琪教授、曾钢教授、张科利教授、张兰生教授、张文新教授、张小雷教授、赵济教授、邹学勇教授等，他们认真、严谨的审稿工作是丛书科学性和知识性的保障。特别感谢赵济教授和史培军教授在丛书编纂、审稿和诸多区域地理科学认识方面的重要贡献和指导；特别感谢编务工作组的青年教师苏筠副教授，她为丛书庞大而复杂的编纂工作得以有序进行付出了巨大的精力；特别感谢董晓萍教授和晁福林教授对丛书区域民俗文化和历史相关部分的审阅和宝贵意见。在此我谨向上述各位专家、学者对"中国省市区地理丛书"的指导与支持表示深深的谢意；在全体编著者和审稿专家工作的基础上，"中国省市区地理丛书"还得到其他许多单位和专家的大力支持和帮助，特此郑重致谢！

　　"中国省市区地理丛书"的编纂工作十分艰巨和庞杂，编著者虽然尽了最大的努力，但由于研究内容涉及面广，经济社会发展变化迅速，加上经验与水平不足，会存在诸多遗憾，尚祈广大读者批评指正。

王静爱

2010 年 3 月

前　言

　　"辽宁地理"是辽宁省高等师范院校地理专业的必修课之一，也是辽宁省高等院校旅游专业的重要课程，是全国各高校区域地理教学课程体系中的基本内容。近年来，随着我国社会经济的快速发展和改革开放的不断深入，辽宁省的自然和社会面貌都发生了巨大变化，原有的《辽宁地理》教材已难以涵盖现在辽宁地理的内容。为此，我们以"中国省市区地理丛书"的编纂为契机，重新编写了这版《辽宁地理》。

　　《辽宁地理》的编写有以下几个特点：一是强调理论与实践相结合，将地理科学中的人地关系理论、地域系统理论、地域分异理论、地理区位理论、可持续发展理论及其他相关学科的先进理论应用到乡土地理单元的人口、资源、环境和社会发展中去，研究实际问题。二是老资料与新信息相结合，综合分析运用，既反映辽宁地理的历史发展与现状，又展现区域发展的新战略、新方向。三是传播地理知识与启发创新思维相结合，力求从新视角和新理念认识、分析和总结辽宁地理问题，让读者既能学到知识，又能以创新的思维思考地理学的相关问题。四是突出《辽宁地理》的乡土特色和辽宁在全国的特殊地位，注重综合分析和区域差异分析。

　　《辽宁地理》共分为总论、分论和专论三个部分，总论叙述辽宁的地理区位、自然地理特征、人文地理特征和地理区域划分等；分论介绍辽东地区、辽南地区、辽中地区、辽西地区和辽北地区的自然和社会经济特征；专论部分设置了辽宁老工业基地振兴、辽宁沿海经济带和沈阳经济区一体化发展三个专题。为了方便学生学习，各章设有章前语、关键词，最后列出复习思考题和参考文献。

　　在本书的编写过程中，我们大量参阅了有关专家学者的著作与文章，引用了他们的某些观点、数据和图表（见注），在此向他们谨表敬意和感谢。由于编写时间仓促和学识所限，书中或许存在不当甚至谬误之处，敬请广大读者批评指正。

目 录

第一篇 总 论

第一章　辽宁地理区位

章前语

辽宁省位于我国东北地区的南部,是中国沿海最北部的省份,南濒黄海和渤海,东南以鸭绿江与朝鲜半岛为界。辽宁简称辽,历史源远流长,朝阳牛河梁红山文化遗址,距今约5 000年,是中华民族文明的起源地之一。辽宁地形概貌大致是"六山一水三分田",地势北高南低,山地丘陵分列东西,属温带大陆性季风气候区,四季分明,适合多种农作物生长,是国家粮食主产区和畜牧业、渔业、优质水果及多种特产品的重点产区。辽宁矿产资源丰富,已发现各类矿产120种。辽宁是我国重要的老工业基地之一,是全国工业最全的省份之一。全省装备制造业和原材料工业比较发达,冶金矿山、输变电、石化通用、金属机床等重大装备类产品和钢铁、石油化学工业在全国占有重要位置。辽宁是我国最早实行对外开放政策的沿海省份之一,累计批准外商投资企业3.5×10^4家,实际利用外资437×10^8美元。贸易伙伴已经遍及世界217个国家和地区,世界500强企业中已有110多家在辽宁投资。辽宁的科技、教育、文化、体育等社会事业发展基础较好,区位优越、交通便利,是东北地区通往关内的交通要道,也是东北地区和内蒙古自治区通向世界、连接欧亚大陆桥的重要门户和前沿地带。

关键词

辽宁省;东北地区南部;文明的起源地;老工业基地;沿海省份

第一节　历史沿革与行政区划

一、历史沿革

辽宁历史源远流长,早在$40 \times 10^4 \sim 50 \times 10^4$年以前,辽宁已是古人类活动的场所。营口大石桥南金牛山发现的金牛山人化石及其遗址，距今已超过 28×10^4 年，是迄今为止辽宁地区发现的最古老的古人类遗址。朝阳市喀左县鸽子洞遗址，距今约 5×10^4 年，属于旧石器时代中期古人类遗址。沈阳新乐遗址，是约 7 000 年前的新石器古人类遗址，显示了辽宁在原始社会末期的繁荣景象。朝阳牛河梁红山文化遗址，距今约 5 000 年，出土有祭坛、积石冢、神庙和女神彩塑头像、玉雕猪龙、彩陶等重要文物，显示当时这里存在一个初具国家雏形的原始文明社会，标志着辽宁地区是中华民族文明的起源地之一。新石器时代，这里有东胡、肃慎等族的先民。在各民族祖先的共同努力和开发建设下，辽宁形成了与我国"中原古文化"既有内在联系，又有自己特点的"北方古文化"区系。

夏、商、周时，辽宁地区畜牧业和手工业已具雏形，开始使用青铜器。河北、山东等地居民开始迁至辽宁，开发辽河流域。这时，铁器已在农业生产中使用，人口增多，土地开垦面积不断扩大。东汉末期，由于各族统治集团相互争夺，形成了分裂割据的局面，辽宁为公孙氏占据。"安史之乱"后，松花江流域渤海政权兴起，辽宁即为其势力范围。后来，契丹吞并了渤海，建立了辽政权。接着，女真族举兵抗辽，建立金朝。在金与南宋对峙期间，新兴的蒙古族崛起，先后灭金和南宋，建立元朝。此时，辽宁已成为"边户数十万，耕垦千余里"的富庶农业区。冶铁、丝织、制瓷业也很发达，金矿已有开采，鞍山之北曾设置铁榷，抚顺的煤已供烧制陶瓷之用，盐业也有发展。明接管元对辽宁的统治后，在发展农业的基础上，以冶铁、制盐为主的手工业迅速发展。当时本溪已成为全国闻名的三大冶铁中心。明朝中叶，女真人首领努尔哈赤用武力、怀柔、联姻等手段征服了东北的各族部落，定都新宾，建立了后金政权，奖励移民开垦，关内大量移民涌入，耕地面积再度扩大，使辽宁成为当时重要的粮食调出区之一。皇太极继承汗位，改国号为清，女真族逐步强大，至福临（顺治帝）继位后，统一中原，建立了清朝，国都由盛京（沈阳）迁至北京。

鸦片战争后，外国势力开始瓜分中国，俄国首先将辽宁划为其势力范围，而后，日本势力侵入辽宁。民国期间，辽宁为奉系军阀张作霖所辖，而后张学良"东北易帜"。1931 年 9 月 18 日，驻东北境内的日本关东军突然炮击沈阳北大营的东北军，发动九一八事变，东北沦为日本帝国主义的殖民地，并策划建立了伪满洲国。在日本帝国主义的掠夺下，辽宁的自然资源遭到严重破坏。抗战胜利后，国民党官僚资本凭借垄断权，对工矿企业的器材、设备进行盗卖和破坏，辽宁经济被摧残殆尽。新中国成立过程中，我军在东北发动了著名的"辽沈战役",历时 52 d,歼敌 $47×10^4$ 人,取得东北全境解放的重大胜利,至此,辽宁冲出黑暗,走向光明。

二、行政区划

辽宁简称辽,取辽河流域永远安宁之意而得其名。据史书《禹贡》记载:辽宁地区在夏、商时为幽州、营州之地,周属燕国。春秋时期,行政区划开始设郡、县,燕置辽东、辽西两郡,秦置辽东、辽西、右北平三郡。两汉、三国归属幽州。东晋为平州,西晋为前秦。北魏、东魏、北齐为营州。隋置柳城、辽东、燕郡。唐属河北道,设安东都护府。辽为东京、中京道。金为东京、北京路。元为辽阳行省。明为辽东都指挥司,下设 2 州、25 卫。清初划归盛京特别行政区,清末改为奉天省。民国初期,行政区划沿袭清制,分为道、府、厅、州、县。1929 年,由奉天省改称辽宁省。伪满洲国期间,辽宁地区分为奉天、锦州、安东 3 省。

解放战争期间,辽宁地区曾先后建立过辽宁省、安东省、辽南行署、辽吉行署(部分地区)、辽北行署(部分地区)、热河省(部分地区)等行政区划。

新中国成立初期,辽宁分为辽东、辽西两省及沈阳、旅大、鞍山、抚顺、本溪 5 个直辖市。1954 年 6 月两省合并,5 市改为省辖,正式成立辽宁省,省会设在沈阳。

1955 年,中央撤销热河省,将其所属朝阳等 6 县划入辽宁;同年成立辽阳、锦州、安东、铁岭 4 个专区分辖各县,各市由省直辖;1958 年第一次实行市管县领导体制,撤销专区;1964 年又成立了沈阳、朝阳、辽南、锦州 4个专区及盘锦垦区,实行市、专区、垦区领导县体制。1969 年内蒙古自治区的昭乌达盟划归辽宁,1979 年又划出。1984 年设立盘锦市,铁岭、朝阳市改为省辖,其所属各县不变,至此,再次实行市领导县体制。1989 年,锦西升为省辖市,1994 年更名为葫芦岛市。

截至 2008 年年底,全省下设 14 个省辖市;100 个县(市、区),其中 17个县级市、19 个县、8 个少数民族自治县、56 个市辖区,省人民政府驻沈阳市,见表 1.1、表 1.2 和图 1-1。

表 1.1　辽宁省行政区划一览表

地区	县（市）	区
沈阳市	新民市、辽中县、康平县、法库县	和平、沈河、大东、皇姑、铁西、东陵、苏家屯、沈北新区、于洪
大连市	瓦房店市、普兰店市、庄河市、长海县	中山、西岗、沙河口、甘井子、旅顺口、金州
鞍山市	海城市、台安县、岫岩县（满）	铁东、铁西、立山、千山
抚顺市	抚顺县、新宾县（满）、清原县（满）	新抚、东洲、望花、顺城
本溪市	本溪县（满）、桓仁县（满）	平山、溪湖、明山、南芬
丹东市	东港市、凤城市、宽甸县（满）	元宝、振兴、振安
锦州市	凌海市、北镇市、义县、黑山县	古塔、凌河、太和
营口市	大石桥市、盖州市	站前、西市、老边、鲅鱼圈
阜新市	阜新县（蒙）、彰武县	海州、新邱、太平、细河、清河门
辽阳市	辽阳县、灯塔市	白塔、文圣、宏伟、弓长岭、太子河
盘锦市	盘山县、大洼县	双台子、兴隆台
铁岭市	调兵山市、开原市、铁岭县、西丰县、昌图县	银州、清河
朝阳市	北票市、凌源市、朝阳县、建平县、喀左县（蒙）	双塔、龙城
葫芦岛市	兴城市、绥中县、建昌县	连山、南票、龙港

资料来源：辽宁省统计局. 辽宁统计年鉴（2009）[M]. 北京：中国统计出版社，2009。

表 1.2　2008 年辽宁省行政区划统计表　　　（单位：个）

地区	县级市	县	自治县	区	镇	乡	街道
全省	17	19	8	56	569	369	563
沈阳	1	3		9	49	52	111
大连	3	1		6	49	20	92
鞍山	1	1	1	4	58	7	39
抚顺		1	2	4	24	23	36
本溪			2	4	23	7	28
丹东	2		1	3	59	5	25
锦州	2	2		3	48	33	34
营口	2			4	35	3	34
阜新		1	1	5	34	31	29
辽阳	1	1		5	29	7	24

续 表

地区	县级市	县	自治县	区	镇	乡	街道
盘锦		2		2	19	10	27
铁岭	2	3		2	51	38	14
朝阳	2	2	1	2	57	74	36
葫芦岛	1	2		3	34	59	34

资料来源：辽宁省统计局. 辽宁统计年鉴（2009）［M］. 北京：中国统计出版社，2009。

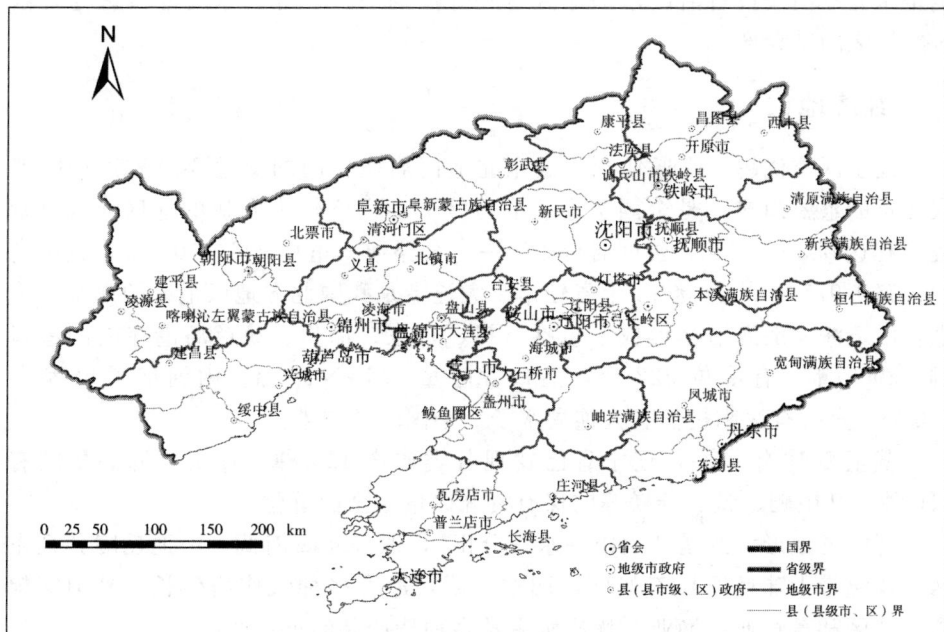

图 1-1 辽宁省行政区划图

第二节　地理区位

一、自然区位

辽宁省位于我国东北地区的南部，处于东经 118°53′～125°46′，北纬 38°43′～43°26′之间，东西直线距离最宽约 550 km，南北直线距离约 550 km。全省国土面积 14.8×10^4 km²，占全国总面积的 1.5%。在全省陆地总面积中，山地为 8.8×10^4 km²，占 59.5%；平地为 4.8×10^4 km²，占 32.4%；水域和其他为 1.2×10^4 km²，占 8.1%。

辽宁省南濒黄海和渤海，辽东半岛斜插于两海之间，隔渤海海峡与山东半岛相呼应。西南与河北省接壤；西北与内蒙古自治区毗连；东北与吉林省为邻，东南与朝鲜半岛以鸭绿江为界，国境线超过 200 km。辽宁省海岸线东起鸭绿江口，西至山海关老龙头，大陆海岸线全长 2 178 km，占中国大陆海岸线总长的 12%；岛屿海岸线长 622 km，占中国岛屿海岸线总长的 4.4%。辽宁省是我国沿海最北的一个省份和东北地区唯一的既沿海又沿边的省份，也是东北及内蒙古自治区东部地区对外开放的门户，处于东北经济区与环渤海经济区的结合部。

二、经济地位

辽宁区位优越、交通便利，是东北地区通往关内的交通要道和连接欧亚大陆桥的重要门户，是全国交通、电力等基础设施较为发达的地区。铁路营运里程达到 3 934 km，密度居全国第一。公路通车里程 9.8×10⁴ km，其中高速公路 1 975 km，连接 14 个省辖市。大连港是我国北方地区最好的深水不冻港，沿黄海、渤海沿岸形成了包括营口、丹东、锦州、葫芦岛港在内的港口群。2007 年，有泊位 322 个，港口吞吐量 $4.16×10^8$ t。内河航道里程为 813 km。全省有沈阳桃仙、大连周水子 2 个国际航空港。

截至 2010 年年底，辽宁省已发现各类矿产 120 种，查明资源储量的有 116 种，其中硼、铁、菱镁等的保有资源储量居全国首位。

辽宁省地形大致是"六山一水三分田"，地势北高南低，山地丘陵分列东西，属温带大陆性季风气候区，四季分明，适合多种农作物生长，是国家粮食主产区和畜牧业、渔业、优质水果及多种特产品的重点产区。

辽宁是我国重要的老工业基地之一。目前，全省工业有 39 个大类、197 个中类、500 多个小类，是全国工业行业最全的省份之一。全省装备制造业和原材料工业比较发达，冶金矿山、输变电、石化通用、金属机床等重大装备类产品和钢铁、石油化学工业在全国占有重要位置。

辽宁是我国最早实行对外开放政策的沿海省份之一。目前，全省累计批准外商投资企业 $3.5×10^4$ 家，实际利用外资 $437×10^8$ 美元。贸易伙伴已经遍及世界 217 个国家和地区，世界 500 强企业中已有 110 多家在辽宁投资。

2008 年，辽宁省生产总值 $13 461.57×10^8$ 元，在全国各省（市、区）中居第 8 位（图 1-2）。

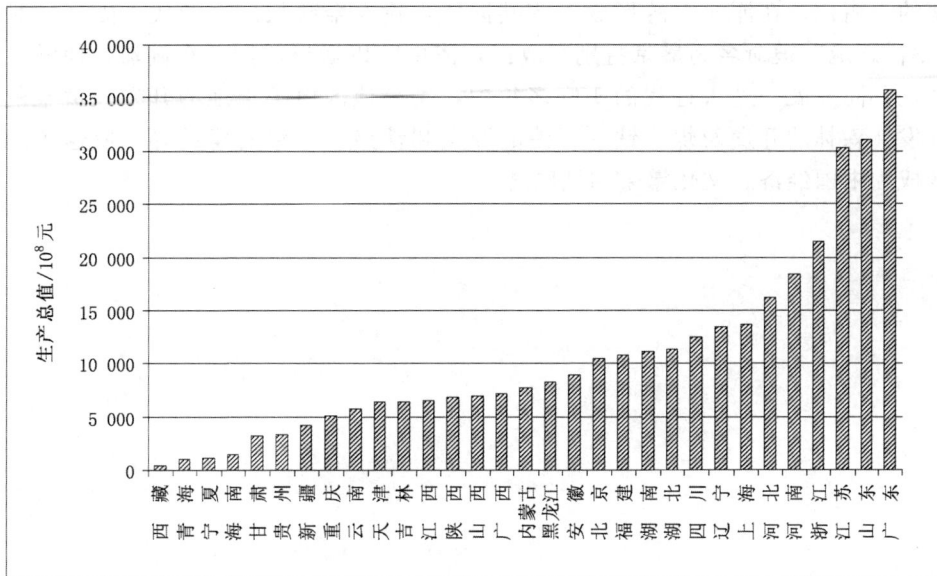

图 1 - 2 2008 年辽宁省生产总值在全国的位次

资料来源：辽宁省统计局. 辽宁统计年鉴（2009）[M]. 北京：中国统计出版社，2009。

三、文化地位

辽宁地域文化属于东北地域文化的一部分，东北地域文化又称关东文化。

金牛山人遗址位于营口大石桥市南郊，金牛山人属于旧石器早期，处于晚期直立人向早期智人过渡阶段，距今超过 28×10^4 年。金牛山人的发现说明金牛山人是直立人到智人的中间环节，中国地域内古人类发展系列是完整的，和非洲的种群没有关系。金牛山人居住的孤丘是海蚀残丘，当时的气候温暖、湿润，最适宜于人类繁衍生存。

关于距今 5 000 年的辽西红山文化，考古学家根据出土的文物推断，5 000 年前这里曾存在一个具有国家雏形的原始文明社会。这一发现不但把中国的文明史向前推进了 1 000 多年，有的学者还据此提出了中国文明发祥地"四大区域"的观点，即黄河流域文化区、长江流域文化区、珠江流域文化区、以红山文化为代表的北方文化区。红山文化遗址的新发现及其研究成果，改变了流行的中华文化以中原为中心、向四周传播的说法，确立了中华文明或文化发祥地多元说的观点。这表明，关东地区也是中华文化发祥地之一。

唐代的渤海国时，又出现了政治、社会、文化全面发展与繁荣的"海东盛国"局面。光辉灿烂的渤海文化，在当时的中国周边文化区域中是出类拔萃的。明代，在浑河上游形成满族共同体，建立金政权。至清代，因辽宁是"龙祥之地"被命名为盛京特别行政区，清中叶以后形成闯关东潮流，使满汉文化共同发展。进入近代的100多年中，关东地区由于土地的开发，黄金的开发，森林的开发及煤、铁、石油的开发和铁路、公路的建设等，使这个地区成为中国经济、文化繁荣的地区之一。

第二章　辽宁自然地理特征

章前语

辽宁省地势大致为自北向南、自东西两侧向中部倾斜，山地丘陵分列东西两侧，向中部平原下降，呈马蹄形向渤海倾斜。辽宁地处中纬度的南半部，属温带大陆性季风气候。境内有大小河流300余条，主要有辽河、浑河、大凌河、太子河、绕阳河及中朝两国共有的界河鸭绿江等。海岸线长2 920 km，有大小岛屿266个，主要岛屿有外长山列岛、里长山列岛、石城列岛、大鹿岛、菊花岛、长兴岛等。辽宁动植物的过渡性和混杂性非常明显，各种动植物分区的代表物种常相互渗透、交错分布，有较丰富的野生动植物资源。辽宁省土壤共有7个土纲、12个亚纲、19个土类、43个亚类、101个土属及253个土种。

在自然资源方面，辽宁省有耕地面积409.29×10^4 hm^2，占全省土地总面积的27.65%，人均占有耕地约0.096 hm^2，其中的80%左右分布在辽宁中部平原区和辽西北低山丘陵的河谷地带。多年平均地表水资源量302.49×10^8 m^3，折合径流深为207.9 mm。全省湿地划分为5大类11种类型，总面积121.96×10^4 hm^2。全省林地有防护林、特用林、用材林、薪炭林、经济林。辽宁矿产资源丰富，种类配套齐全，组合条件好。

关键词

地形；气候；河流；海域；生物；土壤；土地资源；水资源；湿地资源

第一节　自然特征

一、地形与地貌

辽宁省地势大致为自北向南，自东西两侧向中部倾斜，山地丘陵分列东西两侧，向中部平原下降，呈马蹄形向渤海倾斜。辽东、辽西两侧为平均海拔 800 m 和 500 m 的山地丘陵；中部为北高南低的辽河平原；辽西渤海沿岸为狭长的海滨平原，称"辽西走廊"。

按形态成因原则可以将辽宁省的地貌划分为不同的类型。根据大地貌单元的形成原因，结合气候条件和新构造运动及现代营力作用的一致性，将全省地貌划分为侵蚀构造地貌，构造侵蚀地貌，剥蚀构造地貌，构造剥蚀地貌，剥蚀地貌，火山堆积地貌，山前剥蚀堆积地貌，断坳堆积地貌和侵蚀、剥蚀堆积地貌 9 大类，之下再分为 22 个小类（表 2.1、图 2-1）。

表 2.1　辽宁省地貌分类系统

代号	一级 形态成因类型	代号	二级 形态成因类型	海拔高度/m
1	侵蚀构造地貌	11	侵蚀隆起中低山	800～1 100
		12	侵蚀隆起低山	300～700
		13	侵蚀断褶中低山	800～1 300
		14	侵蚀断褶低山	300～600
2	构造侵蚀地貌	21	断块侵蚀中低山	800～1 300
		22	断块侵蚀低山	300～700
3	剥蚀构造地貌	31	剥蚀隆褶中低山	800～1 000
		32	剥蚀隆褶低山	300～800
4	构造剥蚀地貌	41	缓隆起剥蚀中低山	700～800
		42	缓隆起剥蚀低山	300～400
5	剥蚀地貌	51	剥蚀丘陵	50～300
		52	海蚀台地	20～100
6	火山堆积地貌	61	玄武岩台地	200～500
7	山前剥蚀堆积地貌	71	丘边坡洪积倾斜平原	80～110
		72	山前坡洪积倾斜平原	30～120
		73	山前冲洪积 缓倾斜平原	10～40

续　表

代号	一级 形态成因类型	代号	二级 形态成因类型	海拔高度/m
8	断坳堆积地貌	81	沙丘覆盖的 冲湖积平原	80～220
		82	冲积低平原	5～120
		83	冲积海积低平原	1.5～4.5
9	侵蚀、剥蚀堆积地貌	91	山间冲洪积谷地	上游至下游变幅大
		92	山间坡洪积谷地	上游至下游变幅大
		93	丘间冲洪积 谷地	50～130

资料来源：辽宁省计划经济委员会. 辽宁国土资源地图集 [M]. 北京：测绘出版社，1987，有改动。

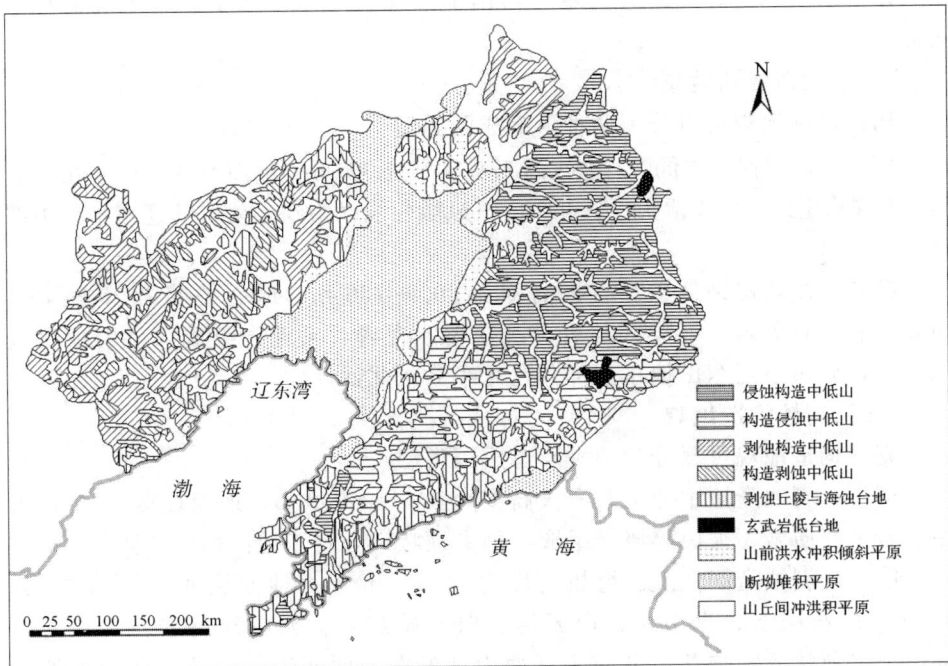

图2-1　辽宁省地貌类型图

资料来源：辽宁省计划经济委员会. 辽宁国土资源地图集 [M]. 北京：测绘出版社，1987，有改动；转引自：尹德涛. 辽宁省志·地理志 [M]. 沈阳：辽宁民族出版社，2002。

（一）侵蚀构造地貌

侵蚀构造地貌可以分为以下 4 种形态成因类型。

第一，侵蚀隆起中低山。海拔高度为 800～1 100 m，地面坡度 30°～40°，多由侵入岩和混合岩组成，山地总体上呈锯齿状，分布于辽东山地东北部的新宾、清原、西丰境内。

第二，侵蚀隆起低山。海拔高度为 300～700 m，地面坡度 20°～35°，由混合岩类、变粒岩、片麻岩组成，山势呈尖顶状或圆顶状，分布于辽东山地北部。

第三，侵蚀断褶中低山。海拔高度为 800～1 300 m，地面坡度＞40°，由石英砂岩、安山岩、凝灰岩组成，呈尖顶状，分布于侵蚀隆起低山的南部。

第四，侵蚀断褶低山。海拔高度为 300～600 m，地面坡度 20°～40°，由灰岩、安山岩、混合岩、细粉砂岩、凝灰岩组成，呈尖顶状和圆顶状，分布于侵蚀断褶中低山的外围和辽东半岛南部的瓦房店市，辽东半岛南端也有零星分布。

（二）构造侵蚀地貌

构造侵蚀地貌可以分为两种形态成因类型。

第一，断块侵蚀中低山。海拔高度为 800～1 300 m，地面坡度＞40°，由变质岩、花岗岩组成，呈尖顶状，纵贯鞍山—凤城一线以南到瓦房店的辽东半岛中部地区。

第二，断块侵蚀低山。海拔高度为 300～700 m，地面坡度为 20°～40°，由花岗岩、石英岩、石英闪长岩、浅变粒混合岩、大理岩组成，呈尖顶状或圆顶状，分布于辽东山地东南部和辽东半岛东北部。

（三）剥蚀构造地貌

剥蚀构造地貌可以分为两种形态成因类型。

第一，剥蚀隆褶中低山。海拔高度为 800～1 000 m，地面坡度＞40°，由白云岩、变质岩、火山碎屑岩组成，呈尖顶状，分布于辽西山地的西部。

第二，剥蚀隆褶低山。海拔高度为 300～800 m，地面坡度 30°～40°，或＜30°，由花岗岩、火山岩、白云岩、白云质灰岩、火山碎屑岩、沉积岩组成，呈尖顶状或圆顶状，分布于辽西山地的东、西两侧，以及辽西中部的小部分地区。

（四）构造剥蚀地貌

构造侵蚀地貌可以分为两种形态成因类型。

第一，缓隆起剥蚀中低山。海拔高度 700～800 m，地面坡度 30°～40°，由喷出岩、花岗岩组成，呈尖顶状，分布于辽西山地的中西部的局部地区。

第二，缓隆起剥蚀低山。海拔高度300～400 m，地面坡度15°～20°，由火山杂岩与沉积岩组成，呈浑圆状，纵贯辽西山地中部南北的广大地区。

（五）剥蚀地貌

剥蚀地貌可以进一步划分成剥蚀丘陵和海蚀台地。

第一，剥蚀丘陵。海拔高度50～300 m，地面坡度一般为5°～10°，局部可达20°～30°，由混合岩、碎屑岩、火山杂岩、安山岩、混合花岗岩、含碎石亚黏土砂砾岩、亚黏土混碎石等组成，分布于辽东山地东南边缘和西部边缘地带、辽东半岛南部及其东西两侧、辽西山地北部及辽西沿海附近、辽北地区。

第二，海蚀台地。海拔高度20～100 m，顶部平坦、边坡较陡，由混合岩、片岩、石英岩组成，分布于辽东半岛东南部沿海附近。

（六）火山堆积地貌

辽宁的火山堆积台地属玄武岩低台地，海拔高度200～500 m，台地顶部平坦，边坡为陡崖，由玄武岩组成，局部为亚黏土或亚砂土，分布于宽甸中西部和清原东北部。台地及其附近有火山口。

（七）山前剥蚀堆积地貌

山前剥蚀堆积地貌可以分为三种形态成因类型。

第一，丘边坡洪积倾斜平原。海拔高度80～110 m，为丘边坡地，地面坡度3°～5°，局部可达10°，由黄土状亚黏土、亚砂土混碎石层组成，分布于辽北剥蚀丘陵周围。

第二，山前坡洪积倾斜平原。海拔高度30～120 m，为山前岗坡地，地面坡度5°～10°，局部为3°～5°，一般由黄土状亚黏土混杂碎石组成，局部为基岩，分布于辽宁东部山地西部边缘的铁岭—瓦房店一线。

第三，山前冲洪积缓倾斜平原。海拔高度10～40 m，为山前平缓坡地，地面坡度2°～3°，由亚砂土、亚黏土组成，分布于辽西山地东部边缘和东北部，也零星分布于辽西沿海地带。

（八）断坳堆积地貌

断坳堆积地貌可以进一步划分为三种形态成因类型。

第一，沙丘覆盖的冲湖积平原。海拔高度80～220 m，分为波状沙丘地和沙丘间平洼地，地面坡度前者为5°～15°，后者<3°，由亚砂土和砂、细粉砂等组成，分布于辽西北邻近内蒙古的地带。

第二，冲积低平原。海拔高度5～120 m，地势低平，地面坡度一般为1°～3°，由亚砂土、亚黏土组成，广泛分布于辽河平原中北部，盖州市南部和凌海市东部。

第三，冲积海积低平原。海拔高度1.5～4.5 m，地面坡度<1°，由亚黏土、淤泥质亚黏土、黏土、细粉砂组成，分布于盘锦市双台子河口和营口市大辽河口附近，即辽河平原的南部及东港市的沿海附近。

（九）侵蚀、剥蚀堆积地貌

侵蚀、剥蚀堆积地貌可以进一步划分为三种形态成因类型。

第一，山间冲洪积谷地。海拔高度从上游到下游变化幅度比较大，谷地中阶地面坡度3°～5°，由亚黏土、亚砂土、砂砾石组成，为树枝状狭窄谷地，广泛分布于辽东山地和辽东半岛。

第二，山间坡洪积谷地。海拔高度从上游到下游变化幅度比较大，谷地中阶地面坡度3°～5°，由亚黏土、亚砂土组成，混有部分砂和砂砾石，为爪状谷地，广泛分布于辽东山地。

第三，丘间冲洪积谷地。海拔高度50～130 m，地面坡度1°～3°，由亚砂土、亚黏土、砂、砂砾石组成，为平坦宽阔谷地，分布于辽北地区辽河及其支流河谷地带。

二、气候

辽宁地处中纬度的南半部，欧亚大陆东岸，属温带大陆性季风气候，雨热同季、日照丰富、四季分明。冬季以西北风为主，漫长寒冷；夏季多东南风，炎热多雨；春季少雨多风；秋季短暂晴朗。阳光辐射年总在100～200 cal/cm^{2}之间，年日照时数在2 100～2 900 h之间，全年平均气温为5.2～11.7 ℃，最高气温30 ℃左右，最低气温-30 ℃左右。年平均降水量400～970 mm，平均无霜期130～200 d，一般无霜期在150 d以上。

由于地形、地貌较为复杂，省内各地气候不尽相同。总的气候特点是四季分明，寒冷期长；雨量集中，东湿西干；平原风大，日照丰富。

（一）水热结构

1. 气温

全省各地年平均气温[①]多在5～10 ℃之间，自沿海向内陆逐渐递减，辽东半岛及沿海各地年平均气温均在9 ℃以上，而西丰至新宾一带以东地区平均气温在5 ℃以下（图2-2）。最高气温历史极值：朝阳市2000年7月14日，43.3 ℃；最低气温历史极值：铁岭市西丰县2001年1月13日，-43.4 ℃。

气温年较差由于海陆分布的影响，内陆大于沿海，南部沿海地区在27～31 ℃之间，其余地区在31～38 ℃之间。最低气温≤0 ℃日数，沿海地区为140～180 d，其他地区为180～220 d。

2. 降水

年平均降水量一般为500～1 000 mm，由东向西逐渐减少，东南部地区为800～1 050 mm，西北部地区为400～500 mm（图2-3）。全年降水量主要集中在夏季，6～8月降雨量约占全年降水量的60%～70%。

---

① 1971～2000年整编资料，下同。资料来源：《辽宁省主要气候特征》，见 http://www.weather.ln.cn/xbf/backup//2005-01-31/。

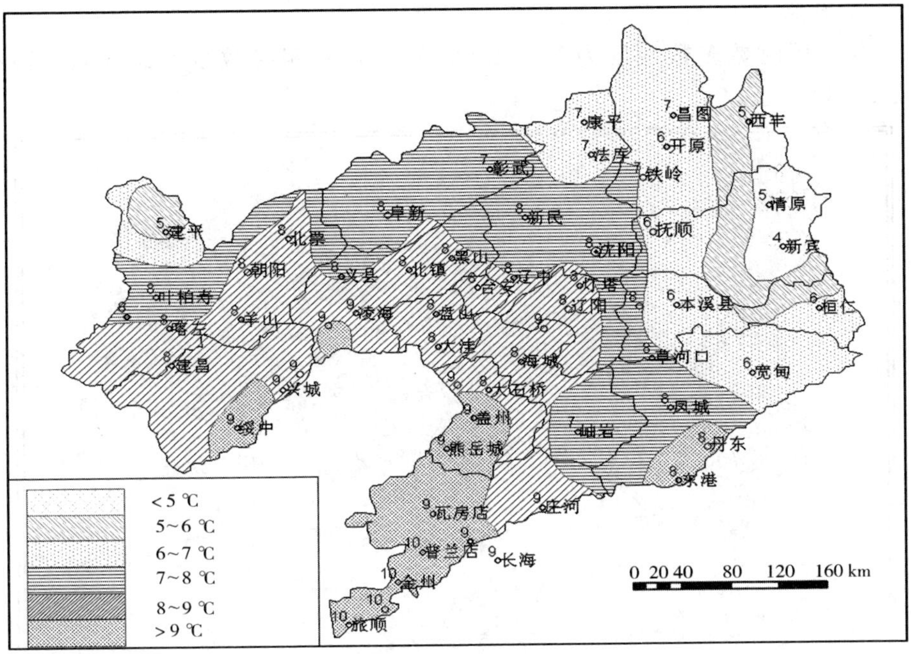

图 2-2 辽宁省各地年平均气温

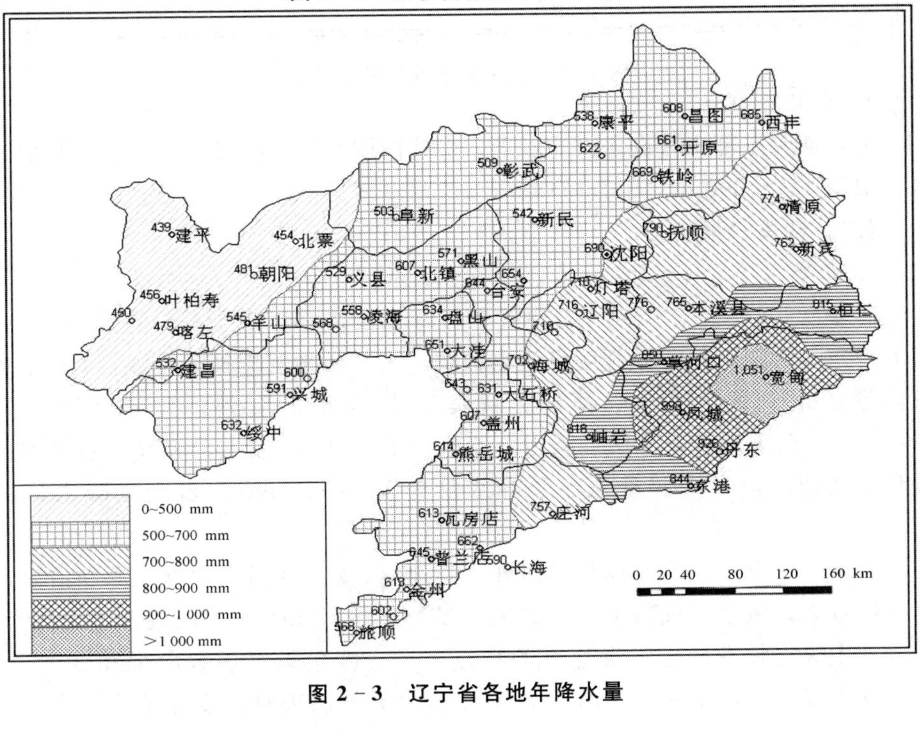

图 2-3 辽宁省各地年降水量

3. 日照

年日照时数多数地区为 2 300～2 900 h，日照时数自西北向东南减少（图2-4）。

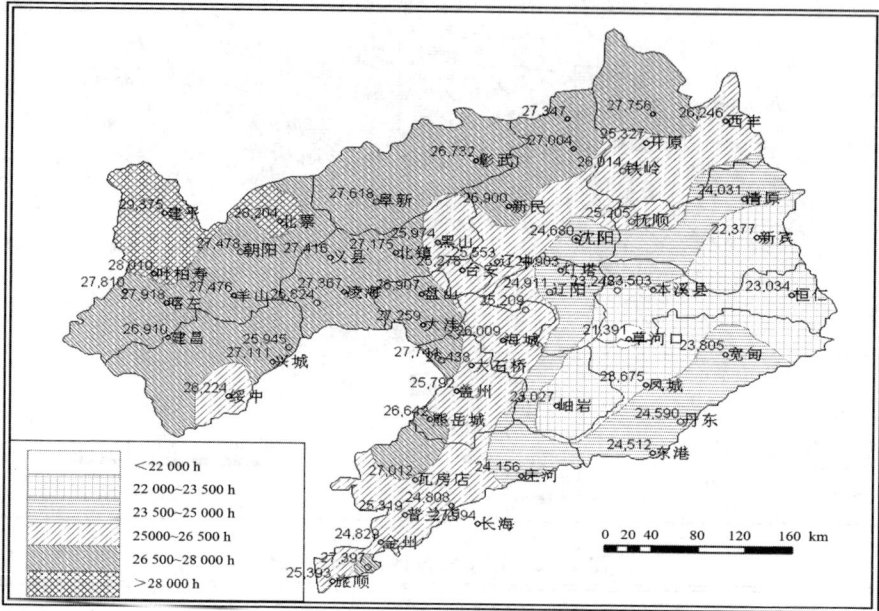

图2-4　辽宁省各地年日照时数

4. 无霜期

无霜期除东部山区在 140 d 以下，大连南端和长海在 200 d 以上，其他地区一般为 150～200 d（图2-5）。

（二）四季气候特征

1. 春季

春季（3～5月）主要气候特点是：回暖较快，风大干旱。进入春季后，虽有冷空气入侵，但降温强度已逐渐减弱，全省各地气温回升较快。4月平均气温除辽东山区的西丰、清原、新宾一带不足 8 ℃外，大部分地区为 8～10 ℃，西部地区及沈阳、鞍山、营口一带为 10 ℃以上，为辽宁省春季回暖最早之地。全省大部分地区季降水量为 70～140 mm，占全年降水量的 13%～17%。

春季辽宁省南、北大风交替出现。受地形影响，4月中西部平原和沿海地区风速较大，风沙天气较多，最大风速多为 20～25 m/s，易出现沙尘天气。

沙尘天气频发是辽宁省春季的特点之一，沙尘天气多数出现在 3～5月份，其中以 4 月份最多。1991～2000 年沙尘天气出现日数变化不大，平均为

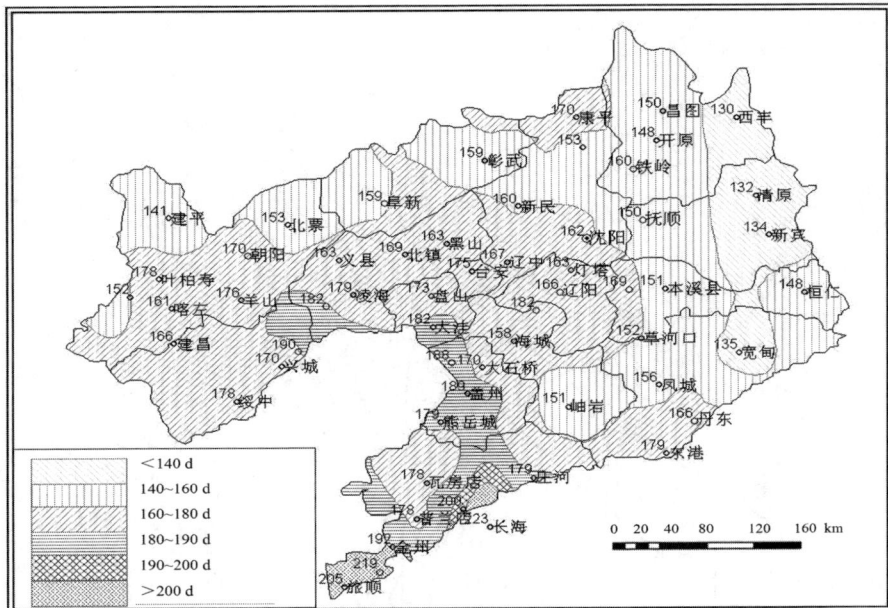

图 2 - 5 辽宁省各地无霜期

13 d，从 2000 年开始沙尘日数逐年增多，同时沙尘天气出现的范围也呈逐年增大的趋势。辽宁省春季沙尘天气的中心主要在朝阳、彰武、新民。

辽宁沙尘天气的沙源有两个：一个是内蒙古自治区中、东部的荒漠地区，沙尘在偏西北、北大风的作用下，主要影响辽宁的西、北部，有时波及辽宁中部、南部和东南部地区；另一个沙源来自辽宁本地，偏南大风把当地的沙尘卷起，形成沙尘天气，主要影响辽宁平原地区（图 2 - 6）。

2. 夏季

夏季（6～8 月）主要气候特点是：雨量充沛，高温潮湿。由于太平洋副热带高压势力增强并逐渐北移，湿润的东南季风沿着高压的西侧向北输送。受它的影响，辽宁省夏季降水频繁，且雨量集中。季平均降水量一般可为 300～600 mm（全省平均 414.9 mm），但东西差异较大，辽西山区、西北风沙区不足 400 mm，而凤城、宽甸最多时超过 600 mm。

夏季三个月以 7 月气温最高，8 月次之。7 月平均气温除新宾、宽甸、长海低于 23 ℃外，其他地区均为 23～25 ℃。极端最高气温西部地区为 40 ℃以上，其余各地在 35～38 ℃。

辽宁的主汛期平均在 7 月 21 日～8 月 10 日。据统计 95％的区域性大暴雨发生在 7～8 月，而 71％的区域性大暴雨发生在 7 月下旬到 8 月上旬，俗称"7 下 8 上"。辽宁省各地的入出汛时间差异较大，最早入汛为 6 月 26～30 日，

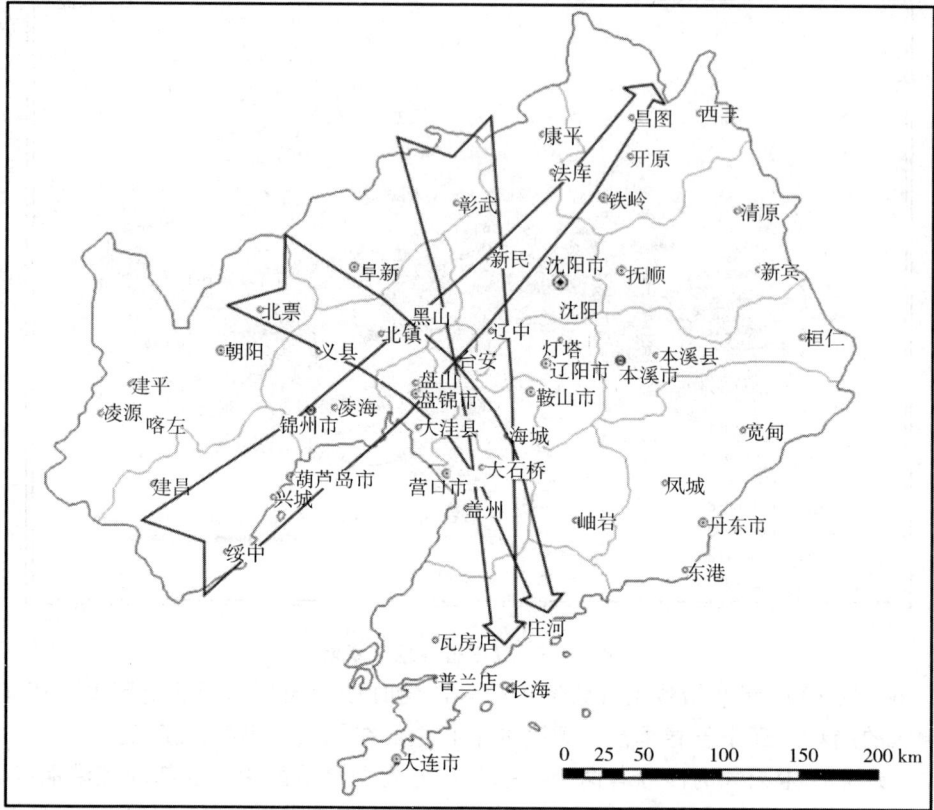

图 2-6　辽宁省春季沙尘天气影响路径图

最晚入汛为 7 月 10～13 日；最早出汛为 8 月 11～13 日，最晚出汛为 8 月 31 日。

辽宁省的洪涝发生具有 10 年的准周期现象，1953 年、1964 年、1974 年、1985 年和 1995 年均为辽宁省较大洪涝发生的年份。从年际变化来看，目前辽宁省处于降水增长的趋势。

夏季暴雨的地理分布有三个中心，最多的是千山山脉以南的丹东——大连地区，其次在辽、浑、太子河流域的下游，最后在葫芦岛松岭山的东南。暴雨的极值分布与次数分布很相似，也有三个中心，即千山山脉以南，辽西松岭山东南，辽、浑、太子河流域地区，其中千山山脉以南地区极值较突出。

3. 秋季

秋季（9～11 月）主要气候特点是：雨量骤减，气温速降。入秋以后，西北季风开始增强，太平洋副热带高压南撤，气温迅速下降，9 月各地平均气温一般都为 15～19 ℃。但西丰、清原、新宾已下降至 15 ℃以下。

雨量急剧减少，全季大部分地区平均降水量为 70～180 mm，约占全年总降水量的 14%～21%。其中西部地区及康平、彰武一带为 65～100 mm，其他地区为 110～180 mm。

秋季大部地区平均风速在 3 m/s 以下，天高云淡，能见度好。由于强冷空气不断侵袭，北风次数逐渐增多，气温迅速下降，省内各地从 9 月下旬至 10 月上旬由北向南先后见初霜。

4. 冬季

冬季（12～翌年 2 月）主要气候特点是：干冷期漫长。入冬以后，由于北方冷空气势力不断增强，干冷空气源源不断地由北、西方向侵入辽宁省，因此辽宁省空气干冷、降雪稀少。1 月平均气温除鞍山及沿海地区在 -9～-4 ℃外，其他各地均在 -17～-10 ℃。极端最低气温辽东山区一般为 -40～-36 ℃，西丰最低达 -43.4 ℃，大连南部地区最高在 -20 ℃左右；其他地区在 -35～-25 ℃之间。冬季多晴天，降水量少，一般只有 6～40 mm，仅占全年总量的 2%～4%。此时大地、江河封冻，土壤封冻期除大连地区只有两个月时间外，其他地区为 3 个月左右。另外，由于强冷空气入侵，易出现大风或暴风雪。

辽宁省东西部山区、辽北及中部平原寒潮次数较多，年平均为 5～8 次，其中西丰最多，达 10 次；东南部沿海、葫芦岛、锦州地区寒潮次数较少，年均不足 2 次，其中兴城、绥中最少不到 1 次；其他地区为 3～4 次（图 2-7）。辽宁在每年的 9 月至翌年 5 月各月均可出现寒潮天气，大部地区 11 月出现最多。寒潮最早出现日期：朝阳、建平出现在 9 月上旬；铁岭地区出现在 9 月中旬；朝阳西部、鞍山、营口、抚顺大部出现在 9 月下旬；锦州、阜新、沈阳、本溪地区出现在 10 月上旬；盘锦及东南部大部地区出现在 10 月中旬；东港、长海出现在 10 月下旬。寒潮最晚结束日期：葫芦岛、丹东、大连地区寒潮结束日期较早，一般在 3 月底之前；锦州、盘锦、丹东北部一般在 4 月底之前结束；其他大部地区在 5 月底；建平结束最晚，在 6 月上旬。

由于地理分布不均，东北部地区与沿海地区相比，平均初雪日可相差近一个月（图 2-8），平均终雪日体现同样的特点（图 2-9）。大雪以上降水的日数分布呈西北东南向分布（图 2-10），与降水量分布趋势一致。

辽宁各地常年进入隆冬的时间，除葫芦岛、营口、大连地区及丹东南部常年没有隆冬外，东北部山区在 12 月 4～9 日进入隆冬，朝阳、锦州北部、盘锦、辽阳、鞍山、丹东的凤城在 1 月 7～12 日进入，其他地区在 12 月 13～

23日进入（图2-11）。

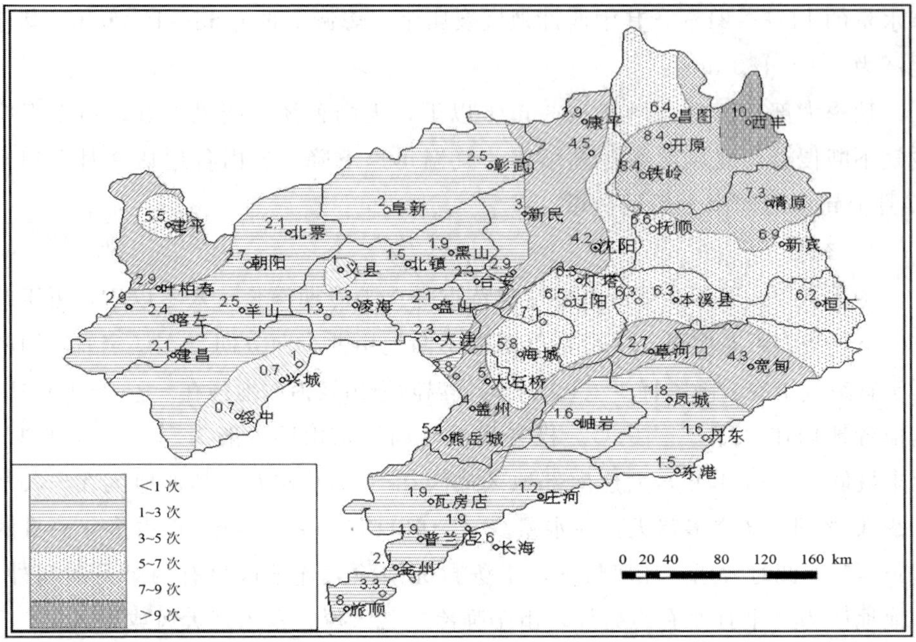

图2-7　辽宁省冬季寒潮次数分布图

（三）气候变化特征

1. 气温

辽宁省年度平均气温阶段性变化趋势明显，20世纪60年代到80年代中期为偏冷时段，从1988年开始增暖，进入高温时段，有3年偏高1℃以上，8年高0.5℃以上。从地域分布来看，辽西、辽南和辽北地区增暖趋势和幅度最显著，其中朝阳有6年偏高1℃以上。从时间分布来看，冬季增暖幅度最大，1987年以来17年中有8年偏高1℃以上，春季次之，而春季增暖的持续性最好，1989年以来基本连续偏暖。

2. 降水

由于受季风气候影响，辽宁大部分地区的降水变率和变化非常明显，降水空间分布不均匀，产生了一系列突出的水资源问题。降水的年际、年代际和多年代变化十分显著。

从年际变化特征来看，1999年以后呈春夏连旱的显著特征，而且持续时间长，已经连续5年，这在历史上从未出现过。

从年代际变化特征来看，辽宁省年度降水阶段性变化趋势明显，20世

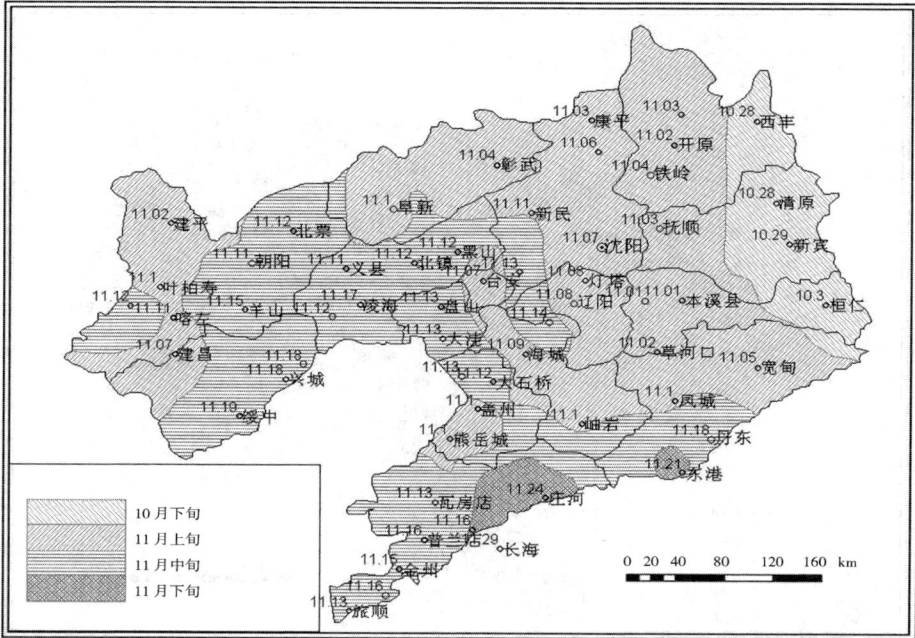

图 2-8　辽宁省初雪日期分布图

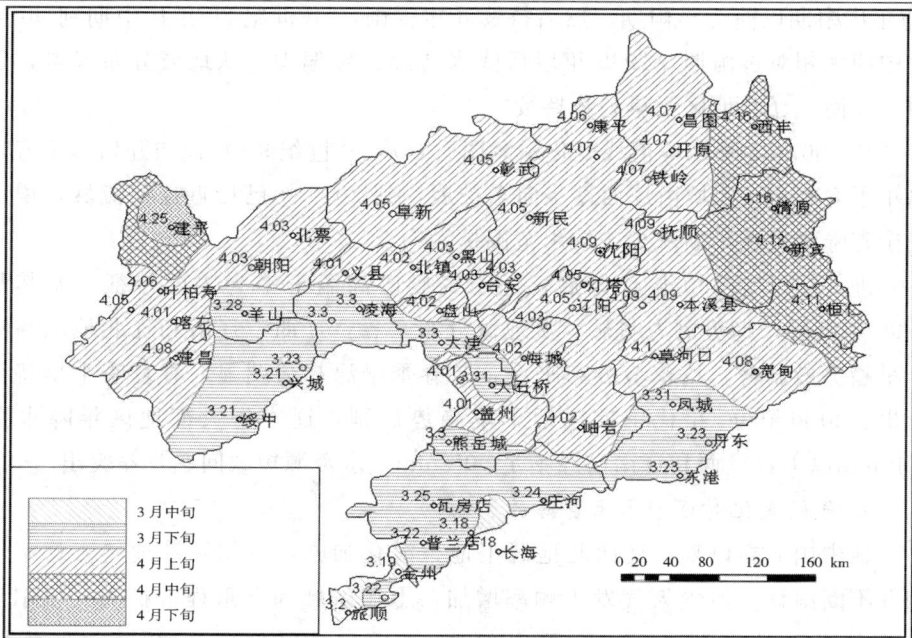

图 2-9　辽宁省终雪日期分布图

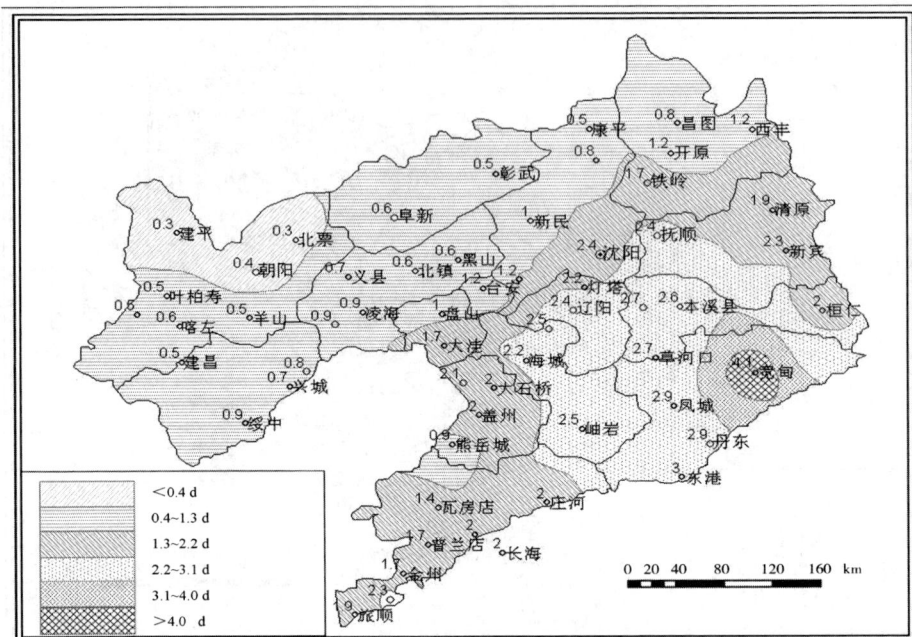

图 2 – 10　辽宁省冬季大雪日数分布图

70年代中期以前为多雨期，然后持续6年少雨，20世纪80年代中期到90年代中期为相对多雨期，1999年以后降水持续5年偏少。从地域分布来看，辽西、辽南、辽北地区干旱趋势持续。

从500 mm降水等值线变化示意图看，从20世纪90年代初开始，全省降水小于500 mm区域由辽西逐步向东扩展，到2002年已接近辽河流域，说明辽宁省降水量在不断减少，缺水范围扩大。

进入20世纪90年代以后，辽宁气候以高温干旱为主要特征，尤其是1999年以后，趋势更为明显。从地域分布来看，辽西、辽南和辽北地区高温干旱趋势最显著。从季节分布来看，冬春季增温趋势明显，春夏季干旱特征突出。20世纪90年代中期以后干旱趋势加剧，辽宁省大部地区年降水在600 mm以下，辽西和辽南已经不足600 mm，水资源短缺问题日益突出。

3. 气候变化对辽宁水土资源的影响

新中国成立以来，辽西北地区土地荒漠化加剧，科尔沁沙地侵入辽宁境内并不断南移；沙尘天气发生频率增加，影响区域和严重程度扩大。科尔沁沙地在康平县南移35 km，吞噬村庄19个、农田1.3×10^4 hm²、草场0.7×10^4 hm²、水面0.7×10^4 hm²、湿地1.0×10^4 hm²，有1 000余户被迫搬

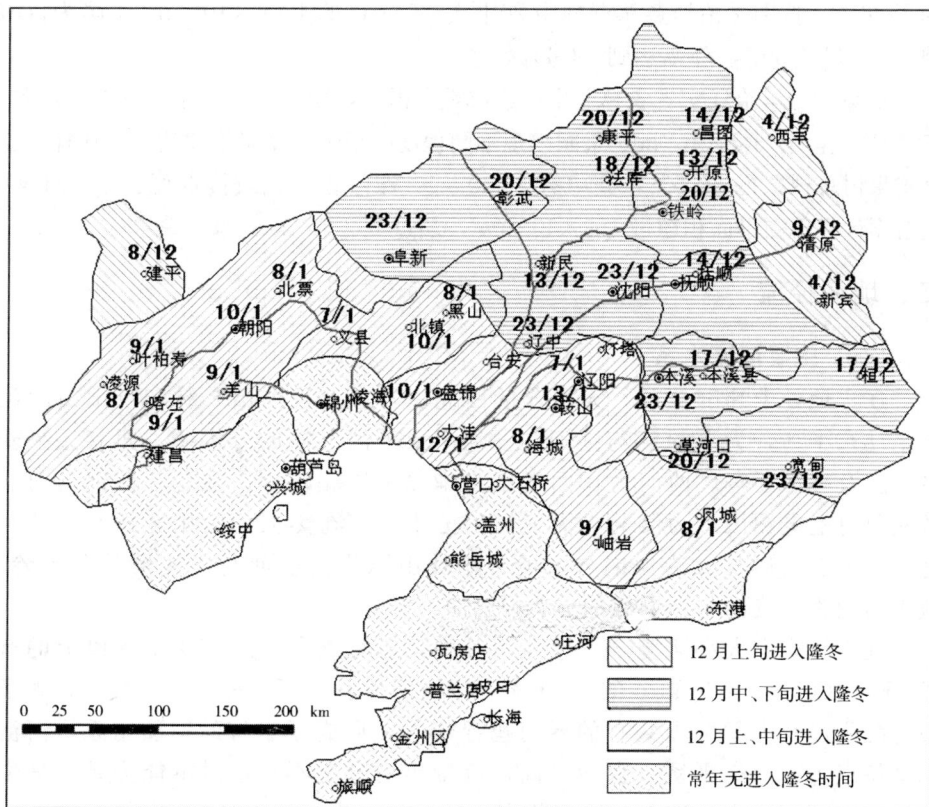

图 2-11 辽宁省隆冬季节日期分布图

迁。科尔沁沙地在彰武县境内南移，形成东西长 50 km、南北宽 15 km，以流动、半流动沙丘为主的 8.7×10^4 hm² 的荒漠区。20 世纪以来，康平县年均沙尘暴天气，60 年代为 0.7 次，70 年代为 0.8 次，80 年代为 0 次，90 年代为 0.1 次；21 世纪前三年共 5 次，年平均达 1.7 次。

近年来，辽宁水资源匮乏，径流量减少，湿地湖泊面积萎缩，大部分河流干涸，辽河每年经常出现断流。辽宁是我国淡水资源严重缺乏的省份之一，人均淡水资源占有量仅为全国人均占有量的 1/3，是世界人均占有量的 1/12。1991～2002 年全省平均耗水率为 55.72%，按联合国提出的衡量指标（40%），辽宁属于高度缺水的地区。

由于持续遭受干旱，水库蓄水量锐减，水位不断下降。全省河道径流量比常年同期减少近 5 成，辽河累积断流 103 d，辽西地区中、小河流基本断流。2003 年，全省湿地面积约 80×10^4 hm²，比 20 世纪 50 年代（135.6×10^4 hm²）减少了 36%，特别是沼泽芦苇湿地由 20 世纪 50 年代的 49.2×10^4 hm² 下降为目前的 13.6×10^4 hm²，降幅达到 72.4%。

严重的干旱给辽宁省农林业生产造成重大损失，新植林和苗木受灾尤其严重。2001 年，全省 46.7×10^4 hm² 果园出现不同程度的旱情，受旱果树达 3×10^8 株，占全省果树总株数的 62.5%，其中有 $2\,140 \times 10^4$ 株停止生长或接近死亡。2003 年，全省累计农田受旱面积超过 153×10^4 hm²，超过 20×10^4 hm² 水田缺水。

三、地表径流

(一) 主要河流水系

辽宁地处中纬度北部，太平洋的西北岸，东有长白山余脉和千山山脉延伸至辽东半岛，为鸭绿江与辽河、浑河、太子河三河的分水岭。西有大兴安岭余脉及热河丘陵。西南为辽西走廊与华北平原相毗邻。在辽宁西部与河北省交界有七老图山，为滦河与大凌河的分水岭。在热河丘陵山区还有努鲁儿虎山，为老哈河与大凌河的分水岭。松岭山脉为大凌河与小凌河的分水岭。医巫闾山为大凌河与绕阳河的分水岭。

辽宁境内有大小河流 300 余条，其中，流域面积在 5 000 km² 以上的有 17 条，1 000～5 000 km² 的有 31 条。主要河流有辽河、浑河、大凌河、太子河、绕阳河及中朝两国共有的界河鸭绿江等，形成辽宁省的主要水系。河流水文特点为：河道平缓，含沙量高，流量年内分配不均，泄洪能力差，易生洪涝。东部河流水清流急，河床狭窄，适于发展中小水电站。

辽宁省主要水系为辽河、大辽河（浑河—太子河）、鸭绿江、大凌河及黄、渤海沿海诸河。辽河主要支流有清河、绕阳河、柳河等；大辽河由浑河、太子河汇合而成；鸭绿江主要支流有浑江、瑷河等；沿海主要河流有大洋河、碧流河、大凌河、小凌河、六股河等（图 2-12）。

1. 辽河

辽河是省内第一大河流，发源于河北省七老图山脉的光头山，其上源为老哈河及西拉木伦河，汇流后称西辽河，流经河北省、内蒙古自治区、吉林省，在辽宁省昌图县福德店附近与发源于吉林省辽源市萨哈岭山的东辽河相汇合，进入辽宁境内，始称辽河。辽河在辽宁境内又有招苏台河、清河、汛河、秀水河、养息牧河、柳河、绕阳河等主要支流汇入。

辽河流域总面积（不含浑河、太子河水系）约 19.3×10^4 km²，其中辽宁省境内的流域面积约为 4.38×10^4 km²。辽河河道全长 1 390 km，其中辽宁省境内约 480 km。辽河在盘山县六间房附近原分为两股，一股南行称外辽河，在海城市三岔河附近接纳浑河及太子河后称大辽河，经营口注入渤海。自

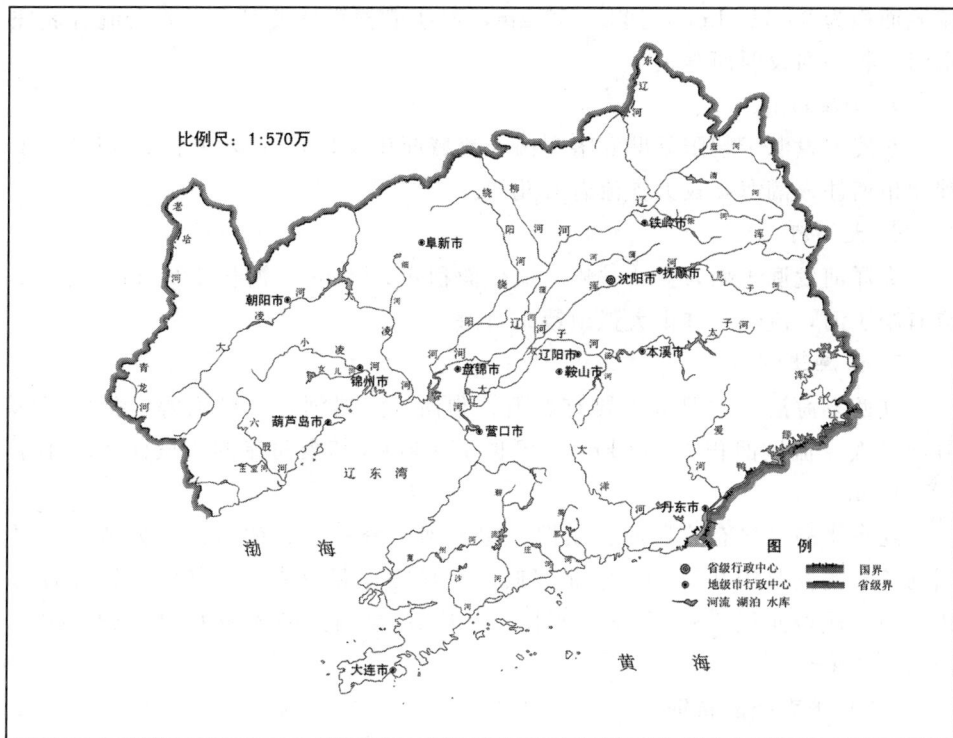

图 2-12 辽宁河流水系图

1958 年外辽河于六间房附近被堵截后，辽河水流全部由双台子河入海，浑河、太子河成为独立水系。

2. 大辽河（浑河—太子河）

浑河发源于清原县滚马岭，总流域面积为 11 481 km²，河长 415 km。太子河发源于新宾县红石砬子，总流域面积为 13 883 km²，河长 413 km。浑、太两河于海城市三岔河相汇后称大辽河，经营口入海，其总流域面积为 27 330 km²。

3. 鸭绿江

鸭绿江是中、朝两国的边界河流，左岸为朝鲜民主主义人民共和国，右岸为中国。河流发源于吉林省长白山主峰白头山南麓，向西南流经桓仁县、宽甸县及丹东市，于东港市注入黄海，总流域面积为 61 900 km²，河道全长 790 km，中国一侧的流域面积为 32 500 km²，上游在吉林省，下游在辽宁省。鸭绿江在辽宁境内的流域面积为 16 600 km²，河长约 200 km，为辽宁省第二大河。其主要支流有浑江、瑷河、蒲石河等。

4. 大凌河

大凌河发源于建昌县大青山，流经朝阳、义县，于凌海市东南注入渤海，流域面积为 23 549 km²，河长 397 km，为辽宁省第三大河，主要支流有老虎山河、牤牛河及西河等。

5. 小凌河

小凌河发源于朝阳县助安喀喇山，流域面积 5 475 km²，河长 206 km，于锦州市南注入渤海，较大支流有女儿河。

6. 大洋河

大洋河发源于岫岩县新开岭，流域面积 6 202 km²，河长 202 km，较大支流有哨子河，流经东港市大孤山镇入黄海。

7. 沿海诸河

辽西渤海沿岸的河流主要有石河、狗河、六股河、兴城河等，其中以六股河较大，流域面积 3 080 km²，河长 153 km，其余河流的流域面积均小于 1 000 km²。

辽东半岛沿海有英那河、庄河、碧流河、登沙河、熊岳河、大清河、复州河等，均发源于辽东半岛中北部低山、丘陵，源短流急，其中，较大者为碧流河，流域面积 2 817 km²，河长 159 km；复州河的流域面积 1 638 km²，河长 134 km。

（二）地表径流特征

1. 年径流的地区分布

辽宁省河流年径流深的区域分布趋势与年降水量的空间分布基本一致，但区域分布的不均匀性比降水量更甚，东北地区最大，往中部和西部递减，西北部最小，最大值超过最小值的 26 倍。

鸭绿江下游丹东、宽甸一带年径流深最大，为 550～650 mm，往北部、中部逐渐减少。浑河、太子河年径流深正常情况下多为 250～450 mm。中部的浑、太子河下游和辽河下游，年径流深减少到 100 mm 左右。辽东半岛沿海地区由东向西递减，从 550 mm 降低到 150 mm 左右。辽西沿海地区由南向北逐渐减少，从 250 mm 减少到 50 mm 左右。辽北地区及辽河上游老哈河辽宁部分，正常年径流深 25～75 mm，在辽宁省北部与内蒙古自治区接壤处，年径流深不足 25 mm。

2. 径流的年内变化

径流的年内季节变化主要取决于河流的补给状况。辽宁省河流的补给来源主要有雨水、融雪水、地下水，一般以雨水补给为主。根据补给条件、流域的调蓄能力等，可将辽宁省的河流分为 3 种类型。

第一，雨水补给型。全省大部分河流都属于这种河流，河水的年内变化主要依赖于降水的季节变化，而且季节变化非常强烈，兼有融雪水补给影响，每年有春、夏两次汛期。春汛短而小，融雪径流只占年径流的 $3\%\sim4\%$。夏汛长且量大，一般 4 个月（$6\sim9$ 月），汛期径流占年径流的 $60\%\sim80\%$。汛期径流集中在 7、8 两个月，径流一般占年径流的 $50\%\sim60\%$。枯水期流量很小，$4\sim5$ 月径流仅占年径流的 10% 左右，这个季节严重缺水。

第二，地下水补给型。辽河下游支流——柳河上游的养畜牧河、大清沟、小清沟，河槽切割较深，河道较窄流域内为科尔沁沙地堆积平原，下渗能力强，地表与地下分水线不闭合，集水区内降水产生的径流量远远小于地下水补给量。径流季节分配比较均匀，$6\sim9$ 月径流量占全年径流量的 $40\%\sim50\%$。

第三，间歇性河流型。平原地区的中小河流，绝大部分属于间歇性河流，雨期产水，$6\sim9$ 月河流过水，非汛期往往干涸，全年水量几乎全部集中在汛期，汛期径流量占全年径流量的 90%。

3. 年径流的多年变化

辽宁省各流域年径流不仅有时丰时枯、丰枯交替的情况，还存在着连续干旱或连续丰水的现象。从历年最大与历年最小径流量对比上看，辽宁东部及辽河、浑河、太子河大部分地区一般为 $5\sim11$ 倍，集水面积较小的河流倍数稍高，为 15 倍左右；辽东半岛及辽西沿海地区一般为 $6\sim23$ 倍。

年径流变差系数呈现与降水变差系数类似的地带性，但径流变化较降水更为剧烈。东部的鸭绿江流域和浑河、太子河上游地区是降水年际变化的低值区，也是径流年际变化的低值区，年径流变差系数为 $0.35\sim0.55$。辽河、浑河、太子河下游、南部沿海地区变差系数逐渐增大，一般为 0.7 左右。再往西到大凌河中游、小凌河及辽西南部是辽宁省年径流变差系数最大的区域，变差系数超过 0.8。再往西部，随着径流深的逐渐减小，变差系数也逐渐减小至 0.7 以下，到老哈河上游变差系数减小至 0.5 以下。

四、海域（近海水文）

辽宁省海域广阔，海岸线较长，岸形曲折，海湾、岛屿较多。辽东半岛的西侧为渤海，东侧临黄海，渤海和黄海的海底都属浅海大陆架。辽宁海域（大陆架）面积 $15\times10^4\ \mathrm{km^2}$，其中近海水域面积 $6.4\times10^4\ \mathrm{km^2}$。沿海滩涂面积 $2\,070\ \mathrm{km^2}$。海岸线总长 $2\,920\ \mathrm{km}$，其中陆地海岸线东起鸭绿江口西至绥中县老龙头，全长 $2\,292.4\ \mathrm{km}$，占全国海岸线长的 12%，居全国第 5 位。岛屿岸线长 $627.6\ \mathrm{km}$，占全国岛岸线长的 5%。有大小岛屿 266 个，有人居住的岛屿 30 个，岛屿面积 $191.5\ \mathrm{km^2}$，占全国海洋岛屿总面积的 0.24%，占全国总面积的 0.13%。主要岛屿有外长山列岛、里长山列岛、石城列岛、大鹿岛、菊花岛、长兴岛等。

（一）潮汐与潮差

辽宁海域潮汐大多属规则半日潮。但自渤海海峡沿复州湾及辽东湾东、西岸段直至绥中团山角附近沿岸属不规则半日潮；新立屯至秦皇岛沿岸属规则全日潮；在不规则半日混合潮和规则全日潮中间的绥中娘娘庙沿岸属不规则全日潮。

黄海北部沿岸的潮差由鸭绿江口向渤海海峡递减。前者平均潮差最大，如西水道内，平均潮差 4.2 m，最大潮差可达 8.1 m；辽东湾东、西沿岸潮差呈对称分布。湾顶平均潮差较大，如老背河口平均潮差达 2.7 m，最大潮差 5.5 m。绥中止锚湾为 1.65 m，秦皇岛附近的宁海，平均潮差最小，其值仅 0.1 m（表 2.2）。

表 2.2　辽宁沿岸潮差分布

站名	平均潮差/cm	最大潮差/cm	站名	平均潮差/cm	最大潮差/cm
山海关	16.3	124.5	营城子湾	116.7	270.2
止锚湾	16.5	112.0	大连	204.1	407.4
新立屯	29.4	164.5	大窑湾	221.9	448.7
长山寺	124.3	299.3	广鹿岛	271.1	557.3
大凌河口	239.7	506.0	大长山岛	276.0	559.9
鲅鱼圈	239.1	493.0	南尖子	367.1	711.8
长兴岛	113.6	279.2	赵氏沟	408.6	807.9
簸箕岛	148.4	335.6	三道浪头	312.5	601.5

资料来源：李长义，苗丰民．辽宁省海洋功能区划［M］．北京：海洋出版社，2006。

（二）海流

辽宁海域海流主要是黄海暖流形成的辽东湾环流和北黄海沿岸流。黄海北部海流为气旋环流，其北部沿岸有一股自东向西的沿岸流，流向终年不变，但其强度受鸭绿江、大洋河径流和沿岸风向、风速的影响而发生季节性变化，夏季流速大于春季。辽东湾环流春季形成顺时针方向的环流系统，长兴岛附近流速最大。夏季则为逆时针方向，仍以长兴岛附近流速最大（表 2.3）。

表 2.3　辽宁省沿海潮汐及海流概况

项目 市名	潮汐/m						潮汐 类型	海流
	平均高 潮位	平均低 潮位	平均 潮位	最大 潮差	最小 潮差	平均 潮差		
丹东市	5.74	1.15	3.52	6.93	1.56	4.50	规则半 日潮	以潮流为主。涨潮流为 NE 向，落潮流为 SW 向。为往复流，落潮流 速大于涨潮流速，落潮 历时大于涨潮历时。最 大实测流速为 1.50 m/s
大连市　黄海		1.30	6.12	0.30	2.73		规则半 日潮	老铁山西角以东黄海为 正规半日潮，为往复流， 流速约为 0.77 m/s,最大 为老铁山附近，为 3.06 m/s
渤海							不规则 半日潮	以潮流为主，除普兰店 湾（旋转流），其他地 区为往复流，流速为 1~2 节①
营口市		0.74	2.01	4.60	0.47	2.57	不规则 半日潮	以潮流为主，具有明显 往复流。涨潮流为 NE 向，落潮流为 SW 向。 涨潮流速大于落潮流 速，落潮历时大于涨潮 历时。最大实测流速为 0.96 m/s
盘锦市	3.72	0.83	2.89	5.10		2.15	不规则 半日潮	以潮流为主，具有往复 流。落潮历时大于涨潮 历时
锦州市				2.05			不规则 半日潮	以潮流为主，具有往 复流
葫芦岛市	2.63	0.61		4.00		2.06	不规则 全日潮	以潮流为主，为往复 流。涨潮 NNE 向，落 潮 SSW 向。涨潮流速 大于落潮流速，落潮历 时大于涨潮历时

资料来源：李长义，苗丰民. 辽宁省海洋功能区划［M］. 北京：海洋出版社，2006。

---

① 注：1 节＝1.852 km/h。

（三）波浪

辽宁海域冬季盛行偏北浪，夏季多偏南浪，春、秋两季浪向多变，盛行浪不明显。

黄海北部 SE—S 与 SW 为其常浪向和强浪向，多出现于 NNW—N、SSE—SE 或 SSW—SW，涌浪向多出现于 SE—S 或 S 向。逐日平均波高 0.2～0.6 m，测得最大波高值 8.0 m。

辽东湾东部多为 NNE 向，涌浪甚微。强浪向 N—NNE，常浪向 SSW，逐日平均波高 0.2～0.9 m，波浪以春、秋季最大。辽东湾西部常浪向 SSW，强浪向 SSE—SE 或 SSW—SW，但涌浪明显。

（四）海冰

辽东湾沿岸为我国冰情最严重的海区，其南部冰情较北部轻，而东岸的冰情又较西岸轻。该湾固定冰主要分布在西岸，宽度一般在 1 km 以内，冰厚为 20～30 cm，最大厚度 60 cm 左右，堆积高度 1～2 m，最大堆积高度 4 m 左右。严重冰期（1～2 月），辽东湾顶部至葫芦岛一带，固定冰宽度超过 16 km，冰厚一般为 30～40 cm，最大为 100 cm，堆积高度一般为 2～3 m，最大为 6 m。东岸除个别伸入陆地的港湾和浅滩外，一般无固定冰，只有少量的流冰。

黄海北部沿岸，除鸭绿江口附近冰情较重外，其他海域冰情较轻。严重冰期，鸭绿江口至大洋河口一带固定冰宽度可达 25 km，冰厚为 20～30 cm，最大为 50 cm 左右，堆积高度多为 1～2 m，最大 3 m 左右；大洋河口以西沿岸，固定冰宽度从 2 km 逐渐减至 0.1 km，冰厚一般为 10～20 cm，最大为 30 cm 左右，堆积高度多在 1 m 以下。大连港以南至老铁山一带，一般无冰，但伸入内陆的港湾则有结冰现象。黄海北部沿岸流冰的分布范围由东向西逐渐变窄，在鸭绿江口附近流冰外缘距岸约 50 km。江口以西流冰大致沿 15 m 等深线分布，长山列岛以西离岸约 20 km，流冰速度为 20～30 cm/s，最大达 100 cm/s。流冰方向多与最大潮流方向一致（表 2.4）。

表 2.4 辽宁省沿海地区波浪、海冰概况

项目 市名	海浪						海冰				
	常浪向	频率/%	次浪向	频率/%	强浪向	最大波高/m	平均冰期/d	冰宽范围/km	最大冰宽/km	冰厚/cm	最大冰厚/cm
丹东市	SSE	28	SE	14	S SE	4.0	110		25	20～30	50
大连市	SE SW SSW				SW N—NE	8.0	90	1～2	5	15～35（渤海）	60

项目\市名	海浪						海冰				
	常浪向	频率/%	次浪向	频率/%	强浪向	最大波高/m	平均冰期/d	冰宽范围/km	最大冰宽/km	冰厚/cm	最大冰厚/cm
营口市	SW				N	3.0	95	1~3	16	10~40	100
盘锦市	SW						120	5~10	20	30~40	60
锦州市	SSW	31.8	S	11.3	SSW	2.6	106.7	0.7	4	10~40	100
葫芦岛市	SSW	28.9	S	22.8	SE SW	4.6	102.5	0.1	2	20~30	45

资料来源：李长义，苗丰民. 辽宁省海洋功能区划. 北京：海洋出版社，2006。

（五）水温和盐度

辽宁近海水域水温的分布与变化，除受太阳辐射的影响外，还受陆地的强烈影响。水温的分布与变化具有明显的季节性。夏季，近岸水域水温高于远岸水域；冬季，近岸水域水温低于远岸水域。鸭绿江与大洋河及辽东湾北部河口区，水温均在 0 ℃以下，有 2~4 个月的冻冰现象，影响航运和渔业生产。

辽宁沿岸水域的盐度分布与变化，同沿岸径流量有密切关系。夏季，正值江河汛期，沿岸盐度普遍下降，其中以鸭绿江口近岸盐度最低；冬季，随着径流量的减少，沿岸盐度普遍上升。盐度的区域分布特点是：北黄海沿岸，受沿海低盐的影响，终年为东部低，西部高；辽东湾沿岸，除北部河口区终年为低盐区外，因沿岸低盐水的季节变化，海湾的东岸，夏季盐度较高，冬季较低；海湾的西岸，夏季盐度较低，冬季较高。

辽宁沿海水域温、盐要素的垂直结构，可以归结为两种类型，即冬季型和夏季型。冬季，海面在强劲的偏北风作用下，海水对流、涡动混合极为强盛，致使温、盐要素的垂直结构呈均匀分布状态。春末，随着气温的不断升高，表层水温于 5 月份便显著增高。夏季是表层水温最高的季节。由于表层海水温度增高而密度减少，从而增加了表层海水的稳定性，使得表层受太阳辐射影响而增温的海水，不能迅速将热量向下层传递，于是在表层海水之下，产生温跃层。温跃层的强度、厚度和深度有明显的季节变化。从 5 月份开始，水温垂直梯度增大，8 月份达到最大，进入 10 月份，温跃层消失，水温垂直结构转为冬季型。在形成温跃层的同时，从 5 月份开始，随着江河径流量的增加，在 5~10m 的深度上产生微弱的盐跃层；8 月份，由于径流量剧增，沿岸盐度普遍下降，盐跃层强度增大；进入 10 月份，盐跃层消失，盐度垂直结构转入冬季型。

五、土壤

辽宁省土壤共有 7 个土纲、12 个亚纲、19 个土类、43 个亚类、101 个土属及 253 个土种。前四个级别的土壤分类系统及其所占面积，见表 2.5。

表 2.5　辽宁省土壤分类及面积

土纲	亚纲	土类	面积		亚类
			10⁴ hm²	占总面积/%	（占土类面积/%）
淋溶土	湿温淋溶土	暗棕壤	0.14	0.01	暗棕壤（100.0）
	湿暖温淋溶土	棕壤	502.27	36.33	棕壤性土（56.8） 棕壤（21.8） 白浆化棕壤（0.2） 潮棕壤（15.8） 酸性棕壤（5.4）
半淋溶土	半湿暖温半淋溶土	褐土	130.94	9.47	褐土性土（23.8） 褐土（4.8） 石灰性褐土（29.4） 淋溶褐土（28.0） 潮褐土（14.0）
	半湿温半淋溶土	黑土	1.37	0.10	黑土（100.0）
初育土	土质初育土	新积土	2.68	0.19	冲积土（100.0）
		风沙土	24.52	1.77	草原风沙土（83.2） 草甸风沙土（16.8）
		红黏土	10.10	0.73	红黏土（100.0）
	石质初育土	石质土	16.28	1.18	中性石质土（89.2） 钙质石质土（10.8）
		粗骨土	335.31	24.25	中性粗骨土（86.9） 钙质粗骨土（13.1）
		火山灰土	0.10	0.01	暗火山灰土（100.0）
半水成土	暗半水成土	草甸土	175.60	12.70	草甸土（63.0） 石灰性草甸土（22.8） 盐化草甸土（13.9） 碱化草甸土（0.3）
		山地草甸土	0.001 3		山地灌丛草甸土（100.0）
	淡水成土	潮土	84.45	6.11	潮土（88.2） 盐化潮土（11.0） 碱化潮土（0.8）

土纲	亚纲	土类	面积		亚类
			10^4 hm²	占总面积/%	（占土类面积/%）
水成土	矿质水成土	沼泽土	8.72	0.63	腐泥沼泽土（26.6） 草甸沼泽土（23.3） 泥炭沼泽土（1.3） 盐化沼泽土（48.8）
	有机质水成土		0.46	0.03	低位泥炭土（100.0）
盐碱土	盐土	泥炭土 滨海盐土	28.65	2.07	滨海盐土（24.6） 滨海潮滩盐土（68.9） 滨海沼泽盐土（6.5）
		草甸盐土	0.53	0.04	草甸盐土（2.8） 碱化盐土（97.2）
	碱土	碱土	1.06	0.08	草甸碱土（100.0）
人为土	人为水成土	水稻土	54.65	4.30	淹育水稻土（59.6） 盐渍水稻土（35.9） 潜育水稻土（4.5）

资料来源：尹德涛. 辽宁省志·地理志［M］. 沈阳：辽宁民族出版社，2002。

1. 暗棕壤

暗棕壤又称暗棕色森林土，形成于温带湿润气候红松阔叶混交林下，目前多为蒙古栎林、杂木林或人工红松林。成土母质为花岗岩、混合岩等的残积坡积物。其形成过程具有明显的生物富集、淋溶和黏化作用。暗棕壤剖面构型为 A_{00}—A_0—A_1—（B）—C_0。枯枝落叶层（A_{00}）厚几厘米，有较多的白色菌丝体，其下为半腐解层（A_0）和腐殖质表层（A_1）；淀积层（B）发育不明显，多为浊黄棕色或亮棕色，较黏重，有时可见到铁锰胶膜；母质层（C）近于母岩。

辽宁的暗棕壤主要分布于西丰、清原和新宾之间的吉林哈达岭和龙岗山的垂直带谱上，分布高度在 $800\sim900$ m 以上，面积很小，只有 0.14×10^4 hm²，占全省土壤总面积的 0.01%。辽宁的暗棕壤有 1 个亚类：暗棕壤。暗棕壤肥力较高，是林业生产基地，不宜农用。

2. 棕壤

棕壤又称棕色森林土，形成于暖温带湿润季风气候的落叶阔叶林和针阔混交林下，目前植被多为杂木林、柞林或已被垦殖。其母质多为非钙质的残积物、坡积物、黄土状沉积物等。棕壤的形成具有明显的淋溶过程、黏化过程和较旺盛的生物富集过程。棕壤典型的剖面构型为 A_0—A_1—B_t—C 型。在森林植被下，表层（A）具有明显的凋落物层（A₀）和腐殖质层（A₁）；垦殖的棕壤，表土为耕种熟化层（Aₚ）和犁底层（P）。棕壤具有一个黏化特征明显的心土层（Bₜ），呈棕色、红棕色或黄棕色，质地黏重，具有稳固的棱块状或棱柱状结构，结构面被覆铁锰胶膜，有时附有二氧化硅胶膜，结构体中常见铁锰结核。

辽宁的棕壤主要分布于辽东山地丘陵及其山前倾斜平原、辽西山前倾斜平原；在辽西山地，棕壤出现于垂直带中，位于褐土之上。辽宁共有棕壤 502.27×10^4 hm²，占全省土壤总面积的 36.33%。棕壤又分为棕壤、酸性棕壤、白浆化棕壤、潮棕壤及棕壤性土 5 个亚类；其占土类面积百分比依次为：21.8%、5.4%、0.2%、15.8%、56.8%。棕壤是一种自然肥力较高的土壤，可用来发展多种经营。垦殖后，丘陵山地的棕壤应注意水土保持。

3. 褐土

褐土又称褐色土或褐色森林土，是在暖温带半湿润季风气候区，中生落叶阔叶林、油松栎林下形成的。现多为灌丛、灌草丛，少数为次生林、人工林，地势平坦，多已被开垦。褐土形成过程具有明显的黏化作用、钙化作用和较弱的生物富集作用。多发育在富含石灰的母质上。褐土的剖面构型为 A₁（Aₚ）—Bₜ—B_{c2}—C。表土（A₁ 或 Aₚ）层较薄，其下有一个黏化层（Bₜ），呈浊黄橙色至棕色，具棱块状结构，结构面上常见棕色胶膜；下部多有钙积层，钙积层出现的深度变化较大，常在 50～200 cm 间，可见到菌丝状或粉状聚积的石灰新生体。

褐土主要分布在辽西地区，共有 130.94×10^4 hm²，占全省土壤总面积的 9.47%。褐土分 5 个亚类：褐土性土（占土类面积 23.8%）、褐土（4.8%）、石灰性褐土（29.4%）、淋溶褐土（28.0%）和潮褐土（14.0%）。褐土开发历史悠久，具有十分重要的农业意义，目前植被被破坏殆尽，水土流失严重，肥力水平下降。

4. 黑土

黑土形成于温带湿润地区草原化草甸植被下，母质以黏土状沉积物为主。黑土的形成具有明显的腐殖质积累和淋溶淀积过程。黑土剖面构型为 Aₚ—B—C。黑土剖面一般特点是腐殖质层深厚，土壤结构良好，多为粒状或团粒状结构；全土层无石灰反应，剖面下部有铁锰结核、白色二氧化硅粉末。

黑土分布在昌图县北部，共 1.37×10^4 hm²，占全省土壤总面积的 0.10%，属中国黑土分布的最南缘。黑土土壤肥沃，生产潜力大，应注意防止土壤侵蚀及肥力下降。

5. 新积土

新积土旧称冲积土或泛滥地层状草甸土。新积土的成土母质为新近的流水沉积物，其形成具有独特的水分状况，地下水水位不稳定，地表季节性被淹没，土壤形成过程与地质沉积过程同时进行，因而无明显发生层次，表面无明显腐殖层。

新积土主要分布于河流两岸为季节性洪水淹没的河漫滩上。全省共有 2.68×10^4 hm²，占全省土壤总面积的 0.19%。新积土只有冲积土 1 个亚类。新积土难以为农业所利用，仅可做林牧业用地。

6. 风沙土

风沙土形成的气候条件是干旱多风。风沙土的母质为各种成因的砂性沉积物，植被多为沙生植物群落。风沙土剖面构型是由一个弱的腐殖质层（A）与母质层（C）构成，剖面发育微弱。

风沙土主要分布于昌图县西北部、康平及彰武县北部及沿河两岸风蚀严重地段，共 24.52×10^4 hm²，占全省土壤总面积的 1.77%。风沙土分草原风沙土和草甸风沙土 2 个亚类，草原风沙土面积占土类的 83.2%。风沙土贫瘠，除固定风沙土可以有条件地农用外，一般不宜农用。

7. 红黏土

红黏土过去称第四纪红土或红色风化壳。红黏土是早更新世和中更新世间冰期湿热气候条件下的风化产物，其化学风化程度高，黏土和游离铁富集，呈棕红色。

红黏土在辽宁省大多数地区均有零星分布，主要分布于山前山麓带，共有 10.10×10^4 hm²，占全省总土壤面积的 0.73%。红黏土只有红黏土 1 个亚类。红黏土土层深厚、质地黏重、耕性不良、养分含量较低，适种作物虽广，但产量不高。

8. 石质土

石质土植被稀疏或无植被，其成土母质为各种岩石的风化残积物，由于不断地侵蚀，石质土成土过程极弱，只有表层有微弱的腐殖质积累，基本上保留母质或母岩的特征。其剖面构型为 A—D 型，在厚度小于 10 cm 的表层下就是基岩（D）。

石质土主要分布于辽东和辽西山地丘陵的中上部、山脊、陡坡部位，面积 16.28×10^4 hm²，占全省土壤总面积的 1.18%。石质土分中性石质土和钙质石质土 2 个亚类。中性石质土占土类面积的 89.2%。石质土难以利用，造林时需客土。

9. 粗骨土

粗骨土植被稀疏，多为灌丛草地，母质为各种岩石的残积坡积物，成土过程微弱，其土体构型为 A—C，在薄腐殖质表层（A）下即为岩石风化母质层。

粗骨土分布于低山丘陵上部或石质丘陵的中上部，处于石质土下部或相间存在，共有 335.31×10^4 hm²，占全省土壤总面积的 24.25%。粗骨土分中性粗骨土（占土类面积 86.9%）和钙质粗骨土 2 个亚类。粗骨土土层薄、养分含量低、水土流失严重，不宜用作耕地，可植树造林或在有工程措施情况下开垦为果园。

10. 火山灰土

火山灰土成土母质为疏松火山灰和火山喷出岩，主要分布于宽甸县青椅山、黄椅山火山口附近，只有 0.10×10^4 hm²，占全省土壤总面积的 0.01%。这里气候湿润，植被为针阔混交林，表层腐殖质积累显著。辽宁省只有暗火山灰土 1 个亚类，肥力较高，多辟为旱地，但耕种后肥力下降，物理性能差，须加以改良。

11. 草甸土

草甸土是半水成土，其成土环境的要求是：气候较湿润，地下水较浅，一般为 1~3 m，成土母质是近代淤积物和冲积物，原生植被是以小叶樟、羊草等为代表的草甸植被，成土过程以草甸化为主。草甸土的剖面构型为 A—C_w—C，耕作草甸则为 A_p—P—C_w—C。其特点是在表层下有一个锈色斑纹层（C_w），这一层呈黄灰棕色，有铁锰锈斑、锈纹或铁锰结核，有时呈不明显的核状或块状结构。

草甸土主要分布于下辽河平原及东部山地丘陵区的河流两岸及低阶地上，面积 175.60×10^4 hm²，占全省土壤总面积的 12.70%。草甸土分 4 个亚类：草甸土（占土类面积的 63.0%）、石灰性草甸土（占 22.8%）、盐化草甸土（占 13.9%）和碱化草甸土（占 0.3%）。草甸土地势平坦、水热条件好、养分含量较高，是辽宁的主要耕作土壤。

12. 山地草甸土

辽宁只有桓仁县老秃子山顶部（海拔 1 300 m 以上）有 13 hm² 左右的山地草甸土。这里气候冷凉湿润，是中山灌丛和草甸植被。其成土过程草甸化过程明显，腐殖质层厚，有机质含量高达 7.6%。只有山地灌丛草甸土 1 个亚类。

13. 潮土

潮土的成土条件与草甸土相似，其区别在于潮土形成的气候条件较干旱，植被生长较弱，草甸化过程微弱，主要是受旱耕熟化作用影响。潮土剖面构型为 A_p—P—C_w—C 型。潮土的锈色斑纹层发育比草甸土弱。潮土下部常有石灰新生体，如假菌丝体、石灰结核等。

潮土主要分布于辽宁西部河流两岸及低阶地上，面积 $84.45 \times 10^4 \ hm^2$，占全省土壤总面积的 6.11%。潮土分潮土、盐化潮土和碱化潮土 3 个亚类，各占土类面积的 88.2%、11.0% 及 0.8%。潮土养分含量低于草甸土，是辽宁西部和西北部主要高产土壤之一。

14. 沼泽土

沼泽土一般形成于冲积平原上的洼地，分布于辽东山地中山间谷地、河源，辽西北沙丘间洼地等。母质为冲积物或湖积物。其特点是：地下水位高，地表长期或季节性积水，植被为沼泽植被或水生杂草。沼泽土的形成过程主要是有机质积累过程和潜育化过程。沼泽土剖面中有一个特征层次，即潜育层（G）。潜育层常显绿色、浅蓝色，有机质含量低，土体紧实，多为壤土和黏土。泥炭沼泽土还有泥炭层（T），是由不同分解程度的有机残体组成的，有机质含量很高。

沼泽土零星分布于全省各地，盘锦、沈阳、锦州、铁岭、营口比较多，面积 $8.72 \times 10^4 \ hm^2$，占全省土壤总面积的 0.63%。沼泽土分草甸沼泽土（占土类 23.3%）、腐泥沼泽土（26.6%）、泥炭沼泽土（1.3%）和盐化沼泽土（48.8%）4 个亚类。沼泽土潜在肥力较高，但有效养分含量低，目前多为芦苇，有条件处可发展水稻。

15. 泥炭土

泥炭土又称草泥土，形成于地势低洼，长期积水，沼生植物（如苔草、芦苇等）繁茂的环境下，植物残体在过湿渍水环境中不能彻底分解，形成泥炭，经长期积累形成泥炭层，当泥炭层厚度超过 50 cm 时，土壤就叫做泥炭土。

泥炭土主要分布在新宾、清原等县，面积 $0.46 \times 10^4 \ hm^2$，占全省土壤总面积的 0.03%。辽宁省泥炭土只有低位泥炭土 1 个亚类。泥炭土除农用外，还可作为医药、环保、能源、建筑等行业的优质原料。

16. 滨海盐土

滨海盐土的母质为沿海滩涂泥，是一种为海水浸渍而形成的含盐量高的海冲积淤泥，区内地下水矿化度高，受潮汐影响。滨海盐土的形成受到盐渍化作用和沼泽化作用。其剖面层次发育不明显，全剖面含盐量较均一，为 1%～2%，其中氯化物占绝对优势。

滨海盐土主要分布于沿海，以大洼、盘山、凌海、东港、庄河、营口最多，面积 28.65×10⁴ hm²，占全省土壤总面积的 2.07%。滨海盐土分滨海盐土（占土类面积 24.6%）、滨海潮滩盐土（占 68.9%）和滨海沼泽盐土（占 6.5%）3 个亚类。滨海盐土可改种水稻，滨海潮滩盐土可做养殖场或晒盐，滨海沼泽盐土主要用于种芦苇。

17. 盐土

盐土形成的气候条件是由于大陆性季风气候。春秋季风大，加剧了地表水分蒸发，利于盐分积累。地下水位高，地下水矿化度高。形成盐土主要是盐化过程，有时与碱化过程同时进行。盐土剖面特征是土表至 75 cm 范围内有一个或数个易溶盐含量大于 1% 的盐积层。辽宁的盐土剖面形态上往往在地表有盐结皮，呈灰白色，下层多呈暗棕或灰棕色，有腐殖质淋溶条纹，底土有潜育化特征。

盐土主要分布于下辽河平原北部的局部洼地上，面积 0.53×10⁴ hm²，占全省土壤总面积的 0.04%。盐土分草甸盐土和碱化盐土 2 个亚类，其中碱化盐土占土类面积的 97.2%。盐土含盐量高，危害一般作物生长，养分含量也较低，须加改良才可利用。

18. 碱土

碱土与盐土成土条件相近，但地下水含较多苏打。辽宁的碱土形成多是由脱盐碱化或碱化过程形成。碱土剖面型为 A—B_{tn}—C 型，剖面特征是：表层（A）厚度仅数厘米或十几厘米，呈灰色，片状或鳞片状结构，碱化层（B_{tn}）呈灰棕色，紧实，呈柱状或棱柱状结构，呈圆顶形的柱顶往往有一层白色 SiO_2 粉末。柱状层下面的层次往往含盐量较高，形成盐化层。

碱土主要分布在下辽河平原北部，以康平和彰武最多，面积 1.06×10⁴ hm²，占全省土壤总面积的 0.08%。辽宁的碱土只有草甸碱土 1 个亚类。碱土物理性质差，湿时膨胀泥泞，干时收缩坚硬，不利于作物生长，不宜种植，可做牧草地。

19. 水稻土

水稻土是在长期水耕条件下形成的人为土壤，起源土壤大多为草甸土、潮土、盐土等。其土壤形成除水耕熟化作用外，还有淋溶淀积作用。辽宁省种稻年限短，其剖面构型除原土壤表层已分异出灰色的耕作层（Ap）和犁底层（P）外，以下还保持起源土壤特征。

水稻土主要分布在盘锦、沈阳、营口、铁岭、丹东、辽阳等地区的平地上，面积 54.65×10⁴ hm²，占全省土壤总面积的 4.30%。水稻土分淹育水稻土（占水稻土的 59.6%）、盐渍水稻土（35.9%）及潜育水稻土（4.5%）3 个亚类。水稻土是辽宁高产稳产的耕作土壤。

第二节　资源特征

一、土地资源

（一）土地资源构成

辽宁省土地资源总面积 $14.8×10^4$ km²，其中山地面积 $8.6×10^4$ km²，平地面积 $4.9×10^4$ km²，其他 $1.3×10^4$ km²。按土地利用现状划分，耕地面积 $408.5×10^4$ hm²，占全省土地总面积的 27.59%，人均占有耕地约 0.096 hm²，其中有 80% 左右分布在辽宁中部平原区和辽西北低山丘陵的河谷地带；园地面积 $59.7×10^4$ hm²，占土地面积的 4.03%；林地面积 569.9 hm²，占土地总面积的 38.49%，是各类土地中面积最大的一类。东部山区是全省的林业基地，也是调节全省气候等自然环境的生态屏障，其他地区则是以防风固沙等保护性的生态林为主；牧草地面积 $34.9×10^4$ hm²，占土地总面积的 2.36%，主要分布在西北部地区；其他农用地面积 $50×10^4$ hm²，占土地面积的 3.38%；居民点及独立工矿用地面积 $115.2×10^4$ hm²，占土地面积的 7.78%；交通用地面积 $9.1×10^4$ hm²，占土地总面积的 0.61%；水利设施用地 $14.8×10^4$ hm²，占土地总面积的 1.00%；未利用土地面积 $218.5×10^4$ hm²，占土地总面积的 14.76%。

（二）耕地分类及构成

据辽宁省第二次全国农业普查主要数据公报（第六号），耕地是指种植农作物的土地，包括熟地，新开发、复垦、整理地、休闲地（含轮歇地、轮作地）；以种植农作物（含蔬菜）为主，间有零星果树、桑树或其他树木的土地；平均每年能保证收获一季的已垦滩地和海涂。耕地中包括宽度小于 2.0 m 固定的沟、渠、路和地坎（埂）；临时种植药材、草皮、花卉、苗木等耕地，以及其他临时改变用途的耕地。

截至 2006 年 10 月 31 日，辽宁省耕地面积 $4 085.1×10^3$ hm²。从耕地类别看，旱地面积比重最大，有 $3 281.3×10^3$ hm²，占全省耕地面积的 80.3%；水田 $646.9×10^3$ hm²，占 15.9%；水浇地面积 $156.9×10^3$ hm²，占 3.8%。从坡度等级情况看，0°～15°的耕地 $3 990.6×10^3$ hm²，占全省耕地面积的 97.7%；15°～25°的耕地 $78.4×10^3$ hm²，占 1.9%；25°以上的耕地 $16.1×10^3$ hm²，占 0.4%。

二、水资源

（一）地表水资源量

1. 地表水资源量及分布

辽宁省水利厅以 1956～2000 年的平均年地表径流量作为多年平均地表水资

源量。全省多年平均地表水资源量 302.49×10⁸ m³，折合径流深为207.9 mm。全省20%、50%、75%、95%频率径流量分别为 405.03×10⁸ m³、283.13×10⁸ m³、205.39×10⁸ m³、121.60×10⁸ m³。

（1）流域分区

按流域三级区来划分，地表水资源量最多的流域是沿黄渤海东部诸河和鸭绿江流域的浑江口以下，分别为77.26×10⁸ m³、55.18×10⁸ m³，占全省地表水资源量的25.5%、18.2%；沿渤海西部诸河、太子河及大辽河干流、鸭绿江流域的浑江口以上占全省地表水资源量的比例分别为12.2%、11.5%、11.1%；辽河柳河口以上和浑河占全省地表水资源量的比例分别为9.2%、8.0%；辽河柳河口以下及其他占全省流域面积较小的流域占全省地表水资源量的比例共计为4.3%。全省径流深地区分布不均匀程度比降水大。鸭绿江是径流的高值区，辽宁省境内鸭绿江流域平均径流深 533.5 mm，是全省平均水平的 2.5 倍；沿黄渤海东部诸河316.4 mm，高于全省平均水平，径流深接近全省平均水平的有浑河、太子河及大辽河和丰满以上。达不到全省平均水平的有东辽河、西辽河、辽河干流、沿渤海西部诸河和滦河山区，径流深均在150 mm 以下，老哈河是辽宁省径流量的低值区，径流深平均27.3 mm，只有平均水平的13%，鸭绿江流域径流深是它的20倍。

（2）行政分区

按市级行政区划分，丹东市地表水资源量最大，84.43×10⁸ m³，占全省地表水资源量的27.9%；大连、本溪、抚顺市地表水资源量占全省的比例分别为10.7%、10.7%、10.1%；鞍山、铁岭、葫芦岛市占全省的比例分别为8.1%、6.6%、6.0%；其他市占全省地表水资源量较小，比例均在5%以下。从径流深来看，丹东市径流深最高，平均径流深 574.3 mm，是全省平均水平的 2.7 倍，其次是本溪 385.1mm。径流深超过全省平均水平的还有大连、鞍山、抚顺；其余各市均达不到全省平均水平，其中沈阳、锦州、朝阳、盘锦、阜新径流深小于 100 mm，阜新最低，平均 46.7 mm，水量只有平均水平的22%左右。

2. 地表水资源量变化分析

把 1956～2000 年，分成 1956～1979 年、1980～2000 年两个时间段，1956～1979 年全省平均年径流量 316.7×10⁸ m³；1980～2000 年全省平均年径流量 286.25×10⁸ m³，后 21 年的全省平均径流量比前 24 年有所减少。分析年径流量减少的原因，主要影响因素如下。

（1）降雨偏少

辽东沿海和辽西沿海降雨减少百分比较大，最多减少12.3%，凡是降雨减少多的流域径流量减少幅度也大。

（2）地下水开采影响

随着水资源开发利用程度的提高，特别是地下水的开发利用程度逐年增大，据分析各流域的用水都是逐年增大的，特别是地下水的用水所占比例很大。根据1980～2000年统计计算，柳河平均每年用地下水占总用水量的比例是35.5％，大清河62.3％，大凌河71.5％，绕阳河达到85.1％。地下水用水量的增加造成地下水位降低，包气带增厚，降雨后补给包气带的水量增大，这部分水最终耗于蒸发。地下水位降低，使地下库容增大，降雨入渗系数增大，即补给地下水量增大。经分析，辽宁省平原区地下水位1980～2000年平均降深达1 m。

（3）水保措施的变化

水保措施的增加使水的水平运动减少，即地表径流减少，垂向运动增加，即蒸发和下渗增加。以柳河为例，1983年，柳河列为全国八大重点治理区之一。经过10年治理，柳河水土流失有很大改观，使河流的泥沙和径流都有所减少。柳河重点治理区在阜新市境内所辖总面积1 255.04 km²，有水土流失面积805.4 km²，1983年以前治理了202.6 km²。1983年开始小流域综合治理，规划治理面积为732.33 km²，共计62个小流域。10年累计治理面积701 km²，保存治理面积564 km²，经过10年治理，使河流的泥沙和径流都有所减少。

3. 地表水资源可利用量

地表水资源可利用量是指在可预见的时期内，在统筹考虑河道内生态环境和其他用水的基础上，通过经济合理、技术可行的措施，在流域（或水系）地表水资源量中，可供河道外生活、生产、生态用水的一次性最大水量（不包括回归水的重复利用）。经计算，全省地表水资源可利用量为166.55×10^8 m³，占全省地表水资源量的55％。太子河及大辽河干流、浑河、柳河口以上可利用量比例最大，分别占地表水资源量的66％、64％、60％，柳河口以下最小，占地表水资源量的40％。

（二）地下水资源量

1. 地下水资源量及分布

全省山丘区地下水资源量与平原区地下水资源量之和，扣除山丘区与平原区地下水资源量之间的重复计算量，为全省的地下水资源量。以1980～2000年平均值作为近期多年平均地下水资源量，计算得到全省多年平均地下水资源量为124.68×10^8 m³。

（1）流域分区

辽河柳河口以上的地下水资源量最多，为24.13×10^8 m³，占全省地下水资源量的19.4％；太子河及大辽河、沿黄渤海东部诸河、浑河、沿渤海西部诸河、辽河柳河口以下地下水资源量分别占全省资源量的14.5％、13.9％、

13.4％、12.7％、11.0％；鸭绿江浑江口以上、以下，分别占全省地下水资源量的5.9％、7.9％；其他流域地下水资源量共占全省的1.4％。

（2）行政分区

沈阳市地下水资源量占全省的比例最大，为22.53×10⁸ m³，占全省地下水资源量的18.1％；其次为丹东市，占全省的13.4％；铁岭、鞍山、辽阳、锦州、抚顺、大连、本溪、朝阳等市，地下水资源量占全省的比例分别为9.4％、8.6％、7.7％、7.1％、6.0％、5.7％、5.6％和5.4％；其他葫芦岛市、阜新市、营口市和盘锦市所占比例均在5％以下，特别是盘锦市，由于咸水区面积较大，计算面积小，地下水资源量最少，所占比例仅为1.3％。

2. 地下水可开采量及其分布

地下水可开采量是指在可预见的时期内，通过经济合理、技术可行的措施，在不引起生态环境恶化的条件下允许从含水层中获取的最大水量。山丘区地下水可开采量与平原区地下水可开采量之和为全省地下水可开采量。经计算，全省多年平均地下水可开采量为71.47×10⁸ m³。由于水文地质条件的制约，地下水可开采量主要集中于平原区。评价面积不到全省面积20％的平原区，地下水可开采量占到了全省地下水可开采量的近78％，而占全省评价面积80％多的山丘区，地下水可开采量仅占全省地下水可开采量的22％，这一现象在流域分布上均表现得极为明显。

（1）流域分区

辽河柳河口以上地下水可开采量最大，为17.02×10⁸ m³，占全省的23.8％；浑河、辽河柳河口以下、太子河及大辽河干流、沿渤海西部诸河和沿黄渤海东部诸河地下水可开采量占全省的比重依次为20.0％、17.3％、16.8％、11.6％、7.0％；鸭绿江流域地下水可开采量占全省的2.8％；其他在辽宁省面积较小的流域仅占0.7％。

（2）行政分区

沈阳市地下水可开采量占全省的比重高达29.6％；其次是辽阳、锦州、铁岭、鞍山，分别占全省的11.8％、11.4％、10.9％、9.2％；阜新、丹东、葫芦岛、大连、抚顺、朝阳、营口、盘锦地下水可开采量较少，依次占全省的5.1％、3.9％、3.7％、2.9％、2.7％、2.7％、2.6％、2.0％；本溪市地下水可开采量仅占全省的1.5％。

（三）水资源总量

区域水资源总量是指当地降水形成的地表和地下产水量，即地表径流量与降水入渗补给量之和。据1956～2000年逐年的水资源总量，以水资源总量的均值作为多年平均水资源总量，并进行了不同年段水资源总量频率计算，根据1956～2000年共45年的河川径流量（即地表水资源量）、山丘区降水入渗补给量（即地下水资源量）、平原区降水入渗补给量、山丘区河川基流量、平原区降水入渗补给量形成的河道排泄量五项系列计算，全省多年平均水资源总量为 341.79×10^8 m³，折合径流深度 234.9 mm。全省 1956～2000 年，20%、50%、75%、95%频率水资源总量分别为 448.42×10^8 m³、323.67×10^8 m³、242.67×10^8 m³ 和 151.75×10^8 m³。45 年平均的河川径流量 302.49×10^8 m³，山丘区降水入渗补给量 65.97×10^8 m³，河川基流量 62.10×10^8 m³，平原区降水入渗补给量为 38.31×10^8 m³，降水入渗补给量形成的河道排泄量为 2.88×10^8 m³。

1. 水资源总量的分布

水资源总量分布趋势与降水分布趋势相似，由东南向西北递减。

（1）流域分区

水资源总量最大的是沿黄渤海东部诸河，水量为 79.09×10^8 m³，占全省水资源总量的 23.1%；其次为鸭绿江浑江口以下，水量为 55.50×10^8 m³，占全省的 16.2%；辽河柳河口以上、太子河及大辽河干流、沿渤海西部诸河、鸭绿江浑江口以上、浑河占全省比重分别为 12.4%、11.8%、11.7%、9.8%、8.4%；辽河柳河口以下占 5.1%；其余在辽宁省面积较小的流域占全省的 1.5%。

（2）行政分区

丹东市的水资源总量最大，占全省的 25.1%；大连、本溪、抚顺、鞍山、铁岭、沈阳、葫芦岛等市水资源总量所占全省的比重依次为 9.6%、9.5%、9.0%、8.4%、7.5%、6.9%、5.7%；朝阳、锦州、辽阳、营口、阜新市水资源总量所占全省的比重分别为 4.4%、4.1%、3.3%、3.1%、2.5%；盘锦市的水资源总量最小，仅占全省的 1.0%。

2. 水资源总产水深的分布

（1）流域分区

鸭绿江流域是水资源总产水深最大的流域，浑江口以上、以下分别为 482.8 mm、574.3 mm；其次是沿黄渤海东部诸河，产水深 323.9 mm，高于全省平均水平；浑太河在 250 mm 左右，丰满以上 223.4 mm，与全省平均水平接近；其余流域均在 200 mm 以下，低于全省平均水平，最少的是西拉木伦河及老哈河，只有 29.5 mm。

（2）行政分区

丹东市产水深最大，全市平均 584.2 mm，本溪市产水深平均 386.0 mm，鞍山市 309.7 mm，以上 3 市均高于全省平均水平；大连、抚顺、辽阳比全省平均水平稍高；其余均在 200 mm 以下，低于全省平均水平，其中阜新、朝阳两市低于 100 mm。

3. 人均占有水资源量

全省人均占有水资源量为820 m³，达不到全国平均水平，且分布不均。

（1）流域分区

鸭绿江流域人均占有资源量最多，浑江口以上人均占有资源量7 805 m³，浑江口以下平均占有资源量3 171 m³；人均占有资源量高于全省平均水平的流域，还有丰满以上、东辽河、沿黄渤海东部诸河、滦河山区、辽河柳河口以上；其他流域人均占有资源量在全省平均水平以下，最少的流域是浑河流域，人均占有资源量仅389 m³，仅是全省平均水平的一半。

（2）行政分区

丹东市人均占有资源量最多，平均3 537 m³；其次是本溪和抚顺，人均占有资源量分别为2 061 m³、1 337 m³，高于全省平均水平；接近全省平均水平的有铁岭和鞍山；其余的均在全省平均水平以下，最少的是沈阳和盘锦，人均占有资源量分别是341 m³和273 m³。

4. 亩①均占有水资源量

全省亩均占有水资源量547 m³，达不到全国平均水平。由于辽宁省耕地较多的是中部平原区，而水量丰富区域是东部山区，耕地与水资源量分布一致性较差。

（1）流域分区

亩均占有水量鸭绿江浑江口以上最大，为4 661 m³；其次是浑江口以下3 343 m³；高于全省平均水平的还有丰满以上、沿黄渤海东部诸河、滦河山区；与全省平均水平接近的是太子河及大辽河、浑河；其他流域亩均占有水资源量均低于全省平均水平，其中西拉木伦河及老哈河、辽河柳河口以上，亩均占有水量只有全省平均水平的一半；最少的是柳河口以下，仅为172 m³，只为全省平均水平的1/3。

（2）行政分区

亩均占有水量最高的是本溪市的3 072 m³；其次是丹东市的2 746 m³；高于全省平均水平的还有抚顺、鞍山；接近全省平均水平的是大连、营口、葫芦岛；其余各市亩均水量均低于全省平均水平，其中朝阳、沈阳和锦州不及全省平均水平的一半，最低的是阜新和盘锦，只占全省平均水平的1/3（表2.6、表2.7）。

---

① 1亩≈666.7 m²。

表 2.6　辽宁省流域分区水资源总量占有情况统计表

流域三级区	水资源总量 /10^8 m³	2000 年总 人口/10^4 人	2000 年耕地 面积/10^4 亩	人均水资源量 /m³	亩均水资源量 /m³
西拉木伦河及老哈河	1.03	25	129	412	80
东辽河	0.61	5	7	1 220	871
柳河口以上	42.42	479	1 522	886	279
柳河口以下	17.41	339	1 012	514	172
浑河	28.79	741	494	389	583
太子河及大辽河	40.22	681	676	591	595
浑江口以上	33.56	43	72	7 805	4 661
浑江口以下	55.5	175	166	3 171	3 343
沿黄渤海东部	79.08	823	891	961	888
沿渤海西部	39.82	833	1 233	478	323
丰满以上	1.21	5	17	2 420	712
滦河山区	2.14	22	27	973	793
全省	341.79	4 170	6 246	820	547

资料来源：辽宁省水利厅. 辽宁省水资源［M］. 沈阳：辽宁科学技术出版社，2006。

表 2.7　辽宁省行政分区水资源总量占有情况统计表

行政市	水资源总量 /10^8 m³	2000 年总 人口/10^4 人	2000 年耕地 面积/10^4 亩	人均水资源 量/m³	亩均水资源 量/m³
沈阳	23.56	691	1 023	341	230
大连	32.83	556	557	590	589
鞍山	28.64	347	367	825	780
抚顺	30.61	229	196	1 337	1 562
本溪	32.56	158	106	2 061	3 072
丹东	85.94	243	313	3 537	2 746
锦州	14.03	309	607	454	231
营口	10.55	228	180	463	586
阜新	8.42	194	564	434	149
辽阳	11.22	183	270	613	416
铁岭	25.59	301	812	850	315
朝阳	14.92	337	712	443	210
盘锦	3.36	123	200	273	168
葫芦岛	19.56	271	339	722	577

资料来源：辽宁省水利厅. 辽宁省水资源［M］. 沈阳：辽宁科学技术出版社，2006。

5. 全省水资源总量的多年变化

本书把 1956～2000 年分成 1956～1979 年、1980～2000 年两个时间段，1956～1979 年全省平均水资源总量 356.12×10⁸ m³，1980～2000 年为 325.40×10⁸ m³，这与降水的多年变化情况相一致。降水量偏少是造成1980～2000 年水资源总量偏少的根本原因。

6. 全省水资源可利用总量

水资源可利用总量是指在可预见的时期内，在统筹考虑生活、生产和生态环境用水的基础上，通过经济合理、技术可行的措施在当地水资源中可资一次性利用的最大水量。如果采用地表水资源可利用量加上降水入渗补给量与河川径流量之差的可开采量部分，作为区域的水资源可利用总量，计算出全省水资源可利用量为 194.81×10⁸ m³（表 2.8）。

表 2.8 辽宁省多年平均水资源可利用总量表

水资源三级区	地表水可利用量/10⁸ m³	降水入渗补给量形成的可开采量/10⁸ m³	河道排泄量形成的可开采量/10⁸ m³	水资源总量/10⁸ m³	水资源可利用总量/10⁸ m³	可利用率/%
西拉木伦河及老哈河	0.40	0.20	0.17	1.03	0.43	42
东辽河	0.34	0.02	0.02	0.61	0.34	56
柳河口以上	16.71	13.21	2.69	42.42	27.23	64
柳河口以下	3.26	7.52	0.59	17.41	10.19	59
浑河	15.39	5.63	1.77	28.79	19.25	67
太子河及大辽河干流	23.03	5.66	1.82	40.22	26.87	67
浑江口以上	18.40	0.87	0.86	33.56	18.41	55
浑江口以下	27.59	1.04	0.93	55.50	27.70	50
沿黄渤海东部诸河	42.49	4.45	3.66	79.09	43.28	55
沿渤海西部诸河	17.28	6.27	4.18	39.82	19.37	49
丰满以上	0.65	0.11	0.10	1.21	0.66	55
滦河山区	1.01	0.14	0.14	2.14	1.01	47

资料来源：辽宁省水利厅. 辽宁省水资源 [M]. 沈阳：辽宁科学技术出版社，2006。

三、野生动物资源

辽宁省天然次生林、人工林生长茂盛，植被类型较多，灌丛、芦苇、草原、谷地、湖泊、河流等与农田互相交替，再加上有漫长的海岸和众多的岛屿，气温和降水量四季变化比较明显，是野生动物理想的生存场所。辽宁动物种类繁多，有两栖、哺乳、爬行、鸟类动物 7 纲 62 目 210 科 492 属 827 种。其中，有国家一级保护动物 6 种，二级保护动物 68 种，三级保护动物 107 种。具有科学价值和经济意义的动物有白鹳、丹顶鹤、蝮蛇、爪鲵、赤狐、海豹、海豚等。鸟类 400 多种，占全国鸟类种类的 31%。森林是野生动物的主要栖息地，山地、丘陵地带是全省野生动物分布最多的地区之一。

(一) 野生动物种类、数量

1. 兽类

全省脊椎动物中兽类 81 种（海洋兽类 12 种）。据全省野生动物普查资料显示的数量均值，兽类动物总数 29.22×10^4 只（头），其中狼 0.59×10^4 只、黄鼬 19.16×10^4 只、狗獾 2.40×10^4 只、豹猫 0.48×10^4 只、貉 2.14×10^4 只、赤狐 1.69×10^4 只、狍子 1.06×10^4 只、猪獾 2.11×10^4 只、野猪 0.08×10^4 头、黑熊 0.03×10^4 只、麝 0.01×10^4 只。国家一级、二级保护动物 23 种，省级重点保护动物 15 种。

2. 爬行类

全省有爬行动物 28 种。据全省野生动物普查资料显示的数量均值，爬行类动物总数 236.89×10^4 条。其中赤峰锦蛇 8.06×10^4 条、玉斑锦蛇 0.30×10^4 条、棕黑锦蛇 18.32×10^4 条、黑眉蝮蛇 29.93×10^4 条、白眉蝮蛇 178.48×10^4 条、蛇岛蝮蛇 1.80×10^4 条。国家二级保护动物 2 种，包括龟和棱皮龟；省级重点保护动物 7 种，包括桓仁滑蜥、北滑蜥、黑眉蝮蛇、白眉蝮蛇、棕黑锦蛇、团花锦蛇、鳖等。

3. 两栖类

全省有两栖类 16 种。据全省野生动物普查资料显示的数量均值，两栖类动物总数 $80\ 401.00 \times 10^4$ 只，其中中华蟾蜍 $14\ 359.00 \times 10^4$ 只、黑斑蛙 $27\ 451.00 \times 10^4$ 只、中国林蛙 $38\ 414.00 \times 10^4$ 只、黑龙江林蛙 13.00×10^4 只、桓仁林蛙 163.00×10^4 只。省级重点保护物种有爪鲵、中国林蛙、黑龙江林蛙、桓仁林蛙、史氏蟾蜍 5 种。

4. 鱼类

全省有鱼类 25 目 93 科 258 种，其中国家一级保护物种有中华鲟 1 种；国家二级保护物种有细鳞鱼、松江鲈鱼、文昌鱼 3 种。省级重点保护物种有东北七鳃鳗、雷氏七鳃鳗、香龟、乔氏新银鱼、凤鲚、刀鲚、东北雅罗鱼、鳗鲡、海龙、海马 10 种。

5. 鸟类

全省有鸟类 383 种。据全省野生动物普查资料显示的数量均值，主要鸟类总数 141.38×10^4 只。其中分布广、种群数量最多的鸟类有鸭类（赤麻鸭、翘鼻麻鸭、绿翅鸭、罗纹鸭、斑嘴鸭、普通秋沙鸭等） 47.86×10^4 只；鸡类（石鸡、雉鸡等） 43.51×10^4 只；百灵类（凤头百灵等） 73.75×10^4 只；鹰类（蜂鹰、苍鹰、雀鹰、松雀鹰等） 2.88×10^4 只；隼类（红脚隼、燕隼、红爪隼、游隼、黄爪隼等） 5.08×10^4 只；鹤类（白头鹤、丹顶鹤、白枕鹤、灰鹤、白鹤等） 0.74×10^4 只；雁类（鸿雁、豆雁、白额雁等） 7.09×10^4 只。国家一类、二类保护鸟类 72 种，省级重点保护鸟类 53 种。

（二）水产资源

1. 近海资源

辽宁近海生物资源丰富，品种繁多，有 3 大类 520 多种。第一类浮游生物 107 种；第二类底栖生物 280 多种，主要有蛤、蚶、鲍鱼、海胆、牡蛎、海参、扇贝等；第三类游泳生物 137 种，包括头足类和哺乳类动物。全省沿海捕捞业直接利用的底栖生物和游泳生物有鱼类 117 种。其中有经济价值的 70 多种，如小黄鱼、大黄鱼、带鱼、鲅鱼、鳕鱼、鲳鱼等；虾类 20 多种，主要是对虾、毛虾、青虾等；蟹类 10 多种，主要是梭子蟹和中华绒螯蟹等；贝类 20 多种，主要有蚶、蛤、蛏等。全省开发近海渔业生产潜力相当可观，近海水域二级生产力达 320×10^4 t，其中滩涂养贝生产潜力 100×10^4 t，沿岸动物生产潜力近 150×10^4 t，深水动物生产潜力 70×10^4 t。目前只利用了水域生产潜力的三分之一。

2. 内陆资源

全省内陆水域有淡水类资源 119 种，其中典型淡水鱼类 97 种，河口洄游鱼类 15 种，咸淡水鱼类 7 种。淡水鱼类经济价值较高的有鲤鱼、鲫鱼、罗非鱼、鲢鱼、鳙鱼、青鱼、虹鳟鱼、泥鳅和池沼公鱼等 20 多种；淡水虾蟹类有日本沼虾、中华绒螯蟹等 5 种；淡水贝类有无齿蚌和田园螺等 7 种。

四、野生植物资源

（一）珍稀树种种类与数量

辽宁有各种植物 161 科 2 200 余种，其中具有经济价值的 1 300 种以上。药用类 830 多种，如人参、细辛、五味子、党参、天麻、龙胆等；野果、淀粉酿造类 70 余种，如山葡萄、猕猴桃、山里红、山梨等；芳香油类 89 种，如月见草、薄荷、蔷薇等；油脂类 149 种，如松子、苍耳等，还有野菜类、杂料类、纤维类等。

全省珍稀树种种类有 55 种（含栽培），其中乔木 32 种，灌木 23 种（含栽培）。在珍稀树种中，已列为国家级珍稀濒危保护乔木种有 15 种，灌木种有 5 种。全省珍稀树种总面积 2 186 543.1 hm²，蓄积 13 120 949 m³，其中优势种分别为：红松面积 52 663.6 hm²，蓄积 4 992 062 m³，分别占全省林分面积蓄积的 1.21%、2.12%；樟子松面积 34 926.9 hm²，蓄积 1 606 636 m³，分别占 0.80%、0.68%；水曲柳面积 3 355.9 hm²，蓄积 221 42l m³，分别占 0.08%、0.09%；胡桃楸面积 74 291.5 hm²，蓄积 4 311 636 m³，分别占 1.70%、1.83%；黄波椤面积 628.6 hm²，蓄积 17 228 m³，分别占 0.01%、0.01%；紫椴面积 22 416.4 hm²，蓄积 1 971 966 m³，分别占 0.51%、0.84%。

（二）珍稀树种分布

全省珍稀树种资源分布十分复杂，只有准确地反映珍稀树种分布，才能为保护珍稀树种提供可靠依据。辽宁省主要珍稀树种及分布如下。

红松。红松主要分布在丹东、抚顺、本溪、铁岭 4 个市 13 个县（市、区）。分布面积在 4 500 hm² 以上，面积集中连片的有新宾满族自治县、清原满族自治县、本溪满族自治县、桓仁满族自治县、宽甸满族自治县和凤城市，占全省红松总面积的 71.54%、蓄积的 70.34%；分布面积在 1 000 hm² 以上的有东港市、岫岩满族自治县 2 个县（市），占红松总面积的 5.66%、蓄积的 4.86%；其他县（市、区）分布面积在 500 hm² 以下，属于少量或零星分布。

樟子松。樟子松主要分布在阜新、铁岭、沈阳、抚顺 4 个市 23 个县（市、区）。分布面积在 7 000 hm² 以上，面积集中连片的有昌图县、彰武县，占全省樟子松总面积的 42.52%、蓄积的 40.70%；分布面积在 4 000 hm² 以上的有建平县，占樟子松总面积的 11.89%、蓄积的 4.84%；分布面积在 1 000 hm² 以上的有康平县、抚煤集团、省林业厅直属林场、省固沙造林研究所，占樟子松总面积的 18.54%、蓄积的 25.06%；其他县（市、区）分布面积都在 100～500 hm²，属于少量分布。

水曲柳。水曲柳全省除盘锦市以外其他地区均有分布。分布面积在 300 hm² 以上的有新宾满族自治县、清原满族自治县和本溪满族自治县，占水曲柳总面积的 46.09%、蓄积的 53.38%；分布面积在 100 hm² 以上的有桓仁满族自治县、明山区、宽甸满族自治县、西丰县、省林业厅直属林场、省实验林场，占水曲柳总面积的 29.22%、蓄积的 34.63%，其他地区有少量或零星分布。

胡桃楸。胡桃楸主要分布在抚顺、本溪、丹东、铁岭 4 个市 12 个县（市、区）。分布面积在 10 000 hm² 以上的有新宾满族自治县、本溪满族自治县 2 个县，占胡桃楸总面积的 36.33%、蓄积的 45.81%；分布面积在 7 000 hm² 以上的有桓仁满族自治县、宽甸满族自治县和凤城市，占胡桃楸总面积的 35.70%、蓄积的 28.19%；分布面积在 2 000 hm² 以上的有抚顺县、清原满族自治县、辽阳县和岫岩满族自治县，占胡桃楸总面积的 15.71%、蓄积的 13.87%；其他地区有少量或零星分布。

黄波椤。黄波椤主要分布在抚顺、本溪、丹东、铁岭、辽阳 5 个市 8 个县（市、区）。分布面积在 20 hm² 以上的有抚顺县、新宾满族自治县、明山区、本溪满族自治县、桓仁满族自治县、凤城市、辽阳县和铁岭县，占黄波椤总面积的 52.96%、蓄积的 54.97%；其他地区除盘锦市以外都有分布，占黄波椤总面积的 47.04%、蓄积的 45.03%。

紫椴。紫椴在全省除盘锦市以外其他地区均有分布。分布面积在 1 000 hm² 以上的有抚顺县、新宾满族自治县、清原满族自治县、本溪满族自治县、桓仁满族自治县、辽阳县、西丰县、医巫闾山自然保护区，占紫椴总面积的 72.84%、蓄积的 80.75%；其他地区只占黄波椤总面积的 27.16%、蓄积的 19.25%。

东北红豆杉。东北红豆杉主要分布在新宾满族自治县、清原满族自治县、本溪满族自治县、桓仁满族自治县、宽甸满族自治县等，垂直分布在海拔 640～1 200 m，多生于阴坡、半阴坡，树高 6～10 m，属于零星分布。

钻天柳。钻天柳主要分布在新宾满族自治县、清原满族自治县、本溪满族自治县、桓仁满族自治县、宽甸满族自治县、凤城市和铁岭县。该树种主要生长在河谷岸边、滩地冲积土、河淤土等土壤上。生长的群系为温性沟谷钻天柳林，垂直分布在海拔 200～700 m 的河岸两侧，属于零星分布。

银杏。银杏属于辽宁栽培物种。在丹东、大连、鞍山、沈阳、葫芦岛和营口的盖州市都有栽培。

长白松（美人松）。长白松属于辽宁栽培物种。长白松属于赤松变种，原产地能耐−44 ℃，目前在辽宁省的栽培地点有凤城市通远堡林场、清原满族自治县打边沟林场、海城市上商英林场、宽甸满族自治县白石砬子自然保护区、沈阳市植物园。

金钱松。金钱松生长于温暖地带，在海拔 100～1 500 m 的针阔叶混交林中生长，辽宁省仅在营口鲅鱼圈区熊岳镇树木园有栽培。

水杉。水杉属于辽宁栽培物种。水杉为速生、喜光、耐寒、耐水湿、耐盐碱树种，在北纬 20°～40°之间生长，在大连、本溪、丹东、抚顺、沈阳、鞍山、营口等地均有栽培。

杜仲。杜仲属于栽培物种，适于温暖、湿润气候生长。在沈阳、抚顺、大连等地均有栽培。

核桃。核桃属于温带树种，喜生于土层深厚、肥沃湿润、排水良好的中沙壤土，在大连、营口、葫芦岛等有大面积栽培。

天女木兰。天女木兰属于小乔木，树高可达 8 m，主要生长于针阔混交林、温性杂木林和温性蒙古栎林之中，海拔在 200～1 300 m 的林区均有分布，在辽宁省主要分布在抚顺、本溪、丹东、营口和大连北部的 3 个县级市。

东北赤杨。东北赤杨属于寒温带植物。主要分布在桓仁满族自治县老秃顶子自然保护区、宽甸满族自治县白石砬子自然保护区。

坚桦。坚桦主要生长于海拔 700～1 200 m，温性、暖温性杂木林山脊岩石处。抚顺、本溪、丹东、大连的庄河，辽西部分地区干旱山坡地也有分布。

大白柳。大白柳多生长于温性杂木林中，分布范围较窄，多为海拔高度 200～500 m 的山谷河流沿岸。主要分布在宽甸满族自治县、桓仁满族自治县和本溪满族自治县。

杜松。杜松多生长于海拔 200～700 m，矮林、疏林和蒙古栎林植物群落中的山上部或顶部。在辽宁省主要分布在抚顺、本溪、丹东、铁岭县、开原市的东部以及盖州市东部地区。

花楸。花楸为小乔木，树高可达 8～12 m。主要生长于温性杂木林中，喜冷凉湿润气候。在辽宁省主要分布抚顺、本溪、丹东、鞍山的岫岩满族自治县、铁岭的西丰县。

刺楸。刺楸属五加科乔木，主要生长于海拔 400～1 000 m，排水良好的陡坡或山上腹。在辽宁省主要分布抚顺、本溪、丹东、营口市的盖州市、葫芦岛市的绥中县。

白皮松。白皮松为喜光树种，在气候温凉、土层深厚、肥沃的钙质土和黄土上生长良好。在辽宁省主要分布在沈阳、鞍山、大连、锦州、营口的盖州市。

光叶榉。光叶榉喜光，喜温暖湿润肥沃的土壤。在辽宁省主要分布在大连的旅顺口区、营口的鲅鱼圈区熊岳镇。

刺五加。刺五加属于辽宁的乡土树种，主要生长于海拔 600～1 200 m，针阔混交林、温性杂木林、温性栎林中的山体中上部，且数量较为集中。在辽宁省主要分布在铁岭、抚顺、本溪、丹东、鞍山的岫岩满族自治县、大连的庄河市地区。

刺参。刺参属于灌木，生长于海拔 800～1 300 m 的阴坡。在辽宁省主要分布于辽东龙岗山脉的上部或顶部，如新宾满族自治县钢山林场、桓仁满族自治县老秃顶子自然保护区、宽甸满族自治县白石砬子自然保护区、桓仁满族自治县二棚甸子林场和八里甸子林场以及花脖山地区。

东北茶藨子。东北茶藨子多生长于海拔 $300\sim1\,200$ m，在林下伴生灌木、草本植物生长。该物种分布范围较广，在全省各个地区山地的阴坡、半阴坡均有分布。

日本厚朴。日本厚朴属于木兰科木兰属，引入物种，主要分布在丹东市（凤城市）。

五、森林资源

（一）森林资源数量与结构

1. 林业用地面积

根据国家有关技术分类标准，将林业用地划分为有林地、疏林地、灌木林地、未成林地、苗圃地、无立木林地、宜林地、林业辅助用地（表 2.9）。全省林业用地面积 695.03×10^4 hm²，占全省总面积的 46.94%。全省森林覆盖率为 35.13%。

表 2.9　辽宁省林业用地面积结构表

地类 项目	有林地			疏林地	灌木林地			未成林地	苗圃地	无立木林地	宜林地	林业辅助用地	林业用地面积合计
	小计	林分	乔木经济林		小计	特规灌木林	其他灌木林						
面积/10^4 hm²	533.98	436.59	97.39	4.25	60.74	39.63	21.11	34.97	0.52	8.25	51.51	0.81	695.03
比例/%	76.83			0.61	8.74			5.03	0.07	1.19	7.41	0.12	100.00

资料来源：王文权. 辽宁森林资源［M］. 北京：中国林业出版社，2007。

2. 活立木储蓄量

按照林木类型不同，活立木蓄积包括林分蓄积、疏林地蓄积、四旁树蓄积和散生木蓄积，全省活立木总蓄积量 $24\,415.90\times10^4$ m³（表 2.10）。

表 2.10　辽宁省各类蓄积统计表

类别	林分	疏林地	散生木	四旁树	活立木总蓄积量
省合计/10^4 m³	23 527.63	63.12	47.86	777.29	24 415.90
比例/%	96.36	0.26	0.20	3.18	100.00

资料来源：王文权. 辽宁森林资源［M］. 北京：中国林业出版社，2007。

3. 森林资源结构

林业资源结构通常林种、树种、龄组和权属等结构，从不同角度反映森林系统功能、质量和经营状况。

（1）林种结构

根据森林主导利用功能，按照《森林法》规定，将有林地划分为防护林、特用林、用材林、薪炭林、经济林 5 大林种。在全省有林地中，防护林面积 $264.76 \times 10^4 \ hm^2$，蓄积 $12\ 649.05 \times 10^4 \ m^3$；特用林面积 $13.76 \times 10^4 \ hm^2$，蓄积 $906.37 \times 10^4 \ m^3$；用材林面积 $139.13 \times 10^4 \ hm^2$，蓄积 $9\ 785.72 \times 10^4 \ m^3$；薪炭林面积 $18.94 \times 10^4 \ hm^2$，蓄积 $186.49 \times 10^4 \ m^3$；经济林面积 $97.39 \times 10^4 \ hm^2$（表 2.11）。

表 2.11　辽宁省各林种面积和蓄积及比例统计

项目 ＼ 林种	防护林	特用林	用材林	薪炭林	经济林
面积/$10^4 \ hm^2$	264.76	13.76	139.13	18.94	97.39
比例/%	49.58	2.58	26.05	3.55	18.24
蓄积/$10^4 \ m^3$	12 649.05	906.37	9 785.72	186.49	
比例/%	53.77	3.85	41.59	0.79	

资料来源：王文权. 辽宁森林资源［M］. 北京：中国林业出版社，2007。

（2）树种结构

根据树木的生态学和生物学特性，将全省组成林分的树种划分为 11 个树种组，其中主要树种组按面积排序前 5 位依次是柞树组、油松组、落叶松组、杨树组、刺槐组。5 个树种组的面积合计为 $392.98 \times 10^4 \ hm^2$，占全省林分面积的 90.01 %；其他树种组面积合计为 $43.61 \times 10^4 \ hm^2$，占 9.99 %。按蓄积排序前 5 位依次是柞树组、落叶松组、油松组、杨树组、刺槐组，5 个树种组蓄积合计为 $20\ 905.76 \times 10^4 \ m^3$，占全省林分蓄积的 88.86 %；其他树种蓄积 $2\ 621.87 \times 10^4 \ m^3$，占 11.14 %（表 2.12）。

表 2.12　辽宁省林分各树种面积蓄积及比例统计表

项目 ＼ 数种组	林分面积		林分蓄积	
	面积/$10^4 \ hm^2$	比例/%	蓄积量/$10^4 \ m^3$	比例/%
合计	436.59	100.00	23 527.63	
落叶松组	55.72	12.76	5 116.29	21.75
油松组	72.08	16.51	3 430.69	14.58
柞树组	191.17	43.79	9 353.22	39.76
刺槐组	31.72	7.26	647.43	2.75
杨树组	42.29	9.69	2 358.13	10.02
其他组	43.61	9.99	2 621.87	11.14

资料来源：王文权. 辽宁森林资源［M］. 北京：中国林业出版社，2007。

（3）龄组结构

根据树木的生物学特性及经营利用目的不同，将森林生长过程划分为幼龄林、中龄林、近熟林、成熟林和过熟林5个龄组。全省中、幼龄林面积占林分面积的88.70%，蓄积占林分蓄积的76.95%；近、过熟林面积占林分面积的11.30%，蓄积占林分蓄积的23.05%（表2.13）。

表 2.13　辽宁省各龄组面积蓄积及比例统计表

项目＼龄组	幼龄林	中龄林	近熟林	成熟林	过熟林
面积/$10^4 hm^2$	272.79	114.48	25.77	15.94	7.61
比例/%	62.48	26.22	5.90	3.65	1.75
蓄积/m^3	8 349.67	9 753.68	2 986.75	1 781.25	656.28
比例/%	35.49	41.46	12.69	7.57	2.79

资料来源：王文权. 辽宁森林资源［M］. 北京：中国林业出版社，2007。

（4）森林权属结构

权属包括林地权属和林木权属两个方面。林地权属划分为国有和集体两类；林木权属分为国有（包括林业系统国有、非林业系统国有）、集体、非公有制、未定4类（表2.14、表2.15）。

全省林业用地国有权属$93.73×10^4$ hm^2，集体权属$601.30×10^4$ hm^2。其中，国有面积$83.96×10^4$ hm^2，蓄积$6 636.64×10^4$ m^3，其中林业系统国有面积$67.59×10^4$ hm^2，蓄积$5 252.20×10^4$ m^3；非林业系统国有面积$16.37×10^4$ hm^2，蓄积$1 384.44×10^4$ m^3。集体林面积$229.24×10^4$ hm^2，蓄积$12 682.24×10^4$ m^3。非公有制林分面积$123.00×10^4$ hm^2，蓄积$4 188.35×10^4 m^3$。权属未定面积$0.39×10^4$ hm^2，蓄积$20.40×10^4$ m^3。

表 2.14　辽宁省林业用地各权属面积及比例统计表

	项目＼林种	有林地	疏林地	灌木林	未成林	苗圃地	无立木林地	宜林地	林业辅助用地
国有	面积/$10^4 hm^2$	75.77	0.92	6.45	3.77	0.28	1.83	3.92	0.79
	面积比例/%	80.84	0.98	6.88	4.02	0.30	1.95	4.18	0.85
集体	面积/$10^4 hm^2$	458.21	3.33	54.29	31.20	0.24	6.42	47.59	0.02
	面积比例/%	76.20	0.55	9.03	5.19	0.04	1.07	7.91	0.01

资料来源：王文权. 辽宁森林资源［M］. 北京：中国林业出版社，2007。

表 2.15　辽宁省林分各权属面积蓄积及比例统计表

类别	国有		集体	非公有制	未定
	林业系统	非林业系统			
面积/10^4 hm²	67.59	16.37	229.24	123.00	0.39
面积比例/%			52.51	28.17	0.09
蓄积/10^4 m³	5 252.20	1 384.44	12 682.24	4 188.35	20.40
蓄积比例/%			53.90	17.80	0.09

资料来源：王文权. 辽宁森林资源［M］. 北京：中国林业出版社，2007。

4. 天然林资源

天然林是辽宁省森林资源的重要组成部分，是森林生态系统的主要组成部分，是人类社会赖以生存和发展的重要物质基础，是大自然馈赠给人类的绿色瑰宝，在全省经济和生态建设中发挥着重要作用。辽宁的天然林结构非常复杂，表现在树种繁多，林龄差异性较大，高矮不齐，直径粗细不一，林分总体质量不高，直接经济效益不大。但随着天然林资源保护工程的全面实施，全省天然林资源得到了有效的保护，开始逐步进入休养生息的良性发展阶段。

全省天然林面积 303.44×10^4 hm²，占全省林业用地总面积的 43.66%；天然林蓄积 11 369.91×10^4 m³，占全省活立木总蓄积的 46.57%。

在天然林分中，防护林面积 147.45×10^4 hm²，蓄积 8 126.83×10^4 m³，分别占天然林面积和蓄积的 69.59% 和 71.50%（表 2.16、表 2.17、表 2.18）。

天然林分按龄组划分，幼龄林面积 143.50×10^4 hm²，蓄积 4 497.35×10^4 m³；中龄林面积 58.57×10^4 hm²，蓄积 5 724.90×10^4 m³。天然林分幼、中龄林面积和蓄积分别占天然林面积和蓄积的 95.37% 和 89.94%。

天然林资源主要分布在辽东地区，丹东、抚顺、本溪 3 市天然林面积 157.44×10^4 hm²，占全省天然林资源的 51.89%。

表 2.16　辽宁省天然林各地类面积及比例统计表

类别　＼　地类	总面积	林分	疏林地	灌木林地	乔木经济林	封育未成林
面积/10^4 hm²	303.44	211.88	0.57	40.84	44.08	6.07
所占比例/%	100.00	69.83	0.18	13.46	14.53	2.00

资料来源：王文权. 辽宁森林资源［M］. 北京：中国林业出版社，2007。

表 2.17　辽宁省天然林分各林种面积、蓄积及比例表

林种	面积/$10^4 hm^2$	所占比例/%	蓄积/$10^4 m^3$	所占比例/%
防护林	147.45	69.59	8 126.83	71.50
特用林	4.68	2.21	418.99	3.69
用材林	45.26	21.36	2 655.89	23.37
薪炭林	14.49	6.84	163.69	1.44
合计	211.88	100.00	11 365.40	100.00

资料来源：王文权. 辽宁森林资源［M］. 北京：中国林业出版社，2007。

表 2.18　辽宁省天然林分各龄组面积、蓄积及比例表

龄组	面积/$10^4 hm^2$	所占比例/%	蓄积/$10^4 m^3$	所占比例/%
幼龄林	143.50	67.73	4 497.35	39.57
中龄林	58.57	27.64	5 724.90	50.37
近熟林	6.50	3.07	739.81	6.51
成熟林	3.18	1.50	387.04	3.41
过熟林	0.13	0.06	16.30	0.14
合计	211.88	100.00	11 365.40	100.00

资料来源：王文权. 辽宁森林资源［M］. 北京：中国林业出版社，2007。

5. 人工林资源

人工林在恢复和重建森林生态系统，提供木材产品，改善生态环境等方面起着越来越大的作用。培育人工林资源是改善人居环境，缓解林产品供需矛盾，促进地区经济发展的有效途径。辽宁省从 20 世纪 30 年代初就开始营造人工林，但都是结构简单的纯林，到 60 年代初，林业工作者逐渐认识到人工纯林的病虫害比较严重，人工针叶林导致林地土壤不断恶化等，因此，开始提倡营造或诱导针阔混交林。由于当时对树种的生态习性和生长规律认识不足，有的造林地块没有遵循适地适树的原则，将红松、黄波椤、水曲柳等适于冠下造林更新的树种成片地营造在裸露的荒坡、采伐迹地上，致使成活率不高，所以当时营造的针阔混交林保存面积不多，而一些条件较好的地方，靠天然下种和萌生形成一些针阔混交林。因此，辽宁人工林由于历史原因造成纯林比例过大，不可避免地造成林地土壤灰化和板结，并有地力逐渐衰退的迹象；同时林分对雪压、风倒、病虫害、火灾等的抵抗能力较弱。落叶松的早期落叶病和枯梢病，红松的疱锈病，赤松、油松的松干蚧，杨树的透翅蛾、杨干象和腐烂病等危害十分严重，有的林分成片死亡。改革开放以后，特别是近 10 年，省委省政府高度重视人工林资源的培育，采取一系列政策措施，逐渐重视营造混交林，使全省人工林资源有了较大发展，林分质量也有很大改善，混交林比例逐渐提高，人工林成为全省森林资源的主体，是森林生态系统的主要组成部分。

全省人工林面积 330.52×10^4 hm^2，占全省林业用地总面积的 47.55%；人工林蓄积 $12\,220.83\times10^4$ m^3，占全省活立木总蓄积的 50.05%（表2.19）。

表 2.19　辽宁省人工林各地类面积及比例统计表

类别＼地类	总面积	林分	疏林地	灌木林地	乔木经济林	造林未成林
面积/10^4 hm^2	330.52	224.71	3.69	19.91	53.30	28.91
所占比例/%	100.00	67.98	1.12	6.02	16.13	8.75

资料来源：王文权. 辽宁森林资源 ［M］. 北京：中国林业出版社，2007。

在人工林分中，防护林面积 117.31×10^4 hm^2，蓄积 $4\,522.22\times10^4$ m^3，分别占人工林面积和蓄积的 52.21% 和 37.18%（表2.20）。

表 2.20　辽宁省人工林分各林种面积、蓄积及比例表

林种	面积/10^4 hm^2	所占比例/%	蓄积/10^4 m^3	所占比例/%
防护林	117.31	52.21	4 522.22	37.18
特用林	9.08	4.04	487.37	4.01
用材林	93.87	41.77	7 129.84	58.62
薪炭林	4.45	1.98	22.80	0.19
合计	224.71	100.00	12 162.23	100.00

资料来源：王文权. 辽宁森林资源 ［M］. 北京：中国林业出版社，2007。

在人工林分中，幼龄林面积 129.29×10^4 hm^2，蓄积 $3\,852.32\times10^4$ m^3；中龄林面积 55.91×10^4 hm^2，蓄积 $4\,028.78\times10^4$ m^3。人工林分幼、中龄林面积和蓄积分别占人工林面积和蓄积的 82.41% 和 64.80%（表2.21）。

表 2.21　辽宁省人工林分各龄组面积、蓄积及比例表

龄组	面积/10^4 hm^2	所占比例/%	蓄积/10^4 m^3	所占比例/%
幼龄林	129.29	57.54	3 852.32	31.67
中龄林	55.91	24.88	4 028.78	33.13
近熟林	19.27	8.58	2 246.94	18.48
成熟林	12.76	5.68	1 394.20	11.46
过熟林	7.48	3.32	639.99	5.26
合计	224.71	100.00	12 162.23	100.00

资料来源：王文权. 辽宁森林资源 ［M］. 北京：中国林业出版社，2007。

6. 灌木林资源

灌木是宝贵的生物资源，它耗水量小、耐干旱、耐盐碱、耐高寒，具有很强的复壮更新和自然修复能力，是辽宁省西部地区重要的造林树种，是治理水土流失、涵养水源、防风固沙等生态公益林建设的重要混交树种，是平原地区、城镇乡村绿化、美化的重要伴生树种。辽宁省灌木林分布广泛，生态防护效益非常显著，尤其在辽西地区，改善和发展灌木林资源对改善生态环境极其重要。

辽宁省灌木林面积 60.74×10^4 hm^2，其中国家特别规定灌木林主要分布在辽西地区，39.63×10^4 hm^2，朝阳市 35.48×10^4 hm^2 灌木林全是国家特别规定灌木林，占全省灌木林总面积的 58.4%（图 2-13）。

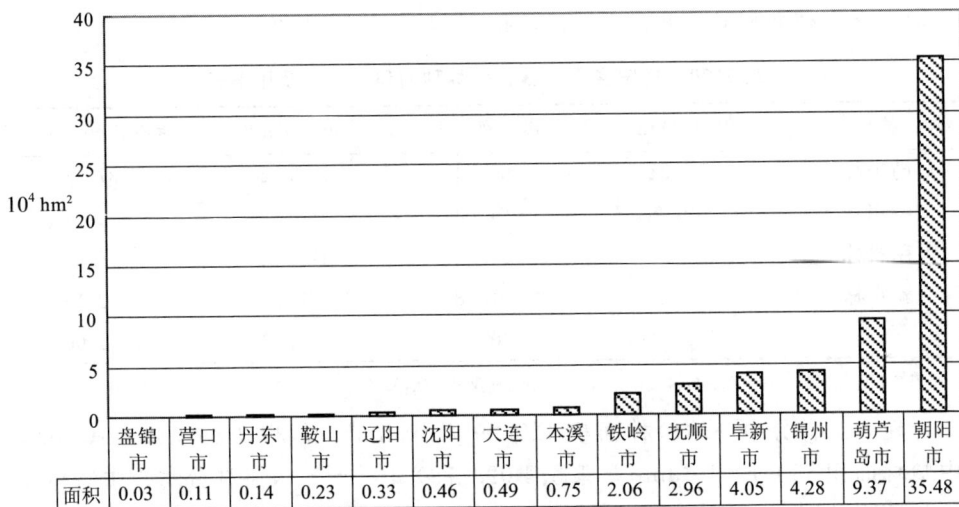

	盘锦市	营口市	丹东市	鞍山市	辽阳市	沈阳市	大连市	本溪市	铁岭市	抚顺市	阜新市	锦州市	葫芦岛市	朝阳市
面积	0.03	0.11	0.14	0.23	0.33	0.46	0.49	0.75	2.06	2.96	4.05	4.28	9.37	35.48

图 2-13　辽宁省灌木林面积分布图

资料来源：王文权. 辽宁森林资源 [M]. 北京：中国林业出版社，2007。

7. 经济林资源

全省经济林面积 102.11×10^4 hm^2，其中乔木经济林面积 97.39×10^4 hm^2，灌木经济林面积 4.72×10^4 hm^2。按亚林种划分为果树林、食用原料林、蚕场和其他经济林（表 2.22、图 2-14）。

表 2.22 辽宁省各市蚕场面积及比例统计表

市名	面积/$10^4 hm^2$	所占比例/%
沈阳市	0.07	0.14
大连市	6.03	11.58
鞍山市	17.05	32.75
抚顺市	0.70	1.35
本溪市	0.70	1.35
丹东市	12.66	24.32
营口市	6.60	12.68
辽阳市	1.96	3.75
铁岭市	6.29	12.08
合计	52.06	100.00

资料来源：王文权. 辽宁森林资源 [M]. 北京：中国林业出版社，2007。

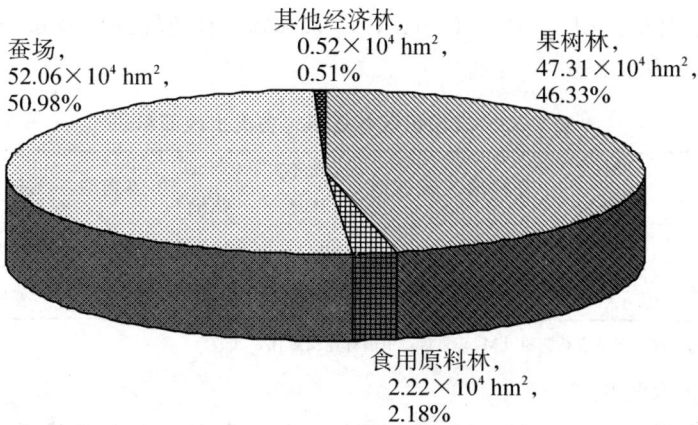

图 2-14 辽宁省经济林各亚林种面积图

资料来源：王文权. 辽宁森林资源 [M]. 北京：中国林业出版社，2007。

在乔木经济林中，蚕场面积 52.06×10^4 m^3，大枣面积 1.40×10^4 hm^2，大扁杏面积 2.64×10^4 hm^2，其他经济林面积 41.29×10^4 hm^2。在灌木经济林中，山杏面积为 1.95×10^4 hm^2，其他灌木经济林面积 2.77×10^4 hm^2。另外，按照灌木林的主导功能，全省将 14.57×10^4 hm^2 山杏按灌木林划为公益林，目前全省两杏一枣面积 20.56×10^4 hm^2。全省蚕场面积 52.06×10^4 hm^2，占林业用地面积的 7.49%，其中沙化严重而且土层较薄的蚕场面积为 8.92×10^4 hm^2。鞍山市的岫岩县蚕场资源分布较多，面积为 17.05×10^4 hm^2，占全省的 32.75%；其次

是丹东市和铁岭市。

（二）森林资源分布

1. 森林资源区域分布

根据全省地貌类型和植物区系分布特点，按照生态优先，突出特点，强化保护，重在发展的原则，将辽宁省林业生态建设划分为 3 大区域，即辽东山区、辽中南平原沿海地区、辽西北地区。

（1）辽东山区

①林业用地面积

区域内林业用地面积 375.27×10^4 hm^2，占全省林业用地面积的 53.99%，森林覆盖率 61.46%。有林地面积 342.53×10^4 hm^2（林分 278.52×10^4 hm^2、乔木经济林 64.01×10^4 hm^2），有林地面积占该区域林业用地面积的 91.28%；疏林地面积 0.58×10^4 hm^2，占 0.15%；灌木林地面积 6.17×10^4 hm^2（国家特别规定灌木林 1.72×10^4 hm^2、其他灌木林 4.45×10^4 hm^2），占 1.64%；未成林地面积 14.29×10^4 hm^2，占 3.81%；苗圃地面积 0.09×10^4 hm^2，占 0.02%；无林地面积 11.26×10^4 hm^2，占 3.00%；林业辅助用地 0.35×10^4 hm^2，占 0.10%（表 2.23）。

表 2.23　辽东山区林业用地各类土地面积表

类别	林业用地	有林地	疏林地	灌木林地	未成林地	苗圃地	无林地	林业辅助用地
面积/10^4 hm^2	375.27	342.53	0.58	6.17	14.29	0.09	11.26	0.35
比例/%	100	91.28	0.15	1.64	3.81	0.02	3.00	0.10

资料来源：王文权. 辽宁森林资源 [M]. 北京：中国林业出版社，2007。

②活立木蓄积量

区域内活立木蓄积 18 113.99×10^4 m^3，占全省活立木总蓄积的 74.19%，其中林分蓄积 17 983.71×10^4 m^3，占区域内活立木蓄积的 99.28%；疏林蓄积 9.58×10^4 m^3，占 0.05%；散生木蓄积 35.29×10^4 m^3，占 0.19%；四旁树蓄积 85.41×10^4 m^3，占 0.48%（表 2.24）。

表 2.24　辽东山区林业用地各类蓄积量表

类别	活立木蓄积	林分蓄积	疏林蓄积	散生木蓄积	四旁树蓄积
蓄积/10^4 m^3	18 113.99	17 983.71	9.58	35.29	85.41
比例/%	100	99.28	0.05	0.19	0.48

资料来源：王文权. 辽宁森林资源 [M]. 北京：中国林业出版社，2007。

③自然状况

辽东山区是全省天然林保护和水源涵养林建设的核心区。行政区域范围为7个市31个县（市、区），地域范围为以辽河及长大铁路以东的东部山区地带，海拔500～1 200 m，总土地面积557.25×10⁴ hm²，占全省国土总面积的37.64%。气候属温带湿润区，土壤肥沃，降水量700～1 200 mm，年平均气温5～8 ℃，无霜期140～160 d，主要土壤为棕色森林土、暗棕壤等。该区主要植物群落是以红松为主的原生植物群落演变成现在的天然次生林，植被属于长白山植物区系混有华北区植物，植被类型以高大的人工、天然乔木林为主，代表树种有红松、油松、落叶松以及辽东栎、桦树、椴树、榆树、色树、水曲柳、胡桃楸、黄波椤等多种树种。

④建设重点

该区建设重点是依托生态公益林建设工程，全面停止天然林（公益林）商业性采伐，保护好现有植被，以生态保护和提高林分质量为主。通过封山育林，调整针阔结构来诱导混交林的形成，增强水源涵养能力。发展异龄针阔混交林，大力治理坡耕地、蚕场和参园，以控制水土流失。同时，实施果材林富民工程，积极发展工业原料林；适度发展种苗花卉业；适度开发林下资源，积极培育食用菌、中草药、山野菜采集及人工栽培、野生动物驯养等林业特色产业；开发特有的森林景观资源，大力发展森林旅游业，带动相关产业发展。

（2）辽中南平原沿海地区

①林业用地面积

区域内林业用地面积69.78×10⁴ hm²，占全省林业用地面积的10.04%。森林覆盖率20.24%。

有林地面积59.82×10⁴ hm²（林分面积41.71×10⁴ hm²、乔木经济林面积18.11×10⁴ hm²），占该区域林业用地面积的85.73%；疏林地面积0.48×10⁴ hm²，占0.69%；灌木林地面积0.88×10⁴ hm²（国家特别规定灌木林0.38×10⁴ hm²、其他灌木林0.50×10⁴ hm²），占1.26%；未成林地面积3.48×10⁴ hm²，占4.99%；苗圃地面积0.15×10⁴ hm²，占0.21%；无林地面积4.90×10⁴ hm²，占7.02%；林业辅助用地0.07×10⁴ hm²，占0.10%（表2.25）。

表 2.25 辽中南平原沿海地区林业用地各类土地面积表

类别	林业用地	有林地	疏林地	灌木林地	未成林地	苗圃地	无林地	林业辅助用地
面积/$10^4 hm^2$	69.78	59.82	0.48	0.88	3.48	0.15	4.90	0.07
比例/%	100.00	85.73	0.69	1.26	4.99	0.21	7.02	0.10

资料来源：王文权. 辽宁森林资源 [M]. 北京：中国林业出版社，2007。

②活立木蓄积

区域内活立木蓄积 1 642.74×10^4 m^3，占全省活立木总蓄积的 6.73%，其中林分蓄积 1 426.98×10^4 m^3，占区域内活立木蓄积 86.87%；疏林蓄积 7.69×10^4 m^3，占 0.47%；散生木蓄积 2.99×10^4 m^3，占 0.18%；四旁树蓄积 205.08×10^4 m^3，占 12.48%（表 2.26）。

表 2.26 辽中南平原沿海地区各类蓄积量表

类别	活立木蓄积	林分蓄积	疏林蓄积	散生木蓄积	四旁树蓄积
蓄积/$10^4 m^3$	1 642.74	1 426.98	7.69	2.99	205.08
比例/%	100.00	86.87	0.47	0.18	12.48

资料来源：王文权. 辽宁森林资源 [M]. 北京：中国林业出版社，2007。

③自然状况

辽中南平原沿海地区是全省防护林体系和城镇绿化建设的集中区。行政区域范围为 7 个市 33 个县（市、区），地域范围是以长白山余脉千山山系，由东北走向西南，一直伸入到黄海、渤海，海拔多在 400 m 以下。总土地面积 295.59×10^4 hm^2，占全省国土总面积的 19.96%。气候属暖温带半湿润区，土壤肥沃。本区受海洋季风影响，气候温和，年平均气温 9～10 ℃，年降水量 600～800 mm，无霜期 180～210 d，主要土壤为棕色森林土、盐碱土、草甸土、水稻土、风沙土、沼泽土等。该区域主要植被类型属暖温带落叶阔叶林地带，长白、华北植物区系，地带性森林植物群落是以松栎林为主，代表树种有赤松、油松、蒙古栎、麻栎、槲栎、辽东栎、臭椿、刺榆等。

④建设重点

该区建设重点是以生态建设升位为重点，实施沿海防护林体系工程建设，加快隙地造林、城市绿化和村屯绿化，提高绿化水平，进一步完善农田林网，建立起以沿海防护林为主体的综合防护网络；形成以生态系统多样性为主要特征的城市森林建设体系，提高城市绿化档次，提升城市生态品位，为城市建设提供绿色保障；同时充分利用辽河平原及中部城市群的优势，大力发展杨树速生丰产林基地和名特优经济林种苗、花卉基地；重点发展木质品加工业，建设全省最大的木材生产加工基地；加快生态旅游与国际接轨的步伐，进一步提升全省森林旅游业发展水平。

（3）辽西北地区

①林业用地面积

区域内林业用地面积为 249.98×10^4 hm²，占全省林业用地面积的 35.97%。其中，有林地面积为 131.63×10^4 hm²（其中林分 116.36×10^4 hm²、乔木经济林 15.27×10^4 hm²），占该区域林业用地面积 52.66%；疏林地面积 3.19×10^4 hm²，占 1.28%；灌木林地面积 53.70×10^4 hm²（国家特别规定灌木林 0.38×10^4 hm²，其他灌木林 0.50×10^4 hm²），占 21.48%；未成林地面积 17.20×10^4 hm²，占 6.88%；苗圃地面积 0.28×10^4 hm²，占 0.11%；无林地面积 43.60×10^4 hm²，占 17.44%；林业辅助用地 0.38×10^4 hm²，占 0.15%（表 2.27）。

表 2.27　辽西北地区林业用地各类土地面积表

类别	林业用地	有林地	疏林地	灌木林地	未成林地	苗圃地	无林地	林业辅助用地
面积/10⁴ hm²	249.98	131.63	3.19	53.70	17.20	0.28	43.60	0.38
比例/%	100.00	52.66	1.28	21.48	6.88	0.11	17.44	0.15

资料来源：王文权. 辽宁森林资源 [M]. 北京：中国林业出版社，2007。

②活立木蓄积

区域内活立木蓄积 4659.17×10^4 m³，占全省活立木总蓄积的 19.08%，其中林分蓄积 4116.94×10^4 m³，占区域内活立木蓄积 88.36%；疏林蓄积 45.84×10^4 m³，占 0.98%；散生木蓄积 9.59×10^4 m³，占 0.21%；四旁树蓄积 486.80×10^4 m³，占 10.45%（表 2.28）。

表 2.28　辽西北地区各类蓄积量表

类别	活立木蓄积	林分蓄积	疏林蓄积	散生木蓄积	四旁树蓄积
蓄积/10⁴ m³	4 659.17	4 116.94	45.84	9.59	486.80
比例/%	100.00	88.36	0.98	0.21	10.45

资料来源：王文权. 辽宁森林资源 [M]. 北京：中国林业出版社，2007。

③自然状况

辽西北地区是全省治理沙化、荒漠化，增加森林植被和加快生态建设的重点区。行政区范围为 6 个市 36 个县（市、区），地域范围主要是辽河以西开阔的低山丘陵地带，海拔在 $50 \sim 600$ m。总土地面积 627.80×10^4 hm²，占全省国土面积的 42.40%。区域内多低山丘陵，河流纵横，滩地开阔，沙化、荒漠化较为严重。气候属暖温带半湿润区，亚湿润干旱区，本区受亚热带大陆气团的影响，热量条件较好，但水分条件极差，光照条件充足，年平均气温为 6~8 ℃，年降水量 500 mm 以下，无霜期 140~160 d，主要土壤为褐土、风沙土、盐碱土、草甸土等。该区域植被类型部分地区属温带森林草原地带，蒙古植物区系以外，绝大部分地区属暖温带落叶阔叶林地带，为华北植物区系。地带性森林植被群落是油松、栎林，代表树种有油松、辽东栎、槲栎、槲树、麻栎、臭椿、小叶朴、山杏、酸枣、荆条等。

④建设重点

该区建设重点是以保护和加快增加森林植被为重点，实行封、飞、造结合，乔、灌、草合理配置，大力实行退耕还林（草）和沙化、荒漠化土地治理工程，增加植被，扩大绿化面积，提高森林植被覆盖率。要坚持生物措施与工程措施相结合，植树种草与沙区开发相结合，在垦殖区大力营造防风固沙林和农田防护林。同时，积极发展杨树速生丰产林和工业原料林，加快林纸一体化建设，重点发展核桃、山杏、大扁杏、沙棘等特色经济林基地和名优特新种苗花卉基地，在风沙危害严重地区，鼓励发展林草结合产业。

2. 森林资源按行政区分布

（1）林业用地面积

全省林业用地面积 695.03×10^4 hm²，其中林业用地面积在 100×10^4 hm² 以上的市有丹东市、朝阳市；林分面积在 50×10^4 hm² 以上的市有抚顺市和本溪市（表 2.29）。

表 2.29　辽宁省各行政区林业用地面积结构表

地类 单位/ 10^4 hm²	林业用地面积合计	有林地		疏林地	灌木林地		未成林地	苗圃地	无立木林地	宜林地	林业辅助用地
		林分	乔木经济林		国家特别规定灌木林	其他灌木林					
全省	695.03	436.59	97.39	4.25	39.63	80.51	34.79	0.52	8.23	51.50	0.81
沈阳市	20.75	13.48	0.92	0.42	0.23	0.24	2.28	0.11	0.51	2.46	0.10
大连市	50.82	30.28	14.83	0.35	0.21	0.28	1.77	0.04	0.64	2.40	0.02
鞍山市	46.85	21.85	21.04	0.05	0.03	0.20	2.54	0.01	0.47	0.65	0.01
抚顺市	84.13	71.92	2.31	0.13	0.41	2.55	3.11	0.03	1.05	2.37	0.25
本溪市	67.41	59.88	2.49	0.10	0.15	0.60	3.36	0.02	0.24	0.55	0.03
丹东市	101.06	77.72	18.38	0.14	0.04	0.02	3.58	0.02	0.55	0.51	0.02
锦州市	28.16	11.78	3.25	0.45	0.06	4.15	1.51	0.03	1.01	5.75	0.03
营口市	26.05	12.53	10.67	0.17	0.06	0.05	1.23	0.01	0.12	1.21	0.00
阜新市	35.79	23.65	1.10	0.42	0.19	3.86	1.03	0.08	1.37	3.99	0.10
辽阳市	19.32	14.35	3.24	0.01	0.06	0.26	0.14	0.02	0.18	1.05	0.01
盘锦市	1.18	0.56	0.03	0.01	0.01	0.02	0.34	0.02	0.01	0.18	0.00

| 地类

单位/
$10^4\,hm^2$ | 林业用地面积合计 | 有林地 | | 疏林地 | 灌木林地 | | 未成林地 | 苗圃地 | 无立木林地 | 宜林地 | 林业辅助用地 |
		林分	乔木经济林		国家特别规定灌木林	其他灌木林					
铁岭市	51.89	32.62	8.79	0.22	1.13	0.93	2.24	0.03	0.99	4.67	0.08
朝阳市	107.52	44.62	3.29	1.33	35.48	0.00	6.62	0.08	0.80	15.16	0.14
葫芦岛市	54.10	21.35	7.05	0.45	1.50	7.87	5.04	0.03	0.23	10.55	0.02

资料来源：王文权. 辽宁森林资源［M］. 北京：中国林业出版社，2007。

（2）活立木蓄积量

全省活立木总蓄积 22 798.19×10^4 m³，其中活立木蓄积、林分蓄积在 4 000×10^4 m³ 以上的市有丹东市、抚顺市和本溪市（表2.30）。

表 2.30　辽宁省各行政区活立木蓄积统计表　　（单位：10^4 m³）

单位	活立木总蓄积	林分蓄积	疏林蓄积	散生木蓄积	四旁树蓄积
沈阳市	1 002.67	911.58	15.69	0.60	74.80
大连市	875.87	749.04	2.38	1.50	122.95
鞍山市	827.00	748.22	2.39	3.39	73.01
抚顺市	6 287.51	6 271.21	2.26	10.21	3.83
本溪市	4 474.32	4 464.15	2.63	4.17	3.37
丹东市	4 529.41	4 495.96	2.53	9.15	21.77
锦州市	554.30	504.20	4.39	0.78	44.93
营口市	87.79	71.62	0.08	0.27	15.82
阜新市	802.96	765.04	4.44	1.57	31.91
辽阳市	336.82	382.86	0.45	2.22	11.29
盘锦市	66.88	57.53	0.12	0.08	9.15
铁岭市	2 446.39	2 329.15	6.71	8.53	102.00
朝阳市	1 557.71	1 354.40	16.26	2.59	184.46
葫芦岛市	506.27	422.67	2.79	2.80	78.00

资料来源：王文权. 辽宁森林资源［M］. 北京：中国林业出版社，2007。

六、矿产资源

辽宁处于环太平洋成矿北缘，地质成矿条件优越，矿产资源丰富，种类配套齐全，区位条件好。目前已发现各类矿产 120 种，其中已获得探明储量的有 116 种。对国民经济有重大影响的 45 种主要矿产中，辽宁省有 36 种，

620 处矿产地（表 2.31）。

表 2.31　截至 2006 年年底辽宁省矿产查明资源储量统计表

矿类	序号	矿产名称	单位	矿区数/个	基础储量		资源量	查明资源储量
					储量			
			合计 10^3 t	494	2 590 145.4	4 974 884.9	2 146 380.5	7 121 265.4
能源矿产	1	煤炭	无烟煤 10^3 t	206	81 634.7	276 729.5	171 069.3	447 798.8
			烟煤 10^3 t	279	2 257 643.2	4 002 428.3	1 409 979.1	5 412 407.4
			炼焦用煤 10^3 t	193	1 132 029.8	1 880 580.0	504 144.1	2 384 724.0
			褐煤 10^3 t	15	238 414.5	677 504.5	411 623.0	1 089 127.5
	2	油页岩	10^3 t	3	31 645.0	2 661 743.0	1 283 571.0	3 945 314.0
	3	石煤	10^3 t	3	985.0	3 490.5	2 425.0	5 915.5
黑色金属矿产	4	铁矿	矿石 10^3 t	240	3 131 921.7	7 015 917.7	5 398 458.8	12 414 376.5
	5	锰矿	矿石 10^3 t	6	8 291.0	12 843.7	30 242.9	43 086.6
有色金属矿产	6	铜矿	铜 t	34	118 761.0	146 802.1	71 040.4	217 842.5
	7	铅矿	铅 t	87	82 252.1	150 350.5	177 527.8	327 878.2
	8	锌矿	锌 t	63	234 028.2	387 761.7	449 062.4	836 824.1
	9	铝土矿	矿石 10^3 t	4	—	—	8 726.0	8 726.0
	10	镁矿	矿石 10^3 t	1	—	—	622.4	622.4
	11	镍矿	镍 t	2	—	—	12 652.2	12 652.2
	12	钴矿	钴 t	1	—	—	1 304.0	1 304.0
	13	钨矿	WO_3 t	2	—	—	622.6	622.6
	14	锡矿	锡 t	1	—	—	1 028.0	1 028.0
	15	钼矿	钼 t	26	76 581.0	103 997.1	153 742.6	257 739.7
贵重金属矿产	16	金矿	金 kg	169	27 187.9	44 879.7	68 446.4	113 326.1
	17	银矿	银 t	17	343.4	825.0	694.5	1 519.5

矿类	序号	矿产名称	单位	矿区数/个	基础储量		资源量	查明资源储量
					储量			
	18	铌矿	铌(钶)铁矿 t	1	—	—	5.0	5.0
	19	钽矿		1	—	—	31.0	31.0
	20	锆矿	锆英石 t	2	—	—	10 747.0	10 747.0
	21~30	稀土矿	独居石 t	2	—	—	1 440.0	1 440.0
稀有稀土金属矿产	31	镓矿	镓 t	1	—	—	53.0	53.0
	32	铟矿	铟 t	1	—	—	37.0	37.0
	33	铊矿	铊 t	1	—	—	39.0	39.0
	34	铼矿	铼 t	1	—	—	4.0	4.0
	35	镉矿	镉 t	1	—	—	300.0	300.0
	36	硒矿	硒 t	1	—	—	5.0	5.0
	37	碲矿	碲 t	1	—	—	2.0	2.0
	38	红柱石	红柱石 t	2	—	—	6 314 080.0	6 314 080.0
	39	菱镁矿	矿石 10^3 t	75	831 411.8	1 623 133.0	1 672 416.6	3 295 549.6
	40	普通萤石		13	24.0	657.9	288.0	945.9
			矿石 10^3 t	2	3.2	22.1	3.6	25.7
	41	熔剂用灰岩	矿石 10^3 t	12	624 097.9	905 160.7	1 349 748.2	2 254 908.9
冶金辅助原料非金属矿产	42	冶金用白云岩	矿石 10^3 t	12	228 475.2	484 204.1	62 907.2	547 111.3
	43	冶金用石英岩	矿石 10^3 t	12	14 019.7	68 021.9	36 299.8	104 321.7
	44	冶金用砂岩	矿石 10^3 t	1	884.0	1 708.0	2 100.0	3 808.0
	45	铸型用砂岩	矿石 10^3 t	1	1 349.7	1 748.3	—	1 748.3
	46	铸型用砂	矿石 10^3 t	1	53.0	53.0	—	53.0
	47	冶金用脉石英	矿石 10^3 t	12	1 041.8	1 438.3	100.8	1 539.1
	48	耐火黏土	矿石 10^3 t	26	712.4	22 664.7	102 619.7	125 284.4

矿类	序号	矿产名称	单位	矿区数/个	基础储量		资源量	查明资源储量
					储量			
化工原料非金属矿产	49	硫铁矿	矿石10³t	21	5 706.0	30 597.5	23 848.4	54 445.9
			硫10³t	5	1 891.0	2 335.0	691.0	3 026.0
	50	重晶石	矿石10³t	3	—	60.6	—	60.6
	51	电石用灰岩	矿石10³t	1	2 896.0	4 504.0	44 204.0	48 708.0
	52	化工用白云岩	矿石10³t	1	—	—	652.0	652.0
	53	含钾砂页岩	矿石10³t	2	—	—	588 076.0	588 076.0
	54	含钾岩石	矿石10³t	1	—	—	19.6	19.6
	55	化肥用蛇纹岩	矿石10³t	1	—	1.5	24.3	25.8
	56	泥炭	矿石10³t	3	629.0	1 018.0	—	1 018.0
	57	盐矿	NaCl10³t	3	—	—	—	—
	58	砷矿	砷t	1	—	—	20 837.0	20 837.0
	59	硼矿		49	12 009.8	26 434.5	4 018.8	30 453.4
	60	磷矿	矿石10³t	8	45 844.0	81 008.9	42 526.1	123 535.0

注：锆矿：折合为氧化锆（铪）总量为 6 663.14×10⁴ t（锆锆石按 63％折算，锆英石按 62％折算）；稀土矿：折合为稀土氧化物总量为 907.2 t（独居石按 63％折算，磷钇按 62％折算）；普通萤石：折合为氟化钙总量为 962.294 8×10³ t（矿石量按 64％折算），比上年 936.678 0×10³ t 增加 25.616 8×10³ t，增长率为 2.734 9％；铌钽铁矿：折合为铌钽氧化物总量为 0.350 0×10⁴ t（铌钽铁矿、铌铁矿、钽矿之矿物按 80％，褐钇铌矿按 45％、细晶石按 70％折算）；砷：折合为砷总量为 2.083 7×10⁴ t（雄/雌黄矿物按 65％折算）。

辽宁省矿产资源具有四个基本特点：一是矿产资源较丰富，配套性好；平均每万平方千米有大中型矿产地 36 处，是全国平均密度的两倍多。钢铁工业中所需的主元素矿产和辅助原料矿产、能源矿产基本配套齐全。二是矿产地集中，便于规模开发；石油、天然气集中在盘锦、沈阳；铁矿 95％分布在鞍山、本溪和辽阳；菱镁矿主要分布在鞍山和营口；滑石 80％在鞍山；硼矿的 98％在丹东；金刚石在大连。三是共、伴生矿产多，综合利用价值大；有色金属矿产，硼镁铁矿和磷铁矿等多为共、伴生矿产，伴有多种有益元素，尤其是伴有稀散元素矿产。四是埋藏浅，适宜露天开采；煤、铁矿产中有全国著名的抚顺、阜新、本溪、鞍山等露采矿山。

辽宁在世界上具有优势的矿产主要是菱镁矿。菱镁矿质地优良，埋藏浅，规划基期保有储量矿石量 25.6×10^8 t，分别占全国和世界的 85.6% 和 25% 左右。

在全国具有优势的矿产主要有硼、铁、金刚石、滑石、玉石、石油 6 种。硼矿共、伴生矿物多，品位较低，保有资源储量（B_2O_3）$2\ 630.0 \times 10^4$ t，占全国的 56.4%。铁矿以贫矿为主，多可露天开采，保有资源储量矿石量 110×10^8 t，占全国的 24.0%，居全国首位。金刚石质量较好，但品位偏低，保有资源储量 $2\ 029$ kg，占全国的 51.4%。滑石质量上乘，驰名中外，保有资源储量矿石量 $4\ 791.2 \times 10^4$ t，占全国的 20.1%，居全国第二位。玉石以质地细腻，色泽艳丽，晶莹剔透而闻名遐迩，被确定为主要候选"国石"，保有资源储量 9.4×10^4 t，居全国第二位。石油剩余可采储量 $19\ 558.0 \times 10^4$ t，占全国的 7.9%，居全国第四位。

具有比较（区位）优势的矿产主要有：煤、煤层气、天然气、锰、钼、金、银、熔剂灰岩、冶金用白云岩、冶金用石英岩、硅灰石、玻璃用石英岩、珍珠岩、耐火黏土、水泥用灰岩、沸石等。辽宁省本溪市桥头镇大台沟发现的亚洲最大铁矿，探明储量超过了 30×10^8 t，相当于鞍山和本溪地区所有铁矿矿区储量的总和，同时该矿具有埋藏深、矿体延深大、倾角陡、矿体规模大等特点，矿床工业类型属磁铁矿和赤铁矿混合型，为特大型铁矿床，铁矿石品位为 25%～62%，平均品位估计在 30%。但是本溪铁矿埋藏深度超过 $1\ 000$ m，开采成本很大，这将是辽宁大铁矿的瓶颈。[①]

辽宁省矿产资源集中成片分布现象非常突出，其中铁矿储量的 95% 以上分布在鞍山、辽阳、本溪一带；石油、天然气主要有盘锦油气田、渤海湾浅海区油气田、沈阳大民屯油气田等。煤炭主要分布于下辽河平原、辽西中生代盆地及太子河—浑江古生代台陷区。菱镁矿、滑石矿 90% 以上的储量集中分布在海城、大石桥地区；硼矿 70% 以上的储量集中分布在凤城市、宽甸县境内；钼矿 70% 以上的储量集中分布在锦西杨家杖子一带；金刚石则集中分布在瓦房店地区，为辽宁省目前唯一的原生金刚石产区；铅锌矿主要分布在凤城—宽甸、开原、建昌八家子等地区；金矿集中分布于丹东五龙—四道沟、阜新排山楼、盖州猫岭、清原下达堡、朝阳小塔子沟、凌源柏杖子等地区；锰矿 95% 以上的储量集中分布在朝阳瓦房子地区；铜矿主要分布于红透山及二棚甸子地区。不仅如此，煤、铁、菱镁矿、滑石、硼及建材原料等大宗矿

---

① 《辽宁发现亚洲最大铁矿　对铁矿石谈判"雪中送炭"》载中国广播网，2009-06-24；《辽宁大铁矿开采成本大　对铁矿石谈判影响甚微》载新华网，2009-06-28。

产多具有规模大、埋藏浅、利于露天开采等特点，并多分布于交通干线和大中城市附近，方便开发利用。

第三节 生态环境特征

一、土地退化

（一）水土流失

辽宁省地势自北而南、自东西向中部倾斜，山地丘陵大致分列于东西两侧，呈鞍形地貌。自第四纪以来，由于新构造运动的作用，山地曾多次间歇性上升，在河谷两侧普遍发育为三级或四级险地。辽宁省境内多山，山地丘陵占全省总面积的三分之二。由于受季风影响，夏季雨量集中，降水强度大，暴雨频繁，地表径流活动强烈。这些因素造成了辽宁省土壤侵蚀发生和发展的内因；而不合理的社会经济活动，诸如破坏森林、任意垦荒等，则作为外因加剧了土壤侵蚀的发展。辽宁省水土流失的面积达 55 933 km²，占总面积的 38.4%，其中耕地水土流失面积为 15 133 km²，占耕地总面积的 32.3%。多年来，虽有 40% 左右的水土流失地段获得了不同程度的治理，终因治理标准偏低而难以收到良好的治理效果，目前水土流失情况仍然非常严重。

辽西地区是辽宁省水土流失最为严重的地区，其水土流失面积竟高达 28 800 km²，占其总面积 39 800 km² 的 72%，大部分地区的侵蚀模数为 2 000 t/（年·km²）以上，最严重的为 5 000～8 000 t/（年·km²）。仅就朝阳地区而言，每年被冲走的表土超过 300×10⁴ t，其中损失无机养料即氮磷钾达 24×10⁴ t。自 1957 年以来，因水土流失而毁坏的耕地达 693 km²，约占全地区耕地总面积的 13%，到处呈现为沟壑纵横、大地切割、支离破碎、土层菲薄，甚至岩石裸露，植被光秃的自然景观，生态环境处于严重破坏之中。

素有"辽河平原绿色屏障"之称的辽宁省东部山区，其森林覆盖率占全省 50%。但由于不合理的土地利用，森林屡遭摧残，土壤侵蚀日趋加剧，仅该区 7 个林业县的统计，其水土流失面积已达 9 300 km²，约占其总面积 38 500 km² 的 25%，遭受水冲沙压的耕地超过 667 km²，侵蚀模数也由 20 世纪 60 年代的 100 t/（年·km²）上升为 200～400 t/（年·km²）。

辽河支流柳河流域每年输入辽河下游的泥沙量逐年加重，已由 1962 年以前的 2 000×10⁴ t，增加到目前的 5 000×10⁴～6 000×10⁴ t，致使辽河平均每年淤高 13 cm，20 多年已淤高 1～2 m，有的地段已成了地上河。

太子河流域，20 世纪 50 年代期间的侵蚀模数为 48.4t/（年·km²），70 年代为 122.2 t/(年·km^2)。

(二) 土壤沙化

辽宁省境内的风沙土面积约有 19.5×10^4 hm^2。其分布特征可分两类:一是大面积的风沙地,主要分布在西北部的彰武、阜新、康平、法库、建平、北票、昌图、新民、义县、台安、盘山等县境内,占全省风沙土面积的 80% 以上;二是省内一些大河的中、下游两岸和沿海带占 15%,其余 5% 分散于辽河、大小凌河、老哈河及其支流沿岸。风沙土极不稳定,如表面植被破坏或耕地无适当的保护措施,一经风蚀很易形成流沙。土壤沙化后,流沙不断迁移,侵占农田和牧场,淤高河道和水库,阻塞沟渠和道路,威胁村镇和房屋,直接对国民经济和人民生活造成危害。

新中国成立以后,通过营造固沙林和农田防护林、封沙育草、保护自然植被、实行草田轮作、改良土壤等措施,使风沙地区面貌有所改善。但由于某一时期政策上的失误和不合理的强化利用,不少草原土壤和农田遭到沙化的威胁。过度放牧和樵采以及农田无适宜的防护设施是造成沙化的重要原因。据调查,彰武县 5%~10% 的农田遭到风蚀沙压。特别是该县的阿尔乡畜牧场,20 世纪 50 年代流沙面积为 91 hm^2,到了 80 年代流沙面积扩大到 567 hm^2,30 年间扩大了 5 倍。阜新市 1979 年有天然草场 23.5×10^4 hm^2,目前已减少了 5.2×10^4 hm^2。彰武县新中国成立初期有草场 12×10^4 hm^2,目前只剩下 5.8×10^4 hm^2。

土壤遭受风蚀沙化,给农牧业生产带来十分严重的影响。根据台安县的调查,全县受风蚀耕地 9 333 hm^2,占耕地面积的 12.5%,其中地表出现肃离的约 5 200 hm^2,地表剥蚀深度 5 cm 的有 3 400 hm^2,剥蚀深度 5~15 cm 的约 667 hm^2。又据 1976 年(风蚀最严重的一年)的调查,全县耕地受中等风蚀的面积有 4 733 hm^2,其中毁种 667 hm^2,每公顷减产 1 500~2 250 kg。风蚀吹走大量表土,使地力减退,作物产量降低。据辽宁省风沙地改良利用研究所资料,如土壤被吹蚀厚度为 2.5 cm,则每公顷损失土壤 375 t,损失有机质 3 375 kg,氮素 225 kg,磷素 150 kg,粮食作物每公顷 750 kg 左右,牧草(干草)750~1 500 kg。

土壤风蚀沙化不但毁坏农田牧场,而且淤积堵塞河道、水库和渠道。据报道,彰武县和柳河河床近 30 年平均每年淤高 10 cm,现在河底比县中心点高出 68 cm,雨季洪水不能及时排泄,造成洪涝灾害。康平县四家子等地的排水渠系一年之中被风沙淤积 20~50 cm,降低了排水能力,每年不得不用大量劳力进行清淤,增加了生产成本。

（三）土壤盐渍化

辽宁省盐渍化土壤面积约有 47×10^4 hm²，分滨海盐渍化土壤和内陆盐渍化土壤。滨海盐渍化土壤（包括海涂）分布在东港、庄河、普兰店、长海、金州、大连、瓦房店、盖州、营口、盘山、大洼、凌海、兴城、绥中 14 个县（市）的沿海一带，面积约 20.0×10^4 hm²，约占盐渍化土总面积的 40%。内陆盐渍化土壤主要分布在自西丰、开原、铁岭、沈阳、鞍山、海城一线以西的昌图、铁岭、法库、康平、彰武、新民、辽中、台安等县（市），面积约 26.7×10^4 hm²，约占盐渍土总面积的 60%，盐渍化土壤含盐量高、肥力低、结构差，因而其经济利用价值低（表 2.32）。

表 2.32　辽宁省盐渍化土壤主要分布区

滨海盐渍化土壤分布地点	面积/10^4 hm²	内陆盐渍化土壤分布地点	面积/10^4 hm²
鸭绿江口—庄河沿海地带	4.7	阜新市	5.3
普兰店—瓦房店沿海地带	2.3	鞍山市	2.3
盘锦地区	9.3	康法地区	15.5
大、小凌河之间地区	4.2	辽新地区	4.8
葫芦岛、兴城、绥中	0.9		

资料来源：尹德涛．辽宁省志·地理志 [M]．沈阳：辽宁民族出版社，2002。

阜新市土壤盐渍化面积达 3 750，因工程不配套、利用不合理、改良不彻底、粮食单产不高。例如，冯家子乡它其营子村盐渍化土壤面积越来越大，每公顷粮食产量由 3 750 kg 下降到 2 250 kg。康法地区盐渍化土壤 15.5×10^4 hm²，由于土壤理化性质不良，平均单产仅 2 250～3 000 kg/hm²。辽中、新民地区盐渍化土壤面积 4.8×10^4 hm²，平均单产仅 1 125 kg/hm² 左右。

土壤次生盐渍化主要是灌溉不合理，有灌无排或只灌不排以及农业技术管理粗放等原因造成的。沿海经多年种稻改良的滨海盐渍化土壤，在水源紧张年份，土壤含盐量仍出现回增趋势。在风沙干旱地区，由于强烈蒸发，使地下水盐分大量聚积地表，如果治理不及时，改良措施跟不上，会使盐渍化土壤面积逐渐扩大。彰武县土壤普查发现，因这种原因而造成土壤盐渍化的面积达 0.42×10^4 hm²，特别是该县冯家、侯贝营子和它其营子等地，因次生盐渍化而使耕地面积逐渐减少，有的变成不毛之地。辽宁省北部康法地区有涝洼地 5.9×10^4 hm²，由于工程措施不健全、标准较低、排涝效果不良，土壤次生盐渍化的威胁越来越大。

在沿海地区，由于水资源遭到破坏，采补失调，造成海水倒灌和土壤次生盐渍化。据大连甘井子区调查，该区地下水可开采量为 0.34×10^8 m³，实际开采量为 0.69×10^8 m³，超量开采一倍多，有一半水井中的水含氯离子量超过国家规定的标准，严重影响作物及蔬菜生产。锦州地区也有类似情况。东港市沿海有近 1.1×10^4 hm² 苇田，种苇已有百年历史，因缺淡水而采用潮汐水灌溉，使个别田块土壤含盐量增加。

二、自然灾害

（一）气象灾害

辽宁特殊的地理位置、地形和气候条件，使之成为全国气象灾害频繁且严重的省份之一。春季辽西有"十春九旱"之称，夏季暴雨常引起洪涝和山洪泥石流，春秋季大风、冰雹和霜冻以及夏季的低温冷害，冬季寒潮、大风雪等灾害性天气，常常危害国计民生，给国家和人民的生命财产带来重大的损失。据历史资料统计，新中国成立以来全省发生各种气象灾害 185 次。其中不同范围的水灾 40 次，旱灾 35 次，风雹灾 69 次，病虫灾 27 次，霜冻 14 次。在辽宁所发生的自然灾害中，气象灾害出现次数最多、危害最严重。辽宁气象灾害，大致可分为气候灾害和天气灾害两大类。这种划分方法主要结合生产实际和便于应用的角度。气候灾害时间较长，具有异常气候的性质，包括干旱、洪涝、低温冷害等。天气灾害包括大风、冰雹、雷暴、飑线、龙卷风、寒潮风雪等。气象灾害依其对辽宁国计民生影响的大小排列顺序大致是：暴雨洪涝、干旱、低温冷害和霜冻、风雹、寒潮、大风雪、大雾天气等。

辽宁气象灾害主要有如下特点：一是种类多。根据气象灾害成因，依出现的天气现象（系统）可划分为 17 种，加之由此诱发的灾害，可达数十种。二是范围广。辽宁气象灾害表现在 3 个方面：在时间上，一年四季都有灾害发生，如春季的晚霜冻、大风，夏季的暴雨洪涝，秋季的早霜冻及冻害，冬季的寒潮、暴风雪等；在空间上，辽宁的东西南北中部均有气象灾害发生；在危害面上，工业、农业、交通等各行各业及人民生命财产无不受到气象灾害的直接或间接影响。三是连锁反应显著。辽宁的某些气象灾害往往会引发、加重或抑制其他自然灾害。例如，暴雨先是引发山洪，随之产生泥石流，冲毁堤岸、淹没村庄。辽宁东南部的大洋河和鸭绿江等发生洪水时，还会因海水倒灌而水位猛增。风暴海啸一方面冲垮海堤、挡潮闸；另一方面以海潮顶托使江河洪水更加浩大。当台风或温带气旋袭击辽东、辽南时，在陆地上依次发生暴雨、山洪、江河洪水，在海上依次发生的大风、海啸、海潮顶托，都是环环相扣、互为因果、相继发生的，所以称为暴雨洪水灾害链。这种灾害在中国北方都是最典型的。四是群发性突出。由地形、地貌和中小尺度天气系统共同影响而发生的带有局地性的强对流天气，包括雪暴、冰雹及其伴随的大风和飑线、龙卷风等天气，其个体范围不大，有时是单个发生，而更常见的则是数种相伴出现，严重时一齐袭来，但时间先后顺序不定，无因果关系，不构成灾害链，而是一种群发性明显的灾害群。五是频率高。辽宁气象灾害虽有不同的年际变化，但每年都会发生几种灾害，暴雨、冰雹、大风灾害等年年都有发生。1949年以来，区域性的暴雨洪涝灾害共出现26次，发生频率达65％，如包括各种范围的洪涝灾害可达194次，平均一年出现近4次，有的年份更多。而范围大的低温冷害年出现5次及以上的年份，其发生频率为12％，平均8年发生1次。六是灾情严重。据对辽东山区20世纪80年代前期资料的估算，气象灾害所造成的巨大损失，仅对农业的影响，年平均可减产15％。此外，辽宁气象灾害还具有旱涝交叉出现，旱年中有涝的特点。辽东山区1958年5～7月雨水稀少，旱情严重，而到8月3～5日丹东等地区又出现了特大暴雨，造成严重的洪涝灾害。

1. 暴雨

辽宁是中国北方暴雨的多发区，在夏季易发生暴雨洪涝、山洪泥石流等灾害。辽宁暴雨的分布，自东南向西北，自沿海向内陆减少。根据气象资料统计，各地年平均暴雨日数1～5 d，丹东地区最多在4～5 d。有两个暴雨中心：一个在东南部鸭绿江下游的宽甸，年平均达5 d，有的年份多达8～9 d；另一个在辽河河谷、渤海沿岸的营口地区以及锦州地区沿海各县，年平均为2～3 d。朝阳地区北票和建平北部暴雨最少，年平均不足1 d。

暴雨集中出现在6～9月，尤以7～8月为最多，占暴雨总日数的60％以上。丹东、营口、大连等地最早出现在3月，大连最晚在12月也曾出现过暴雨。

导致致洪暴雨的天气成因，可概括为以下几个方面。

第一，副高偏北偏西活动及增强稳定的环流背景。在致洪暴雨过程前1～3 d，西太平洋副高有一次明显的西伸北进活动，使副高脊线达30°N以北，中心在30°～40°N、125°～140°E区域，形成副高偏北径向发展稳定的环流形势。

第二，低纬天气系统北上，形成暖湿气流输送通道。副高的偏北活动，受其后部的偏南气流引导，有利于热带气旋、低涡等低纬天气系统北上，在其右前方与副高后部之间形成东南或西南低空急流与高温高湿区相配合的暖湿气流输送通道，把来自热带海洋上的大量暖湿空气源源不断地向北方输送，为暴雨提供充沛的水汽和能量的输送条件。

第三，中、低纬天气系统的相互作用，形成耦合天气系统。致洪暴雨的主要影响天气系统有热带气旋、温带气旋和冷锋。这些天气系统是在中、低纬天气系统的相互作用下，获得再生发展，引起有效的和潜在的位势不稳定能量的大量释放，从而导致大暴雨和特大暴雨的形成。

第四，充足的物理环境条件。致洪暴雨与一般暴雨所不同的本质特征，必须具备充沛的水汽、大量的潜在而有效的位势不稳定能量和强烈的垂直运动等物理环境条件。

此外，千山山脉和辽西丘陵山地及其山间河谷的喇叭口地形，对于降水的辐合抬升增幅作用也是辽宁致洪暴雨形成的重要因素。

2. 洪涝

辽宁省的洪涝灾害主要是由暴雨形成的。暴雨导致江河泛滥，山区发生山洪泥石流，水库或其他挡水建筑物失事以及沿海地区由于强烈的大气扰动所引起的海面风暴潮差所造成的灾害均属于洪涝灾害。

从公元 221 年，三国时期魏明帝开始有灾情记载以来，到 2000 年已有 1780 年的历史，这期间各朝各代的灾情记载虽不够完整，但仍记录有 200 多年发生洪灾的事实。晚清以后，灾情记载较为完整。从 1840 年到新中国成立前夕 1948 年的 108 年间，辽宁省发生洪灾的年份有 39 年，平均每 3 年 1 次。其中大灾 21 年，平均每 5 年 1 次；特大灾 5 年，平均每 22 年 1 次。这个记载比较客观地反映了辽宁洪灾发生的频次。新中国成立以来，洪灾频次相对有所增加。1949～2000 年的 51 年间，全省发生洪灾的年份有 30 年，平均每 2 年发生 1 次。其中大灾 11 年，平均每 4 年 1 次；特大灾 5 年，平均每 10 年 1 次。

根据水灾造成的农田成灾面积、房屋倒塌和死亡人数计算出的水灾度，可以划分为大水年、小水年、局部水灾年、局地水灾年和基本无水灾年 5 个等级。

第一，大水年。水灾度大于 2.0 为大水年，有 1951 年、1953 年、1960 年、1985 年、1995 年 5 年。平均 10 年发生 1 次。年平均农田成灾面积为 60.7×10^4 hm^2，一般均在 42×10^4 hm^2 以上，最多的是 1985 年，超过 88×10^4 hm^2。年平均倒塌房屋为 14.3×10^4 间，一般超过 12×10^4 间，最多是 1960 年，达 18.5×10^4 间。年平均死亡人数为 1 526 人，1951 年最多达 3 805 人，1985 年最少为 230 人。

第二，小水年。水灾度 0.7～2.0 为小水年，有 1954 年、1958 年、1959 年、1962 年、1963 年、1964 年、1969 年、1971 年、1975 年、1977 年、1981 年、1984 年共 12 年，平均 3 年发生 1 次。农田成灾面积为 $6.7 \times 10^4 \sim 42.0 \times 10^4$ hm^2，年平均农田成灾面积为 22.5×10^4 hm^2。年平均倒塌房屋为 5×10^4 间，一般为 $1 \times 10^4 \sim 10 \times 10^4$ 间。年平均死亡人数为 293 人，一般为 100～900 人。

第三，局部水灾年。水灾度 0.2～0.6 为局部水灾年，有 1950 年、1955 年、1956 年、1957 年、1961 年、1973 年、1974 年、1979 年、1985 年共 9 年，平均 4 年发生 1 次。这些年多为偏旱年，局部发生水灾。年平均农田成灾面积 $153×10^4$ hm^2，一般为 $50×10^4$～$400×10^4$ hm^2。年平均倒塌房屋 $1×10^4$ 间，一般为 $0.4×10^4$～$2.0×10^4$ 间。年平均死亡人数为 75 人，一般为 20～163 人。

第四，局地水灾年。水灾度 0.1～0.2 为局地水灾年，有 1952 年、1965 年、1966 年、1967 年、1970 年、1978 年、1983 年共 7 年。平均 5 年发生 1 次，这些年多为少雨干旱年，只有局地水灾发生。年平均农田成灾面积 $3.5×10^4$ hm^2，一般为 $0.7×10^4$～$6.7×10^4$ hm^2。年平均倒塌房屋为 $0.2×10^4$ 间，一般为 $0.5×10^4$ 间以下。年平均死亡人数为 10 人，一般不超过 50 人。

第五，基本无水灾年。水灾度小于 0.1 为基本无水灾年，有 1968 年、1972 年、1976 年、1980 年共 4 年。平均 10 年出现 1 次，这些年都为大旱年。年平均水灾成灾面积仅为 $1.1×10^4$ hm^2。一般不超过 $1.4×10^4$ hm^2，基本没有出现房屋倒塌和人员死亡。

按照每次暴雨造成农田受灾面积的大小，可以划分为区域性（百万平方公里以上）、局部性（数十万平方公里）、局地性（十万平方公里以下）3 个等级；按照发生的季节不同，又可分为春涝（4～5 月）、夏涝（6～8 月）和秋涝（9～10 月）。

第一，年际变化。新中国成立以来，辽宁共发生各种范围的洪涝灾害 194 次，平均每年出现 5 次。其中区域性洪涝灾害 26 次，局部性洪涝 41 次，局地性洪涝 127 次。出现区域性和局部性洪涝最多的年份是 1985 年为 5 次，是著名的大水年，局地性洪涝最多是 1983 年达 10 次，没有出现洪涝灾害的年份有 1968 年和 1972 年，均是大旱年。

第二，季节分布。绝大多数洪涝灾害都发生在夏季，1949～1985 年达 179 次，占总次数的 92.3%。春季和秋季出现洪涝灾害很少，分别占总次数的 3.6% 和 4.1%，而且多为局地性洪涝灾害。区域性洪涝以 8 月最多，共出现 15 次，占区域性洪涝总次数 26 次的 57.7%。最早出现在 1979 年 6 月 25 日的丹东地区，最晚出现在 1956 年 9 月 5 日的辽河中下游地区。局部性洪涝以 7 月和 8 月最多，共出现 28 次，均占局部洪涝总次数 41 次的 68.2%，最早出现在 1983 年 4 月 26 日岫岩，最晚出现在 1971 年 9 月 2 日庄河市。局地性洪涝以 7 月最多，达 48 次，占局地性洪涝总次数 127 次的 37.8%，最早出现在 1969 年 4 月 20 日丹东市五龙背，最晚出现在 1970 年 10 月 23 日凌海市田家店。

第三，地区分布。区域性洪涝按全省六大河流水系分布情况统计，辽河流域最多，共发生 10 次；辽西沿海诸河流域最少，仅发生 1 次；大小凌河、辽东半岛、浑太及鸭绿江等流域均发生 4～5 次。局部性洪涝按市（地）分布统计，丹东地区最多，达 21 次；其次是大连和锦州地区，均出现 8 次；其他地区出现 3～7 次。局地性洪涝按县（市区）分布统计，喀左县出现次数最多，达 16 次；其次是宽甸和瓦房店均为 10 次。其分布特点是山地多于平原，与区域性洪涝的分布特点恰恰相反。

3. 旱灾

干旱是辽宁气象灾害中仅次于暴雨洪涝灾害的又一个重大灾害种类，是影响工农业生产及人民群众生活的主要灾害之一。干旱发生的频次在辽宁省要多于其他气象灾害种类。辽宁省干旱以春旱为主，约占干旱总数的 70% 以上。辽西的锦州、阜新、朝阳地区素有"十春九旱"之说。20 世纪 70 年代以后，由于植被环境的破坏，造成土壤裸露，水土流失，干旱程度加大，次数增加，农业损失严重。

辽宁的干旱，以春旱发生的地区性最明显，夏旱和秋旱发生的地区无明显规律。20 世纪 70 年代以后，干旱发生的频率相对增加，有的地区连年发生干旱，如朝阳地区 1980 年和 1981 年连续两年发生严重干旱。

（1）春旱

春旱是指发生在大田作物播种、出苗和生长前期（苗期），即 4 月上旬至 6 月中旬的干旱。春旱是辽宁的主要干旱灾害，约占干旱发生总次数的 70% 以上。

①春旱指标

全省发生的春旱，主要取决于以下 3 个时段的降水量：

底墒雨指前一年农田土壤封冻前的降雨。如底墒雨少，封冻后土壤保持的水分少，会加剧春旱的形成。以前一年 10～11 月降水量少于 20 mm 作为指标，则主要出现在辽西，如在 1951～2000 年朝阳大部分地区有 24 年；建昌、阜新、锦州、康平等地有 15 年；除辽东地区外，其他地区少雨偶有出现。

春播雨指大田作物播种和出苗阶段，这一时期降水的多少及其分配情况直接影响春旱的发生及其程度，在底墒雨和春播雨少的年份，极易发生春旱，即使底墒雨正常或较好，而春播雨特少的年份也发生春旱。以 4 月上旬至 5 月中旬降水量少于 40 mm 作为春旱的指标，在这 50 年中，朝阳出现 24 年；阜新、锦州地区出现 18 年；大连地区出现 20 年，概率均在 30% 以上；其他地区很少出现。

苗期雨指作物生长前期，如播种出苗期已出现旱象，这一时期降水量又明显偏少，会加剧春旱程度。以 5 月下旬至 6 月中旬降水量少于 30 mm 作为苗期干旱指标，辽西地区干旱年有 1961 年、1965 年、1972 年、1980 年、1981 年、1983 年、1984 年、1987 年、1989 年、1997 年；辽南有 1963 年、1972 年、1981 年、1982 年、1988 年、1989 年。其中 1972 年、1981 年、1987 年、2000 年辽西、辽南发生的严重春旱，与这一时段降水偏少有直接关系。

凡同时符合上述 3 个时段的条件，定为严重春旱年；仅符合其中连续两个时段的条件，定为一般春旱年。

②春旱分区

根据各地区发生春旱的频次和轻重程度可划分为 3 个区：

朝阳地区为春旱多发区，俗有"十春九旱"之称（含某一时段少雨）。符合春旱指标的一般春旱年占 50%，即两年一遇。其中严重春旱年为 5 年一遇，尤以 1961 年、1981 年、2000 年最为严重。例如 1981 年，朝阳、北票的底墒雨（1980 年 10～11 月雨量）仅为 12～16 mm，不足常年的 1/4；春播雨和苗期雨（1981 年 4 月上旬至 6 月中旬雨量）共计只有 30～40 mm，仅为常年同期的 1/3。严重春旱造成朝阳地区农田成灾面积达总面积的 35%。由于地下水位下降，人畜饮水困难。

春旱易发区包括锦州、阜新地区和康平县一带以及辽南的盖州、瓦房店、普兰店、金州等地，其中辽西地区约为 445 年一遇；而辽南地区是从 20 世纪 70 年代后期才开始频繁发生春旱，对春播和出苗产生影响。

春旱偶发区包括沈阳、营口地区、铁岭地区西部和西南部以及岫岩县等，8～10 年一遇，且多数发生在山地、丘陵地带，对播种和出苗有一定影响。

（2）夏旱与秋旱

①夏旱

夏旱又称伏旱，指主要农作物拔节至开花阶段发生的干旱。夏旱大致有两种情况，即大范围夏旱和地区性夏旱。夏季雨量的多少对不同地区农业生产的影响也不相同。在雨量偏少年，辽西可能出现伏旱，造成农业减产；而在中部平原低洼地带，则有 70%～80% 的年份农业呈增产的趋势，所以当地群众有"小旱小丰收，不旱不丰收"的说法。

由大范围天气异常引起，持续时间较长。以 6 月下旬至 8 月上旬降雨量少于 150 mm 为指标，平均为 5 年一遇。例如，1972 年 6～8 月，全省大部地区降雨量不足常年同期的一半，连年降雨较多的中、东部涝洼地也发生干旱。据 7 月中旬统计，全省干旱面积达 268×10^4 hm²，超过农田面积的一半。

地区性夏旱是在部分地区出现较长时间无雨或少雨时段而形成的干旱。以 6 月下旬至 8 月上旬期间连续两旬雨量少于 20 mm 作为指标，大约为 5 年一遇。除辽东地区较少发生外，其他大部地区均可出现。此外，少数地方或较短时间呈现程度不同的伏旱，在多数年份都有发生，但影响较小。

②秋旱

秋旱是指大田作物籽粒灌浆阶段无雨或少雨而形成的干旱。这个时期如果水分供应不足，会直接影响农作物产量和质量。以 8 月中旬至 9 月上旬降水量少于 60 mm 或连续两旬降水量小于 20 mm 作为指标，大约有一半年份在部分地区发生程度不同的秋旱。辽西地区为 4 年一遇；辽东地区约为 10 年一遇；其他地区为 6～7 年一遇。1977 年，全省大部分地区出现秋旱，造成农业减产。

（3）连旱

连旱是指春夏、夏秋或春、夏、秋连续发生的干旱，对农作物生长发育及产量的影响最大。辽宁省除辽东地区外，其他地区都发生过连旱，其中辽西地区发生的次数较多，辽南次之。

①春夏连旱

春夏连旱指播种至作物生长中前期发生的干旱。例如 1980 年，辽西、辽南发生了春夏连旱，其中以朝阳地区旱灾最重，该地区从 1979 年秋季至 1980 年 8 月超过 320 d 没下透雨，农田受灾面积达 46.7×10^4 hm^2，绝产 8.7×10^4 hm^2，全区大河断流，小河和大部分水库、池塘干涸，人畜饮水困难。

②夏秋连旱

夏秋连旱指作物生长中后期发生的干旱。以 6 月下旬至 9 月上旬降水量少于210 mm 或连续 5 旬降水量少于 50 mm 作为指标，则 1963 年、1972 年、1978 年均发生了夏秋连旱。

③春、夏、秋连旱

1981 年，辽西出现春、夏、秋三季连旱，如朝阳地区从 4 月上旬至 9 月上旬，降水总量只有常年同期的一半，为近 40 年间少有的干旱，造成近 70％的耕地遭受严重旱灾，其中有 30％以上的耕地绝产等。

4．大风

辽宁冬季多寒潮或冷锋后的偏北大风。春季高低气压影响频繁，南北大风交替出现。夏季多强对流天气和台风引起的大风，风向不定。

（1）大风日数分布

辽宁大风日数是大连、锦州沿海多于内陆，平原多于山区。年平均大于等于 8 级（≥17.2m/s）的大风日数有 3 个中心：首先是辽东半岛南端大连市的长海县大风日数最多，60 d 以上，其中大连达 81 d，该地年最多大风日数达 167 d；其次是辽河平原南部和辽东湾北部沿岸 40 d 以上，锦州达 66 d；最后是辽河平原中北部大部地区在 40 d 以上，昌图达 62 d。辽东、辽西山区大风日数较少在 20 d 以下，辽东深山区和山谷地带在 10 d 以下，桓仁最少，平均不足 1 d。其他大部地区为 20～40 d。

（2）春季大风

辽宁大部地区以春季大风日数最多、危害最重，秋冬季次之，夏季最少。春季是辽宁出现大风最多的季节，辽河平原是中国著名的西南大风区。

春季大风过程标准是当全省范围内有几个市辖区同时出现大风时，即算为一个大风过程，具体指标如下：偏南大风，内陆有 3 个市辖区风力定时观测值大于等于 7 级（≥13.9 m/s）或沿海 2 个市辖区风力大于等于 6 级（≥10.8 m/s）；偏北大风，内陆 3 个市辖区风速定时观测值大于等于 10 m/s 或沿海 2 个辖区风力大于等于 6 级。

春季（3～5 月）平均大风日数可达 20 d，1960 年最多达 27 d，其中又以 4 月较多，平均达 8 d，1961 年多达 14 d。春季是冬夏过渡季节，气压系统移动速度快，高低气压系统和冷暖空气交替影响，常使全省连续出现南北大风，最长连续大风日数可达 4 d，故群众中有"风三风三，一刮三天"之说。

春季平均出现西南大风 10 d，1956 年最多达 15 d，最长连续日数为 4 d。其中以 4 月份较多，平均为 5 d，1961 年 4 月最多达 8 d。西南大风出现频率和风速都是平原地区和渤海沿岸大于东、西部山区。其中东部山区的清原、新宾、桓仁、宽甸一带几乎没有西南大风。西南大风有明显的日变化，一般在 10 时开始，多在 16～18 时结束，12～15 时的风速最大。但当遇强的南高北低气压系统影响时，夜间也会出现大风，有时风速还很大，故群众中有"开门风，闭门住，闭门不住，刮倒树"之说。

春季平均出现偏北大风 10 d，1958 年春季最多达 18 d，最长连续日数为 3 d。其中以 3 月较多，平均为 15 d，1958 年和 1960 年 3 月最多达 7 d。偏北大风出现频率和风速都是沿海地区大于内陆，平原大于山区。偏北大风也有明显的日变化，一般 8～10 时增大，16 时后显著减小，12～15 时风速最大。但当有强的南低北高气压系统影响时，夜间也可出现偏北大风。

（3）最大风速及其风向

年最大风速，除辽东山区东部边界附近和辽西西部地区风速较小，在 15～20 m/s 外，其他地区多在 20 m/s 以上。辽东半岛南端及长海县最大达 30 m/s，其中长海县达 32.7 m/s。最大风速的风向，辽西西半部以及丹东、宽甸、草河口、熊岳、旅顺等地以偏北风为主，其他大部地区以偏南风为主。最大风速多出现在 3～6 月，仅辽东半岛南部及黄海沿岸受台风影响出现在 7～8 月。瞬间极大风速，各地多超过 20 m/s，沈阳、朝阳、大连、长海等地达 34 m/s 或以上，营口、锦州、北镇、瓦房店、本溪、铁岭等地出现过 40 m/s 的纪录，主要出现在 4~9 月。

（4）大风灾害

大风对国民经济各部门都可能造成危害。海上航运、水产养殖、捕捞遇上大风可造成减产、翻船，甚至人员伤亡；大风能刮倒树木，造成停电，影响工业生产，中断通信联络；春季大风能刮走表土和种子，刮坏禾苗、塑料大棚，引起和助长森林火灾。夏秋季大风还可使庄稼倒伏，果树落果，造成减产等。1964 年 4 月 5~6 日，辽宁大部地区出现偏北大风，大风中心在锦州至大连沿海一带，平均风速 15~20 m/s，最大风速 25~28 m/s，开原和沈阳最大风速分别为 32 m/s 和 34 m/s（12 级风）。大风持续时间一般为 7~8 h，开原长达 16 h。由于风速太大，地表干燥，产生了大范围扬沙、沙暴和浮尘，给国民经济和人民生命财产造成严重损失。沈阳沙尘飞扬，能见度小于 4 m，大风刮断电线，全市停电、电信中断、电车停运，工业生产停止，秧苗遭严重损害。1983 年 4 月 25 日 14 时至 26 日 19 时，大连地区出现东南风转西北大风，风力 7~8 级，最大 9 级，瞬时最大风力达 34 m/s（12 级），蔬菜保护地和水产养殖业遭到严重损失，打碎船只 400 多条，8 座渔港的防潮堤多处被冲毁。

5. 冰雹

辽宁省冰雹日数的分布趋势是山区多于平原，内陆多于沿海。年平均降雹日数，辽东、辽西山区为 2~3 d，降雹中心在建平 2.8 d，宽甸 2.6 d；辽东半岛南部最少，不足 1 d；其他地区为 1~2 d。

辽宁地区各月都可出现冰雹，初雹日最早出现在 1956 年 1 月 18 日的大连，终雹日最晚出现在 1965 年 12 月 4 日长海县。但 12 月和 1 月降雹极少，一般多出现在 6~10 月间，以 6 月最多，占全年总雹日的 23.4%；5 月和 9 月次之，分别占 16.2% 和 15.1%。在一天中，任何时间都曾出现过冰雹，但主要集中在中午至傍晚，12~20 时出现次数占总次数的 74.5%。

（1）冰雹的强度

冰雹的强度是一个综合指标，包括降雹时间的长短，雹粒的重量、直径、密度和地面积雹的厚度等。辽宁降雹的持续时间一般在 10 min 以内，但也有超过半小时的，如凌海市 1955 年 5 月 30 日降雹长达 2 h，大田的垄沟被冰雹填平。1969 年 5 月 16 日，抚顺县局地最大积雹厚度 30 多厘米。辽宁冰雹一般如黄豆大，有的大于鸡蛋，如 1971 年 7 月 17 日海城市温香、牛庄等局地最大冰雹重量达 2.5 kg。根据已收集到有冰雹直径的 870 次资料（占总降雹次数的 30.9%）进行统计，划分冰雹的强度等级及其灾害，其中弱冰雹（直径小于 5 mm）仅占 18.2%，中等冰雹（直径 5~10 mm）占 31.7%，强冰雹

（直径 11～20 mm）占 20.5％，特强冰雹（直径大于 20 mm）占 29.7％。其中弱冰雹基本上不造成危害，随着冰雹直径的增大，成灾的次数明显增多，直径大于 20 mm 的强冰雹成灾几率在 70％以上，尤其在每年 6～9 月出现的冰雹大多可造成不同程度的灾害。

（2）冰雹的范围

一次降雹过程或一个降雹日多数只在一个或几个市、县的部分地区降雹，但有时可达十几个市县。冰雹的范围以一个冰雹日出现的测站数多少分类：小范围（1～5 站）降雹占绝大多数，为 92.5％；大范围（大于等于 6 个站）降雹仅占 7.5％，其中大于等于 10 个站在总数中只有 26 d，平均每年不到一日。降雹站数最多一日达 22 站。无论出现大小范围的降雹，在一年中都是 6 月最多，其次是 9 月。

（3）冰雹的发源地和路径

冰雹的发源地，随着天气形势和地形而变化。一般山脉阳坡、迎风坡及地表复杂的地形多出现冰雹，如阜新地区的西部至西北部山区以及北部的牛蓬格勒一带。另外，凌源、建昌一带也是冰雹的发源地。冰雹的移动路径多由西向东或由西北向东南方向移动，个别也有由西南向东北或由东南向西北方向移动的。全省境内冰雹路程多达几十条，多数与山脉、河流、海岸线等走向一致。

（4）冰雹灾害

冰雹虽出现范围小、持续时间短，但来势猛、强度大，常伴有雷雨大风，给农牧业、工矿企业、电信、交通运输乃至人民生命财产造成较大损失。

1971 年 4 月 30 日 16 时至 16 时 10 分，一架朝鲜民航客机在朝阳西南方向 5 700 m 高度上被鸭蛋大的冰雹击成重伤。

1971 年 7 月 17 日辽宁中部地区遭受特大冰雹灾害，3～9 时，冰雹由阜新经黑山、北镇、义县、台安、盘山、海城、营口、盖州至庄河等十几个市、县，99 个乡，行程约 350 km，雹区宽 5～10 km。此次降雹时间为 15～30 min，雹粒一般为杏核大。海城市温香、牛庄等地最大冰雹重达 2.5 kg，并伴有 8～10 级大风和暴雨，造成 7.9×10^4 hm² 农田受灾，倒塌房屋 2.2×10^4 间，果园和蚕场也遭严重损失。

1974 年 7 月 15 日 16 时 22 分至 16 时 37 分，沈阳东塔机场降直径 2 cm 的冰雹，数架飞机被击成麻点，其中一架尾冀被打扁。

1980 年 7 月 10 日，阜新市和朝阳县羊山乡降雹，仅阜新农田受灾超过 1.3×10^4 hm²，毁种近 0.3×10^4 hm²。冰雹打伤 264 人，重伤 47 人，打死牲畜 38 头，家禽 589 只。

1984 年 5 月 27～30 日，朝阳、阜新、锦州、铁岭、沈阳、辽阳、抚顺、本溪等市的 22 个县 134 个乡先后遭雹灾，降雹时间一般为 15～35 min，最大冰雹大如鸡蛋。29 日阜新最大积雹厚度达 7 cm。这次冰雹灾害面广、密度大，风雨交加，灾情严重，受灾农田总面积达 12.3×10^4 hm^2。

6. 寒潮

(1) 寒潮标准

影响辽宁的寒潮标准定为：日最低气温小于等于 5 ℃，同时 24 h 降温大于等于 10 ℃或 48 h 降温大于等于 12 ℃，凡达到上述标准，即为一次寒潮天气。

(2) 寒潮次数

寒潮是大规模的冷空气活动，因此，选用辽宁西部的朝阳、中部的沈阳和东南部的丹东 3 个代表站冬半年的日最低气温资料进行统计。

冬半年的寒潮次数以朝阳较多，平均达 7 次，1965 年冬半年（即 1965 年 9 月至 1966 年 5 月）最多达 15 次；沈阳次之，平均为 4 次，1956 年冬半年最多达 9 次；丹东较少，平均为 3 次，1965 年冬半年最多也达 8 次，仅丹东 1975 年冬半年未出现寒潮。此外，东部山区的清原寒潮出现次数最多，冬半年 10 次以上。

(3) 寒潮发生时间

朝阳和沈阳在 9 月至翌年 5 月各月均可出现寒潮，但朝阳 9 月和 5 月较少出现，沈阳 9 月和 4、5 月极少出现；丹东则在 9 月至翌年 3 月出现寒潮，其中 9 月和 3 月极少出现。寒潮最早出现日期：朝阳在 9 月 8～10 日，沈阳在 9 月 18～20 日，丹东在 9 月 24～26 日，即朝阳比丹东早出现半个月。寒潮最晚出现日期：朝阳在 5 月 25～27 日，沈阳在 5 月 9～11 日，丹东在 3 月 23～26 日，即丹东比朝阳早结束两个月。

(4) 寒潮强度

一次寒潮侵袭，一般可使辽宁连续降温 2～3 d，少数只降温 1 d，朝阳、沈阳最长连续降温可达 6～7 d，清原达 8 d。一次过程最大降温值，朝阳（清原）可达 33.4 ℃，沈阳达 27.2 ℃。48 小时最大降温值，朝阳可达 24.0 ℃，沈阳达 19.8 ℃，丹东为 15.6 ℃，清原 24 小时最大降温曾达 28.7 ℃。当冷空气侵入西部朝阳时降温比较剧烈，有半数冷空气在 24 h 内降温就已达到寒潮标准；沈阳有 1/3 次在 24 h 达到寒潮标准；而丹东仅有 1/5 次在 24 h 内达到寒潮标准，其中有 4/5 次是在 48 h 才达到寒潮标准。东西部山区寒潮次数多、强度大，中部平原（沈阳）次之，东南部沿海（丹东）寒潮次数少、强度弱。这与地理位置、地形等的影响，及冷空气团在南下过程中往往会变性减弱有关。

（5）寒潮路径与天气

寒潮冷空气的源地和路径不同，出现的天气也有所不同。影响辽宁的寒潮主要有3条路径。

第一条，北路寒潮。冷空气源地在泰梅尔半岛以东北冰洋沿岸及号称世界寒极的东西伯利亚地带，经黑龙江、吉林侵入辽宁。此类寒潮约占总次数的24%，空气干冷，降温强度大，雨雪少，可出现5~7级偏北风。

第二条，西北路寒潮。冷空气源地在西西伯利亚、新地岛及鄂毕河下游一带，南下侵入中国辽宁。这类寒潮最常见，约占总次数的65%，冷空气强，影响范围广，常出现雨雪天气，有时可出现大风雪，偏北风6~8级，沿海和海上最大可达10~12级。

第三条，西路寒潮。冷空气源地在里海、咸海一带，经新疆东移侵入辽宁。这类寒潮约占总次数的11%，降温强度和风速较前两类弱，但多雨雪天。

（6）寒潮灾害

寒潮入侵，剧烈降温，将会造成人畜、果树、蔬菜等受冻害。例如，1950年3月6日，由于强寒潮袭击，使凤城、宽甸冻死牛1 000多头，其中宽甸八里区冻死耕牛605头。1966年10月27日，辽宁中、东部遭寒潮袭击，其中桓仁县最低气温达零下11.5 ℃，秋白菜受冻害。1976年4月22日，傍晚寒潮风雪袭击丹东，菜苗、果木受冻害。此外，寒潮伴随大风雪，将造成更大灾害。

（7）大风雪

大风雪的标准是凡日降雪量大于等于5 mm或连续两日降雪量之和大于等于8 mm；观测中出现风速大于等于10 m/s或瞬间风速达8级；在全省范围内，相邻两个市中有3个站达上述标准，即算为一次大风雪天气过程。对1955~1985年11月至翌年3月的观测资料进行普查，在统计中对雨雪天气的处理，一般12至翌年2月多以降雪为主，均按雪量统计，而11月和3月的降水性质较难判断，故未按降雪量统计。

大风雪次数在1955~1985年的31年中，有19年出现大风雪，共27次大风雪过程，年平均出现0.8次，1956年和1971年最多，各出现3次。以冬半年（11月至翌年3月）来看，有18个冬半年出现大风雪过程，1970年11月至1971年3月冬半年出现的次数最多为4次，1957年和1965年的冬半年次之为3次。其中1971年2月15日至3月2日不到20 d中出现3次大风雪；1957年12月17日至1958年1月20日也发生3次大风雪，这说明大风雪天气有连续出现的特点，但多数仍是单独出现的。

大风雪过程最早出现在 1968 年 11 月 18 日，最晚出现在 3 月，一般多为雨雪同时出现。1 月出现次数最多，为 9 次，12 月和 2 月次之，各为 5～6 次，11 月和 3 月较少，各为 3 次。

大风雪过程的地区分布特征：平原和沿海多于东西部丘陵山区，以辽河中下游和辽东半岛最多，沈阳共出现 14 次，居全省之首，东北部和西北部山区较少。日降雪量大于等于 10 mm 的暴风雪日，草河口、抚顺、岫岩、凤城最多，冬半年平均为 0.4～0.5 d。

大风雪过程中降雪量大于 10 mm 的占总次数的 90%，大于 20 mm 的占 45%。大风雪过程日降雪量大于 5 mm 的影响面积平均约为 5×10^4 km²，1962 年 2 月 10 日最大影响面积 14×10^4 km²。大于 10 mm 的影响面积平均为 3×10^4 km²。大风雪过程日降雪量大于 5 mm 的站数（观测站）平均为 12 个站，大于 10 mm 的站数平均为 6 个站。达到大风雪标准的站数平均为 5 个站。

辽东山区是省内降雪日数、降雪量和积雪最深的地区，也是受灾最重的地区。由于山区地形复杂，出现大雪天气时，大部分公路不能通车，铁路运输受阻，林木也会被压坏，如果出现大风雪交加的天气则危害更重。因此，重点统计和分析辽东山区 13 个气象台站 1961～1985 年冬半年（10 月至翌年 4 月）大雪和大风雪出现的情况。

辽东山区大雪日数（指日降雪量大于等于 5 mm，地面积雪深度大于等于 1 cm 的日数。）的分布以辽东山区中、东部多，南和西北部相对较少。其中抚顺和本溪地区以及丹东地区东北部较多，25 年中出现 75 d 以上，冬半年平均为 3 d；新宾和宽甸最多，分别达 10 d 和 11.3 d，平均为 4～4.5 d，是全省大雪日数最多的地区；其他大部地区冬半年平均 2～3 d。大雪的年际变化较大，抚顺和本溪地区、丹东地区北部及西丰县冬半年最多可达 7～9 d，清原在 1980 年冬曾出现 11 d 大雪天气，其他地区最多可出现 4～5 d；各地最少为 0～1 d。大雪最早出现日期：清原、本溪在 10 月上旬，其他地区在 10 月中旬末至下旬。最晚出现日期：丹东地区在 4 月上旬末至中旬，其他地区在 4 月下旬。大雪具有连续出现的特点，各地都曾在一个月时间内连续出现 3～4 次大雪天气。在 1980 年 12 月 2 日至 1981 年 1 月 1 日的一个月时间内，辽东大部地区同时出现 3 次大雪或大风雪天气；新宾和宽甸曾在 1971 年 2 月 15～17 日连续 3 d 下大雪。大雪还具有区域性出现的特点，一旦出现大雪天气过程，常是全区域或某一片地区同时出现大雪，很少是个别地方大雪。

通过对辽东的调查统计，当降较大的干雪时，风速 7～8 m/s 以上就可出现吹雪现象，而处于迎风的山区和河谷一带的风力一般要比其他地方大 3 级，这些地区更易出现吹雪，因此，根据辽东山区的具体情况，确定在大雪日数中，同时出现风速大于等于 8 m/s，即算为一个大风雪日。辽东山区大风雪日数，与大雪日数的地区分布几乎相反，是南部和西北部多，中、东部少。山脉的南部包括本溪市南部、丹东地区大部和盖州一带以及山脉北部的抚顺、西丰一带，在 25 年中出现 20 d 以上，其中草河口最多达 34 d，抚顺达 32 d，是南北两个大风雪中心，大风雪日数占大雪日数的 30%～50%。山区腹地，风速较小，所以大风雪日数很少，新宾和本溪县最少，只有 7～8 d，不足大雪日数的 10%。大风雪的年际变化很大，山脉南部和西北部有 1/2 以上的年份可出现大风雪天气，冬半年最多可达 3～5 d。其他地区约有 1/3 的年份出现大风雪，冬半年最多可出现 2 d（仅宽甸 4 d）。最早出现日期：清原、新宾、本溪及东港在 11 月上旬，其他地区均在 10 月下旬。最晚出现日期：凤城、丹东、振安、岫岩、宽甸在 4 月上旬，本溪、东港在 4 月中旬，其他地区在 4 月下旬。

在大风雪日数中，日雪量大于等于 10 mm 的暴风雪日数，以草河口、岫岩和抚顺等地最多，25 年中为 14～16 d；其次是凤城和东港，为 11～12 d，约占大风雪日数的一半；清原、新宾、本溪和桓仁等地最少，仅为 2～5 d；其他地区为 6～10 d。暴风雪天气出现次数虽然不多，但造成危害最严重。

7. 低温冷害

低温冷害是由于作物生长季热量少，或作物某一发育阶段出现低温，引起作物生育延迟以致秋霜来临前不能完全成熟，或直接危害作物结实器官的形成，致使作物减产的一种灾害。辽宁地区低温冷害比较严重，具有灾情重、范围广的特点，灾情较重年份可使粮食产量减少 1/3～1/2，严重时可造成绝收。

（1）低温冷害指标及发生规律

通常把历年日平均气温稳定通过 10 ℃ 的初、终日间活动积温（以下简称积温）比常年少 100 ℃ 或以上，且粮豆减产 1 成以上作为低温冷害年，若积温较常年少 200 ℃ 或以上，且粮豆减产 2 成以上作为严重低温冷害年。或者 6 月和 8～9 月上旬的气温距平在 −2.4～−1.5 ℃ 为低温冷害年；气温距平在 −2.5 ℃ 或以下为严重低温冷害年。

1949～1985 年，全省共出现 10 年低温冷害，即 1954 年、1956 年、1957 年、1966 年、1969 年、1972 年、1974 年、1976 年、1979 年、1980 年，发生频率为 30%，平均 3～4 年一遇；其中严重低温冷害年有 1954 年、1957 年、1969 年、1972 年、1976 年，发生频率为 12.5%，平均 8 年一遇。随着北半球气温的明显增暖，辽宁从 20 世纪 70 年代末至 1985 年未出现过大范围的严重低温冷害年。而且低温冷害年具有相邻几年连续的特点，如 1954 年、1956 年、1957 年、1972 年、1974 年、1976 年、1979 年、1980 年，存在着 2～3 年、5～6 年或 10～11 年的周期变化。

（2）低温冷害类型

按气象条件分类，在农业生产上，低温冷害往往与其他气象灾害伴随发生形成不同的气候类型。

第一，低温寡照型。其特点是在作物生育期内，气温低、阴雨多、光照少。光照不足，加重了低温的危害，使作物出苗缓慢、苗势弱、病害多、发育期延迟、麦晚熟，属本类型的有 1954 年、1966 年、1976 年。其中 1976 年大部地区积温较常年少 200～300 ℃，中部平原少 300～400 ℃。全省各地作物生长季的气温持续偏低（5月下旬除外），6、7两月偏低 1～2 ℃；阴雨日数较常年多 8～20 d；日照时数较常年少 150～200 h，沈阳、辽阳、营口一带少 200～300 h，导致作物生育期普遍推迟，直至秋霜来临尚未成熟，造成粮食减产，尤其对水稻。

第二，低温干旱型。其特点是在作物生育期内，气温持续偏低，同时出现持续干旱，使作物植株矮小，穗短粒瘪。例如，1972 年，全省大部地区积温较常年少 20～50 ℃，其中铁岭、沈阳、抚顺、本溪地区和丹东北部少400～550 ℃。4～9月降水量中部平原地区较常年少 3～5 成，其他地区少1～2成。尤其是 6～7 月大部地区降水量少 5～8 成，使作物在整个生育阶段遭受严重的低温干旱灾害，全省粮豆产量较上一年（1971 年）减产 11.3×10^8 kg，减产率达 15.5%。

第三，低温早霜型。其特点是在作物生长期内，气温持续偏低，初（秋）霜较常年提前出现，使贪青晚熟的作物未能成熟。1969 年，全省大部地区积温较常年约少 300 ℃，5月中旬至7月中旬气温持续偏低，作物生长缓慢，贪青晚熟，加之大部地区秋霜较常年提前 5～10 d 出现，造成粮豆产量较 1968年减产 4.95×10^8 kg，减产率达 7.1%。

按作物受害的机制分类，当气温降至生物学下限温度时，作物的生理机制则发生改变，产生冷害，造成对农业的危害。低温冷害对各种作物的危害程度不同，在 4 种主要作物中，对水稻、棉花的危害最重，高粱次之，玉米较轻。从低温对作物危害的机制分析，也可分 3 种类型。

第一，延迟型冷害。作物生长期间，主要营养生长期（有时是生殖生长期）遭受较长时间的低温，削弱作物生理活性，生理显著延迟，秋霜来临之前不能正常成熟而减产；或者前期温度正常，后期温度异常偏低，延迟开花、授粉、受精、灌浆、成熟，以致造成减产。通常把积温较常年少 20% 作为延迟型冷害的指标，其典型年有 1954 年、1956 年、1969 年、1972 年、1976年，这种冷害对棉花、水稻、花生、高粱危害较大。

第二，障碍型冷害。作物生殖生长期，主要从孕花分化期到抽穗开花期遭受短时间的强低温，使生殖器官的生理机制遭破坏，新陈代谢失调，造成孕花不充、空壳粒多，导致减产，通常把 8 月份最低气温≤17 ℃或日平均气温连续 2 d 及以上低于 20％作为障碍型冷害指标，其典型年份有 1969 年、1972 年、1976 年，水稻多发生这种类型的危害。

第三，混合型冷害。上述两种类型兼有，生育期遇低温延迟生育和成熟，孕穗期遇低温冷害，发生大量空壳粒，对农业危害最重，如 1969 年和 1976 年。

低温冷害分区，根据低温强度，发生频率和积温多少等条件，计算出各地的冷害指数，将全省划分为 3 个冷害区。

第一，重冷害区。包括铁岭、抚顺、本溪地区和丹东北部地区。该区冷害指数为 5.0 以上，西丰达 8.7。大于等于 10 ℃活动积温为 3 000～3 200 ℃，其中西丰、清原、新宾一带积温最少，仅有 2 730～2 900 ℃，作物生长季雨水充沛、光照少、无霜期最短，为全省低温冷害的重发区。

第二，较重冷害区。包括丹东大部、鞍山、辽阳、沈阳、阜新地区及锦州北部，该区冷害指数为 4.5～5.0。大于等于 10 ℃活动积温 3 200～3 400 ℃，作物生长季大部地区雨水较充足、光照较少、无霜期较短，易发生低温冷害，但程度较重冷害区轻。

第三，较轻冷害区。包括沿海地区和朝阳大部地区。该区冷害指数为 3.0～4.5。大于等于 10 ℃活动积温为 3 400～3 600 ℃，热量条件较好，作物生长季大部地区雨水较少、光照充足，无霜期较长，一般情况下作物能充分成熟，但当遇到严重低温年也会有危害。

8. 霜冻

霜冻是指春秋季节气温急剧下降到 0 ℃附近或以下，在作物叶面上结霜，或虽未结霜但由于温度迅速下降，使作物受到冻害的一种天气现象。霜冻分为轻霜冻和严霜冻，通常以日最低气温小于等于 2 ℃为轻霜冻的初、终日指标，小于等于 0 ℃为严霜冻的初、终日指标。轻霜冻表示作物轻度受害，大田作物还不至于停止生长。严霜冻表示一切作物停止生长或严重受害。秋季第一次出现的霜冻称为初（早）霜冻，春季最后一次出现的霜冻称为终（晚）霜冻。

（1）霜冻分布

第一，轻霜冻。初霜平均出现日期，朝阳、阜新、抚顺、本溪地区、铁岭、沈阳和丹东的北部地区出现在 9 月下旬；沿海大部地区出现在 10 月中旬，其中大连南部出现在 10 月下旬；其他地区出现在 10 月上旬。最早初霜出现在 1969 年 9 月 8 日，主要影响辽东、辽西山区和辽北平原地区。终霜平均出现日期，辽东、辽西大部山区和辽北平原地区出现在 4 月底至 5 月上旬，其中西丰、清原、新宾及本溪东部出现在 5 月中旬；沿海大部地区出现在 4

月中下旬，其中长海出现在 4 月上旬；其他地区出现在 4 月下旬。最晚终霜出现在 1969 年 5 月 20 日东北部山区。平均无霜期，辽东、辽西山区和辽北平原大部地区在 140～160 d，其中西丰、清原、新宾、桓仁、本溪县及建平县北部最短在 140 d 以下，新宾仅 124 d；大连地区南部最长达 190～211 d；其他地区多为 150～180 d。

第二，严霜冻。初严霜冻平均出现日期，铁岭地区东北部、抚顺东部出现在 9 月末；大连地区和丹东地区南部出现在 10 月下旬，其中大连南部较晚出现在 11 月初；其他地区出现在 10 月上中旬。最早初严霜冻出现在 1967 年 9 月 10～11 日，西丰、清原、新宾及建平县北部受到冻害。严霜冻平均出现日期，西丰、清原、新宾、桓仁及建平县北部出现在 5 月上旬；大连地区南部较早，出现在 4 月上旬；其他地区出现在 4 月中旬。最晚终严霜出现在 1984 年 5 月 29 日，本溪县的草河口镇和桓仁县铧尖子等地遭受冻害。

（2）霜害分区

重霜害区包括抚顺、本溪地区和丹东东北部、铁岭东部、朝阳北部以及阜新县的西北部。初霜平均出现在 9 月 22～28 日，终霜平均出现在 5 月 3～17 日，无霜期为 124～153 d，大于等于 10 ℃ 积温为 2 900～3 000 ℃，由于初霜早、终霜晚、无霜期短、热量条件较差，是省内重霜害区。

较重霜害区包括辽北、辽西和中部平原大部地区。初霜平均出现在 9 月 30～10 月 6 日，终霜平均出现在 4 月 23～30 日，无霜期为 150～160 d，大于等于 10 ℃ 积温。

较轻霜害区主要是沿海地区，这些地区初霜较晚、终霜较早、无霜期较长、热量条件较为充足，作物一般能充分成熟，若遇早霜之年，其受危害程度也较轻。

（3）霜冻灾害

霜冻的危害与出现的季节有关。春季晚霜冻主要危害作物幼苗、定植后的蔬菜、开花后的果树以及上山的春小蚕。秋季早霜冻对农业影响最大，可使作物灌浆期缩短，粒重下降，种子含水率增高，米质变劣等，严重影响产量和质量。

（二）地质灾害

1. 地震

辽宁位于华北地震区，属多地震的省份。在大地构造上，辽宁省大部分地区属华北断块区北部。辽宁境内可分为辽东断块隆起带、下辽河—辽东湾断块坳陷带、辽西断块隆起带 3 个基本构造单元，呈"两隆一坳"型；地壳厚度表现为"两侧厚，中间薄"的特点。境内断块发育，活动断裂主要有 20

余处。中国东部著名的郯城—庐江断裂带北延带纵贯省境,是一条重要的地震活动带。辽宁地震活动与华北地区具有整体性,属华北地震区内中等活动水平的地震区。区内多数地震发生在上部地壳 10～20 km 内,分布在隆起与坳陷的边缘,活动断裂带内的强烈活动地段,并在中、新生代断陷盆地的边缘和深部构造变异带上。

(1) 地震区划

根据地震的时空分布及强度、频度特征、新构造特征、新构造运动特点、现代地壳构造、活动断裂带的分布及活动状况、现代地壳构造应力场、地球物理场及深部构造,辽宁省可划分出 3 个地震带。

第一,开原—营口—渤海地震带。该带北起开原,南经营口入渤海,呈北东向展布,长约 500 km。其东界为沈阳、海城、瓦房店、金州一线;其西界北起新民,沿辽河盆地西缘延伸入渤海;北以东西向赤峰—开原断裂为界;中间为规模巨大、复杂的北北东向郯城—庐江断裂的北延带,为控震性构造。该地震带活动较为频繁,是东北地区地震活动最强烈的一个带。1975 年海城 7.3 级地震,为该地震带陆上强度最大的一次破坏性地震。

第二,鸭绿江—庄河地震带。该带是一个呈北东向的构造地震带,东以沿中朝界江展布的北东向鸭绿江断裂为界,全长 280 km;西界大致沿浑江、桓仁、庄河、城子坦至金州,即以桓仁庄河北东向断裂为界;北界大致以桓仁台穹与浑江上游中生代断坳带为界;南界入黄海。长约 400 km,宽 50～60 km,近似矩形。该地震带以中等地震活动为主。

第三,宁城—朝阳—义县地震带。该带在地质构造上,原由宁城、北票—朝阳、阜新—义县 3 个中、新生代断陷盆地组成,该地震带的边界严格受上述 3 个盆地的边界所围限。其北界为东西向的赤峰—开原断裂;南界大致以近东西向的锦西断裂和其延接的北东向女儿河活动断裂为界;东以医巫闾山西侧活动性断裂为界。东西长约 210 km,南北宽约 150 km,近似矩形。该带历史上曾发生过一系列强震。

(2) 地震活动

辽宁省有记载的破坏性地震是公元 419 年的朝阳 5.5 级地震。这次地震造成的破坏情况是"跋境地震山崩、洪光门鹳雀折"。从那时开始至 1985 年全省共发生 4.75 级以上的地震 37 次,其中 6 级以上的 7 次。1975 年 2 月 4 日在海城发生的 7.3 级地震是省内最大的地震,最高烈度为Ⅸ度强。

辽宁省的地震观测台网从 1972～1985 年共记录 1 级地震 4 000 多次,地震的震源深度 5～15 km,地震活动呈现出某种规律性。空间上,地震除了呈带状分布以外,还有沿构造带作往返迁移的现象,在某些特殊地方大地震重复发生。时间上，地震活动有相对活跃期和相对平静期，两者交替出现。从地震的震中、频次和强度分布及大地震的重复特征、地震活动的网络状展布等地震学指标看，渤海、营口、鸭绿江口、朝阳—义县、普兰店、盖州—熊岳等地都是经常发生破坏性地震的地区（表 2.33）。

表 2.33 419～1985 年辽宁省地震级≥4.75 震级情况表

年	月	日	发震时刻			震中位置			震级 M_s	深度	精度	备注
			时	分	秒	北纬	东经	地点				
419						120°24′	41°36′	朝阳	5.5			震中烈度Ⅶ度
1318	2	13				122°6′	42°36′	阜新	5			震中烈度Ⅶ度
1596						124°0′	42°36′	开原	5			震中烈度Ⅶ度
1597	10	6				120°0′	38°3′	渤海	7			
1698						121°12′	41°3′	义县	5			震中烈度Ⅵ度
1765	3	15				123°24′	41°48′	沈阳	5.5			震中烈度Ⅶ度
1775						123°54′	42°18′	铁岭	5.5			震中烈度Ⅶ度
1855	12	11				121°36′	39°6′	金州	5.5			震中烈度Ⅶ度
1856	4	10				121°42′	39°6′	金州	5.25			震中烈度Ⅵ～Ⅶ度
1859	9	19				122°12′	40°42′	营口	5			震中烈度Ⅵ度
1861	7	19				122°6′	39°24′	金州	6			震中烈度Ⅷ度
1875						124°0′	42°36′	开原	4.75			震中烈度Ⅵ度
1885	4	7				122°12′	40°42′	营口	5			震中烈度Ⅵ度
1888	6	13				119°0′	39°6′	辽东湾	7.5			
1907	1	10	14	46		121°48′	39°48′	瓦房店	4.75			
1917	5	28	17	39	30	124°0′	39°7′	鸭绿江	6.1			
1922	9	29	06	01	05	120°5′	39°2′	渤海	6.5			
1925	4	10	04	12		123°4′	41°8′	沈阳	4.75			

年	月	日	发震时刻			震中位置			震级 M_s	深度	精度	备注
			时	分	秒	北纬	东经	地点				
1934	2	18	17	10		121°7′	39°1′	金州	4.75			
1940	8	5	17	55	15	122°2′	40°2′	盖州市熊岳	5.75			震中烈度Ⅷ度
1941	12	15	17	18	18	124°30′	42°18′	铁岭东	4.75			震中烈度Ⅵ度
1943	6	26	13	09	21	120°11′	38°52′	渤海	5.7			
1944	12	19	22	09	04	124°3′	39°7′	鸭绿江口	6.75			
1974	5	7	06	31	47	119°42′	39°18′	渤海	4.8		1	
1974	5	7	06	35	43	119°42′	39°18′	渤海	4.8		1	
1974	12	22	12	46	18	123°36′	41°16′	辽阳葠窝水库	4.8	6	1	震中烈度Ⅵ度
1975	2	4	19	36	07	122°50′	40°40′	海城市岔沟	7.3	16	1	震中烈度Ⅸ度
1975	2	4	19	37				海城震区	5.2			
1975	2	4	19	42		122°43′	40°44′	海城震区	5.0			
1975	2	4	21	32	35	122°43′	40°40′	海城震区	5.2		2	
1975	2	6	05	43	43	122°30′	40°48′	海城市八里	5.5	10	1	
1975	2	6	12	24	57	122°30′	40°48′	大石桥市旗口	5.4		1	
1975	2	15	21	08	04	122°47′	40°39′	海城市岔沟	5.4	12	1	
1975	8	28	22	05	02	122°33′	40°44′	大石桥市虎庄	5.0	4	1	
1978	5	18	22	33	31	122°37′	40°43′	大石桥市官屯	5.9	13	1	震中烈度Ⅷ度
1978	5	20	14	01	44	122°29′	40°44′	大石桥市虎庄	5.2	15	1	
1978	8	30	01	29	31	124°08′	39°18′	黄海	4.8		2	长海县海洋岛附近

资料来源:《辽宁国土资源》编委会. 辽宁国土资源 [M]. 沈阳:辽宁人民出版社,1987。

2. 山洪泥石流

山洪泥石流是辽宁省山区较常见的一种自然灾害。辽宁山地、丘陵分布于省内东部与西部，约占全省总面积的 2/3。山脉多呈东北至西南走向，其南侧的喇叭口地形与夏季东南季风正交，有利于局地强对流性集中暴雨的强烈发展。由于山石多年风化、泥石体松动，遇有特强暴雨，易暴发山洪泥石流。因此，辽宁的山洪泥石流具有分布集中、暴发频繁、危害严重等特点。

（1）山洪泥石流的年际变化

1950～2000 年，辽宁共发生山洪泥石流（含山洪、滑坡、泥石流）80 次，平均每年 1.6 次。以 20 世纪 80 年代前半期最多，达 25 次，平均每年 5 次；70 年代最少，仅 9 次，平均 1 年不到 1 次。

山洪最早发生在 5 月 25 日（1967 年），最晚发生在 9 月 15 日（1954 年），主要集中发生在 6～8 月，占 91.7%。滑坡最早发生在 4 月 25 日（1983 年），最晚发生在 8 月 14 日（1954 年），集中发生在 6 月下旬至 8 月中旬，占 84.6%。泥石流最早发生在 6 月 25 日（1979 年），最晚发生在 8 月 28 日（1964 年），集中发生在盛夏 7～8 月，占 96.6%。

（2）山洪泥石流和地区分布

山洪多发生在辽东山区和辽西丘陵山地，辽河平原地区很少出现。有 3 个多发区，最多的在辽西的朝阳地区，中心在喀左县达 6 次；其次是丹东地区，中心在凤城县和宽甸县，发生 4～5 次；最后是抚顺地区发生 4 次。

泥石流（包括滑坡）主要发生在辽东山区的东南部和辽东半岛山区，而辽西和辽中平原地区很少发生。丹东北部山区为泥石流多发区，中心在宽甸县和凤城市，分别达 18 次和 17 次，平均 2 年多即可发生 1 次；其次是丹东市区和岫岩县，分别发生过 7 次和 6 次，平均 6～7 年发生 1 次；其他地区只发生过 1～3 次。

（3）山洪泥石流与诱发暴雨

山洪泥石流常常是在有利其发生的地形、地质、地貌环境条件下，直接由特强集中暴雨诱发形成的（以下简称诱发暴雨）。

在辽东山区的东南部山区和辽东半岛山区出现较重和严重的山洪泥石流灾害 17 次，其诱发暴雨中有 14 次，24 h 最大降水量都在 300 mm 以上（称为特强暴雨），占 82%；有 3 次 24 h 最大降水量为 200～300 mm（特大暴雨），占 18%。此外，在 10 次较轻滑坡中，诱发暴雨有 7 次大暴雨（大于 100 mm）和 2 次特大暴雨，占 90%，只有一次为特强暴雨。这表明较重和严重的山洪泥石流灾害，主要是由特强暴雨的诱发而形成的。在较轻的滑坡现象中，绝大多数是大暴雨和特大暴雨影响所致。

山洪泥石流不一定在 1 次长历时暴雨过程结束之后才发生，而往往在长历时暴雨过程中，由于短历时强集中暴雨的诱发而形成。从 1981 年 7 月 27 日 8 时至 28 日 8 时，辽南老帽山区马屯水文站逐时和 3 小时雨量的时间演变中可以看出，27 日 8 时到 22 时，虽然累积的雨量已达 120 mm，此时并未出现山洪泥石流现象。28 日在两次短时强降雨后，出现了较严重的山洪泥石流。这表明山洪泥石流暴发与短时强集中暴雨的诱发作用更密切。

（4）山洪泥石流灾害

根据气象部门灾情记载，1950～1985 年有 28 次山洪、8 次滑坡和 20 次泥石流统计结果。泥石流所造成的灾害最重，平均每次受灾农田 2.2×10^4 hm²，倒塌房屋 4 816 间；其次是滑坡，平均每次受灾农田 1.2×10^4 hm²，倒塌房屋 210 间；最后是山洪，平均每次受灾农田 0.8×10^4 hm²，倒塌房屋 458 间。最严重的一次山洪泥石流灾害，发生在 1981 年 7 月 27 日夜间辽南老帽山，受灾农田达 6.7×10^4 hm²、果树 61.1×10^4 株，倒塌房屋 2.4×10^4 间，冲毁民房 1.5×10^4 间，冲走大牲畜 0.2×10^4 头，中长铁路辽南段停运 8 d，经济损失达 5.4×10^8 元。

泥石流突然暴发，导致损失惨重，泥石流灾害虽然范围小，受灾面积不大，但暴发突然，往往造成毁灭性破坏。辽宁东部、西部山区，尤其是千山山脉东南坡的岫岩、凤城、宽甸以及老帽山地区，遇有大强度暴雨，最易引起泥石流暴发，形成灾害。据不完全调查统计，1951～1990 年期间，辽宁省泥石流灾害经济损失按当年价，累计为 4.19×10^8 元。1950～1980 年，各时期的经济损失不断上升。20 世纪 50 年代为 0.12×10^8 元，60 年代 0.36×10^8 元，70 年代为 0.77×10^8 元，80 年代达 3.42×10^8 元，比 50 年代增加近 28 倍，十分惊人。

3. 滑坡

滑坡是斜坡上大量土体、岩体或其他碎屑堆积物，在重力作用下，沿一定的滑动面下滑的现象。它是山区建设中经常遇到的一种自然灾害。滑坡体的大小受物质来源、所处的地貌部位、岩性、诱发因素及其强度等因素的影响。按滑坡的诱发因素，可将其分为自然滑坡和人为滑坡两大类。

自然滑坡是在新构造运动、地下水、地震等自然因素作用下发生的，如辽阳的麻屯滑坡。由于辽宁山区主要由中低山和丘陵组成，不具备发生特大滑坡的自然地理条件，但是小型滑坡却时有发生，尤其是与泥石流伴生的自然滑坡，更是多见。这类滑坡规模不大，数量很多，往往呈群体出现。宽甸、凤城、岫岩地区有数万处，有的山沟多则几百处。滑坡崩积物是泥石流固体物质的主要来源。孤立的天然滑坡在辽宁省内比较少见，规模也不大，它们分布于长海、海城诸葛岭、本溪、大连、辽阳、丹东、旅顺蛇岛等地。

人为滑坡是在人类生产活动影响下发生的，辽宁采矿业十分发达，在矿山开采区，滑坡经常发生，如抚顺、阜新、鞍山等地的矿山滑坡。据阜新、抚顺和鞍山3市的不完全统计，从1927年抚顺西露天矿发生第一次滑坡至1985年，先后发生大小滑坡100多次。

4. 崩塌和塌陷

崩塌是指陡峻山坡上的巨大岩体、土体、块石或碎屑层，在重力的作用下，突然发生急剧崩落、翻转和滚落，在坡脚形成倒石堆或岩屑堆的现象。目前辽宁境内已经发生的崩塌都发生在地势陡峭地带，特别是沿海和岛屿的岩岸地带。辽东山区是崩塌的多发区。本溪市区基岩裸露、山坡较陡，在平顶山周围经常有崩塌出现。海城的英落、王家坎、青山怀、棋盘山，营口的黑音寺、岫岩的偏岭也都发生过崩塌。

辽宁境内发生的塌陷主要是岩溶塌陷。在碳酸盐岩石分布区，经常有岩溶洞穴隐伏在第四纪覆盖层之下，当有震动源或其他条件作用时，原有的平衡遭破坏，上伏土层就会塌落，即发生岩溶塌陷。当土层塌落时，上面的房屋和其他建筑随之下沉或被破坏。辽宁省具备发生岩溶塌陷的地方很多，目前主要集中于海城和瓦房店两市。另外，鞍山市区、本溪市溪湖区、金州大魏家、辽阳小屯、东港前阳山城子等地，也发生过岩溶塌陷。另外，在矿坑开采区，也有塌陷发生。

（三）海洋灾害

辽宁省海域的海洋灾害主要有台风、赤潮、风暴潮、海啸、海冰、海雾。

1. 台风

影响辽宁地区的台风是发生在西太平洋洋面上逆时针旋转的特别强烈的大气涡旋。出现台风和热带风暴时，会产生狂风暴雨，在海上可出现巨浪和大潮，甚至海啸，造成巨大灾害。

（1）台风次数

据清光绪十年至二十三年和清光绪二十五年至2000年的115年统计资料，影响辽宁的台风共有106次，平均每年近1次。最多年（1930年、1962年）达4次，有的年份无台风。影响辽宁的台风最早出现在6月中旬，最晚出现在9月中旬。其中以7、8月最多，占总数的91%，6月和9月最少，仅占总数的9%。

（2）台风路径

影响辽宁沿海的台风源自热带太平洋上，进入中国海域后主要路径有3条：一是自华南登陆后继续向北移动并折向东北，经山东半岛进入渤海或河北省后消失，或继续向东北移动中逐渐消失；第二条路径是台风在辽宁登陆后减弱消失或继续向东北移动；第三条路径是台风在汉城和中国丹东之间登陆后继续移向东北。第一条路径的台风对渤海沿岸影响较大，可造成这一海区及沿海 6～9 级大风，最大可达 12 级，此类台风可造成较大规模降水，持续时间也很长，在台风影响范围内可造成 100 mm 以上的大暴雨或特大暴雨；在河北消失的台风对辽宁省影响较小，而在渤海消失的台风对渤海沿岸及辽东半岛均有影响。第二条路径的台风在登陆前可造成黄、渤海区及沿岸地区的大风，一般可达 8～9 级，最大可达 12 级，台风登陆地区可产生暴雨或大暴雨。第三条路径的台风占影响辽宁省台风总数的 50%，主要影响黄海沿岸，风力一般 6～9 级，最大可达 10～12 级。

（3）台风灾害

台风造成辽宁的主要灾害是暴雨洪涝、山洪泥石流、大风和风暴潮（海啸）。其危害程度与台风的强度和路径有直接关系，台风强度越强，移动路径越接近或者正面袭击辽宁，则灾害天气越强，影响地区越广，维持时间越长，危害越重。由台风影响产生的大风区，主要分布在黄、渤海及其沿岸地区，一般可出现 6～9 级大风，最大 10～12 级。台风登陆后强度明显减弱，内陆地区风力一般 6～8 级或以下。

辽宁虽然受台风影响的次数不多，但一旦遭受强台风正面袭击，产生狂风暴雨，造成的危害相当严重。1950 年以后至 2000 年，受台风影响造成农田成灾面积达 633.8×10^4 hm^2，倒塌房屋 80×10^4 多间。其中 1985 年 8 月 1～20 日连续遭受 6、8、9 号台风的影响，尤其是 9 号台风正面袭击辽宁，造成严重损失。又如 1972 年 7 月 26～27 日遭受 3 号台风袭击，黄海北部、渤海海峡、渤海及其沿岸地区出现 8～10 级大风，局部地区达 12 级，海边和港湾出现风暴潮，海水倒灌，造成严重灾害，受灾农田达 13.3×10^4 hm^2，倒塌房屋 1 500 多间，刮倒各种树木 8×10^4 多株，渔业和养殖业损失严重，部分交通通信中断。仅大连地区被风浪打破的各种船只便有 1 172 条，经济损失 1 214×10^4 元。绥中渔港坝基被风浪冲毁 500 m。

2. 赤潮

辽宁省是一个海域辽阔、海洋资源丰富的省份，海岸线长达 2 620 km，横跨黄、渤两海，近海海域面积达 5 340 km^2。近年来由于近岸海水收纳来自陆地的大量污染物以及近海水产养殖业的发展，海水呈现较强的富营养化状态，致使适宜条件下的海洋浮游生物迅速发展，形成灾害性的赤潮，严重影响近海渔业与海洋环境。据统计，仅 1990～2000 年，黄渤海地区就发生赤潮 28 次，且赤潮面积逐年增加，频率逐年升高，造成直接与间接的经济损失无数，同时还危害沿海渔民的身体健康。目前，赤潮已成为海洋环境中最严重的灾害之一。

赤潮灾害的形成有着多方面的因素，是人类工农业污染、沿海水产养殖业发展以及天气条件等综合的结果。目前在近岸海水富营养化日趋严重的情况下，天气条件正成为赤潮形成与消失的重要诱发因子。一般赤潮前有大量的陆面降水，赤潮开始日气温剧升，赤潮期间持续高温，气温剧降并伴有降水则消退赤潮。

通过对多次赤潮天气过程进行分析，发现几次赤潮的天气条件有着共性，即赤潮前有陆面降水，赤潮开始日气温剧升，赤潮期间风速较小，天空少云并持续高温，气温剧降与再一次的大量降水可消退赤潮，其中天空晴朗少云在赤潮的初期形成阶段更为明显。因此可以说，赤潮发生前后的天气条件与赤潮的形成、发展、消失有着密切关系。

赤潮发生前大量的陆面降水导致入海淡水量增加，使海水淡化，盐度下降，淡水所携带的大量陆源污染物及有机物也同时入海，使近岸海水富营养化程度加剧，这是赤潮形成的主要有利条件之一。气温急剧上升与充足的光照，使得喜爱这种气候变化并对营养盐有强利用能力的赤潮生物受温度刺激而迅速繁殖起来，形成赤潮。一旦温度下降，赤潮生物繁殖受阻，并随着一场降雨将赤潮区冲淡，赤潮减弱并消失。此外，海域风速大小对赤潮的发生也有重要关系。赤潮发生期间风速较小，不利于海水自身的交换，为赤潮的形成与维持提供了良好的条件。风向与陆岸的交角对赤潮的形成也有一定的关系，如向岸风与离岸风所造成的效果是不同的。

由于赤潮发生时海水出现局部异常高温现象，这样就可以利用 NOAA 卫星的海温场资料，通过监测近海的海温异常高温区判断赤潮的发生、发展、流向与消退。利用卫星监测海洋环境污染现象，对于改善我国现有的监测技术水平，减轻海洋灾害，促进海洋经济发展具有重要意义。

3. 风暴潮

风暴潮是由强烈的大气扰动（如强风和气压骤变）所导致的潮位异常升降现象。当较大的增水恰与天文高潮相遇时，常使水位暴涨，海水浸溢陆地，给人民的生命财产带来威胁。辽宁各主要河流都汇入黄、渤二海。当江河发生水灾时，江河口受海潮顶托急剧增水，加重了江河洪水灾害。风暴潮对黄海沿岸河流及鸭绿江下游影响较大，该地区发生风暴潮的频率在中国北方各海湾中也是较高的。

（1）黄、渤海风暴潮出现次数及分布

从渤海和黄海北部各海湾出现次数可看出，鸭绿江口西部海湾（东港）

发生的次数与渤海湾（大沽）接近，其发生频率仅少 2%；而辽东湾（鲅鱼圈）特别少，近百年只出现一次（台风引起）。从东港发生的风暴潮历史看，在近百年中东港共发生 21 次风暴潮，平均 5～6 年发生 1 次。其中 1913 年和 1923 年发生最多，各发生过 2 次。50 年代以后，共出现 5 次，其中 50 年代和 60 年代基本无风暴潮，从 70 年代开始增多为 2 次，80 年代达 3 次。东港发生的 21 次风暴潮中，有 17 次出现在夏季，4 次出现在春、秋季。

（2）主要灾害性天气系统

辽宁省濒临黄渤两海，受地理位置及气象条件的影响，极易产生风暴潮现象。影响辽宁沿海风暴潮主要灾害性天气系统有 3 种。

第一，寒潮。寒潮是强冷高压由北向南（或东南）侵袭的天气过程，在其运动过程中，常伴随着 7～8 级持续偏北大风，受风场的强制作用，导致水位显著下降。

第二，气旋。春、秋季节，冷暖气团（气旋或反气旋）交汇频繁，在其相对移动过程中，常常导致黄渤海 7 级以上偏北大风，造成海区水位的异常变化。

第三，台风。资料统计表明，台风进入北黄海和渤海时，对辽宁省沿海地区的水位变化有显著影响。1949～1985 年，影响辽宁省的北上台风共出现 19 次，平均每两年出现一次。该类台风大都出现于 7～8 月的盛夏季节，可见辽宁省沿海地区夏季受台风侵袭的可能性较大，尽管台风次数较其他沿海省份少，但危害却甚大。1985 年，第 9 号台风所产生的特大暴潮使辽宁省海区，特别是黄海北部沿海受到相当大的损失。由于台风使水位升高，若天文大潮（或高潮）同台风相遇，则很可能形成大的高潮位，如 1972 年第 3 号台风正值 7 月 26～27 日（农历六月十六至十七日）天文大潮，营口、葫芦岛等港均出现历史最高潮位。

（3）风暴潮灾害

辽宁省海岸线东起鸭绿江口，西至山海关老龙头，长达 2 178 km，历史上屡遭风暴潮袭击，形成灾害。其中黄海沿岸比渤海沿岸频次较高，灾情较重。风暴潮主要是加剧了沿海江河口附近的灾害程度，如 1983 年 7 月 13～14 日，受江淮气旋影响，辽宁东南部地区降暴雨和大暴雨，东港市洋河雨量最大达 191 mm。东港、庄河、普兰店、长海、瓦房店等沿海地区东南风 7～8 级，发生了 60 年间最强的风暴潮。特大海潮袭击使海水倒灌，海浪高达 3 m，东港最高潮位达 4.3 m，使东港镇内积水达半米深，有 1/3 的房屋进水。沿海地区共有 50 多个村受灾，冲毁防潮堤坝超过 170 km，决口 250 多处，渔港堤坝、养虾池、盐场及船只也遭严重破坏，农田被淹。

4. 海冰

海冰是中国北方海区特有的自然现象，辽宁省又是我国海冰最严重的地区。每年冬季，由于受强烈冷空气侵袭，气温急剧下降，致使表层水温降至冰点以下，同时，沿岸低温的江河淡水入海，造成每年出现不同程度的冰封现象。海冰的生消活动，主要受制于当年的水文气象状况。不同的水文气象条件，海冰的轻重程度各异，即有一般冰情与特轻、特重之分。渤海和黄海北部每年冬季都有海冰出现，特别是在冰期严重的年份，大面积海域被厚冰覆盖。沿岸港口和航道被封锁，海上工程被迫停止，海上设施被毁坏。

（1）海冰的分布

渤海冰情以辽东湾最重，渤海湾次之。辽东湾冰期达 3～4 个月，浮冰量可达 6～8 级（浮冰量为冰面积占整个能见海域的成数，分 10 级记录），冰厚 25～40 cm，最大冰厚可达 1 m。海面常有堆积冰，一般高 2～3 m，沿岸个别年份为 6～10 m。渤海湾冰期约 2 个月，浮冰量变化较大，冰厚 15～30 cm，堆积冰一般在 1 m，最高 2～4 m，最大堆积高度超过 8 m。

黄海南部冰期约 3 个月，海冰一般分布在 20 m 等深线以内，距岸 15～25 海里[①]，浮冰量达 5 级，冰厚 20～30 cm。异常寒冷年份，海冰距海岸可达 30 海里以上，冰厚可达 80 cm。鸭绿江口至大洋河口冰情较重（鸭绿江口主航道因上游水电站影响，冬季不结冰），堆积冰可达 200 cm；大洋河口至常江沃一带，冰情逐渐减轻，堆积冰约为 100 cm；常江沃至老铁山一带，海面一般无冰，但内陆港湾（如旅顺港和大连湾）结冰，除在寒冷年份外，一般不影响船只进出港。

（2）冰情的变化

黄、渤海区冰情，每年大致分为初冰期、严重冰期和融冰期 3 个阶段：11～12 月为初冰期，沿岸浅滩有薄冰，对船只活动影响不大；1 月上、中旬进入严重冰期，沿岸出现固定冰，冰量增多，冰层质坚，浮冰密集，堆积严重，对船只活动影响较大。据调查，在冰情严重的年份，海面出现流冰，大者几千米至十几千米，冰厚 20～30 cm。辽东湾北部和渤海主要流冰方向都是垂直于海岸，而且从岸边流向外海的频率大于外海流回的频率。辽东湾南部海区主要流冰方向都是平行于海岸的。黄海北部主要流冰方向，为偏西北和东南两个方向，其他方向较少；2 月下旬至 3 月上、中旬为融冰期，海冰从海上向岸边逐渐消失，仅辽东湾近岸有浮冰。在个别年份，由于强寒潮侵袭的影响，会再度出现较严重的冰情。

---

① 1 海里＝1 852 m。

（3）特殊年份的冰情

辽宁沿海海冰现象并不严重，但是，在特殊天气形势下，也会发生严重的冰封现象。20世纪30年代以后，渤海区曾出现4次较大的冰封，分别在1936年、1947年、1957年和1969年，以1969年最严重。1947年，辽东湾发生的最严重的冰封是在滦河口以北海区发现的高10 m、长200 m、宽70 m的小冰山。1969年2月、3月，出现特别严重的冰情，时间之长、危害之大实属罕见，终冰期较常年晚20多天。形成当年特大冰情的原因，同当年的水文气象条件异常有关。1969年冬季，从1月26日至2月1日，有一次强冷空气侵入渤海，并连续出现144 h的8～9级北至东北大风，紧接着2月3日又有一次强冷空气侵入渤海，两次冷空气持续10 d，使气温急剧下降，从而加速了冰情的迅速发展，造成从2月15日起，冰封线从渤海中部迅速向东扩展，2月20～23日冻冰边缘线到达渤海海峡以西约35 km处。在2月27日至3月15日期间，除老铁山水道和猴矶水道外，整个渤海海面几乎被海冰所覆盖。沿岸都有堆积冰，一般堆积高度为2 m，最高9 m，大沽口外形成了小冰山。黄海北部结冰范围到30 m等深线附近，使海上建筑物受到破坏，对海上交通造成极大困难。在一个月内，19艘轮船被浮冰夹住不能航行，5艘万吨货轮螺旋桨被冰块撞坏，里、外长山列岛一带由于海冰障碍航行，影响了补给。渤海1号井钻井平台支柱拉筋全被割断，2号井平台被海冰全部推倒。

三、森林公园与自然保护区

（一）森林公园

森林公园建设是社会经济发展对森林资源利用方式的客观选择，也是林业产业结构调整的重要内容。森林公园的建立在缓解森林保护和开发之间的矛盾、调整产业结构、扩大林业职工就业及改善林业职工生活条件等方面起到了积极作用。目前，全省共建立国家级、省级森林公园65处，森林公园总面积为275 304.0 hm^2，占全省国土面积的1.86%。"十五"期间，辽宁省充分利用国家、地方社会经济快速发展的良好机遇，促进森林公园和森林旅游业持续、快速发展，取得了显著成效；累计接待游客2 000×10^{4}人次，森林旅游直接收入近6×10^{8}元，创造社会总产值30×10^{8}元。

1. 国家级森林公园建设情况

全省有国家级森林公园28处。森林公园总面积186 188 hm^2，占全省国土面积的1.26%，占森林公园总面积的67.63%。建设国家级森林公园，设立专门的管理机构，制定有利于森林资源保护的管理条例，使186 188 hm^{2}森林公园的森林风景资源得到了有效保护；开展森林旅游，使森林公园取得了明显的经济效益，缓解了森林公园资源保护投入不足的问题，促进了森林风景资源保护和林分质量的提高。国家级森林公园的建设也使国家珍贵自然遗产得到了切实的保护（表 2.34）。

表 2.34 辽宁省国家级森林公园统计表

序号	公园名称	面积/hm²	所在地
1	陨石山国家森林公园	2 000	沈阳市东陵区李相乡
2	沈阳国家森林公园	1 000	沈阳市沈北新区马刚乡
3	旅顺口国家森林公园	2 741	大连市旅顺口区
4	仙人洞国家森林公园	3 575	庄河市仙人洞林场
5	大连国家森林公园	3 759	大连市金州区
6	长海海岛国家森林公园	7 200	长海县小长山岛乡
7	普兰店国家森林公园	667	普兰店市林场
8	大连天门山国家森林公园	3 100	庄河市仙人洞镇
9	大连银石滩国家森林公园	22 000	庄河市
10	大连西郊国家森林公园	55 000	大连市甘井子区红旗街道办
11	金龙寺国家森林公园	2 138	大连市甘井子区金龙寺村
12	千山国家森林公园	2 931	千山风景名胜区管委会
13	元帅林国家森林公园	6 959	抚顺大伙房林场
14	猴石国家森林公园	5 675	新宾满族自治县赵家林场
15	红河谷国家森林公园	9 112	清原满族自治县林业局
16	三块石国家森林公园	6 785	抚顺县三块石林场
17	库区国家森林公园	4 627	桓仁满族自治县库区林场
18	本溪国家森林公园	6 667	本溪满族自治县林业总场
19	本溪环城国家森林公园	22 573	本溪市环城公园管理处
20	大孤山国家森林公园	464	东港市大孤山镇
21	天桥沟国家森林公园	4 200	宽甸满族自治县双山子乡
22	盖州国家森林公园	1 567	盖州市海防林场
23	海棠山国家森林公园	67	阜新蒙古族自治县大阪乡
24	沙地国家森林公园	2 267	彰武县林场
25	冰砬山国家森林公园	2 019	西丰县冰砬山林场
26	凤凰山国家森林公园	1 328	双塔区凤凰山林场
27	大黑山国家森林公园	5 100	北票市大黑山林场
28	首山国家森林公园	667	兴城市

资料来源：王文权. 辽宁森林资源 [M]. 北京：中国林业出版社，2007。

2. 省级森林公园建设情况

全省有省级森林公园 37 处，森林公园总面积 89 116.0 hm²，占全省国土面积的 0.60%，占森林公园总面积的 32.37%。省级森林公园建设广泛利用林区森林资源，是林区开展多种经营的最佳方案之一。森林旅游主要优点在于不仅是对林区资源的不消耗利用，而且还保护了 89 116.0 hm² 森林风景资源，更重要的是增强了林业可持续发展的物质基础，强化了林区或少林区自身的造血功能，增强了经济活力和财力，最终使森林资源得到有效的保护和恢复（表 2.35）。

表 2.35　辽宁省省级森林公园统计表

序号	公园名称	面积/hm²	所在地
1	大连骆驼山海滨省级森林公园	2 240	瓦房店市骆驼山乡
2	大连长兴岛海滨省级森林公园	3 307	瓦房店市长兴岛镇
3	大连龙门汤省级森林公园	5 078	瓦房店市许屯镇
4	大连大黑石省级森林公园	1 760	甘井子区营城子镇
5	西平省级森林公园	2 467	台安县西平林场
6	辽宁老虎山省级森林公园	4 300	岫岩满族自治县东风林场
7	辽宁岱王庙省级森林公园	1 867	岫岩满族自治县清凉山林场
8	白云山省级森林公园	3 723	海城市孤山镇
9	龙潭湾省级森林公园	800	岫岩满族自治县龙潭林场
10	浑河源省级森林公园	3 332	清原满族自治县省直属林场
11	新宾和睦省级森林公园	1 530	抚顺市矿务局
12	大地省级森林公园	8 119	本溪满族自治县碱厂林场
13	参王谷省级森林公园	2 903	本溪满族自治县田师傅林场
14	本溪县湖里森林公园	1 617	本溪满族自治县东营房乡
15	辽宁苍龙山原始森林公园	4 614	桓仁满族自治县八里店林场
16	辽宁八面威森林公园	3 033	桓仁满族自治县和平林场
17	五龙山省级森林公园	467	丹东市五道沟林场
18	蒲石河省级森林公园	4 000	凤城市赛马镇
19	黄椅山省级森林公园	75	宽甸满族自治县城郊林场
20	天华山省级森林公园	1 400	宽甸满族自治县林川林场
21	宽甸花省级森林公园	1 080	宽甸满族自治县牛毛乌乡
22	翠岩山省级森林公园	267	凌海市红旗林场
23	五峰省级森林公园	3 723	北镇市五峰林场

序号	公园名称	面积/hm²	所在地
24	医巫闾山省级森林公园	1 402	北镇市
25	岩井寺省级森林公园	1 835	凌海市康家林场
26	高山台省级森林公园	815	彰武县高山台林场
27	元宝山省级森林公园	267	阜新市
28	城子山省级森林公园	3 933	西丰县和隆林场
29	七鼎龙潭寺省级森林公园	133	开原市南城子林场
30	辽阳核伙沟省级森林公园	2 200	辽阳县寒岭镇
31	石洞沟省级森林公园	1 333	辽阳市林业科研所
32	牛河梁省级森林公园	8 000	凌源市欺天林场
33	朝阳洞省级森林公园	1 867	喀喇沁左翼蒙古族 自治县十二德堡林场
34	盘锦省级森林公园	330	盘山县盘山林场
35	辽河湿地省级森林公园	480	盘锦西郊
36	三山妙峰省级森林公园	2 300	绥中县三山妙峰林场
37	绥中锥山省级森林公园	2 519	绥中县永安乡

资料来源：王文权. 辽宁森林资源 [M]. 北京：中国林业出版社，2007。

（二）自然保护区

建立自然保护区，是保护自然环境、自然资源的有效措施，是社会经济可持续发展的客观要求。全省自然保护区基本包括了辽宁省典型生态环境类型，在保护生态环境完整性和生物多样性等方面起到了重要作用。

1. 自然保护区建设情况

辽宁省的第一批 5 个省级自然保护区建立于 1981 年，分别是白石砬子、老秃顶子、仙人洞、医巫闾山、凤凰山自然保护区。目前，辽宁省自然保护区的数量总计为 95 个，面积为 144×10^4 hm²，占国土面积的 9.8%。林业系统管理的自然保护区有 68 个，其中，国家级自然保护区 7 个、省级 21 个、市级 23 个和县级 17 个，包括 52 个森林和野生动物类型自然保护区、16 个湿地类型自然保护区。自然保护区有效保护了全省 60% 的陆地生态系统类型、85% 的野生动物种群和 65% 的高等植物群落，保护区湿地部分有 37% 的天然湿地被纳入保护区的管理范围。

锦州的医巫闾山国家级自然保护区，有东亚最大面积的天然油松林。大连的仙人洞国家级自然保护区,有东亚地区保存最完好、面积最大的天然赤松林。盘锦的双台河保护区,有亚洲最大的芦苇田。据辽宁省森林生态效益评价公报,经过初步测算,2007 年辽宁省森林生态效益总价值为 2 918.37×10⁸ 元,占辽宁生产总值的 26.48%。其中,涵养水源功能价值 1 134.01×10⁸ 元;保育土壤功能价值 321.93×10⁸ 元;固碳释氧功能 412.18×10⁸ 元;营养物质积累功能价值 57.97×10⁸ 元;净化大气环境功能价值 146.55×10⁸ 元;农田防护功能价值 87.04×10⁸ 元;生物多样性保护功能价值 738.45×10⁸ 元;森林游憩功能价值 20.24×10⁸ 元。

2. 国家级自然保护区

目前,全省国家自然保护区有 12 处,保护面积为 1 223 669 hm²,占保护区总面积的 42.42%。其中以保护森林植被、野生动植物 8 处,面积为 988 689 hm²,占国家保护区面积的 80.80%;保护湿地野生动物 2 处,面积为 229 000 hm²,占国家自然保护区面积的 18.71%(表 2.36)。

表 2.36　辽宁省国家级自然保护区统计表

序号	自然保护区名称	地点	面积/hm²	主要保护对象
1	辽宁蛇岛老铁山自然保护区	辽东半岛老铁山、旅顺港西北 25 海里处	14 595	蛇岛蝮蛇、东北候鸟及蛇岛特殊生态系统
2	辽宁仙人洞自然保护区	庄河仙人洞镇	3 575	赤松—栎林生态系统及珍稀濒危野生动植物
3	大连斑海豹国家级自然保护区	旅顺—瓦房店近海海域	909 000	斑海豹及其栖息环境
4	大连城山头海滨地貌国家级自然保护区	金州区大李家镇	1 350	地质遗址、古生物化石、奇特的沿海地貌景观
5	辽宁老秃顶子自然保护区	本溪市桓仁县、抚顺市新宾县	15 217	长白植物区系原生型森林
6	辽宁白石砬子自然保护区	宽甸县大川头乡	7 467	原生型红松针阔叶混交林
7	辽宁鸭绿江口湿地自然保护区	东港市	101 000	湿地生态系统及珍稀水禽候鸟
8	辽宁医巫闾山自然保护区	北镇市、义县	14 000	天然油松林、华北植物区系天然林系统

续 表

序号	自然保护区名称	地点	面积/hm²	主要保护对象
9	阜新市海棠山自然保护区	阜新县大板乡	11 003	油松、栎类混交的顶级群落、野生动物
10	辽宁双台河口自然保护区	盘锦市双台子河、大凌河之间滨海湿地	128 000	丹顶鹤、黑嘴鸥等珍稀水禽、湿地生态系统
11	辽宁努鲁儿虎山自然保护区	朝阳县古山乡	13 832	华北、内蒙古生物系交汇地带的森林生态系统
12	辽宁北票鸟化石群自然保护区	北票市园	4 630	中生代晚期凝灰质沙页岩中鸟化石等古生物化石群

资料来源：环境保护部自然生态保护司. 全国自然保护区名录 2008 [M]. 北京：中国环境科学出版社，2009。

第三章　辽宁人文地理特征

章前语

　　辽宁省城镇呈辐射状分布并具有集聚性；城市类型齐全，城市特点鲜明；中心城市辐射功能强；特大和大城市多，中小城市少，且地域分布极不平衡；中部地区城市多，人口密集。辽宁省拥有以铁路、公路、水运、航空和管道等多种现代化运输方式组成的发达交通运输网。辽宁省旅游资源丰富，全省旅游业发展飞速，游客人数不断增长，创汇持续上升。2008 年辽宁省生产总值 $13\ 461.6 \times 10^8$ 元，其中第一产业增加值 $1\ 302.0 \times 10^8$ 元，第二产业增加值 $7\ 512.1 \times 10^8$ 元，第三产业增加值 $4\ 647.5 \times 10^8$ 元，三次产业增加值占全省生产总值的比重分别为 9.7%、55.8% 和 34.5%，人均生产总值31 258 元。

　　辽宁是一个多民族且特色鲜明的省份，除汉族外，满族、蒙古族、回族、朝鲜族、锡伯族历史悠久、人口较多，居住也比较集中，人口分布不平衡。辽宁各民族在饮食、建筑、服饰、婚姻、节日庆典等方面，有不同的风俗习惯，在辽宁各地可以体会到多种丰富多彩的民族民俗风情。辽宁省民间艺术多彩多姿，又有地域特色。

关键词

　　产业；交通；城镇；旅游；人口；民族；民俗

第一节　经济格局

一、经济概况

　　辽宁省 2008 年生产总值 $13\ 461.6 \times 10^8$ 元，在全国各省（市、区）中居第 8 位。按可比价格计算，比上年增长 13.1%，增速高于东部地区的平均水平，连续第 7 年保持两位数增长。其中，第一产业增加值 1 302.0×10^8 元，在全国各省（市、区）中居第 11 位，增长 6.3%；第二产业增加值 7 512.1×10^8 元，在全国各省（市、区）中居第 7 位，增长 15.5%；第三产业增加值 4 647.5×10^8 元，在全国各省（市、区）中居第 9 位，增长 12.5%。三次产业增加值占全省生产总值的比重分别为 9.7%、55.8% 和 34.5%。人均生产总值 31 258 元，在全国各省（市、区）中居第 9 位，比上年增长 13.8%。

2008 年，14 个省辖市的地区生产总值，大连市和沈阳市在全省占有非常突出的地位，都为 3 800×10^8 元以上，沈阳为 3 860.5×10^8 元，大连为 3 858.3×10^8 元；其次是鞍山市，超过了 1 600×10^8 元；其他各省辖市均低于 710×10^8 元，阜新市最低，为 233.9×10^8 元（图 3-1）。

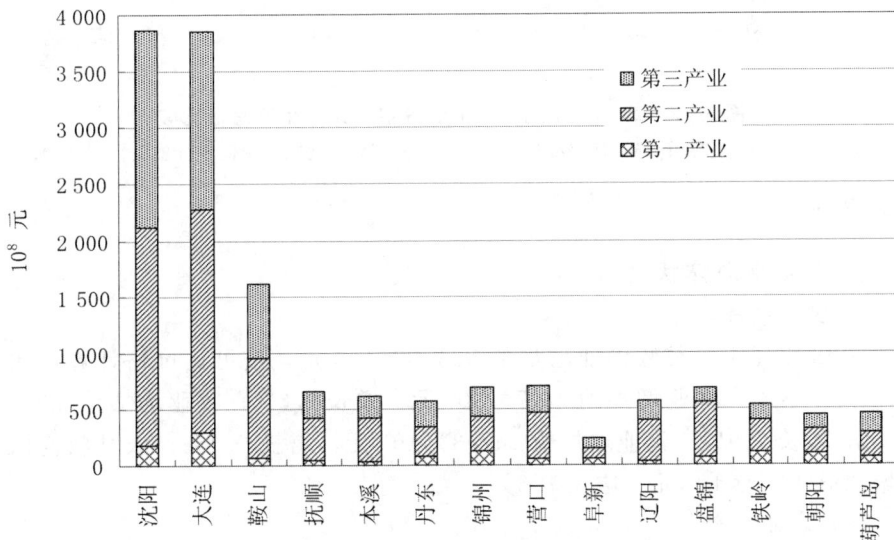

图 3-1 2008 年辽宁省 14 个省辖市各项生产总值比较

资料来源：辽宁省统计局. 辽宁统计年鉴（2009）[M]. 北京：中国统计出版社，2009。

2008 年，14 个省辖市的人均生产总值，大连市、沈阳市、盘锦市、鞍山市均超过 4×10^4 元。其中大连市最高，为 6.3×10^4 元；其次是沈阳市，为 5.4×10^4 元；盘锦市 5.1×10^4 元，鞍山市 4.5×10^4 元。阜新市、铁岭市、朝阳市、葫芦岛市均低于 2×10^4 元，其中阜新市最低，为 1.2×10^4 元（图 3-2）。

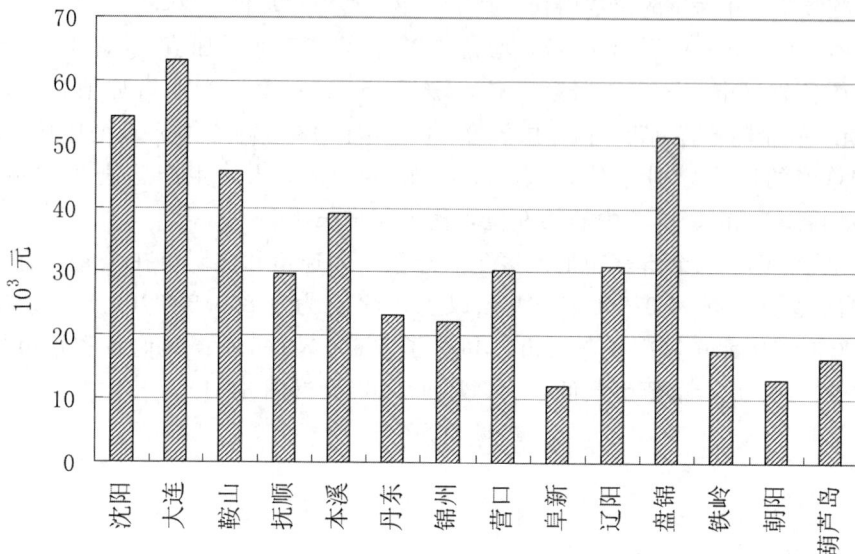

图 3-2 2008 年辽宁省 14 个省辖市人均生产总值比较

资料来源：辽宁省统计局. 辽宁统计年鉴（2009）［M］. 北京：中国统计出版社，2009。

二、农业

（一）农业总体状况

1. 农村经济

2008 年辽宁农林牧渔业增加值 535.9×10⁸ 元，按可比价格计算，比上年增长 3.8%；林业增加值 40.7×10⁸ 元，增长 6.3%；牧业增加值 428.4×10⁸ 元，增长 7.9%；渔业增加值 247.3×10⁸ 元，增长 9.4%；农林牧渔服务业增加值 49.7×10⁸ 元，增长 7.6%。

（1）农业生产

2008 年粮食作物播种面积 3 151.2×10³ hm²，粮食产量 1 860×10⁴ t，比上年增产 25×10⁴ t，连续五年稳定在 1 700×10⁴ t 以上。肉、蛋、奶产量分别达到 376.0×10⁴ t、230×10⁴ t 和 114.1×10⁴ t，分别增长 8.0%、12.7% 和 8.8%；水产品产量 494.9×10⁴ t，增长 8.9%。2008 年人工造林面积 220.1×10³ hm²。

（2）县域经济

全省已建和在建工业聚集区 288 个，其中产值超 10×10⁸ 元的 82 个，超 20×10⁸ 元的 48 个，50×10⁸ 元的 11 个，入园企业 19 621 家。2008 年 44 个县（市）生产总值达到 4 114×10⁸ 元，增长 18.8%，财政一般预算收入 148.4×10⁸ 元，增长 38%。

（3）农业基础设施

农村水、路、电、气等与农民生产生活息息相关，能直接带动农民就业，促进农民增收。辽宁省实施农村饮水安全工程建设，解决了 $133×10^4$ 人的饮水安全问题。农网完善工程、县域电网改造工程改善了县域用电紧张的状况。农村公路网路基改造和黑色路面建设工程全面启动。推广农村户用沼气工程，新增农村沼气用户 $5×10^4$ 户。

2. 农作物播种面积

2008 年，全省农作物总播种面积 $3\,946.4×10^3$ hm²，比上年增长 6.6%。其中，粮食作物播种面积 $3\,035.9×10^3$ hm²，占播种面积比重的 76.9%；非粮食作物播种面积 $910.5×10^3$ hm²，占播种面积比重的 23.1%。在粮食作物中，稻谷播种面积 $658.7×10^3$ hm²，占粮食作物播种面积比重的 21.7%；玉米播种面积 $1\,884.9×10^3$ hm²，约占粮食作物播种面积比重的 62.1%。在非粮食作物中，蔬菜面积 $388.7×10^3$ hm²，约占非粮食作物播种面积比重的 42.7%；油料作物播种面积 $282.4×10^3$ hm²，占非粮食作物播种面积比重的 31.0%。

2008 年，总播种面积最多的是沈阳市，$608.8×10^3$ hm²，其中粮食作物播种面积 $479.7×10^3$ hm²；其次是铁岭市，$515.3×10^3$ hm²，其中粮食作物播种面积 $394.9×10^3$ hm²；锦州市和朝阳市都超过了 $400×10^3$ hm²，锦州市为 $423.5×10^3$ hm²，其中朝阳市为 $406.4×10^3$ hm²（图 3－3）。

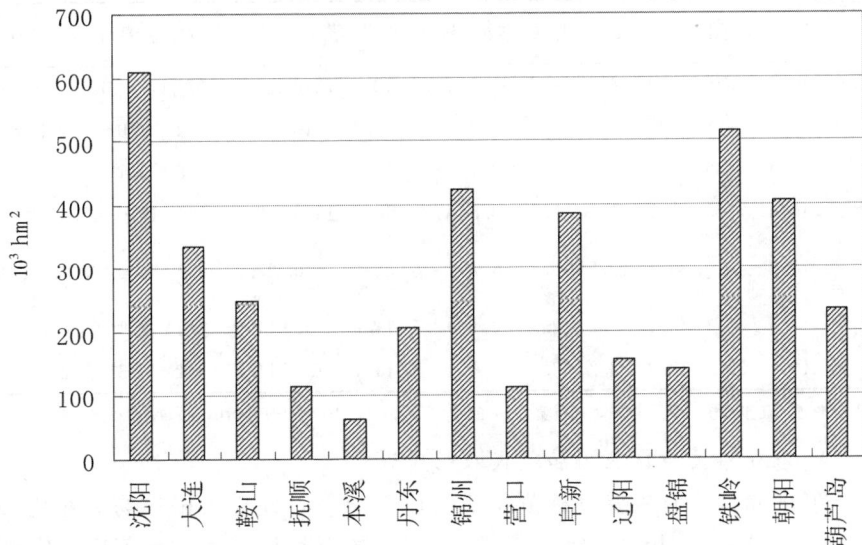

图 3－3　2008 年辽宁省 14 个省辖市播种面积比较

资料来源：辽宁省统计局. 辽宁统计年鉴 ［M］. 北京：中国统计出版社，2009。

3. 农林牧渔业生产

2008 年，辽宁省粮食总产量 $1\,860.3\times10^4$ t，比上年增产 25×10^4 t。其中水稻产量 505.6×10^4 t，约占比重 27.2%；玉米产量 $1\,189.0\times10^4$ t，所占比重 63.9%。蔬菜产量 $2\,438.3\times10^4$ t；水果产量 591.6×10^4 t，增长 11%。肉类总产量 376.0×10^4 t，比上年增长 8%。其中，猪肉产量 204.2×10^4 t，增长 6.9%；牛肉产量 40.5×10^4 t，增长 6%；羊肉产量 7.8×10^4 t，增长 11.4%；禽肉产量 116.3×10^4 t，增长 10.3%。牛奶产量 114.1×10^4 t，比上年增长 8.8%；禽蛋产量 230×10^4 t，增长 12.7%。水产品产量 494.9×10^4 t，比上年增长 8.9%。其中，淡水产品产量 83.3×10^4 t，增长 13.8%；海洋捕捞 147.8×10^4 t，下降 0.9%；海水养殖 263.8×10^4 t，增长 13.6%。

2008 年，辽宁省粮食产量最多的省辖市是沈阳市和铁岭市，分别是 358.7×10^4 t 和 361.5×10^4 t。棉花产量最多的是朝阳市，为 $1\,085$ t；其次是沈阳市，为 958 t；其他市产量比较少，抚顺、本溪、丹东、盘锦、铁岭市没有种植棉花。肉类产量较高的是沈阳、大连、锦州、铁岭，分别为 71.5×10^4 t、52.7×10^4 t、48.7×10^4 t、47.4×10^4 t。奶类产量最高的是沈阳市，为 33.3×10^4 t。水产品生产集中于沿海各市和沈阳市，其中大连市水产品产量占全省的一半以上（表 3.1）。

表 3.1 2008 年辽宁省 14 个省辖市农林牧渔业产品产量比较

指标名称	单位	沈阳	大连	鞍山	抚顺	本溪	丹东	锦州	营口	阜新	辽阳	盘锦	铁岭	朝阳	葫芦岛
粮食	10^4 t	358.7	161.4	144.0	60.7	27.3	91.5	210.6	73.8	202.7	90.6	113.6	361.5	153.4	117.4
棉花	t	958	47	2	0	0	0	34	10	4	2	0	0	1 085	259
油料	10^4 t	11.6	2.0	1.9	0.2	0.1	1.1	11.2	0.1	25.4	0.8	0.1	19.2	2.0	7.8
肉类	10^4 t	71.5	52.7	31.8	9.5	9.8	17.1	48.7	13.6	28.2	13.4	10.0	47.4	38.2	25.7
猪牛羊肉	10^4 t	46.9	30.6	16.5	6.5	6.7	9.6	35.7	6.0	22.7	8.0	6.0	33.7	22.4	17.3
奶类	10^4 t	33.3	15.1	2.2	3.3	2.1	2.5	11.6	1.1	14.5	3.2	2.3	15.2	10.7	3.4
牛奶	10^4 t	32.3	13.3	2.2	3.2	2.1	2.5	11.1	1.1	14.3	3.1	2.3	15.2	10.7	3.4

资料来源：辽宁省统计局. 辽宁统计年鉴（2009）[M]. 北京：中国统计出版社，2009。

4. 农业科技推广应用和现代农业建设

2008 年辽宁省主要良种覆盖率达到 96.4%，建立大田作物专业化种子生产基地 22.2×10^3 hm²，建立了 42 个农作物新品种展示、示范区。实施测土配方施肥面积 $3\,133.3\times10^3$ hm²，化肥施用量（折纯）128.8×10^4 t，推广水稻无纺布育苗技术 305.3×10^3 hm²。建立省级以上保护性耕作示范区 48 个，

核心示范面积 133.3×10^3 hm²。

5. 农业机械化程度

2008 年年末，辽宁省农业机械总动力（不包括渔船）$2\,042.7\times10^4$ kW，比上年年末增长 5.2%。耕、播、收综合农机化水平达到 52.5%，比上年提高 3.5 个百分点。

（二）粮食作物

辽宁省粮食作物主要是大秋作物，品种主要有玉米、水稻、高粱、谷子和大豆；夏粮作物主要是小麦和土豆，但产量不足粮食作物总产量的 1%。新中国成立以后，辽宁粮食作物结构发生了较大变化，高产作物水稻、玉米比重增大，传统主导作物高粱和谷子急剧减少；大豆比重稳定。粮食作物构成的变化，集中反映了农业资源利用趋向合理，因地制宜和扬长避短。

1. 辽宁省粮食作物生产具有一定的地域差异性

第一，粮食作物品种的地域差异。下辽河平原（辽河三角洲）主要以水稻为主；辽北漫岗平原主要以玉米、大豆为主；东部山地河谷主要以玉米为主，水稻和大豆次之；辽西走廊地区玉米、高粱比重较大，大豆次之；辽西半干旱和半湿润易旱地区则以玉米、谷子和杂粮为主。形成粮食作物地域差异的主要因素是资源条件和种植习惯，其中，前者是最基本的因素。例如，朝阳地区谷子播种面积较大，占 30% 以上，主要因为谷子耐旱，生长期较短，抗逆性较强。东部山区的河谷地气候湿润，降水充沛，土壤肥沃，水资源条件较好，宜发展喜水、喜肥作物玉米和水稻。辽北漫岗平原地区，土壤肥沃，降水适中，宜发展玉米和大豆，同吉林和黑龙江两省玉米大豆带连片，构成东北地区的玉米、大豆带。下辽河平原地势低洼，水资源条件较好，具有发展水稻的优势。

第二，粮食作物生产水平的地域差异。辽宁中部平原南部粮食单产多在 6 000 kg/hm² 以上，是本省的高产区；北部平原区粮食单产多在 4 500～6 000 kg/hm²，是中高产区；辽东山区和辽东半岛粮食单产多在 250～350 kg，是中产区；辽西低山丘陵区粮食单产多在 3 750 kg/hm² 以下，其中辽西地区多在 1 500～2 250 kg/hm²，是低产区，该地区一般年份粮食不能自给。

2. 辽宁省主要粮食作物生产布局状况

（1）水稻

水稻是高产作物，也是细粮作物，在正常年景亩产 400～500 kg。从生态适宜条件分析，可以将全省水稻产区划分为三个适宜发展区和两个较适宜发展区。

辽河三角洲水稻适宜发展区包括大洼、盘山和大石桥市部分地区。本区地势低洼，辽、浑、太等重要河流都在此入海，历史上十年九涝，不适宜发展旱田作物，素有辽宁的南大荒之称。新中国成立以来，国家斥巨资整治河流，发展水田灌溉，水田面积约占全省的1/4，水稻产量约占全省的30%，商品量约占全省的35%，商品率达到45%。本区发展水稻生产潜力很大，全省宜农荒地的85%集中在辽河三角洲地区，只要有可靠的水源，可将宜农荒地辟为水田。

下辽河平原中部水稻适宜发展区包括海城、台安、辽阳、灯塔、辽中、新民等县（市）和苏家屯、于洪、新城子等郊区。本区地势低平，海拔多在50 m以下，涝灾频繁，尤其是辽中、新民等县（市）受洪涝灾害影响较重，粮食生产不稳。本区地下水资源比较丰富，土层深厚、土壤肥沃，是辽宁发展水稻生产比较理想的地区之一。水田面积约占本区耕地面积的1/4，水稻面积、产量和商品量均约占全省的1/3，商品率40%以上。

辽东半岛滨海平原水稻适宜区包括东港、庄河、普兰店等市县。本区为洋河、庄河、碧流河等十几条河流冲积而成的滨海平原，地势低平、土层深厚、土壤肥沃、降水充沛、气候温和，无霜期在170 d以上，适宜发展水稻生产。区内东港市水稻生产历史较久，大米著称国内，水稻约占粮食作物总面积的35%，其产量约占本区粮食作物总产量的40%，水稻面积、产量和商品量约占全省的1/5，商品率为45%。

辽北漫岗平原河谷水稻比较适宜区包括铁岭市所辖6个县及彰武县的河谷平原。该区土壤肥沃，灌溉水源条件好，利于发展水稻。水稻面积 3.3×10^4 hm²左右，约占粮食作物播种面积的6%。

东部山地河谷水稻比较适宜发展区包括抚顺、新宾、清原等县的河谷地区。该区土层深厚，土壤肥沃，有机质含量3%以上，是全省土壤最肥沃的地区。该区降水充沛，水资源是全省最丰富的地区，非常利于发展水稻生产。本区水稻生产历史较久。新宾的大米质地优良，水田面积约占该区粮食播种面积的1/5，约占全省水田面积的5%，约占全省产量的44%。利用本区水资源的优势条件，在河谷地区发展水田是提高东部山区粮食生产的重要途径之一。本区气候温凉，时有冷冻害发生，水稻品种要选早熟品种。

（2）玉米

玉米是高产作物，可做食用口粮，又是畜牧业的好饲料，是淀粉工业的基本原料。玉米是辽宁省的主要粮食作物，播种面积约占粮食作物总面积的40%，产量约占50%。玉米适应性较强，除辽河三角洲低洼易涝和辽西北风沙干旱严重地区外，全省大部分地区都适宜发展玉米生产。按生态条件和玉米在粮食作物中的构成比重及生产水平，可将全省分为玉米适宜发展区和较适宜发展区。

辽北漫岗平原玉米适宜发展区，主要包括铁岭所辖各县和彰武县。该区土壤肥沃、降雨适中，与东北三省玉米大豆带连接为一体，是辽宁省玉米主要生产地。玉米播种面积约占本区粮食作物面积的50%，产量约占70%；约占全省玉米播种面积的30%，产量的30%。

下辽河平原中部玉米适宜发展区的生态条件很适合发展玉米生产，单产较高。玉米播种面积约占全省玉米播种总面积的1/10，玉米产量约占全省玉米总产量的1/5。

东部山地丘陵河谷玉米适宜发展区的土壤和水分条件很适合玉米生长，是辽宁省玉米发展较早的地区之一。

辽东半岛丘陵玉米比较适应区主要包括大连市所辖县（市）、区和盖州市。本区以丘陵地貌为主，气候温和，年降雨600 mm左右。土壤瘠薄，肥力较低，土壤有机质含量多在0.8%～1.0%。农业开发较久，集约化水平较高，是辽宁省玉米种植最早的地区，已有200余年的历史。当地传统口粮以玉米为主。玉米播种面积占本区粮食作物总面积的50%以上。

辽西低山丘陵河谷玉米比较适宜发展区的气候条件为半湿润易旱和半干旱，土地瘠薄，肥力较低。河谷平坦地区适宜玉米生长，但应适当控制播种面积。

（3）高粱

高粱是辽宁的传统粮食作物。新中国成立初期，高粱种植面积约占粮食作物总面积的35%，但随着玉米和水稻种植面积的扩大，高粱由主导粮食作物变成辅助粮食作物。高粱适应性较强，耐旱性和耐瘠薄性在粮食作物中仅次于谷子。除东部山区的北部和沿海低洼易涝地区不适宜种高粱作物外，大部分地区都适宜种植。适宜高粱发展的地区主要在鞍山、辽阳、沈阳、锦州4市，其面积约占全省的1/2。海城和辽阳的高粱纯正，口味醇香，闻名遐迩。现在高粱主要分布在锦州地区，其种植面积约占该地区粮食作物总面积的40%～50%，占全省高粱面积的30%左右。

（4）小麦

小麦有冬小麦和春小麦之分。春小麦属喜温凉的夏粮作物，在辽宁大部分地区都可种植，但发展的重点应放在辽西低山丘陵的河谷地带。冬小麦要秋种，麦苗要安全过冬，从全省气候条件看，可以在辽东半岛南部的金州区、旅顺口区和辽西走廊南部的绥中县等地区适当推广。

（5）大豆

大豆生产与城乡人民生活有着极为密切的关系，它是食用油、豆制品、高蛋白饲料（饼粕）、油脂工业的主要原料来源。辽宁省大豆生产历史悠久，是全国重点大豆生产区之一。辽宁大豆种植面积比较稳定，为 $40.0 \times 10^4 \sim 46.7 \times 10^4 / hm^2$，产量为 50×10^4 t。大豆适宜发展区域与玉米相近，重点区域在铁岭地区以及鞍山、辽阳和沈阳地区（表 3.2）。

表 3.2　2008 年辽宁省 14 个省辖市粮食产量比较　　（单位：10^4 t）

地区	水稻	小麦	玉米	高粱	谷子	薯类	大豆	其他杂粮
沈阳	112.5	0.8	227.0	2.3	1.1	6.5	7.7	0.8
大连	19.1	0.1	116.5	0.4	0.7	12.8	11.1	0.7
鞍山	29.9	0.2	110.6	0.6	0.1	0.9	1.6	0.2
抚顺	12.9	0.0	44.6	0.0	0.0	1.6	1.4	0.1
本溪	5.9	0.0	19.2	0.1	0.4	1.0	0.7	0.1
丹东	35.3	0.1	52.1	0.2	0.0	2.0	1.6	0.2
锦州	23.4	0.4	171.7	9.3	0.9	2.1	2.7	0.2
营口	45.0	0.0	26.9	0.3	0.0	0.3	0.9	0.3
阜新	4.8	0.3	163.7	15.5	8.9	1.0	3.9	4.6
辽阳	38.0	0.0	49.9	0.1	0.0	1.6	1.0	0.1
盘锦	102.4	0.0	9.4	0.2	0.0	0.0	1.6	0.0
铁岭	58.4	0.2	276.5	0.8	0.2	14.3	10.7	0.4
朝阳	0.3	2.5	119.0	11.1	10.7	4.0	2.3	3.5
葫芦岛	6.4	0.3	92.4	3.3	1.8	10.6	2.0	0.4

资料来源：辽宁省统计局. 辽宁统计年鉴（2009）[M]. 北京：中国统计出版社，2009。

（三）杂粮

当前辽宁省杂粮的种类主要包括：谷子、荞麦、糜子、大麦、燕麦、绿豆、小豆、黑大豆、青皮大豆、豇豆、芸豆、豌豆、薏苡、甘薯等。

1. 杂粮在农业生产中的作用

（1）杂粮的生育特性适宜辽西北半干旱地区种植

杂粮生育期短，有利于搞两茬复种；耐瘠薄，可种植在坡耕地、沙流薄地上，有的种类还生有根瘤菌，固氮能力较强，抗干旱，一般每形成 1 kg 干物质，仅需水 400 kg 左右，比玉米少 25% 以上；抗病虫害，植株生有茸毛、皮质厚硬，受病虫害侵害轻；耐寒性强，可在早春播种；有的种类耐阴性特别强，适宜与高秆作物进行间套种，生育期短的还适宜小麦下茬复种。

（2）杂粮是抗旱救灾、致富治穷的重要作物

近年来，辽宁省旱灾频繁出现，又紧伴随着伏旱，成为阻碍辽西北地区玉米高产的主要限制因素。由于杂粮生育期短，适宜的播种期又长，既可春播，又可夏种。2001 年辽宁省遭受罕见的干旱，有 93.3×10^4 hm² 绝收，为减少旱灾造成的损失，积极抢种小杂粮，播种 26.1×10^4 hm²，并获得较好的收成。杂粮是风沙干旱贫困地区重要的经济资源。加强杂粮的科学研究，发展杂粮生产，形成杂粮产业，有利于偏远贫困地区脱贫致富，并成为新的经济增长点，有利于缩小地区间的贫困差距。

（3）种植形式灵活多样，可以促进作物种植结构的进一步优化与调整

辽西北地区玉米种植面积明显偏大，外调压力大。而杂粮商品量少，不能满足省内需求，有的种类还要靠调入。种植结构优化调整主要是发展高效作物，在耕地面积有限的情况下，只能通过调减压缩玉米面积来发展其他作物。而玉米面积的减少，又将影响粮食总产量。这样可发展适宜进行间、套、复种的杂粮生产，提高复种指数，增加单位土地的产出率，通过提高单产保总产，省出耕地发展经济田。因此，发展杂粮生产是优化作物生产结构的重要举措，是发展"订单农业"的切入点，也是提高农业生产比较效益，实现农业产业化的有效途径。

2. 杂粮的分布

由于杂粮加工制作简便易行，深受广大农民的喜爱，因此，在辽宁省种植广泛，分布于全省各地。但是以辽西北地区播种面积最大，是辽宁省杂粮的主产区。据调查，1975 年辽西北地区小杂粮播种面积占全省小杂粮播种面积的 80.6%；1980 年占全省面积的 82.8%；1990 年占全省小杂粮播种面积的 89.4%；1999 年小杂粮播种面积减少到 13.2×10^4 hm²，但仍占全省播种面积的 85%。在辽西北地区以朝阳市和阜新市播种面积最大，分别为 6.3×10^4 hm² 和 6.2×10^4 hm²，各占 33.6% 和 32.8%。绿豆种植区域主要分布在阜新、朝阳、沈阳、抚顺；红小豆种植区域主要分布在沈阳、朝阳、阜新、大连；荞麦种植区域主要分布在阜新、沈阳、朝阳、锦州；芝麻种植区域主要分布在朝阳、沈阳、阜新、锦州；黑大豆种植区域主要分布在阜新、葫芦岛、大连、沈阳；青皮大豆种植区域主要分布在铁岭、本溪、大连、阜新；糜子种植区域主要分布在阜新、朝阳、大连、沈阳；谷子种植区域主要分布在朝阳、阜新、葫芦岛、锦州。

3. 杂粮的生产

近年来，辽宁省的杂粮生产有了长足发展，播种面积增长，单位面积产量不断提高，总产量也相应地大幅度增加。2002 年，辽宁省杂粮种植面积居

全国第 8 位，占全国播种面积的 4.3％；总产水平居第 5 位，占全国总产量的 6.8％；单产水平居第 3 位，在中国小宗粮豆生产中占有重要位置。

（1）种植面积

近 10 年，辽宁省杂粮生产平均年播种面积为 $186.8×10^3$ hm²，占全省平均粮食作物播种面积的 6.5％；2004 年种植面积为 $16.88×10^4$ hm²，占当年粮食播种面积的 6.0％，比 2001 年的 $25.17×10^4$ hm² 减少 $8.29×10^4$ hm²。杂粮中谷子播种面积所占比重较大，一般在 $8×10^4$ hm² 左右，占粮食面积的 3.5％，占小杂粮播种面积的 54.3％。

（2）产量

辽宁省杂粮总产量年平均 $40×10^4$ t，占粮食总产量的 2.5％左右，平均 1 950 kg/ hm²；2000 年，总产量和单产为最低年份，分别为 $18×10^4$ t 和 1 050 kg/hm²；最高的年份是 2002 年，总产量为 $54.3×10^4$ t，单产 3 030 kg/hm²。2004 年杂粮总产 $43.5×10^4$ t，单产 1 935 kg/hm²，比 2003 年的 2029.5 kg/hm²，减少了 94.5 kg。杂粮的产量年际间差异较大，总产量差 $36.3×10^4$ t，单产差 1 987.5 kg。谷子的单产水平一直是领先的，近 10 年谷子平均单产为 2 188.5 kg/hm²，比绿豆等其他杂粮豆等平均产量 1 821.0 kg/hm² 多 367.5 kg。

（3）品种应用状况

多年来，由于对种植杂粮重视不够，使其一直处于从属地位，所以生产用种多而乱，混杂退化十分严重，在一定程度上阻碍了小杂粮的发展。生产上至今仍然种植绿豆品种"蝈蝈绿""黑长角"；小豆有"东北红小豆""大红袍"；芝麻有"霸王鞭"；黏高粱有"黄壳"等老品种、农家品种。这些老品种长期种植，且不经人工选择留种，顺其自然生产应用，混杂严重，籽粒大小、皮色、粒形参差不齐，不仅影响小杂粮豆的产量，也影响其商品质量。据调查，绿豆生产品种目前能叫上名称的多达 17 个，还有叫不出名的农家品种占绿豆播种面积的 20.2％；红小豆品种有 13 个；荞麦品种有 8 个；芝麻品种有 8 个；黏高粱品种有 6 个；黑大豆品种有 7 个；青皮大豆品种有 12 个；糜子品种有 11 个；谷子品种有 19 个。各种小宗作物没有当家品种是普遍现象。

（4）种植方式及栽培技术

种植方式主要有两种：一种是清种；另一种是间套种。虽然种植形式归纳起来只有两种，但种植很不规范，未形成固定的模式，亩基本苗数不足，对产量影响较大。综合调查结果认为，当前采取的主要技术措施可归纳为：选用良种，科学施肥，根据小杂粮豆的生育特性和地力情况实施配方施肥；种子包衣，为防止地下害虫和提高小杂粮豆的抗旱出苗能力应全部采用包衣播种；严格去杂，结合除草、间苗等田间管理去杂除劣；科学防病虫；精选脱粒，提高商品质量。

（5）品种选育

1990年以前辽宁省对杂粮的育种、栽培技术等方面的研究工作比较重视，参与这项工作的技术人员也比较多，力量较雄厚。1990年后随着科研体制的改革和课题的减少，做杂粮研究的技术人员纷纷转行，终止了小杂粮的研究工作。20世纪90年代，辽宁省审定通过的谷子品种有5个，1995年辽宁省审定通过了红小豆"辽小豆1号"，生产应用面积已达 0.2×10^4 hm^2。从2000年起，又正式立项开展小杂粮品种的选育工作。目前，辽宁省共有可供选择育种的原始材料1 931份，种质资源比较丰富。

4. 辽宁省杂粮生产中存在的问题

辽宁省杂粮种植比较分散，主要以农民自由种植为主，产品除农民自用外，大部分进入市场流通。因此，生产规模小，单产低而不稳，品种多乱杂，没有主栽品种，种植技术无规范模式，栽培管理粗放，生产条件差，且无能力改善，是典型的靠"老天爷"吃饭的"雨养"农业。

（1）品种多乱杂，严重影响了杂粮的产量和质量

多年来，由于对杂粮生产重视不够，使其一直处于从属地位，种植分散，广种薄收，管理粗放，新的技术得不到及时推广应用，生产用种多而乱，混杂退化十分严重。栽培品种多以农家品种为主，新品种推广速度缓慢，品种混杂退化严重，子粒大小、皮色、粒形参差不齐，造成许多名优产品质量下降，优质率和商品率低下，在国内外市场缺乏竞争力，严重影响了辽宁省杂粮的出口创汇。

（2）科研工作滞后，技术含量低

20世纪90年代，辽宁省几乎间断了对杂粮科研的研究，使科研工作严重滞后于生产。当前有一些新品种均是从国内外引进的。耕作栽培技术普遍应用的是传统方式，农民在长期的生产实践中积累的好经验、好做法，也未能及时地进行总结，加上杂粮主产区地处偏远，信息闭塞，因此，很多好技术推广普及率极低，至今仍有大部分地区的农民按着老方法种植，广种薄收，造成年际之间、地区之间产量差异较大，既影响了杂粮的高产，又影响了杂粮的稳产。

（3）产销市场体系不健全

杂粮生产是市场经济条件下迅速发展起来的新产业，目前已形成一定规模，并取得了显著的经济效益和社会效益，在国际市场占有一定份额，但杂粮科研、生产、出口尚未形成一体化，产销分割，而且缺乏有效的生产组织

和管理措施，生产盲目性大，市场价格不稳。此外，由于缺乏必要的商品意识，不注重商品质量，不信守合同，常因质量问题受到制裁，给国家和农民造成严重的经济损失，影响了杂粮产业化的发展。

（4）加工包装落后

杂粮食品加工包装落后。辽宁省是世界杂粮的重要产区，在国际杂粮市场也占有一席之地，但市场上既没有满足改善膳食结构调整需要的大众小杂粮食品，也没有有利于膳食营养平衡的小杂粮深加工的营养食品，更没有进行防病、治病的保健食品。许多小杂粮加工食品仅仅停留在原料的包装上，包装粗糙，宣传不到位，只是在试销或展销会上能见到，消费者不认可。

5. 杂粮生产的地域优势

辽宁省在全国杂粮区划中属于东北杂粮区，位于东北地区的南部，118°53′～125°46′E、38°43′～43°46′N之间。辽西山地丘陵地区海拔300～400 m，自东向西升至1 000 m，≥10 ℃的年度积温在2 740～3 660 ℃，年平均气温4～10 ℃。无霜期在140～160 d。年日照时数为2 277～2 290 h。平均年降水量在400～1100 mm，时空分布不均，从东向西逐渐减少。受季风气候影响，各季节降雨量变化较大，3～5月间降雨较少，常遇春旱。降雨多集中在6～8月间，为300～700 mm，占全年降雨量的60%～70%。土壤类型以草甸土为主，分布于中部辽河、浑河、太子河、绕阳河、大凌河等河流的广阔冲积平原。每千克耕作层土壤有机质含量为6.33 g，全氮含量为10.96 g，全磷含量0.63～1.13 g，均属中、高含量。由于地理位置兼有南北之长，自然条件十分适宜杂粮生长，是我国东北生产杂粮的黄金地段。

（四）经济作物

辽宁省的经济作物主要有棉花、油料、甜菜和烤烟等，随着轻纺、食品工业的发展和人民生活水平的提高，这些作物均有很大发展。

1. 棉花

棉花是喜温、喜光、耐旱作物。根据影响棉花生长发育的气候和土壤条件，可将辽宁全省划为3个棉花生态区。

宜棉区大致在距海50～120 km的弧形圈内，东部约宽50 km，西部约宽120 km（低洼地和山地除外），包括朝阳、锦州大部分县（市）和辽阳、营口、沈阳的部分县。本区热量丰富，降雨适中，光照充足，适宜发展棉花生产，有宜棉耕地约30.7×10⁴ hm²，约占全省宜棉耕地的80%以上，是辽宁省的主要产棉区。

较宜棉区包括朝阳北部地区、阜新地区和铁岭的康平、法库等县。本区冷凉少雨，光照充足，冷害威胁较重。

不宜棉区包括除前两区以外的广大地区。

2. 甜菜

甜菜是在辽宁种植历史较短的经济作物，20 世纪 50 年代末 60 年代初才有较大面积的种植。甜菜属于耐旱、耐碱、喜凉作物，怕涝。从气候和土壤条件看，辽西北地区的建平、北票、阜新、彰武、康平 5 个县（市）及辽北地区的昌图县，适宜发展甜菜生产；法库、开原、台安、新民等县（市），比较适宜发展甜菜生产。

3. 油料

除粮油兼用的大豆外，辽宁省的油料作物主要包括花生、向日葵和芝麻等。其空间分布地域性非常显著，主要集中在辽西地区（包括锦州、葫芦岛、朝阳、阜新），占全省油料作物播种面积的 59.4%，占全省产量的 54.1%。大连地区油料作物播种面积占全省的 18.2%，产量占全省的 25.2%。其他地区油料播种面积和产量只占全省的 1/5 左右。

花生是喜温作物，适宜栽培区主要在辽东半岛和辽西走廊，其中锦州占50%，大连占 26%。由于地膜技术的广泛应用，栽培北界也随之向北推移，早熟花生品种除西北部的建平北部地区和辽东山地的东北部地区不宜生产外，多数地区只要土壤条件适宜，采用地膜技术，都可以种植。

向日葵适应性强，耐碱、耐旱，在辽宁所有地区都可以种植，但主要分布在朝阳和阜新地区，播种面积占全省的 60% 以上。从经济效益看，在气候和土壤条件较好的平原地区，向日葵不如其他作物；在干旱和土地瘠薄地区，向日葵的经济效益一般要好于其他作物，特别是干旱年份，向日葵的经济效益仍好于粮食作物。虽然粮食作物种植在土质较好的地块，向日葵多种植在土地瘠薄的坡耕地上，但向日葵的经济效益仍好于粮食作物。除朝阳和阜新地区外，风沙较大的康平以及新民、昌图的部分地区也适合发展向日葵生产。

芝麻耐旱又耐风沙，但单产较低，一般单产为 375~600 kg/hm²。全省芝麻生产主要集中在朝阳和阜新两市区，其中北票、喀左、阜新三县最多。

3. 特产农产品

辽宁省地处暖温带的北缘，且地貌结构复杂，山地、平原、丘陵俱全，有绵长的海岸线，滩涂资源丰富，水分状况自东向西由湿润、半湿润到半干旱，光热资源自南向北减少，因此形成许多独具特色的自然环境，并生产许多具有鲜明地方特色的农产品，如辽东的柞蚕茧，辽南的苹果，绥中的白梨，北镇的鸭梨，辽东、辽北的山楂，朝阳的山杏、山枣，长山列岛的海参、鲍鱼，辽东的人参、鹿茸和中草药等，都是长期以来就饮誉国内外的特产。这些特产农产品大体上分为蚕茧、水果、中药材、海珍品和山货等乡土产品 5

大类。

（1）柞蚕茧

柞蚕茧是辽宁省的重要特产，产量占全国的 75％，占世界的 65％。据史料记载，辽宁省柞蚕茧生产已有 800 余年历史。柞蚕茧原产于山东，隋唐时随着辽宁的开发，大批移民迁入，柞蚕茧也随之带入辽东，到 20 世纪初（1915～1925 年），放养面积已达 $1.3×10^4 hm^2$，年产量达 $6.5×10^4 t$。当时，产地以丹东为中心，主要分布于盖州市、岫岩、宽甸和东港市，凤城、海城及庄河次之。

辽宁东部山区海拔 100～250 m 的低山丘陵，气候温和湿润，土壤肥沃，柞林广布，是中国最理想的二化性柞蚕生产区。全省现有 29 个县（区）近 10 万人经营柞蚕生产，每年放养面积大体在 $53.3×10^4 ～60.0×10^4 hm^2$，主要集中在东部山区的中南部低山丘陵区和辽东半岛丘陵区。其中丹东地区居全省之首，放养面积占全省的 62.3％，放养总数占全省的 57％，柞蚕茧产量占全省的 71.6％。其次是大连地区，放养面积占全省的 18％，柞蚕茧产量占 10.2％。岫岩、宽甸、凤城、庄河、海城、普兰店、营口、西丰、辽阳、东港、振安等县（区），年柞蚕产量一般都在 500 t 以上，其中岫岩县产量最多，在 $1.0×10^4 t$ 左右，占全省的 1/4 左右；凤城和宽甸次之，年产量 $0.5×10^4 ～1.0×10^4 t$，庄河为 2 000～3 000 t。

（2）果品

果品生产是辽宁省农业生产中的一个重要部门。近年来，随着农村产业结构的调整和农村商品经济的发展，辽宁省水果生产状况发生了重大变化，主要表现为：果园面积不断扩大，水果产量不断增加，水果的主要栽培品种增多。果品生产的迅速发展，使其逐渐摆脱了从属于种植业的附属地位，正在成为农业生产中的一个独立部门。

辽宁省属温带季风气候，影响果树生产的气温、光照和水分 3 大因子均较为适宜。除现有的栽培果园外，还有大量的宜果荒山、荒坡有待开发，发展果树生产的潜力很大。冬季低温冻害是影响全省果树发展的限制因素，一些经济价值较高的大果类果树仅能在南部地区栽培。省内降水分布不均，辽西、辽南常发生"春旱"或"秋旱"现象，影响产量的大幅度提高。

目前，辽宁省水果主要集中在大连和锦州等市。大连市苹果产量占全省苹果总产量的一半以上。锦州梨产量占全省梨总产量的 55％。其他果品，如葡萄、山楂、板栗、桃、李、枣等树种均有相应的集中产区，具有鲜明的地域性。水果种数的地理分布从南向北递减，并表现较为明显的纬向地带分布。辽宁果树的这一地理分布特点，有利于水果生产的集约化和基地化。

辽宁果树资源较为丰富，拥有30多种，2 000多个品种的果树。除苹果、梨、山楂、葡萄四大主栽品种外，还有李、杏等近20种常栽种，总产量为95.9×10^4 t，仅次于广东、山东、河北三省，在中国居第四位，是中国北方水果的重要产区。

苹果产区主要分布于大连、营口、锦州及朝阳的部分地区。其中辽东半岛和辽西走廊，气候适宜，栽培历史悠久，产量最多，是省内重要的苹果生产基地。

梨的生产在不同地区适合发展不同的品种。白梨主要在辽西的黑山东麓，包括绥中、连山、建昌等县区。其中以绥中白梨为最好，产量约占全省的一半，是辽宁的名牌品种。鸭梨分布于医巫闾山山麓，主要包括北镇市和义县，其中北镇鸭梨最驰名。南果梨分布于千山西麓，主要产区在海城市。

葡萄的分布，一是在辽东湾两侧，主要包括大连、锦州、营口3市所辖县区，所产葡萄风味好，商品价值高；二是大城市郊区，除大连外，锦州、辽阳、营口、鞍山、沈阳等市的郊区也都有葡萄园。

山楂分布于千山山脉西麓，即铁岭—辽阳—岫岩一线，及龙岗山麓的广大地区，即凤城—宽甸—桓仁一线，主要包括西丰、铁岭、开原、抚顺、辽阳、本溪、桓仁、岫岩8个县（市）。1984年，这8个县的山楂产量为0.8×10^4 t，占全省山楂产量的70%。辽阳一带及其以南地区，由于积温相对较高，所以山楂色红、味正、含糖量高，加工时省糖，成本低。

（五）畜牧业

辽宁省地处欧亚大陆东岸中纬度地带，属于温带大陆季风气候，对各种类型的畜牧业生产都比较适宜。由于省内各地自然条件的差异，牲畜类型也不一样。惧怕湿热的绵羊主要分布在西部丘陵地区，约占全省绵羊总数的70%；食性广泛的山羊主要分布在东部山区，约占全省的58%。省内各地自然条件对牛的生长影响差别不大，所以牛的分布比较广泛，平原地区虽然不具备发展肉牛的放牧条件，但可以搞圈养。

辽宁省畜禽品种资源丰富，种用价值较高的国家级品种有辽宁绒山羊、庄河大骨鸡、昌图豁鹅等。地方良种主要有：东北民猪、铁岭挽马、金州马、西丰梅花鹿、大连标准水貂等。畜牧业生产的主体品种有新金猪、沈花猪、辽宁黑白花奶牛、沿江牛、复州牛、东北细毛羊等，此外还有部分引进品种。

1. 猪

黑猪是全省分布最广、数量最多的品种，主要分布在丹东、昌图、瓦房店、海城等地，是全省目前地方品种中瘦肉率最高的品种。沈花猪主要分布在沈阳及其附近的县市，新金猪主要分布在普兰店市和大连市郊，这两种猪都具有耐粗饲料、生长快、肉质较好的特点。东北民猪具有耐寒、耐粗饲料、繁殖率高等特点，但瘦肉率低，生长较慢，目前纯种东北民猪数量已不多，只有几百头，分布在偏僻的东部山区。

2. 牛和羊

辽宁黑白花奶牛具有体质健壮、适应性强、产奶量高的特点，总量 3×10^4 头左右，约占奶牛总数的 60%。主要分布于沈阳、大连、鞍山、锦州等大城市郊区。

东北细毛羊是辽宁省主要细毛羊品种，占绵羊总数的 70% 以上，主要分布在西部丘陵地区，具有适应性强、体大、毛长、产毛量较高的优点，是毛肉兼用型品种。

东北半细毛羊是优良的半细毛羊品种，属毛肉兼用型，主要分布在东部山区，新宾和桓仁两县是该羊的生产基地。

辽宁绒山羊是罕见的优良品种，被誉为"国宝"。它以绒量多、绒质好、适应性强、遗传性稳定而著称，集中分布在盖州、岫岩、宽甸、凤城、庄河等地，有很大的发展潜力。

3. 家禽

辽宁肉鸡和蛋鸡的生产已广泛采用引入品种的商品生产系，如星杂288、星布罗等。这些品种用料省，生产能力高。采用这些优良品种，使鸡肉和鸡蛋的生产有了很大的增长。

庄河大骨鸡主要分布在大连地区，是蛋肉兼用型品种，体大、蛋大、肉质好，具有很高的种用价值。昌图豁鹅主要分布于铁岭地区，具有体型小、产蛋多的特点，能适应粗放饲养的管理条件，具有培育蛋用型鹅种的较高种用价值。

（六）水产养殖业

1. 淡水养殖业

辽宁省内陆水域面积约占全省土地总面积的 6.8%，全省可供养殖的水面 11.0×10^4 hm^2，其中水库、湖泊、河沟 8.3×10^4 hm^2，池塘等小水面 2.7×10^4 hm^2。有可供养殖的水库、池塘和湖泊等水面 173.45×10^4 hm^2。此外，有温泉近50处，冷泉几百处及大量的工业余热水面，还有 53.3×10^4 hm^2 水稻田和 3.3×10^4 hm^2 经改造可供养鱼的沼泽地。

水库、池塘是养殖生产的两大重要基地。水库主要分布在辽宁省的东、北、西部，由于多年采取增养殖措施，鱼类资源比较丰富。其中重点水库渔业基地52处，水面近 3.9×10^4 hm^2。近几年来，辽宁省水库渔业发展很快。

池塘等小水面大多集中分布于辽河、浑河、太子河流域的中下游。20世纪 80 年代以来，池塘养鱼日益受到重视，逐渐改变了过去那种"人放天养"的落后生产方式，精养和集约化养殖面积逐步扩大。建商品鱼基地，建标准鱼塘，改造小水面，使淡水养殖产量每年都有大幅度的增长，尤其是池塘养鱼发展速度最快。

辽宁省境内有鱼类 133 种，其中经济价值较高的典型淡水鱼类有鲤鱼、鲫鱼、鲢鱼、草鱼、青鱼、鳊鱼、鲂鱼、鲇鱼等 20 余种，湖泊性和河口性鱼类有银鱼、鳗鱼、河豚、鲚鱼、鲈鱼、梭鱼等近 10 种。近年来还成功地移植了名贵养殖鱼类虹鳟、团头鲂、罗非鱼、白鲫、池沼公鱼等，还有甲鱼、虾、蟹、蚌、螺等水生动物及莲、菱、苇蒲、菱白等水生植物。

辽宁省各地的淡水渔业发展不平衡，各类水体相差较大，发展快的还限于少数地区，多数地区发展缓慢。全省还有 1.3×10^4 hm^2 水面和 2.9×10^4 hm^2 沼泽地没有开发利用。稻田养鱼尚未开展起来，丰富的地热资源、工业余热尚没有充分利用，还有几万公顷水库水面利用得不充分。

根据地貌、植被、水系和鱼系等因素及渔业发展的方向，可将全省淡水渔业划分为两个渔业区：水库增养殖区和以辽河平原及大中城市郊区为重点的小水面养殖区。

水库增养殖区的水库多处于鸭绿江、辽河、大小凌河中上游的辽宁东部山地和南、北、西低山丘陵地区，包括铁岭、抚顺、本溪、阜新、朝阳、大连等市所属县（市）和丹东的宽甸、凤城、岫岩及锦州的义县、葫芦岛市区、绥中、兴城等地。本区鱼类资源较丰富，有经济鱼类、名贵或稀有鱼类和凶猛肉食性鱼类约 70 种。东部山区有中国林蛙，辽西盛产甲鱼。

小水面养殖区包括沈阳、辽阳、鞍山、营口、盘锦市所属县（市），丹东市郊区及东港市和锦州市郊区及所属凌海市、北镇、黑山县以及各大中城市郊区。本区地处辽河、鸭绿江、大小凌河下游平原，区内河流、泡沼众多。由于地处九河下梢和河口地区，鱼类资源比较丰富，有 80 多种，虾、蟹、蚌及水生植物资源也较丰富。

2. 海水养殖业

辽宁省海域地跨黄、渤二海，位于中国领海北段辽东半岛南部及其两侧，在 $38°30' \sim 46°50'$N，$119°45' \sim 124°20'$E 之间，总面积超过 506.7×10^4 hm^2，有 30 多条较大河流分别注入，带来大量有机质及泥沙，水质肥沃，为各种海洋生物繁殖、生长创造了良好环境，是中国北方鱼、虾、蟹类产卵索饵的主要场所，也是中国著名的近海渔场。

辽宁省海域海洋生物种类繁多，水产资源丰富。在辽宁沿海出现的海洋生物有 520 多种，其中浮游生物 107 种，底栖生物 280 多种，游泳生物 137

种。根据渔业生物的分区差异规律及辽宁海洋渔业生产发展的方向，将全省沿海划分成 3 个海水增养殖区：黄海北部东庄岸段增养殖区，辽东半岛、长海诸岛岸段增养殖区和辽东湾中、西部岸段增养殖区。

东庄岸段增养殖区东起鸭绿江口，西至碧流河口，包括东港、庄河两市 24 个沿海乡镇（场），岸线长 308 km，滩涂面积 4.9×10^4 hm²，浅海水域 22.7×10^4 hm²，岩礁面积 0.31×10^4 hm²。

本区滩涂广阔，南北延长 5～10 km，坡降很小，在 1‰ 左右。海岸属于淤泥质海岸，海涂质地为细沙和粉沙。有鸭绿江、大洋河、英那河、庄河、碧流河等河流在此入海，年径流量大于 300×10^8 m³，水质肥沃，因此滩涂贝类资源丰富，蕴藏量 26×10^4 t，可供养殖面积 2.2×10^4 hm²，是辽宁天然贝类宝库和生产基地，也是目前辽宁最大的对虾养殖基地。

辽东半岛、长海诸岛岸段增养殖区从碧流河口至盖州市西崴子，包括长海县、甘井子区、旅顺口区全部和金州区、瓦房店市、普兰店市、盖州市、鲅鱼圈区的沿海乡镇（场）。陆域岸线长约 830 km，滩涂面积 4.5×10^4 hm²，岩礁 1.4×10^4 hm²。长海诸岛由 100 多个岛屿组成，岛屿岸线长 428 km，环岛浅海水域 34.3×10^4 hm²，岩礁 0.05×10^4 hm²，滩涂面积 0.4×10^4 hm²。

本区海岸曲折，港湾众多，大小港口相连，浅海水域辽阔，水质肥沃。陆地岸段除了普兰店市和瓦房店市沿海北部，基本上属于基岩海岸，海底礁石林立，这种岩礁底质有利于海珍品的附着和栖息，又能满足浮筏养殖的需要。本区岸段港阔、水深、平静，不淤不冻，水质透明度高，潮流畅通，海水温度平均在 10.2 ℃ 左右，冬季水温在 0 ℃ 以上，夏季在 25 ℃ 以下。港湾水面约 4.7×10^4 hm²，而滩涂面较窄小，可供养殖面积 1.5×10^4 hm²，主要适于浮筏养殖藻类和贻贝及海珍品扇贝、鲍鱼等增养殖。目前，浮筏养殖主要集中在金州区黄海沿岸和旅顺口区，主要品种有海带、裙带菜、扇贝、贻贝等，发展潜力很大，年产量占全省 70% 以上，是辽宁重要的海珍品养殖基地。

辽东湾中西部岸段增养殖区自盖州市西崴子至山海关，包括营口市老边区、大洼县、盘山县、凌海市、葫芦岛市、兴城市、绥中县的沿海乡镇（场），岸线长 432 km，有滩涂面积 7.4×10^4 hm²，浅海水域 40.2×10^4 hm²，岩礁面积 0.8×10^4 hm²。

由于沿岸各段质地不同，资源条件也各异。盖州市至小凌河口基本上属于淤泥质海岸，此段有辽河、双台子河、大小凌河等 20 余条主要河流入海，泥沙输入量大，水质肥沃。本岸段滩涂面积宽广，滩涂贝类较发达，有可供养殖的面积约 2.7×10^4 hm²，是贝类、虾蟹类产卵、索饵、生长的良好场所。

该段蛤蜊岗子盛产文蛤，资源面可达 0.7×10^4 hm^2，是中国北方著名的文蛤出口生产基地。

小凌河口至山海关，沿岸质地属于沙砾质海岸和岩岸相间，滩涂面积窄小，滩薄水浅，有可供养殖的滩面 0.8×10^4 hm^2 左右，有港湾面积 3.3×10^4 hm^2，湾内 -5 m 浅海水域是理想的人工鱼礁区，-10 m 水面适宜开展浮筏养殖。本区海水养殖业起步较晚，除大洼县、凌海市较发达外，其余县（市）增养殖面积、产量都很少，渔业比重不占优势。本区海水污染严重，需要加强基地建设。

三、工业

(一) 工业发展现状

新中国成立以来，特别是"一五"和"二五"期间，辽宁省是国家工业化的重点建设地区。目前，辽宁已成为以钢铁、机械、石油、化工、电力、建材等为主体的全国最重要的重工业基地，全国最大的原材料工业基地，也是全国最大的工业设备、输变电设备和交通运输设备制造基地。

辽宁省的主导工业部门，如冶金、机械、石油和化工等，得到不断发展，同时轻纺工业也有相应发展，工业部门比较齐全，现已形成比较完整的工业生产体系。整个工业基本上是在本省矿产资源的基础上发展起来的，资源加工型产业的特点比较明显。目前，辽宁工业正在由以依靠资源优势为主，向发挥技术优势为主的方向演进。

辽宁省工业地区间发展水平差别较大，主导工业部门主要集中于中部城市群，其次是沿海城市。这种工业布局形成的主导作用，是资源分布条件和交通运输网络的位置条件。大多数耗原材料和耗能型的大型企业多布局在资源区和交通枢纽附近。集聚效果又进一步促进了工业部门的集中。辽宁中部的沈阳、鞍山、本溪、抚顺和辽阳 5 市市区面积 6 660 km^2，仅占全省总面积的 4.5%，而工业总产值却占全省的 50% 以上。大连、丹东、营口、盘锦、锦州 5 个沿海城市，市区面积 6 894 km^2，占全省总面积的 4.7%，而工业总产值约占全省工业的 36%。辽宁中部城市和沿海城市加在一起，全部工业总产值约占全省的 90%，而辽北和辽西北地区全部工业产值不足 10%。

沈阳、鞍山等中部城市集群至大连的交通干线两侧，已形成实力很强的产业带。在纵长 400 km，东西 40～50 km 的范围内，工业产值约占全省的 75%～80%，形成了高度发达的工业走廊。

全省主要工业城市以重工业为主，地域专门化显著。沈阳以装备工业（输变电、机床、重型机械）为主，大连以石油化工、机械制造（造船、机车车辆等）为主，鞍山、本溪以钢铁为主，抚顺以煤、电为主转变为以石油加工、石油化工业为主，锦州以石油加工和有色金属冶炼为主，营口和丹东是以轻工、纺织日用机械为主的"轻型结构"工业城市，辽阳是化纤之城，朝阳以重型机械、冶金和纺织工业为主，盘锦以石油开采和石油加工为主，阜新和铁岭以煤、电为主。

目前，辽宁省工业战线紧紧围绕老工业基地振兴的发展战略，以科学发展观为指导，以产业和产品结构调整为主线，努力转变工业经济增长方式，工业经济发展进入了新的时期，2007 年工业增加值首次突破 $5\,000 \times 10^8$ 元大关。

（二）工业经济结构

1. 工业经济总量

2008 年，全省规模以上企业完成工业增加值 $6\,603.1 \times 10^8$ 元，同比增长 17.5%，这一增幅高于全国平均水平 4.6 个百分点，也高于东部地区的平均水平。工业增加值占全省生产总值的比重近 50%，工业主导地位更加巩固，继续担当全省经济发展的主要拉动力。

2008 年，装备制造、冶金、石化和农产品加工四大行业实现工业增加值 $5\,783 \times 10^8$ 元，占全省规模以上工业增加值的比重由上年的 86.8% 提高到 87.6%，支柱产业的支撑作用更加明显。装备制造业拉动全省工业增长 6.1 个百分点，对工业增长贡献率达到 35.11%。全年装备制造业实现增加值 $1\,894 \times 10^8$ 元，增长 22.3%，增幅高于全省平均水平 4.8 个百分点。通用设备和专用设备制造业带动行业进入快速发展轨道，经济效益大幅度提高，全年装备制造业实现主营业务收入 $6\,736.85 \times 10^8$ 元，增长 30.1%；实现利税 429.52×10^8 元，增长 14.7%；实现利润 281.88×10^8 元，增长 19.7%。

2008 年，农产品加工业增加值首次突破千亿元大关，成为辽宁省第四个增加值超千亿元的工业行业，全年农产品加工业实现增加值 $1\,158 \times 10^8$ 元，增长 20.1%，增幅高于全省平均水平 2.6 个百分点。其中，农副食品加工业增加值增长 24.8%，饮料制造业增加值增长 22.2%，烟草制品业增加值增长 9.8%，纺织业增加值增长 10.6%。

全省原材料工业完成增加值 $3\,141.53 \times 10^8$ 元，增长 12.1%。冶金工业完成增加值 $1\,398.68 \times 10^8$ 元，增长 11.8%，全年实现主营业务收入 $4\,667.52 \times 10^8$ 元，增长 32.3%；石化工业完成增加值 $1\,332.29 \times 10^8$ 元，增长 7.3%，全年实现主营业务收入 $5\,154.19 \times 10^8$ 元，增长 22.84%；建材工业完成增加值 410.56×10^8 元，增长 28.1%，经济效益大幅度提高，全年实现主营业务收入 $1\,211.64 \times 10^8$ 元，增长 48.35%。

随着辽宁老工业基地振兴进程的推进，辽宁工业产业集中度不断提高，工业企业集中度也越来越高。2008 年，全省 100 户重点企业占工业经济总量的比重达到 45%，重点企业不断做大做强。2007 年 12 月，大连重工起重集团一举中标共计 1 000 余套 1.5×10^{12} W 风力发电机组，企业累计中标和签约的兆瓦级风力发电机组 5 000 余套，在国内率先实现了兆瓦级风电机组的批量化、专业化和规模化生产。

2. 多种所有制经济结构

改革开放以前，辽宁省的经济基本上是单一的公有制经济。1978 年，在全部工业总产值中，国有企业占 82.3%，集体企业占 16.2%。改革开放以来，辽宁省逐步实施了全方位开放，以老企业"嫁接"改造为重点，扩大招商引资，提高利用外资水平；以调整优化出口产品结构为重点，提高出口创汇能力等措施，推进工业外向型经济不断发展。

（1）国有企业

国有企业改革成效显著。截至 2007 年，辽宁省国有企业改革取得重大进展，40 户国有大型工业企业和 21 户国有大型非工业企业改制面均达到 90%，国有中小企业改革基本完成。企业的产权实现了多元化、股份化，通过与央企等有实力的战略投资者合作，国企尤其是国有大企业的竞争力和发展潜力大大增强。2007 年年底与 2005 年 5 月改革前相比，辽宁国企数量虽大量减少，但国有及国有控股工业企业资产却增加了 949×10^8 元。同时，企业利润不断提高，2007 年国有及国有控股企业实现利润增长 45.5%。全省纳入统计口径的 180 户重点企业增加值、销售收入和利润总额分别增长 19.7%、21.4% 和 120%，国企爆发力进一步释放。2008 年年底，全省国有及国有控股工业企业数占全省规模以上工业的比重不到 5%，但在关键行业和重要领域仍占绝对支配地位。在石油天然气开采业和电力生产供应业中，国有及国有控股企业主营业务收入占所在行业的比重分别高达 99.5% 和 88.5%；在煤炭采选业中，国有及国有控股企业主营业务收入占本行业的比重为 77.2%；在冶金、化工等部分重要的原材料工业行业领域，国有及国有控股工业所占比重也在60%～80%。

（2）"三资"及外商企业

"三资"及外商企业是改革开放以来工业经济发展崛起的重要力量。1980 年，在辽宁省落户的"三资"工业企业只有 3 户。2008 年年末，港澳台企业及外商投资企业已达 2 813 个，共吸纳就业人员 63.5×10^4 人，占全省规模以上工业企业的 19%；实现工业增加值 $1 271.7 \times 10^8$ 元，占 19.3%；出口交货值$1 309.51 \times 10^8$ 元,占 48%。其中，达到大中型标准的有 369 家企业。

（3）私营企业

私营企业逐步发展成为社会主义市场经济的重要组成部分。2008年年末，全省共有私营工业企业9 818个，吸纳就业人员102.1×10⁴人，占全省规模以上工业的比重分别为56.9%和30.6%；私营企业工业增加值1 903.4×10⁸元，占28.8%；实现主营业务收入6 196.1×10⁸元，占26.8%；实现利润271.8×10⁸元，占55.5%。股份制作为现代企业组织方式在经济发展中发挥着越来越重要的作用。到2008年年底，股份制企业占据了全省工业的重要地位，大部分经济总量指标占全省比重在50%左右。全省股份制工业企业发展到8 472个，占规模以上工业企业的49.1%；工业增加值3 612.9×10⁸元，占54.7%；主营业务收入12 733.4×10⁸元，占55.1%；2008年年末从业人员163.4×10⁴人，占49%。

3. 行业结构及主要产品产量

2008年，辽宁省全部国有及规模以上非国有工业企业轻重工业主营业务收入比例为1∶4.7。装备制造业、原材料工业和农产品加工业主营业务收入比例为2.2∶3.5∶1。装备制造业中占比重较大的是通用设备制造业、交通运输设备制造业、电气机械及器材制造业、专用设备制造业等行业。原材料工业中占比重较大的是黑色金属冶炼及压延加工业、石油加工业、炼焦及核燃料加工业、非金属矿物制品业、化学原料及化学制品制造业。农产品加工业中占比重较大的是农副食品加工业，纺织服装、鞋、帽制造业，食品制造业等行业（表3.3、表3.4）。

表 3.3　2008 年辽宁省主要工业行业比重

行业名称	企业单位数		主营业务收入	
	总量/个	比重/%	总量/10⁴元	比重/%
黑色金属冶炼及压延加工业	566	3.28	3 199.19	14.31
石油加工、炼焦及核燃料加工业	271	1.57	2 698.77	12.07
通用设备制造业	2 480	14.36	1 811.08	8.10
交通运输设备制造业	602	3.49	1 757.65	7.86
农副食品加工业	1 317	7.63	1 422.39	6.36
电力、热力的生产和供应业	275	1.59	1 209.57	5.41
非金属矿物制品业	1 532	8.87	1 138.47	5.09

行业名称	企业单位数		主营业务收入	
	总量/个	比重/%	总量/10⁴ 元	比重/%
化学原料及化学制品制造业	1 018	5.89	1 034.52	4.63
电气机械及器材制造业	837	4.85	902.8	4.04
专用设备制造业	911	5.28	854.32	3.82
金属制品业	794	4.60	684.51	3.06
有色金属冶炼及压延加工业	351	2.03	658.45	2.95
通信设备、计算机及其他电子设备制造业	253	1.47	533.32	2.39
石油和天然气开采业	11	0.06	505.59	2.26
黑色金属矿采选业	643	3.72	478.76	2.14
塑料制品业	684	3.96	438.76	1.96
纺织服装、鞋、帽制造业	597	3.46	368.07	1.65

资料来源：辽宁省统计局. 辽宁统计年鉴（2009）[M]. 北京：中国统计出版社，2009。

表 3.4　2008 年辽宁省全部工业主要产品产量

产品名称	计量单位	当年生产量	产品名称	计量单位	当年生产量
原煤	10⁴ t	6 415.54	焦炭	10⁴ t	1 738.12
天然原油	10⁴ t	1 199.33	水泥	10⁴ t	4 074.70
卷烟	10⁸ 支	260.35	钢	10⁴ t	4 068.59
纱	10⁴ t	16.84	成品钢	10⁴ t	4 285.27
硫酸	10⁴ t	90.45	金属切削机床	台	145 771.00
烧碱（折 100%）	10⁴ t	55.08	数控机床	台	34 332.00
纯碱（碳酸钠）	10⁴ t	24.66	汽车	辆	340 778.00
乙烯	10⁴ t	46.22	家用电冰箱	10⁴ 台	139.33
氮肥（折含氮 100%）	10⁴ t	85.05	彩电	10⁴ 台	500.19
磷肥	10⁴ t	3.93	轴承	10⁴ 套	10 248.54
水泥	10⁴ t	4 074.40	天然气	10⁸ m³	8.71
平板玻璃	10⁴ 重量箱	2 275.19	发电量	10⁸ kW·h	1 138.98

资料来源：辽宁省统计局. 辽宁统计年鉴（2009）[M]. 北京：中国统计出版社，2009。

（三）主要工业部门及其分布

1. 装备制造业

辽宁省装备制造业实力雄厚，曾创造了共和国工业史上的许多个"第一"，在国民经济发展中发挥着重要作用，已经形成了以机械设备制造及加工、仪器仪表、汽车制造、通信设备、计算机及其他电子设备制造等为主体的装备制造业基地。拥有沈阳机床（集团）有限责任公司、大连船舶重工集团、沈阳飞机工业（集团）公司、沈阳重型装备集团等一大批国内同行业排头兵企业。实施老工业基地振兴战略以来，辽宁装备制造业以崭新的面貌迅速发展，成为支撑全省工业经济增长的第一大支柱产业。

2008 年，辽宁省装备制造业规模以上工业企业已发展到 6 133 家，占规模以上工业的 35.5%；拥有资产总计 6 711.7×10^8 元，占 32.7%；实现主营业务收入 6 736.9×10^8 元，占 29.2%。装备制造业的增加值（现价）由 2002 年的 325×10^8 元增加到 2008 年的 1 893.6×10^8 元，年均增长 34.1%，占全省规模以上的比重由 2002 年的 23.6% 提高到 2008 年的 28.7%。利润总额由 2002 年的 35.5×10^8 元增加到 2008 年的 281.9×10^8 元，年均增长 41.2%；利税总额由 2002 年的 80.4×10^8 元增加到 2008 年的 429.5×10^8 元，年均增长 32.2%。2008 年，金属切削机床产量 14.6×10^4 台，比 2002 年增长 3.7 倍；内燃机 5 615×10^4 kW，增长 2.1 倍；冶炼设备 15.5×10^4 t，增长 5.1 倍；采矿设备 22.4×10^4 t，增长 6.6 倍；汽车 34.1×10^4 辆，增长 2.8 倍。

全省装备制造业产业布局已经形成以沈阳铁西装备制造业集聚区、大连"两区一带"为代表的重大装备制造业基地，以丹东为核心的精密装备制造业和汽车及零部件产业基地，以锦州为代表的光伏和汽车配套产业基地等。各市还依托已有基础，积极发展新兴产业。营口通过引进大项目，其产业结构实现了由轻纺产业向以冶金成套装备、中小船舶制造等为重点的装备制造业转变。盘锦市通过招商引资，其船舶制造业已成为地区经济的重要支撑。

2. 能源工业

辽宁省是全国的重工业基地，同时也是全国能源消费量最大的省份之一。新中国成立以来，辽宁省能源工业得到很大发展。但是，能源供应的紧张状况仍然没有得到根本改善。经过新中国成立以来的不断建设，辽宁省能源工业已初步形成基础较为雄厚的生产体系，全省 14 个市都分布有能源工业。从能源工业组合情况和能源工业的产值来衡量，抚顺占全省能源工业总产值的比重较大，是全省拥有石油、煤炭、电力等多部门的最大综合性能源生产基地。其次是锦州、大连和盘锦，以石油和电力为主。此外是阜新、朝阳和铁岭，以煤炭和电力为主。

辽宁省煤炭工业主要集中于资源比较丰富的抚顺、阜新、铁岭和沈阳 4 市。石油和天然气集中于辽河三角洲和辽东湾的浅海水域。电力工业布局可分为两类：一是靠近煤炭产地和负荷中心，如抚顺、清河、阜新、辽宁、锦州、朝阳等大型火电厂，具有坑口电厂的特性；二是建立在负荷中心，如大连、锦州、沈阳、鞍山、辽阳等地的热电厂，既发电又集中供热。大型水电站集中于鸭绿江流域。此外，耗电大的大型企业还建有一批自备电站，如鞍钢、本钢、辽阳化纤厂、锦州炼油厂、石油二厂、大连和本溪水泥厂、营口和丹东造纸厂等。石油加工业集中于辽宁中部的抚顺、辽阳、鞍山以及沿海的大连、盘锦、锦州和葫芦岛等地。煤炭开采、石油加工以及火力发电等企业中的绝大多数分布于工业生产与能源消费集中的大中城市，尤以沈山和长大两条铁路沿线地区最为密集。

3. 化学工业

辽宁省化学工业以石油化工和海洋化工为主体，是辽宁省的主导工业部门之一，在全国也占有重要地位。

第一，石油化学工业。辽宁是全国最大的石油加工基地。石油化学工业主要集中在辽中、辽西和辽南地区，有 8 大炼油厂和 1 个石化联合企业，主要石油化工产品均有生产。

第二，煤焦化工。辽宁省也是全国主要煤焦化工基地之一，年化工用煤量约为 850×10^4 t，约为全国化工用煤的 1/10，全省用煤量的 1/6。主要生产冶金和化工焦炭，最大的焦炭生产企业是鞍钢和本钢。

第三，海洋化工。纯碱是海洋化工的大宗产品，大连化工公司是全国第一大纯碱生产厂。氯碱工业主要分布在沈阳和葫芦岛，沈阳化工厂和锦西化工厂都在全国八大氯碱厂之列。盐化工业分布于复州湾等 6 大盐场，其中营口盐场生产规模最大，苦卤资源集中，发展条件好。

第四，硼系化工。辽宁硼矿资源丰富，有以全国重点硼矿的营口矿和宽甸矿为首的大小矿山 46 个，以营口、开原和辽阳化工厂为骨干的 6 个生产企业。

第五，精细化工。辽宁省精细化工生产门类多，基础条件好。其中涂料工业产值居全省精细化工的首位，沈阳、大连、铁岭、鞍山集中了全省生产能力的 93%；染料工业主要分布于大连、丹东、阜新等地，大连染料厂染料产量占全省的 91% 以上；农药生产企业主要分布于沈阳、抚顺、大连等 6 大城市；化学试剂工业生产量的 80% 集中在沈阳、大连和锦州；橡胶工业主要集中在朝阳和沈阳。

4. 冶金工业

辽宁省是全国重要冶金工业基地，经 60 多年的建设和发展，已经形成了包括黑色冶金和有色冶金在内的完整冶金工业体系，矿山、冶炼及加工形成配套体系并在全国处于重要地位。2008 年，辽宁冶金行业实现工业增加值 $1\,398.7\times10^8$ 元，比 2002 年增长 5.5 倍，实现主营业务收入 $4\,667.5\times10^8$ 元，比 2002 年增长 4.5 倍。全省钢材产量 $4\,285.3\times10^4$ t，其中，冷轧薄板（带）、镀涂层板等高技术含量、高附加值产品的增幅均为两位数以上，高于全省钢材产量平均增幅。鞍钢和本钢产品的"板带比"均为 90% 左右。

辽宁省冶金工业发展的产业布局以鞍钢、本钢为依托，重点发展宽厚板、热轧薄板、冷轧薄板、涂镀层板，建设精品板材基地；以东北特钢集团为依托，建成 6 大特殊钢精品基地和 10 条特殊钢精品生产线，建设优质特殊钢生产基地；以北台、凌钢、新抚钢为依托，重点发展优质棒线材、热轧 H 型钢，建设新型建材基地；以抚顺铝厂、葫芦岛锌厂和骨干民营企业为重点，发展有色金属冶炼和加工，建设重要有色金属基地。同时，以鞍钢、本钢为依托，利用自身工艺技术开发能力强、设备制造能力强的优势，通过企业联合组建大型成套设备制造公司和工程公司，建设冶金新技术、新工艺的开发基地和冶金工业成套设备的研发制造基地。鼓励、支持各类非公有制企业，从事冶金深加工，发展建筑钢结构、工程焊管、冷弯型钢、涂镀层薄板、精密带钢、预应力棒线材等，建设钢材深加工产业基地，鼓励各类所有制企业，充分利用辽宁省镁资源优势，建立镁质耐火材料、镁质化工材料及镁合金制品 3 大生产基地。

5. 建材工业

辽宁省建材工业在全国居重要地位，许多产品如水泥、平板玻璃等，均居全国前列。辽宁省发展建材工业的原材料丰富，水泥用石灰岩、玻璃用砂岩以及石棉、滑石、大理石、膨润土、珍珠岩、石膏、金刚石、菱镁矿、硅石等的储量都比较多，主要分布于辽东和辽西山地丘陵。由于辽宁省冶金、煤炭、发电等重工业发达，工业废渣丰富，也是建材工业原材料的重要来源。

辽宁省建材工业产品种类比较齐全，建材工业主要集中于沈阳、大连、鞍山和葫芦岛；其次是抚顺、本溪、营口、锦州、朝阳、铁岭。

水泥工业是辽宁省建材工业的主要部门，主要分布于大连、本溪、葫芦岛、辽阳、抚顺和鞍山等市；大连、工源、本溪、抚顺、葫芦岛、小屯、鞍钢 7 大水泥厂年产量约占全省总产量的 1/2。

平板玻璃工业主要集中于大连、沈阳和阜新 3 市，产量占全省的 90% 以上。沈阳、大连和彰武玻璃厂为 3 大平板玻璃企业。

2008 年，建材工业实现工业增加值 410.6×10^8 元，比 2002 年增长 6.1 倍。新型建材产值已超过传统建材，比例为 60％以上，使建材工业实现了由资源型、高耗能型结构向深加工型和低耗能型转变。

6. 轻纺工业

辽宁轻纺工业经过几十年的发展，已形成行业众多、产品纷繁和以消费品生产为主的产业群。辽宁轻纺工业在全国地位不高，但某些产品仍占有一定优势。

各种轻纺工业的分布具有在点上较为集中，在面上较为扩展的特点。辽宁轻工业在少数几个城市的集聚，形成了沈阳、大连、丹东、营口 4 个轻纺工业发展中心。如果将全省分为沿海地带、中部城市群、西北区 3 个区域，轻纺工业的地域分布略偏重于沿海，但从总体上看，较重工业分布得均衡，形成了较为合理的地域分工。沿海地带的纺织工业、耐用消费品行业、造纸、文教体育、工艺美术行业、食品制造业在经济实力上都占绝对优势，这些行业（食品业除外）的总产值均占全省的 50％以上。同时，这些行业在沿海城市内部又有一定的分工。纺织业在大连、丹东、营口 3 市各有专长，大连市以棉纺、麻纺、服装为重点，丹东以柞丝绸、化纤、毛纺为特色，营口的针织、化纤、棉纺较突出。耐用消费品行业主要集中在沿海地区，其中家用电器行业在营口、大连实力最强，钟表、日用电子业集中在丹东、大连。造纸业主要分布在丹东、营口、锦州等市。在中部城市群中，日用化学、日用金属制品、家具制造行业具有优势，耐用消费品行业略弱于沿海区。轻工业在中部城市的分布极不平衡，沈阳市的轻纺工业产值占该地区的 59％。西北区轻纺工业各行业在全省都不居主要地位，食品、饮料业、纺织业、家具制造、工艺美术行业是当地的主要轻工行业。

7. 高新技术产业

改革开放以来，辽宁高新技术产品增加值所占比重逐步提高，经济结构得到了进一步优化。科技创新有力地推进了全省经济结构的调整，促进了经济运行质量和效益的提高。2008 年，全省规模以上工业高技术产业实现增加值 325.2×10^8 元，占全省规模以上工业增加值的 10.4％。

高新技术产业作为辽宁省老工业基地调整改造重点发展的三大产业之一，其发展呈现五大特点。

第一，高新技术产业已成为辽宁经济发展中的先导性产业，表现为高新技术产业增加值增长快，占 GDP 的比重不断提高，高新技术产品出口占全部出口的比重不断提高。高新区已成为土地集约、产业集聚、效益显著、牵动力强的现代化新园区。

第二，产业领域趋向集中。辽宁省高新技术产业已形成以新材料、电子信息和先进制造业为主的结构。其中，新材料产业（包括精细化工产业）约占全部的40％，电子信息业约占20％，先进制造业约占15％。新材料产业、先进制造业多年来保持了持续稳定增长，而信息产业呈现出高速增长的态势，正在向新的支柱产业迈进。

第三，研发能力的不断增强为全省经济发展提供了强大的技术支撑，使辽宁省的区域创新能力位居全国前列，拥有一批国内领先的技术，如机器人制造技术、流程工业自动化技术、基因重组多肽药物技术、燃料电池制造技术、数控技术、部分催化技术、纳米材料制备与处理技术。燃气轮机的生产世界领先。

第四，高新技术企业迅速发展。民营高技术企业和股份制高技术企业占全省高技术企业的比重近90％。一批国内排头兵民营企业迅速崛起，全国软件百强企业中东软集团，是我国唯一能够生产CT、彩超、X光机和磁共振4大数字医疗设备的企业，其产品遍布国内20多个省市，并打入欧美等国际市场。

第五，高技术对传统产业的改造和提升效果显著。重点实施了用高新技术改造传统装备制造业示范工程，不仅有力地推动了装备制造业自身的发展，而且带动了石化、冶金等行业的技术进步。

四、交通运输

辽宁省拥有以铁路、公路、水运、航空和管道等多种现代化运输方式组成的发达的交通运输网。它以铁路为骨干，港口为门户，公路、水运、航空、管道为支柱，形成了干支相连、完整配套的综合化运输体系，为辽宁经济的发展，密切省内外经济的联系，促进地域分工协作和对外开放等发挥了重大作用。

2008年，交通运输仓储和邮政业投资 789.6×10^8 元，增长33.2％，客货运输持续增长。全年各种运输方式完成货物周转量比上年增长9％，其中，铁路 $1\,342.5 \times 10^8$ t km，增长3.8％；公路 661.2×10^8 t km，增长16.4％；水运 $4\,333.0 \times 10^8$ t km，增长9.6％；航空 1.8×10^8 t km，下降4.4％。货运量 $127\,293 \times 10^4$ t km，比上年增长10％。其中，铁路 $17\,400 \times 10^4$ t km，增长5.1％；公路 $100\,615 \times 10^4$ t km，增长11.3％；水运 $9\,267 \times 10^4$ t km，增长5.6％；航空 11×10^4 t km，下降6.1％。旅客周转量 871.3×10^8 人 km，比上年增长8.1％。其中，铁路 465.9×10^8 人 km，增长6.7％；公路 298.5×10^8 人 km，增长13.3％；水运 7.8×10^8 人 km，下降7.4％；航

空 99.1×10⁸ 人 km，增长 1.2%。客运量 77 950×10⁴ 人 km，比上年增长 9.3%。其中，铁路 11 958×10⁴ 人 km，增长 14.8%；公路 64 708× 10⁴ 人 km，增长 8.6%；水运 598×10⁴ 人 km，下降 8.1%；航空 686×10⁴ 人 km，下降 1%。港口货物吞吐量 48 768×10⁴ t km，比上年增长 17.2%。其中，外贸货物吞吐量12 058×10⁴ t km，增长 2%。

（一）铁路

辽宁省原有的重要铁路是伴随着帝国主义的入侵而发展起来的。新中国成立后，对旧中国和日伪时期遗留下来的铁路进行了全面的修复和大规模的技术改造。同时，为适应国民经济发展的需要，陆续修建了一大批新线，如沟海线、魏塔线、开丰线、田五支线、南票支线、沈丹线东段复线及其他联络线和支线等，从而基本构成了四通八达的铁路网。

到 2010 年年底，全省铁路营业里程为 4 012 km，平均每百平方千米土地上拥有营业里程 2.71 km，位居全国第一。辽宁省内铁路的客货运输量是全国较大省区之一，并且主要集中在几条干线上，沈山线运输密度最大，其次是长大线，仅这两条线路承担的货运吨千米就占全省的 77%。

1. 哈大客运专线

哈大铁路客运专线是国家"十一五"规划的重点建设工程项目之一，纳入国家《中长期铁路网规划》，国家发改委于 2005 年年末批复立项。全线批复的可行性研究投资为 923×10⁸ 元，由铁道部和辽吉黑三省政府共同建设。哈大客运专线已于 2007 年 8 月 23 日正式开工建设。2010 年年底，哈大铁路客运专线全线铺轨贯通。哈大铁路客运专线，北起黑龙江哈尔滨，南抵辽宁大连，全长 904 km，途经东北 3 省 4 个副省级城市和 6 个地级市，其中辽宁省境内 553 km。哈大客运专线采用复线电气化铁路，基础设施按 350 km/h 的速度建设，区间运行列车均为动车组，平均时速超过 200 km。投入使用后，沈阳到大连只需 1.5 h 左右。

2. 烟大铁路轮渡

烟大铁路轮渡是山东省烟台市至辽宁省大连市之间的铁路轮渡，海上运输距离约 86.28 km，是中国最长的跨海铁路轮渡，也是世界上第 37 条跨海铁路轮渡。北部通过旅顺支线连接到哈大铁路，进入东北铁路网，南部通过蓝烟铁路，与山东铁路衔接。2004 年 10 月 27 日开工，2006 年 11 月 6 日开始试运营。可以改变绕道京山铁路、津浦铁路、胶济铁路的运输状况，运距可缩短 600～1 000 km。初期运量可实现 650×10⁴ t，近期为 830×10⁴ t，远期可实现 1 240×10⁴ t。烟大铁路轮渡的北港码头为大连旅顺羊头洼港，南港码头位于烟台芝罘岛，由全长 12.004 km 的铁路引线连接蓝烟铁路。

（二）公路

截至 2009 年年底，辽宁省拥有各级公路 1 845 条，公路总里程达到 100 380 km，其中高速公路 2 833 km。全省公路密度为 68.57 km/10² km²，2002 年已实现全省乡乡通油路。全省农村公路里程达到 85 762 km，2009 年 10 月已实现 100% 的行政村通油路。全长 1 443 km 的滨海大道建成通车，为辽宁沿海经济带全面开发开放提供了重要支撑（图 3-4、表 3.5、表 3.6、图 3-5）。

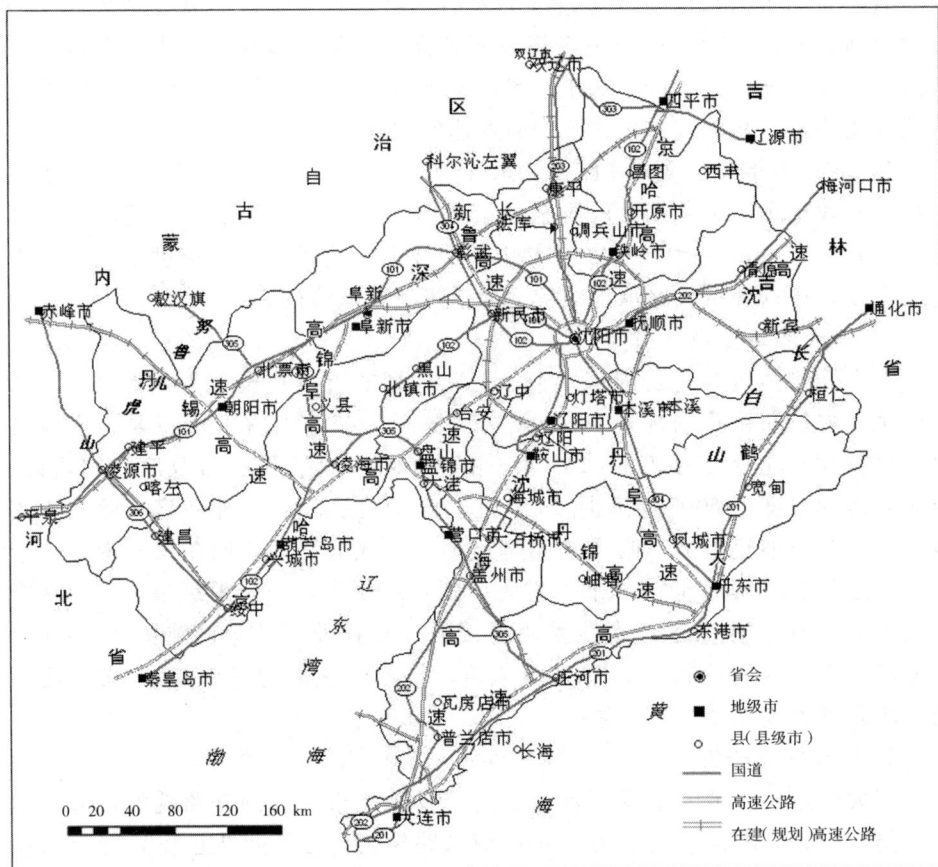

图 3-4　辽宁省国家级公路分布图

表 3.5　　2008 年辽宁省内国家级干线公路

编号	路线名称	简称	省境内起止地点	省境内长/km
G101	北京—承德—沈阳线	京沈线	许杖子（省界）—沈阳站	538.8
G102	北京—山海关—沈阳—长春—哈尔滨线	京哈线	北邱河桥（省界）—梨树沟（省界）	621.6
G201	鹤岗—牡丹江—大连线	鹤大线	缸岭（省界）—旅顺友谊公园	639.2
G202	黑河—哈尔滨—吉林—沈阳—大连线	黑大线	友谊桥（省界）—旅顺友谊公园	680.9
G203	明水—扶余—沈阳线	明沈线	辽阳窝堡（省界）—沈阳站	155.0
G303	集安—四平—通辽—锡林浩特线	集锡线	平岗桥北（省界）—三江口（省界）	80.0
G304	丹东—通辽—霍林河线	丹霍线	丹东火车站—阿尔乡（省界）	453.5
G305	庄河—营口—翁牛特旗—林西线	庄林线	庄河客运站—大黑山（省界）	458.1
G306	绥中—克什克腾线	绥克线	绥中火车站—刘家窝堡（省界）	173.7

资料来源：中国公路网，作者整理，www.chinahighway.com。

表 3.6　辽宁省高速公路一览表

编号	线路名称		起止地点	长度/km
G1	京哈高速	沈四高速	四平（吉界）—沈阳	160
		京沈高速	沈阳—山海关（冀界）	361
G11	鹤大高速	丹大高速	丹东—庄河—大连	260.3
G1113	丹阜高速	沈丹高速	沈阳—丹东	224
G1212	沈吉高速		沈阳—抚顺（南杂木）	75.709
G15	沈海高速	沈大高速	沈阳—大连	375
G1501	沈阳绕城高速			81
G16	丹锡高速	盘海营高速	盘锦—海城、营口	80＋27（营口支线）
		锦朝高速	朝阳—锦州	93.3
G2511	新鲁高速	沈彰高速	沈阳—彰武	86.446
G2512	阜锦高速	阜锦高速	阜新—锦州	113.701
	大窑湾疏港高速		大连—大窑湾	28.448
	沈抚高速		沈阳—抚顺	63
	沈大与丹大高速连接线		大连开发区赫山西路和淮河西路交叉口处—甘井子区土城子村	10.1
	丹大高速延长线		大连开发区大树底（原丹大高速终点）—赫山西路和淮河西路交叉口处	18.07
	土羊高速		甘井子区土城子村—旅顺口区羊头洼港	56.77

资料来源：辽宁高速公路一览表，http：//www.china-highway.com/bencandy.php？aid＝22883//2008-08-06/，有改动。

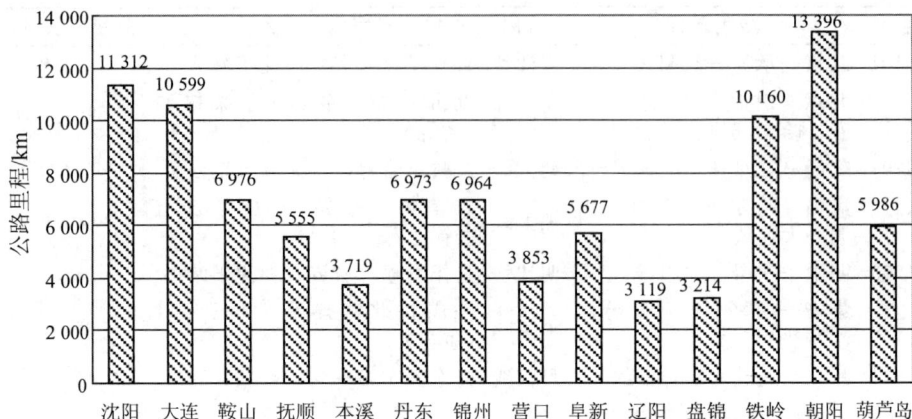

图 3-5　2007 年辽宁省 14 个省辖市公路里程比较

（三）水路运输

辽宁省南部海岸曲折，港湾众多，近海水域辽阔，岛屿棋布，内陆又有辽河、鸭绿江、大凌河等水系，加上腹地宽广，货源充足，形成了以大连港为中心，丹东、营口为两翼，包括葫芦岛、锦州、庄河、大东港在内的港口集群，成为东北三省和内蒙古自治区东部的重要门户，也是引进技术和知识的主要窗口。随着国内外环境的变化以及亚太地区经济地位的增强，特别是欧亚大陆桥的建成，辽宁水路运输将会有前所未有的发展。

辽宁水路运输包括海洋运输和内河运输两大类。历史上，辽宁内河运输曾经十分繁盛，特别是辽河水运最为发达。清光绪时期，"辽河上游自通江口至营口八百余里间，大小船只号称七千五百艘以上。"辽河原来的支流浑河、太子河也曾通航。营口港于 1864 年建成并对外开放，以"东方贸易良港"闻名中外，1936 年吞吐量达到 246×10^4 t，其中辽河运量占一半左右。但是，自长大铁路建成后，许多货运弃水走陆，加之水土流失、沿河截流，航道逐年淤浅，拦河筑坝，桥梁碍航，航程日益缩短，航运遂衰退下来。

2008 年，辽宁省沿海港口码头长度为 58 715 m，港口码头泊位 351 个，货物吞吐量 $48 768 \times 10^4$ t，旅客进出港量 648.8×10^4 人（表 3.7）。

表 3.7　2008 年辽宁省沿海港口基本情况

港名	港口码头长度/m	港口码头泊位/个	货物吞吐量/10^4 t
全省	58 715	351	48 768
大连港	37 045	223	24 588
营口港	11 307	59	15 085
丹东港	3 352	26	—
锦州港	4 853	19	—

注：码头泊位包括浮筒泊位。

资料来源：辽宁省统计局. 辽宁统计年鉴（2009）［M］. 北京：中国统计出版社，2009。

大连港在黄海的大连湾和大窑湾内，避风条件好，湾内水深浪小，不淤不冻，港域宽阔，新中国成立以来，经过不断扩建、改造和新建，2007 年货物吞吐量达到 2×10^8 t。

营口港有鲅鱼圈港和营口老港 2 个港区。老港位于营口市大辽河河口段，距大辽河出海口约 10 km。100 多年前，这里是海运与内河运输及海盐生产的集镇，1864 年建成并对外开放后，逐渐成为东北第一个对外重要商埠。营口港冬季封冻，航道水浅，一般只能停靠 3 000 t 级以下的货轮。鲅鱼圈港位于营口市南 70 km 的辽东湾东岸，2007 年货物吞吐量超过 1×10^8 t。

丹东港位于鸭绿江下游，为大陆海岸线最北端的港口和边境口岸。丹东港现辖大东（海港）和浪头（河港）两个港区，共有生产性泊位 19 个，年吞吐能力 $4\,000\times10^4$ t。

在辽宁省实施沿海开发战略后，在瓦房店市西南沿海，开始建设长兴岛港，2007 年 12 月 19 日正式通航。长兴岛港的顺利通航，填补了大连市渤海岸线港口建设的空白，标志着大连市港口总体规划已经进入全面实施的新阶段，可以进一步拉动长兴岛临港工业区的发展，可以为大连国际航运中心建设和东北老工业基地振兴做出更大的贡献。

（四）航空运输

辽宁境内现已投入使用的国际机场有两个：沈阳桃仙机场和大连周水子机场。其中桃仙机场为北航基地；周水子机场为国际中转机场。其他机场还有沈阳东塔、大连长海、鞍山腾鳌、丹东浪头、锦州、朝阳 6 个民航机场。

1. 沈阳桃仙国际机场

沈阳桃仙国际机场是中华人民共和国国家一级干线机场，东北地区航空运输枢纽，全国八大区域航空枢纽之一，位于辽宁省沈阳市东陵区桃仙乡。地理位置优越，距沈阳市中心 20 km，距抚顺、本溪、鞍山、铁岭、辽阳、营口等城市均不超过 100 km，并通过高速公路与各城市形成辐射连接。

截至 2010 年 2 月末，沈阳桃仙国际机场每天有 210 多架次飞机起降，将来将容纳 600 多架次/日的飞机起降，形成覆盖东北亚地区的航线网络。候机楼面积逾 7×10^4 m²，设计年旅客吞吐量为 606×10^4 人次。

2009 年，桃仙机场旅客运输突破 750×10^4 人次，同比增长 10.2%。货邮吞吐量 11.2×10^4 t，同比增长 9.7%；航班架次 6.7×10^4 架次，同比增长 7.2%。

2. 大连周水子机场

大连周水子机场是环渤海地区重要的门户枢纽机场，航站楼建筑面积为 6.5×10^4 m²，年旅客吞吐量 600×10^4 人次，停机坪总面积 26×10^4 m²，停机位达到 28 个。

大连机场现已开通航线 145 条，其中国内航线 98 条，国际及特别行政区航线 47 条，与 15 个国家、96 个国内外城市通航。其中国际、地区通航城市 39 个，航班密度每周达到 1 800 架次，使大连机场初步形成了覆盖国内各大城市的航空运输网络，架起了四通八达的对外交流和经济交往的空中桥梁。

大连国际机场旅客、货邮吞吐量和飞机起降架次三项运输生产指标自 1998 年来连续 12 年居中国东北地区 12 个民用机场的首位。2010 年，完成旅客吞吐量 1 070×10⁴ 人次，纯货邮吞吐量 14×10^4 t，飞机起降架次 9.1×10^4 架次，国际旅客吞吐量在国内仅次于北京首都、上海浦东、广州白云三大枢纽机场。

（五）管道运输

随着石油和天然气产量的增长，大庆等油田的原油需要输送到大连新港和秦皇岛港外运，输送到抚顺、大连、锦州等地加工。为减轻铁路运输的压力，提高原油的运输速度，从 20 世纪 70 年代起，在油田与港口、油田与工业区之间铺设了几千千米的输油管道，成为东北运输网的重要组成部分，在全国也占有重要地位。

从 1970 年 8 月 3 日，国家决定从大庆油田到抚顺建设原油输送管道开始，到 1975 年 9 月，基本上形成了东北地区的输油管，总长度为 2 459.6 km。其中，以管径 720 mm 为主的主干线有大庆至铁岭、铁岭至秦皇岛、铁岭至抚顺、铁岭至大连 4 条，全长 2 180 km，占全部管道长度的 88%，形成了大庆到秦皇岛、大连、抚顺的 3 条输油大动脉；管径 426 mm 的管道有抚顺至鞍山和盘锦至葫芦岛 2 条输油管道；还有 1 条小口径、短距离的丹东过鸭绿江至朝鲜的输油管道。

1985 年，辽宁境内的输油管道长为 1 432 km，占全国油（气）管道总长度的 12.1%，占全国原油输送管道的 21.2%，占东北地区输油（气）管道的 67.1%，是全国输油（气）管道较长的省份之一。20 世纪 90 年代以后，输油管道长度有所减少，到 2008 年，辽宁境内输油管道长度为 1 195 km。

五、旅游

（一）旅游产业现状

辽宁历史悠久，风光秀丽，古迹众多，旅游资源丰富。近年来，利用优越的地理位置，宜人的气候条件，绮丽的风光名胜，发达的交通网络和雄厚的经济优势，大力开发利用旅游资源，全省旅游业得到飞跃发展，游客人数不断增长，创汇持续上升。但是，辽宁省旅游资源尚未得到充分开发利用，旅游业还需要进一步地发展。

2008 年年末，全省星级宾馆已达 540 家，旅行社 1 116 家。全年接待国内外旅游者 20 078.3×10⁴ 人次，比上年增长 20.2%。其中，接待国内旅游者 19 836×10⁴ 人次，增长 20.2%；接待入境旅游者 241.9×10⁴ 人次，增长 20.9%，其中，外国人 207.3×10⁴ 人次，港澳台同胞 34.6×10⁴ 人次，分别增长 21.5% 和 17.6%。旅游总收入 1 741.5×10⁸ 元，比上年增长 33.2%。其中，国内旅游收入 1 635.5×10⁸ 元，增长 34.6%；旅游外汇收入 15.3×10⁸ 美元，增长 24.3%（表 3.8）。

表 3.8 2008 年辽宁省 14 个省辖市旅游业基本情况

地区	接待入境旅游人数/人次	旅游外汇收入/10⁴ 美元	国内旅游接待人数/10⁴ 人次	国内旅游收入/10⁶ 元
全省	2 418 707	152 618	19 836	163 546
沈阳	476 357	33 009	5 161	38 740
大连	950 045	65 835	3 000	35 500
鞍山	155 055	12 052	1 530	10 400
抚顺	77 201	3 439	1 220	9 530
本溪	217 816	10 985	1 390	10 550
丹东	190 762	9 040	1 420	10 850
锦州	114 820	6 512	870	6 500
营口	49 670	2 159	585	6 000
阜新	10 953	488	341	1 848
辽阳	18 080	1 007	1 030	8 400
盘锦	82 110	3 828	980	7 600
铁岭	33 054	1 776	720	4 478
朝阳	7 563	464	709	6 300
葫芦岛	35 221	2 024	880	6 850

资料来源：辽宁省统计局. 辽宁统计年鉴（2009）[M]. 北京：中国统计出版社，2009。

（二）旅游资源

旅游资源是指地理环境中能够使旅游者感兴趣，具有旅游价值的环境因素、地理事物和物质条件。旅游资源可以分为自然旅游资源和人文旅游资源两大类。前者是自然界中固有的，或者主要是在自然力的作用下形成的，如名山大川和各种天然奇观等；后者是人类在自然环境中建造或发展起来的景观或物质、精神实体，如文物古迹、园林、建筑、艺术等。但是，这两大类旅游资源常常具有非常紧密的联系。一般来说，人文旅游资源往往依附于自然旅游资源而存在，而自然旅游资源也每每因人文旅游资源而著名，两者相得益彰、相互辉映。我国的旅游资源按管理体系，又可分为风景名胜区、自然保护区、森林公园、文物保护单位，旅游度假区等。

1. 自然旅游资源

辽宁省自然旅游资源比较丰富，有壮美的山岳、秀丽的江河湖泊、漫长曲折的海岸等自然景观，具有较高的旅游价值。

第一，山岳风光。辽宁省的山地丘陵主要分布于辽东和辽西地区，辽北地区也有一些低缓的丘陵。构成风景区的山地丘陵海拔高度一般在 500 m 左右，属于低山丘陵。山岳风光是辽宁旅游资源的重要组成部分，主要有鞍山的千山、锦州北镇市的医巫闾山、丹东凤城市的凤凰山和东港市的大孤山、沈阳市的棋盘山、铁岭的龙首山等。其中鞍山的千山、凤城的凤凰山、北镇的医巫闾山、岫岩的药山，被誉为辽宁省的"四大名山"。

第二，江河湖泊风光。辽宁省的江河风光旅游资源主要分布在东部低山丘陵地区，如鸭绿江及其支流流经的地区。湖泊风光旅游资源以人工水体——水库为主，这些资源也多分布于东部地区。在江河湖泊的周围一般是林木葱郁的山岭，构成游览胜地，主要有丹东市的鸭绿江、抚顺市的大伙房水库，本溪市的桓仁水库、观音阁水库，铁岭市的清河水库、柴河水库，辽阳市的汤河水库、葠窝水库等。

第三，滨海风光。辽宁省的滨海风光分布于辽东半岛、辽河三角洲和辽西沿海地带，如东港海滨、庄河海滨、大连海滨、金州东海岸、瓦房店海滨、营口鲅鱼圈和盖州海滨、锦州大笔架山、葫芦岛和兴城海滨等。辽宁滨海地区气候湿润，夏无酷暑，冬无严寒，是消夏避暑和疗养胜地，每年都吸引着大量游客，是辽宁省最重要的旅游资源之一。

大连长海县、丹东东港市的大鹿岛、葫芦岛兴城市的菊花岛，则是辽宁重要的海岛景区。

第四，洞穴风光。洞穴风光在辽宁省东西部山区都有分布，多属温带喀斯特（岩溶）地貌类型，是在温带气候条件下，石灰岩经过溶蚀作用，在地面之下形成的洞穴。其中规模比较大的是本溪水洞和桓仁望天洞。

第五，泉水风光。辽宁省已经发现的矿泉水有 54 处，其中水温 38～90 ℃的温泉有 49 处，主要分布于辽东半岛和辽西沿海地区，已建成温泉疗养区 13 处，兴城、鞍山汤岗子、本溪温泉寺、辽阳汤河、丹东五龙背、营口熊岳等是比较著名的疗养游览区。

第六，地质风光。辽宁省境内的地质风光，主要分布在大连市金州区金石滩、凉水湾和大林子一带沿海，有千姿百态的海蚀地貌和地质遗迹。本溪市则因各个地质年代的地层最为齐全，素有"地质摇篮"之誉。锦州市义县、朝阳北票市和凌源市是辽西地区著名的鸟化石和鱼化石产地。

2. 人文旅游资源

辽宁历史悠久，古迹文物众多，它们构成了辽宁人文旅游资源的主体。随着旅游事业的不断发展，近年来，省内人文旅游景点不断增加，新建的旅游项目层出不穷。

第一，文物古迹。辽宁的文物古迹分布于全省各地，特别是清朝入关前的文物遗址为辽宁省所独有，具有很大的旅游价值。它们主要是沈阳市的故宫、福陵（东陵）、昭陵（北陵）、实胜寺、太清宫、长安寺等；铁岭市的慈清寺、铁岭白塔、龙潭寺、崇寿寺塔等；抚顺市的元帅林、永陵、高尔山山城、赫图阿拉老城；锦州市的奉国寺、万佛堂石窟、广济寺、北镇庙、崇兴寺双塔、李成梁石坊等；朝阳市的佑顺寺、北塔和南塔、天成观等；辽阳的东京城、东京陵、白塔、燕州城等；鞍山市的鞍山驿堡古城、三学寺、山西会馆等；营口市的楞严寺、上帝庙、青石关山城、熊岳城等；大连市的大黑山山城、吴姑城山城、得利寺山城、复州城等；丹东市的大孤山古建筑群、凤凰山山城等；葫芦岛市的九门口长城、兴城古城等。其中的九门口长城、（清）沈阳故宫、（清）永陵、（清）福陵、（清）昭陵，先后被列入世界遗产扩展项目。

第二，古遗址。辽宁已发现的古遗址近 $1×10^4$ 处，其中青铜时代和辽金时代的古遗址约占 2/3。它们主要分布于辽西低山丘陵（约占 1/3）；其次是辽西走廊、下辽河、黄海沿岸和辽东低山丘陵的河流两岸。

旧石器时代古遗址主要有大石桥金牛山人洞穴遗址、喀左鸽子洞洞穴遗址、海城仙人洞洞穴遗址、东港前阳人出土地等。

新石器时代古遗址主要有沈阳新乐遗址、东港后洼遗址、大连市旅顺口郭家村遗址、喀左东山咀遗址、建平和凌源两县市交界处的牛河梁女神庙遗址和积石冢墓地等。

青铜器时代古遗址是历史上辽宁居民点最密集的一个时期，遍及全省各地。其中辽西地区最密集；其次是沈阳和大连两市。主要的是北票丰下，建平水泉，喀左马厂沟小转山子、南沟门、和尚沟，朝阳十二台营子，凌源三官甸子、五道河子，葫芦岛乌金塘，沈阳郑家洼子，大连后牧城驿岗上等。

战国至隋唐时期古遗址主要有辽阳新城燕墓、内蒙古自治区赤峰经建平和北票北部地区的燕秦长城，绥中万家秦汉宫殿遗址（包括秦碣石宫、汉望海台遗址、墙子里遗址等），凌源安杖子城址，朝阳柳城遗址，北票北燕冯素弗墓，辽阳壁画墓群等。

辽金元明清时期古遗址主要有法库叶茂台辽墓群，北票莲花山辽耶律仁先家族墓地、北镇耶律宗政墓、鞍山倪家台明崔源墓等。

第三，历史遗址和革命纪念地。主要包括营口的西炮台，东港的大东港之役遗址，旅顺口的万忠墓、旅顺监狱，沈阳的九一八历史博物馆、张学良旧居陈列馆、中共满洲省委旧址、苏联红军阵亡将士纪念碑、东北解放纪念碑、抗美援朝烈士陵园等，大连的中苏友谊纪念馆，桓仁的抗联遗迹等。

第四，城市公园。公园是旅游者游乐的场所，也是市民休息娱乐的地方，常以绿地和水体为主，并配置适当的人文景观。它们主要是沈阳的北陵、东陵、中山、青年等公园；大连的劳动、星海、老虎滩等公园；鞍山的二一九公园；抚顺的劳动、高尔山公园；本溪的本溪湖公园；锦州的北湖公园；阜新的人民公园；丹东的锦江山、鸭绿江公园；辽阳的白塔公园。

第二节 辽宁人口与城镇化

一、人口数量与结构

1. 人口性别构成

人口的性别构成反映了一定时间和范围内人口总数中男女人数的比例关系。一般有两种方法表示：一是男性和女性人口在总人口中的比重；二是男性人口对女性人口的百分比（以女性为100），即性别比。通常一个国家或地区的总人口的性别比是相对稳定的，一般在95～107之间，但不同时期、不同民族、不同地域人口的性别构成往往存在着一定的差异。

2009年年末辽宁省总人口 $4\,256\times10^4$ 人，男性 $2\,149.9\times10^4$ 人，占50.51%；女性 $2\,106.1\times10^4$ 人，占49.49%，总人口性别比为102.1，比2000年的第五次人口普查相比下降了1.9。从辽宁人口的性别构成变化中可以看出：近60年来，辽宁人口的性别比经历了一个由平稳下降到基本稳定的过程，并且在未来相当长的一段时间里，人口的性别构成不会有太大的波动。人口的性别构成之所以长期稳定在同一水平，主要是受出生婴儿性别比、生育率、死亡率和迁移等因素的影响（表 3.9）。

表 3.9 辽宁省历次普查人口性别比（以女性为 100）

年份	1953	1964	1982	1990	2000	2009
性别比	108.5	105.8	104.2	104.4	104.0	102.1

资料来源：辽宁省人口普查办公室. 世纪之交的中国人口·辽宁卷 ［M］. 北京：中国统计出版社，2004；辽宁统计年鉴（2010）［M］. 北京：中国统计出版社，作者整理。

2. 人口年龄结构与老龄化

2009 年，辽宁省 65 岁及以上老年人口为 486.46×10⁴ 人，占总人口的比例为 11.43％。按人口年龄结构划分标准，65 岁及以上老年人口占总人口的比例达到 7％即为"年老型"人口结构，辽宁省人口已经步入了"年老型"人口阶段，人口年龄结构已转变为年老型社会的年龄结构，其老龄化程度高于全国平均水平。辽宁省 65 岁及以上老年人口占总人口的比例，从 1990 年的 224.2×10⁴ 占总人口比例 5.68％，上升到 2000 年的 329.7×10⁴ 占总人口比例 7.88％，年均增长 4.71％，再增长到 2009 年的 486.46×10⁴ 占总人口比例 11.43％，年均增长 5.28％，人口老龄化增长速度明显加快。（表 3.10）

表 3.10 辽宁省老龄人口比重变化

年份	1990	1995	2000	2005	2009
65 岁及以上老年人口占总人口比重/％	5.68	7.02	7.88	9.74	11.43

二、人口分布

1. 人口的地区分布

根据 1‰人口抽样调查推算，2009 年辽宁省 14 个地级市中，沈阳市人口最多，盘锦市人口最少。人口超过 300×10⁴ 的有沈阳、大连、鞍山、朝阳和锦州、铁岭，其人口总和占全省总数的 61.37％，人口在 200×10⁴～300×10⁴ 之间的有葫芦岛、丹东、营口和抚顺市，人口低于 200×10⁴ 的有阜新、辽阳、本溪和盘锦市。

2000 年与 1990 年相比，人口数量增加最多的是沈阳，增加了 137.6×10⁴ 人，其次为鞍山市，增加了 74.8×10⁴ 人。沈阳、鞍山两市人口总量的增加主要是由于行政区划变动造成的，即原属铁岭的康平、法库两县划归沈阳，原属丹东的岫岩县划归鞍山，使两市人口数量大增。2009 年与 2000 年相比，各地市的人口化趋势不同，沈阳、大连、鞍山、抚顺、本溪 5 城市稳中有降，丹东、锦州、营口、阜新、辽宁、盘锦、铁岭、朝阳、葫芦岛 9 城市人口数量略有增加（表 3.11）。

表 3.11　辽宁省人口的地区分布

地区	1990 年		2000 年		2009 年	
	总人口/ 10^4 人	比重/%	总人口/ 10^4 人	比重/%	总人口/ 10^4 人	比重/%
沈阳市	582.7	14.79	720.4	17.22	715.1	16.82
大连市	524.6	13.31	589.4	14.09	584.1	13.74
鞍山市	283.6	7.20	358.4	8.57	351.7	8.27
抚顺市	224.6	5.70	226.0	5.40	222.9	5.24
本溪市	154.6	3.92	156.7	3.75	155.6	3.66
丹东市	281.9	7.15	239.1	5.72	242.7	5.71
锦州市	293.8	7.46	307.7	7.36	310.2	7.30
营口市	213.0	5.41	229.7	5.49	234.4	5.51
阜新市	184.1	4.67	189.0	4.52	192.4	4.53
辽阳市	172.1	4.37	180.1	4.31	183.4	4.31
盘锦市	105.6	2.68	126.2	3.02	129.6	3.05
铁岭市	358.4	9.10	282.3	6.75	306	7.20
朝阳市	315.7	8.01	319.5	7.64	341.7	8.04
葫芦岛市	251.3	6.38	258.1	6.17	281.3	6.62

资料来源：辽宁省人口普查办公室.世纪之交的中国人口·辽宁卷 [M].北京：中国统计出版社，2004；辽宁统计年鉴（2010），作者整理。

2. 人口密度

人口密度是表现人口分布疏密程度和衡量人口分布地区差异的主要指标。辽宁省人口密度较高的城市主要是在辽宁中部地区的沈阳（554 人/km²）、鞍山（381 人/km²）、辽阳（387 人/km²）和沿海城市大连（442 人/km²）、锦州（307 人/km²）、营口（473 人/km²）和盘锦（318 人/km²）。人口密度较小的有地处辽东山区的抚顺（198 人/km²）、本溪（184 人/km²）和丹东（161 人/km²）以及辽西自然资源及经济欠发达的阜新（184 人/km²）和朝阳市（174 人/km²）（表 3.12）。

表 3.12　2009 年辽宁省人口密度

地区	年末总人口/10^4 人	面积/km^2	人口密度/（人·km^{-2}）
沈阳市	716.5	12 942	554
大连市	584.8	13 238	442
鞍山市	352	9 249	381
抚顺市	222.6	11 271	198
本溪市	155.5	8 435	184
丹东市	242.6	15 030	161
锦州市	310.2	10 111	307
营口市	235	4 970	473
阜新市	192.3	10 445	184
辽阳市	183.5	4 741	387
盘锦市	130	4 084	318
铁岭市	306.1	12 966	236
朝阳市	342.6	19 731	174
葫芦岛市	282.3	10 375	272

资料来源：辽宁省统计局. 辽宁统计年鉴（2010）[M]. 北京：中国统计出版社，2010，作者整理。

3. 影响辽宁人口分布的因素

影响人口分布的因素可分为直接因素和间接因素。直接因素主要有人口的自然变动、迁移变动和行政区划变动；间接因素可分为非人为因素和人为因素，或分为自然因素和社会经济因素。对人口分布起长期决定作用的是社会经济因素，特别是生产力发展水平及其分布状况。

自然环境对人口分布的影响极大，人类总是选择最适于自己生存的自然环境来生活和从事生产活动。辽宁中南部地区土地肥沃，沿海地区水产资源丰富，加之交通便利，必然吸引着省外和省内其他地区的人来这里居住。而辽宁的东部和西部地区多是山地和丘陵，人口单位面积可容量本身就小，加之土地瘠薄，农业生产水平较低，工业也欠发达，人口便相对稀少，人口密度较小。

自然环境对人口分布虽然有一定的影响，但它毕竟只是提供了一个基础或一种可能性，经济和社会发展水平，包括工业、农业、交通运输和信息产业的发展水平及生产布局，才是影响人口分布的最终决定性因素。沈阳是辽宁省的省会，是全省的政治、经济、文化和交通的中心，工业和交通运输等十分发达，吸纳了大量的劳动力，并吸引着大量外来人口从事各种生产经营活动，而且还带动了周边城市的经济发展；地处沿海地区的大连、锦州、营口等市，依靠丰富的海洋资源、水产资源和旅游资源，促进相关产业的发展，地方经济发展较快，也是人口密度较大的地区。尤其是作为辽宁对外开放前沿的大连市，更以其丰富的资源、优越的地理位置（东北地区的出海口）、宜人的气候和优惠的政策，吸引了国内外大批资本、知识分子和劳动力的涌入，促进了大连经济的迅速发展，使得该地区人口密度不断增大。

三、人口城镇化

辽宁是中国工业化起步较早的地区之一，特别是在新中国成立初期，辽宁作为中国优先发展的重工业基地，国家曾给予了大量投资，因此，长期以来，辽宁省的城镇化水平一直位居全国各省、区前列。

1. 辽宁省城镇化发展历程

辽宁省城镇化的起始动力主要来源于采矿业和冶炼业。早在西汉武帝时，在现在的辽宁省鞍山市周围已有一些人靠采矿冶铁为生。到了明朝，冶铁已遍及辽东 25 卫。到了清朝，辽宁地区除冶铁外，煤炭采掘也发展到了一定规模，除最早开采的抚顺外，北票、本溪等地也先后出现了较大规模的开采。因此，在古代辽宁一方面像中国其他地区一样，因政治、军事、贸易等因素建立了一些传统的城镇，如辽阳、新宾、沈阳、朝阳等地都是这一类的人口集聚地；另一方面，由于这一地区的采矿业和冶炼业的优势，它已为未来现代工业化和城镇化做了长时期的历史铺垫。

甲午战争和日俄战争以后，辽宁逐渐由半殖民地沦为日本的殖民地。这一时期，日本在辽宁省对当时所有已探明的矿藏进行了掠夺性开采。第二次世界大战期间，日本除了在辽宁大肆掠夺基础工业原料外，并且在沈阳等地建立了以军事为主的机械工业。

正是由于辽宁经历了这样一种特殊的历史变迁，才使得辽宁的城镇化从一开始就具有极浓厚的殖民地经济色彩。当时的城市里虽然聚集了很多从农村中转移出来的农村人口，但这些城市不可能具备完善的自我服务功能。它一方面是殖民主义者的劳动力集聚地，同时又是其推销商品的市场。辽宁省的殖民地经济严重阻碍了辽宁省民族工业的发展，并使得辽宁省的产业构成严重畸形，轻工业和农业十分落后。尤其是这种殖民地的城镇化严重遏制了辽宁人自身的市场经济竞争意识的建立和发展，这对于辽宁省后来的发展一直有着负面影响。

新中国成立时，辽宁省总人口数为 $1\,830.5 \times 10^4$，除沈阳、大连外，其他城市人口都不足 20×10^4。当时，辽宁省的人口城镇化水平为 24.2%，这在当时的中国也是较高的水平。

新中国成立以后，国家把辽宁省作为全国的重工业基地给予了大量投资，仅在"一五"时期，国家就向辽宁省投资 46.4×10^8 元，占同期全国工业投资总额的 18.5%，其中重工业达 43.6×10^8 元，占全省建设总额的 94%。因此，在"文化大革命"前，辽宁省的人口城镇化一直是以较高的速度发展着。到 1964 年，辽宁省的总人口为 $2\,694 \times 10^4$，城镇人口为 $1\,130 \times 10^4$，人口城镇化水平达到 42%，比新中国成立初增加了近 20 个百分点。但是，由于"文化大革命"的严重干扰，从 1966 年到 1980 年，辽宁省的城镇化发展受到严重阻碍，长时期处于徘徊不前的状态。

1985 年，当国家提出全面展开以城市为重点的经济体制改革时，辽宁省刚刚大体上完成了以家庭联产承包责任制为中心内容的农村第一步改革。在城市经济体制改革初期，从总体上看，辽宁省的改革仍显得谨慎有余，开拓不足。20 世纪 90 年代初，辽宁省的经济发展形势十分严峻，1991 年，亏损企业亏损额达 45.6×10^8 元，其中国有企业亏损额占工业企业亏损的 83%。在这样的困境中，当时的省委省政府开始下决心把企业推向市场。可是，由于辽宁省的经济体制、产业结构以及思维方式都长期老化，所以在 20 世纪的后 20 年里，辽宁省的改革一直举步维艰。在这样的经济发展背景下，辽宁省的城镇化发展也难免受到影响。

从 20 世纪 90 年代中期，即"九五"时期开始，辽宁省的改革开始有了突破性进展，国有大中型企业的机制不活、管理不善、装备陈旧、包袱沉重和效益低下等问题得到了极大改善，对待这些老企业的技术改造，体现了择优扶强和优胜劣汰的原则。在这一时期，辽宁省的第三产业和高新技术产业都有了明显的发展。1990 年第三产业劳动力构成为 20%，到 2000 年其构成已提高到 27%。2000 年，辽宁省省级以上的经济开发区已有 23 个，国家级开发区有 5 个。在改革和经济发展都有了明显改观的形势下，辽宁省的人口城镇化水平也有了实实在在的提高。2000 年，辽宁省人口城镇化水平达 54.9%。如果说 1990 年辽宁省城镇化水平的提高主要是由于小城镇农业人口转变为非农业人口的话，那么，2000 年这一水平的提高则主要是由于改革的突破性进展和实实在在的经济发展所致。2000 年以后，城镇化水平稳中有降，2009 年城镇化水平为 50.38%。长期以来，辽宁省的城镇化水平在全国一直仅低于京、津、沪三个直辖市，并在所有省、区之中处于领先地位。

2. 省内各地区城镇化水平

近 20 年来，由于沈阳、鞍山、本溪、丹东等市的行政区划都有较大变化，所以，这里不便于比较各地区城镇化水平变化的经济原因。但是，从各地区的城镇人口绝对数中仍可看出其变化的趋势和特点，并且从相对数中也可看出目前全省各地区的城镇化水平。

　　从 1990 年到 2000 年，辽宁省市镇人口增加较多的地区有大连、鞍山、锦州、营口、朝阳、盘锦、铁岭、辽阳 8 个市。抚顺城镇人口微增 3×10^4，而本溪、阜新和葫芦岛 3 个城市的城镇人口都有不同程度减少。究其原因，在这 4 个市中，除葫芦岛市城镇人口减少主要是由于两次人口普查统计口径不同所致外，抚顺、本溪、阜新 3 个资源型城市，除统计口径不同的因素影响外，由于资源逐渐枯竭而严重制约了城镇化发展也是一个不争的事实。

　　2000 年到 2009 年期间，除了阜新、盘锦、葫芦岛 3 市城镇人口略有增加，其他各市的城镇人口都有所下降。从城镇化水平来看，盘锦市增长较快，由 2000 年的 58.22% 猛增到 2009 年的 82.15%，阜新市城镇化水平略有增加，而其他各市城镇化水平均呈下降的趋势（表 3.13）。从辽宁的地理环境和经济发展趋势看，随着辽宁省沿海经济带和沈阳经济区的建设速度不断加快，今后辽宁省城镇化发展的潜力仍在辽中、辽南和沿海城市地区。

表 3.13　辽宁各地区城镇化水平

年份 地区	1990		2000		2009	
	城镇人口 /10^4 人	城镇比重 /%	城镇人口 /10^4 人	城镇比重 /%	城镇人口 /10^4 人	城镇比重 /%
沈阳市	504.0	76.45	506.6	70.33	464.2	64.79
大连市	305.0	58.14	373.5	63.37	357.9	61.20
鞍山市	194.8	58.47	220.5	61.5l	177.5	50.43
抚顺市	157.9	70.30	161.6	71.51	146.4	65.77
本溪市	109.5	70.86	107.0	68.29	104	66.88
丹东市	98.6	42.45	131.2	54.87	101.9	42.00
锦州市	98.6	3.57	135.9	44.18	124.1	40.01
营口市	78.3	36.75	111.1	48.39	110.2	46.89
阜新市	82.9	45.04	84.0	44.45	85.8	44.62
辽阳市	78.2	45.45	92，5	51.33	80	43.60
盘锦市	51.9	49.15	73.5	58.22	106.8	82.15
铁岭市	70.8	25.11	109.3	38.70	98.1	32.05
朝阳市	75.0	23.76	105.9	33.16	99.1	28.93
葫芦岛市	101.2	40.25	84.1	32.58	88.1	31.21

资料来源：辽宁省人口普查办公室．世纪之交的中国人口·辽宁卷 [M]．北京：中国统计出版社，2004；辽宁省统计局．辽宁统计年鉴（2010）[M]．北京，中国统计出版社，2010，作者整理。

3. 辽宁省城镇体系空间布局

由于辽宁省的自然地理、社会变迁和工业经济发展历程等原因，从而形成了自己的一些城镇化特点。

从地域上看，辽宁省城市的总体分布主要集中在中部和南部。这些城市的分布布局主要由三部分组成：一是以沈阳为中心的大城市密集区；二是贯穿东北地区南北交通干线的城市链；三是沿辽宁省"两海一湾"的沿海城市带。正是这"一区，一链，一带"构成了辽宁省的城镇体系空间布局的总体特点。

第一，沈阳经济区。以沈阳为中心的大城市高度密集区，前身是辽宁中部城市群，包括沈阳、鞍山、抚顺、本溪、辽阳、铁岭、阜新和营口 8 个地级城市，还包括新民、海城、灯塔、调兵山市、开原 5 县级市。在这 8 个地级市中，以沈阳为中心，距其他 7 座城市几乎不足 100 km。按照 2009 年的人口抽样统计数据来看，这 8 个地级市的城镇人口总计达 $1\,266.2 \times 10^4$，占全省城镇总人口的 59%。目前，像辽宁省这样以沈阳为中心的密集重工业城市群在全国更是独一无二的。在以沈阳为中心，方圆不足 400 km 的区域内，集聚了 $1\,266.2 \times 10^4$ 城市人口，这在中国乃至全世界也是一个高度密集的城市人口群体，这是辽宁城镇体系空间布局的一大突出特点。

第二，南北城市链。"哈大"铁路和"哈大"公路是贯穿东北三省南北的交通干线。在辽宁省地域内，在这一交通干线上从北到南有铁岭、沈阳、辽阳、鞍山、营口、大连 6 个地级市，还有开原、灯塔、海城、大石桥、盖州、瓦房店、普兰店 7 座县级城市。从吉林省的四平市到大连市，南北距离不足 600 km，但在这一路段有大小城市 13 座，并有 6 个地级市，城市间平均距离不足百千米，这在中国其他交通干线是不多见的。2009 年年底，在这一交通干线上，6 个地级城市的城市人口总计为 $1\,287.9 \times 10^4$，占全省全部城镇人口的 60%。事实上，交通干线把这些城市连接得更紧密，各种往来更频繁，使这些城市形成了一条密不可分的链条。因此，辽宁省的多半城镇人口居住在贯穿辽宁省南北的"哈大"交通沿线上，这是辽宁省城镇体系空间布局的又一特色。

第三，沿海城市带。辽宁省南临黄海和渤海，辽东半岛深入到两海之间，并因其地理特点形成了辽东海湾。辽宁省的大陆海岸线，东起鸭绿江入海口，西至山海关老龙头，全长逾 2 000 km。这"两海一湾"的沿海地带，从东到西有丹东、大连、营口、盘锦、锦州、葫芦岛 6 个地级城市，还有东港、庄河、盖州、兴城 4 个县级城市。2009 年年底，6 个地级市城镇人口总计 889×10^4，占全省全部城镇人口的 42%。沿海城市较多，这一现象无论是在中国还是世界其他地区都不多见,辽宁省沿海经济带也是辽宁省城镇体系分布的一个重要的集聚带。随着辽宁省沿海经济带的开发建设上升为国家战略,该地区的城镇化水平将进一步提高。

辽宁省在东北地区的南端与关内陆地毗连,自然成为东北通往关内的咽喉地域。辽宁省还是一个沿海省份,海港便成为全东北以及内蒙古自治区北部通过海路进行国内外、省内外贸易往来的唯一入海和登陆口岸。另外,辽宁省又是一个边境省份,是中国关内通过陆地与朝鲜往来的唯一最近必经之路。凡此种种,辽宁省作为一个行政地理单元,有其重要和特殊的地位。另外,由于辽宁省的矿藏资源丰富和重工业基础比较雄厚,在今天,辽宁省仍然是一个在全国有举足轻重作用的重工业基地。所以,辽宁有如此众多的城市,并形成了"一区,一链,一带"的分布特点。随着东北重工业基地的振兴,辽宁省城市人口向这"一区,一链,一带"集聚的趋势仍会不断加强。

第三节　辽宁民族与民俗文化

一、少数民族

辽宁省是全国少数民族较多的省份之一。全省除汉族以外,还有满族、蒙古族、回族、朝鲜族、锡伯族等 51 个少数民族。少数民族人口约占全省总人口的 16%;全省有 8 个少数民族自治县,其中 6 个满族自治县(新宾、岫岩、清原、本溪、桓仁、宽甸),2 个蒙古族自治县(喀左、阜新),还有 2 个在省内享受民族自治县待遇的县级市(凤城、北镇)。8 个少数民族自治县土地面积为 3.43×10^4 km²,占全省总面积的 23.3%。全省有 77 个民族乡,主要分布在葫芦岛市绥中县、兴城市,铁岭市西丰县、开原市,锦州市义县等地。全省的民族乡中有 912 个行政村,总面积为 9 911 km²。

辽宁省是满族的发祥地,锡伯族的故乡,满族和锡伯族占其总人口的比重在全国各省、市、自治区中均居第一位。其中,辽宁省的满族约占全国满族人口的 50%,锡伯族约占全国锡伯族人口 70%。近些年,随着社会经济的发展,各民族间文化、经济交流的日益频繁,其他少数民族来辽宁省安家落户的人不断增多,他们和辽宁省的各民族人民一起,努力建设着自己美好的家园。

1. 满族

辽宁的满族人口主要分布于辽宁省东部地区，比较集中的地区是丹东的宽甸，鞍山的岫岩，抚顺的新宾、清原，本溪的本溪县、桓仁 6 个满族自治县和凤城、北镇、义县、兴城、绥中、开原、西丰等县（市），几乎遍及全省所有县区。

满族的先人可追溯到先秦古籍中记载的肃慎，辽、宋、元、明的女真。明朝末年，居住在辽宁境内的女真部落首领努尔哈赤统一了女真各部，以此为主体，并逐渐融入汉族、蒙古族、朝鲜族、锡伯族等民族成分，形成了一个满族共同体。1635 年，努尔哈赤的继承者皇太极，正式改女真族名为满洲，1911 年辛亥革命后，改称满族。

满族对中国历史产生过巨大影响，做出过重大贡献。满族自兴起辽东后，联合汉族、蒙古族等民族，建立了清朝，统一了全国，使中华民族的历史文化得到了进一步丰富和发展。而今居住在辽宁的许多满族人还保持着浓郁的民族风情和独特的风俗习惯，同时其特有的民族文化也吸引了越来越多的人对其进行深入的了解和研究。

2. 蒙古族

蒙古族是辽宁省第二大少数民族，主要分布在阜新、朝阳等辽宁省西部与内蒙古自治区接壤的地区。全省共有阜新、喀左（朝阳市所辖）2 个蒙古族自治县和 15 个蒙古民族乡。

明末清初，一些蒙古族人定居于辽宁省西部。清代，部分八旗蒙古兵丁、巴尔虎蒙古兵丁和他们的眷属因防务被派往辽宁，上述蒙古各部、八旗蒙古、巴尔虎蒙古的后裔构成了辽宁省蒙古族的主要部分。

3. 回族

回族是辽宁省的第三大少数民族，大多聚集在沈阳、本溪、鞍山、锦州等地。元朝末年，辽宁已有一定数量的回族居住，明朝以后逐渐增多，清代是回族流入辽宁最多的时期。回族往往环清真寺而居，在农村则自成村落，在城市则自成区域，形成了大分散、小聚居的特点。

4. 朝鲜族

辽宁省朝鲜族主要居住在沈阳、抚顺、铁岭、丹东等辽宁中部和东北部地区。全省共有 6 个朝鲜族乡，分布在沈阳（3 个）、本溪（1 个）、丹东（1 个）、盘锦（1 个）4 市。

朝鲜族是一个勤劳敬业的民族，早在明末清初就有朝鲜族迁入，在我国东北垦荒种植水稻，艰苦创业在白山黑水之间。1860～1870 年，朝鲜北部连年发生严重的自然灾害，朝鲜民众为求生存，越过鸭绿江到中国境内垦荒，这是朝鲜大批流民越江垦荒定居之始。1901年日本侵占朝鲜半岛，一些朝鲜人逃难迁移到我国东北。也有部分朝鲜人被日本侵略者编入所谓"拓殖团"移居我国东北。抗日战争胜利后，大部分朝鲜人回到朝鲜半岛，另有一部分留居中国。

5. 锡伯族

辽宁省是锡伯族的故乡，辽宁省的锡伯族人口是全国各省市中比重最高的，约占全国锡伯族人口总数的70%，主要居住在沈阳、铁岭、锦州、大连、丹东等地，其中沈阳的锡伯族人口为全省最多，沈阳的沈北新区还有全省唯一的锡伯族乡。

锡伯族是古代鲜卑族的后裔。早在17世纪中叶以前，锡伯族的先世就繁衍生息在大小兴安岭及辽阔的松嫩平原上。辽宁省境内的锡伯族是在清朝康熙年间，奉命从吉林都纳（今扶余）等地陆续征调来的，他们被编入八旗，在辽宁各地驻防、屯垦。乾隆年间，又征调部分在辽宁已经定居的锡伯族，西迁新疆，驻防新疆伊犁，形成了今天锡伯族东西分居的局面。

其他46个少数民族人口中，其中千人以上的有土家族、壮族、苗族、彝族、维吾尔族、藏族、达斡尔族、布依族8个少数民族，他们大部分居住在沈阳、大连两个经济发达的地区。

二、民俗文化

1. 民族民俗风情

辽宁省是个多民族聚居的省份，长期生活中，各民族逐渐在饮食、居室建筑、服饰、婚姻、节日喜庆等方面，形成了不同的风俗习惯，在辽宁各地可以体会到多种丰富多彩的民族民俗风情。

辽宁省的满族遍布全省各地，主要聚居在岫岩、新宾、凤城、兴城等地。满族在辽宁省的分布呈大分散、小聚居的特点，这一方面使满族的风俗世代相传，并且一些民族（如部分汉族和锡伯族）接受部分满族的风俗习惯，如雉发留辫、穿旗袍马褂、住斗室火炕、吃米碴子、酸菜等；另一方面，满族也接受了部分汉族习俗，如过春节、元宵节等。

辽宁省的蒙古族主要聚居在辽西地区的阜新、喀左、北票、朝阳、建平、凌源、建昌，辽北地区的康平、法库，辽东地区的凤城等县市，以农业生产为主，畜牧业为辅，与汉族杂居，平时着装与汉族一样，节日则穿着蒙古族长袍。每逢年节，老人拉马头琴，年轻人唱歌，少女跳舞。每年秋天举行的那达慕大会是蒙古族的盛大节日，进行赛马、摔跤、射箭、歌舞等活动。那达慕大会期间也进行农牧物资和民族特色食品交易。

辽宁省的回族主要分布在凌源、海城、开原、沈阳、抚顺、本溪、丹东、锦州等地，回族群众信奉伊斯兰教，每年按伊斯兰教过圣纪节、开斋节、古尔邦节。

辽宁省的朝鲜族主要分布在辽河、浑河、太子河和鸭绿江流域种植水稻的地区。节日期间，妇女穿着"则羔利"（长布打结的斜襟短上衣）和"契玛"（系腰间的长褶裙子），男子穿肥大的裤子、白色上衣和深色坎肩。朝鲜族人民的主要节日是端午节荡秋千、摔跤、压跳桥、踢足球；中秋节跳"圆月"舞。

我国的锡伯族主要分布在辽宁和新疆两地。辽宁省的锡伯族主要聚居在沈阳、开原、凤城、义县、法库、新民、瓦房店等地，服饰与汉族相同。每年农历四月十八日欢度西迁节时，举行射箭、摔跤比赛和歌舞活动。

辽宁省民间流传至今的娱乐活动有秧歌、秋千、跳板、摔跤、拔河、掷四戏、花图牌、象棋、骑射、冰嬉、龙灯、旱船、踩高跷、滑雪等，民间大众娱乐活动多数具有粗犷泼辣的特点，引人入胜。

辽宁人在衣、食、住、行、诞、婚、寿、丧、文艺、节庆等物质生活和文化生活等方面，与其他省份存在着鲜明的区别，具有浓郁的关东特色。

2. 民间艺术

辽宁省的民间艺术多彩多姿，具有地域特色，如盖州皮影、辽西刺绣、朝阳剪纸、民间绘画。目前全省有 12 个县区，分别被文化部命名为中国现代民间绘画之乡、中国书画之乡、中国民间艺术之乡等。

辽宁省共有 53 个项目被纳入国家级非物质文化遗产名录，其中 2006 年辽宁省被纳入第一批国家级非物质文化遗产名录的项目有 22 个；2008 年有 14 个项目入选第二批国家级非物质文化遗产名录，有 17 个项目被列入第一批国家级非物质文化遗产扩展项目名录。入选第二批国家级非物质文化遗产名录的有北票民间故事、满族民间故事、阜新东蒙短调民歌、复州双管乐、建平十王会、海城喇叭戏、鞍山评书、本溪评书、营口评书、抚顺煤精雕刻、岫岩满族刺绣、锦州满族刺绣、沈阳老龙口白酒传统酿造技艺、丹东朝鲜族花甲礼 14 项。被纳入第一批国家级非物质文化遗产扩展项目名录的是丹东鼓乐、大连金州龙舞、盖州高跷、上口子高跷、铁岭朝鲜族农乐舞、岫岩皮影戏、盖州皮影戏、锦州东北大鼓、瓦房店东北大鼓、岫岩东北大鼓、庄河剪纸、岫岩满族剪纸、建平剪纸、新宾满族剪纸、本溪社火、义县社火、朝阳社火 17 项（表 3.14、表 3.15）。

表 3.14　辽宁省第一批国家级非物质文化遗产名录

序号	项目名称	申报地区或单位	序号	项目名称	申报地区或单位
1	"古渔雁"民间故事	辽宁省大洼县	12	评剧	辽宁省沈阳市
2	喀左东蒙民间故事	辽宁省喀喇沁左翼蒙古族自治县	13	复州皮影戏	辽宁省瓦房店市
3	谭振山民间故事	辽宁省新民市	14	凌源皮影戏	辽宁省凌源市
4	辽宁鼓乐	辽宁省	15	辽西木偶戏	辽宁省锦州市
5	辽宁鼓乐	辽宁省辽阳市	16	东北大鼓	辽宁省沈阳市
6	千山寺庙音乐	辽宁省鞍山市	17	东北二人转	辽宁省黑山县
7	抚顺地秧歌	辽宁省抚顺市	18	东北二人转	辽宁省铁岭市
8	海城高跷	辽宁省海城市	19	乌力格尔	辽宁省阜新蒙古族自治县
9	辽西高跷	辽宁省锦州市	20	医巫闾山满族剪纸	辽宁省锦州市
10	朝鲜族农乐舞	辽宁省本溪市	21	岫岩玉雕	辽宁省岫岩满族自治县
11	京剧	辽宁省	22	阜新玛瑙雕	辽宁省阜新市

表 3.15　辽宁省第一批省级非物质文化遗产名录

序号	项目名称	申报地区或单位	序号	项目名称	申报地区或单位
			民间文学		
1	谭振山民间故事	新民市	4	医巫闾山民间文学	北镇市
2	喀左东蒙民间故事	喀喇沁左翼蒙古族自治县	5	北票民间文学	北票市
3	"古渔雁"民间故事	大洼县			
			音乐		
6	长海号子	长海县	11	丹东鼓乐	丹东市
7	阜新东蒙短调民歌	阜新蒙古族自治县	12	辽阳鼓乐	辽阳市
8	复州双管乐	瓦房店市	13	丹东单鼓	丹东市
9	千山寺庙音乐	鞍山市	14	岫岩单鼓	岫岩满族自治县
10	辽宁鼓乐	省群众艺术馆			

续表

序号	项目名称	申报地区或单位	序号	项目名称	申报地区或单位
舞蹈					
15	海城高跷秧歌	海城市	21	金州龙舞	大连市金州区
16	满族地秧歌	抚顺市	22	本溪朝鲜族农乐舞	本溪市
17	辽西高跷秧歌	锦州市太和区	23	本溪社火	本溪市
18	上口子高跷秧歌	大洼县	24	辽西太平鼓	绥中县
19	盖州高跷秧歌	盖州市	25	义县社火	义县
20	朝阳民间秧歌	朝阳县			
戏剧					
26	奉天落子	沈阳市和平区	32	岫岩皮影戏	岫岩满族自治县
27	沈阳评剧（韩、花、筱）	沈阳市	33	盖州皮影戏	盖州市
28	沈阳京剧（唐派）	沈阳市	34	锦州皮影戏	锦州市古塔区
29	复州皮影戏	瓦房店市	35	凌源皮影戏	凌源市
30	鞍山皮影戏	鞍山市千山区	36	海城喇叭戏	鞍山市
31	海城皮影戏	海城市	37	辽西木偶戏	锦州市
曲艺					
38	沈阳东北大鼓	沈阳市	43	陈派评书	锦州市
39	复州东北大鼓	瓦房店市	44	黑山二人转	黑山县
40	岫岩东北大鼓	岫岩满族自治县	45	铁岭二人转	铁岭市
41	鞍山评书	鞍山市	46	蒙古族乌力格尔	阜新蒙古族自治县
42	本溪评书	本溪市			
美术					
47	庄河剪纸	庄河市	52	指画艺术	铁岭市
48	岫岩剪纸	岫岩满族自治县	53	沈阳"面人汤"	沈阳市皇姑区
49	医巫闾山满族剪纸	锦州市	54	岫岩玉雕	岫岩满族自治县
50	建平剪纸	建平县	55	本溪桥头石雕	本溪市
51	盖州风筝	盖州市	56	阜新玛瑙雕	阜新市
手工技艺					
57	老龙口白酒传统酿制技艺	沈阳市	59	民间香蜡制作技艺	盘锦市
58	道光廿五白酒传统酿制技艺	锦州市			
人生礼俗					
60	蒙古勒津婚礼	阜新蒙古族自治县			

第四章　辽宁地理区域划分

章前语

    辽宁自然和人文地理环境复杂，地区差异显著。区域划分有利于因地制宜利用自然资源，合理布局生产力，有效实施区域管理。区域划分的方案通常包括区划原则、指标体系和区划图（含区划级序）3 个核心部分，它们既是区域地理研究的成果表达，也是认识区域地理格局，指导协调可持续发展的科学基础。

关键词

    地质地貌区划；气候区划；植被区划；野生动物分区；土壤区划

第一节　单一要素区划

一、地质地貌区划

    按辽宁省大地构造、地貌成因和形态特征，可以将全省划分为辽东山地丘陵区、辽西山地丘陵区、辽河平原区 3 个地貌区。

    1. 辽东山地丘陵区

    辽东山地丘陵是一个保存良好，遭受中等切割，并受到一定海蚀作用的山地丘陵。其东、南、西三面环海，东北部与长白山毗连，界限比较明确，北部以铁岭—辉南为界，此线南北两侧在地质构造和岩性上都有较大差别。

    晚中生代燕山运动造成本区地貌的基本轮廓，东北—西南走向的山脉已经形成。喜马拉雅运动则造成以断裂为主的隆升和下沉。本区地势以桓仁境内的老秃顶子、花脖山、牛毛大山等山峰为最高，海拔都在 1 300 m 以上；其次是千山，山脊线上山峰海拔可达千米。

    本区除中、低山和丘陵外，还有分布于沿海的海蚀阶地，面积最广的一级阶地高出海面约 15 m，向海一边成峭壁，与内地丘陵接触处也有急峻斜坡，在大连附近最为明显。普兰店市和瓦房店市长兴岛的阶地上有残留的洪积层。

由沿海狭窄阶地向内陆过渡到丘陵与低山、中山。由于河流的侵蚀，形成若干呈东北—西南走向的平行山岭，其中海拔最高的一条从盖州市起向偏西南方向延伸。这条山岭虽然只有十六七千米长，但是峰顶却相当高峻，如绵羊顶子山、魏家岭、步云山、老黑山等海拔都在千米以上。这条山岭以西的诸山海拔一般在千米以下，零星分布于中部和东北部的中山，相对高差都在 500 m 以下。

根据地势起伏情况，可以沈阳至丹东铁路线为界，将本区划分为东北部中低山区和西南部辽东半岛丘陵区。东北部中低山区，属长白山支脉吉林哈达岭和龙岗山脉的延续部分，山峦起伏、山势陡峻，龙岗山脉为其骨干部分，平均海拔在 1 000 m 左右，有些山峰海拔在 1 300 m 以上。

辽东半岛丘陵区，北起连山关，南至老铁山，以千山山脉为骨干，构成辽东半岛的脊梁。本区北宽南窄、西陡东缓，大部分山峰海拔高度在 500 m 以下，个别山峰超过 1 000 m。山坡平缓、山势浑圆。半岛南端有许多优良港湾。

2. 辽西山地丘陵区

辽西山地丘陵位于赤峰—喜峰口一线的东南部，地势向东倾斜，海拔在 1 000 m 左右，东部和南部为丘陵。努鲁儿虎山、大青山、松岭、医巫闾山等北东向的山脉纵贯全区。

松岭位于本区东部，呈北东走向，与辽东湾平行，其西边大致以大凌河谷为界，整个松岭山系由数条并行的山脉组成。医巫闾山为东北面的一支，走向北稍偏东，海拔 500～700 m，山脉西南部较险峻，个别山峰海拔在 1 000 m 以上。松岭以东为宽广的丘陵，南北长约 240 km，东西宽 30～100 km，北部较宽，愈往南愈窄，在东北角上以新立屯为中心，分布着南北狭长的浅丘带，其东部与辽河平原相接。丘陵地的北部以努鲁儿虎山与内蒙古东南部沙丘覆盖的平原为界。本区丘陵地表岩石裸露，山谷和山腰常有红土与黄土覆盖。

辽西沿海为一宽约 10 km 的冲积平原。平原上冲积层很薄，由于长期受到侵蚀作用，常可见到花岗岩基底露出地表，呈波状起伏。从山海关往东，一些河流的河口往往有三角洲，其中大凌河口三角洲最大。大凌河左岸与辽河下游平原相连，大凌河谷以西为大青山、大黑山等山群，它们是一系列平行排列呈北东走向的断层山，再往西是地势较高的努鲁儿虎山脉，山脉的南半部有许多大致与主脉平行的支脉。群山之间有较宽的谷地，大多是干谷，平时无水。河谷的特征是宽、坦、浅，谷地为岩屑所充填。北半部以建平为中心，为海拔约 900 m 的山群。中部地势最低。

凌源西南，山势紊乱，在长城附近，形成以都山为中心的山群。沿大凌河干流金岭寺、朝阳一带，有白垩纪红色砂页岩分布，形成红色页岩系所特有的丘陵。朝阳一带河谷宽达数千米，但是河流流向与构造方向并不完全符合，常形成穿山峡谷，上游经石灰岩山地的地区，峡谷更多。

从总体上看，本区地貌以侵蚀与干燥剥蚀、中等至深切割的低山为主。

3. 辽河平原区

本区发育在中朝准地台上，中新生代沉降，现代局部轻微隆起，是以冲积平原为主的低地。北以松辽分水岭为界，南到渤海，西部接辽西低山丘陵，东部邻长白山和千山。南北长约 230 km，东西宽约 110 km，总面积约 2.5×10^4 km²。

本区位于渤海凹陷的北部，是一个长期沉降的区域，疏松堆积物厚 2 000 余米，目前还在沉降中。辽河及其支流是本平原的缔造者，平原地表广泛分布着沙质黏土状和黄土型沉积物。

以彰武至铁岭一线为界，北部为辽北平原浅丘区，南部为辽河下游三角洲和冲积平原区。前者海拔在 50～250 m，低丘和盆地相间分布，坡度和缓；后者地势低平，海拔高度在 50 m 以下，河曲发达，形成大面积的沼泽洼地。沿海一带受海潮影响，有许多盐碱洼地和荒滩。由于辽河三角洲地带淤积旺盛，三角洲正在不断向渤海延伸。

二、气候区划

根据全国气候区划，辽宁分属四个气候区（图 4-1）。

1. 暖温带亚湿润气候区

本区包括辽东半岛全部，沈阳以南、丹东以西地区及锦州地区和朝阳地区的大部。年降水量 500～800 mm，集中于夏季。7 月平均气温 24～26 ℃，1 月平均气温 -12～-5 ℃，年较差 30～35 ℃。全年平均无霜期自北至南为 160～190 d，是全省作物生长期最长的地区，也是唯一可以种植冬小麦的地区。

本区东西之间降水量有较大差异，西部锦州、朝阳地区降水偏少，时有季节性干旱发生，影响农业生产。东南部温暖湿润，适于水稻、水果、蔬菜等喜温湿作物生长，是辽宁省主要的水果、稻谷和蔬菜产区。

2. 中温带湿润气候区

本区包括丹东、本溪、抚顺及铁岭东部地区。年降雨量在 800 mm 以上，局部地区超过 1 000 mm。7 月平均气温 22～24 ℃，1 月平均气温 -17～-9 ℃，年温差 30 ℃左右。多雨、潮湿、冷凉是本区气候的主要特点。加之本区主要为低山、丘陵地貌。因此，既是本省主要森林分布区，也是东部河流水源涵养之地，降水丰欠对下游平原的供水影响甚大。

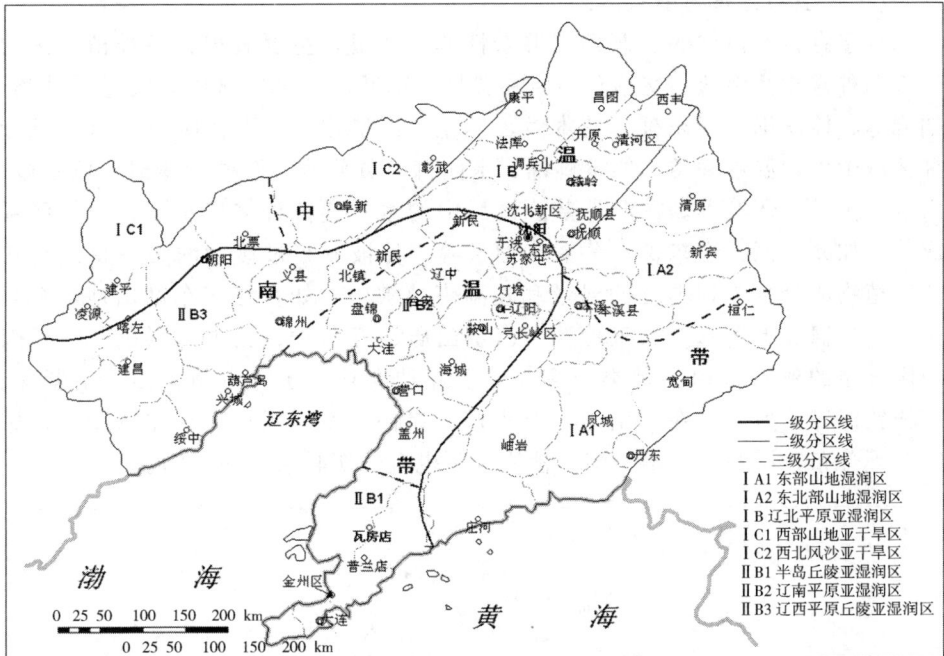

图 4-1　辽宁省气候分区图

资料来源：辽宁省计划经济委员会．辽宁国土资源地图集［M］．北京：测绘出版社，1987，有改动；转引自：尹德涛．辽宁省志·地理志［M］．沈阳：辽宁民族出版社，2002。

3. 中温带亚湿润气候区

本区包括沈阳以北、阜新以东、铁岭以西地区，通称辽北地区。年降水量 500~800 mm，7 月平均气温 22~24 ℃，1 月平均气温 －15~－12 ℃，平均无霜期 150~160 d，夏季温热多雨，冬季干燥寒冷，具有典型温带大陆性季风气候特色。本区是辽宁省主要杂粮产区，盛产玉米、大豆、高粱、谷子等。阜新、彰武、法库、昌图一带邻内蒙古科尔沁沙地，春季多风沙及干旱危害，是"三北"防护林重点营造地区之一。

4. 中温带亚干旱气候区

本区包括阜新地区北部及朝阳地区的西北部。年降水量不足 500 mm，7 月平均气温 22~24 ℃，1 月平均气温 －13~－10 ℃，春季干燥旱风盛行，夏秋多晴朗天气。本区接近半农半牧区，农业易受干旱危害，干旱多发生在5、6 月间及 9 月前后，称为"春旱秋吊"，严重影响作物产量。

三、植被—动物区划

（一）植物分布与植被区划

辽宁省自然植被的过渡性和混杂性非常明显，主要表现为各种植被区的代表物种常相互渗透、交错分布。在温带针阔叶混交林区域内有暖温带种类，如麻栎、栓皮栎、辽东栎、花木兰、旱花、锦带花等。而在暖温带落叶阔叶林区域中出现温带种类，如核桃楸、水曲柳、黄菠萝、紫椴、糠椴、色木槭、山杨、黑桦、怀槐等。在温带草原区域中的木本建群种多属于华北植物区系成分，如元宝槭、辽东栎、蒙椴、荆条等。植被分布过渡性的另一特点是亚热带植物成分渗透到本省的温带和暖温带植被中，如在辽宁东部山地，有刺楸、八角枫、天女木兰、玉玲花、白檀山矾、五味子、三种猕猴桃。在辽南地区分布的亚热带植物种类更多，除上述种类外，还有海州常山、山紫珠、三桠钓樟等。另外，在辽南地区有赤松、赤杨、朝鲜越橘、东北绣线菊、槭叶草等分布，说明与日本、朝鲜植物区系也有密切联系（图 4-2）。

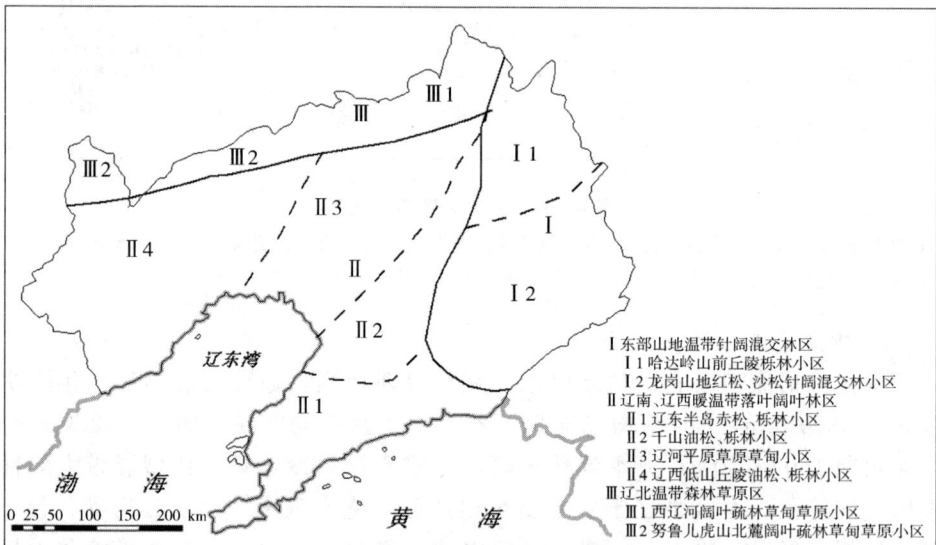

图 4－2　辽宁省植被分区图

资料来源：《辽宁国土资源》编委会．辽宁国土资源［M］．沈阳：辽宁人民出版社，1987，有改动。

植物分布过渡性也表现在人工植被中，在暖温带落叶阔叶林区域，营造了温带针阔叶混交林区域的主要建群种，如红松、沙松、长白落叶松、鱼鳞云杉等。在温带针阔叶混交林区域中，营造了暖温带主要建群种，如油松、赤松、辽东栎、板栗等，这样就增加了本省植被过渡性分布的复杂性。

按全国植被区划,辽宁省植被跨占三个植被区:东部山地植被属温带针阔混交林区的南部;辽南和辽西植被属暖温带落叶阔叶林区的东北部;辽北植被属温带草原区南界的边缘地区。

1. 东部山地温带针阔混交林区

本区包括丹东—帽盔山—老黑山—本溪—开原以东的低山丘陵地区。这里山峦起伏,温凉湿润,适于森林植物生长,粗略估计约有各类植物1 200余种,是辽宁省主要森林分布区和木材生产基地。本区地带性植被为红松、沙松针阔混交林,隶属长白植物区系。针叶树除红松外,尚有紫杉、臭松、鱼鳞云杉等;阔叶树有枫桦、千金榆、花曲柳、大青杨、香杨、色木槭、紫椴、山杨、蒙古栎、核桃楸、水曲柳等。由于几经采伐、开垦,原始植被几乎被破坏殆尽,仅在偏远深山可见幸存残迹,其余皆衍生为以栎林和杂木林为主的天然次生林。

根据植被组成,本区又可分为两个植被小区。

Ⅰ1哈达岭山前丘陵栎林小区现存植被主要为阳坡的栎林和阴坡的针阔混交林。栎林的主要树种为蒙古栎、辽东栎及小量槲树,其他阔叶树有花曲柳、黑桦、紫椴、糠椴、色木、黄菠萝等。林下灌木以胡枝子、榛子、花木兰为主。阴坡的针阔混交林目前多为天然幼林,树种多而杂,无优势树种,故又称杂木林。林木组成中多有优良用材树种,如黄菠萝、紫椴、水曲柳等。

Ⅰ2龙岗山地红松、沙松针阔交林小区的原始植被为红松、沙松针阔混交林,但大多已遭严重破坏,目前仅见零星小片分布。主要树种除红松、沙松外还有少量紫杉。阔叶树以枫桦为主,混有色木槭、核桃楸、水曲柳、千金榆等,优势灌木有毛榛子、大叶小檗、毛接骨木、金银忍冬、东北山梅花、天女木兰、八角枫等。草本层以粗茎鳞毛蕨为主;其次有尾叶香茶菜、乌头及若干藤本植物。本小区海拔1 000 m处可见到冷杉木,1 200 m以上出现岳桦林,但分布最广泛的还是各种原始植被破坏后的次生林,以栎林最普遍,阴坡上则可见组成混杂的杂木林。本区已建立起的大面积人工林有草河口的红松林和清原、新宾的日本落叶松林。本区是辽宁省主要经济植物的分布区和产地。

2. 辽南、辽西暖温带落叶阔叶林区

本区包括辽南全部和辽西大部。原始植被为暖温带落叶阔叶林,属华北植物区系。但平原地区大部分已开辟为耕地,天然植被仅见于偏远山区或自然保护区,其余皆为人工植被。

本区地域辽阔,自然条件及植被组成分异较大,可进一步划分为4个植被小区。

Ⅱ1辽东半岛赤松、栎林小区包括熊岳—帽盔山线以南的辽东半岛地区。典型植被为赤松栎林，但随地貌、坡度、坡向不同，组成结构有很大的不同。山顶的悬崖峭壁上常形成赤松纯林，林下优势灌木有迎红杜鹃、照白杜鹃、大字杜鹃、金刚鼠李等。地被植物很少，偶尔见有羊胡苔草、关苍术等。在阴坡或下腹部栎树成分增加，形成本地区具有代表性的植被类型CD2赤松栎林。其中栎属以麻栎占主要优势，此外还有蒙古栎、辽东栎、槲栎、槲树、栓皮栎、抱栎、栗臭椿、刺榆等。山麓地区由于土壤深厚，水肥条件较好，多形成针阔叶混交林。沿沟各地带分布有核桃楸林，在河流两岸常有赤杨林分布，林内常混有枫杨、旱柳等。本小区栎林分布极为广泛，麻栎林分布在海拔300 m以下。阳坡丘陵地区，乔木层除麻栎外，还混生有栓皮栎、槲栎、蒙古栎等，林下优势灌木主要有照白杜鹃、山花椒、胡枝子和白檀山矾等。栓皮栎林多分布在向阳陡坡，其中混生有蒙古栎、大叶朴等。

Ⅱ2千山油松、栎林小区包括北起开原，南至盖州的狭长地带，地貌上属辽东山地向中部平原过渡的丘陵台地。典型植被为油松栎林，但随立地条件的不同，油松栎林的组成、结构有很大变化：山顶和沿山脊土壤瘠薄、岩石裸露，常分布杜鹃—油松林，主要建群种为油松，混有少量的蒙古栎、花曲柳，林下优势灌木为照白杜鹃。在阳坡地势较高处，分布着苔草—油松林，乔木层有油松、蒙古栎、怀槐、山杨、花曲柳等，草本植物以苔草占绝对优势，有时还零星分布有小玉竹、黄精等。在阴坡和地势稍低处，分布着灌木—油松林，乔木除油松外，还混有蒙古栎、怀槐、辽东栎和少量花曲柳等。林下灌木种类较多，主要有卫矛、小叶朴、毛樱桃、胡枝子、花木兰等，草木层发育不良。

Ⅱ3辽河平原草原草甸小区包括沈阳、辽阳、鞍山、盘锦、锦州等沿海平原。本区目前已大部为农田，天然草甸植被已很少见。平原中的孤立山丘零星分布有油松、辽东栎、蒙古栎以及数种灌木。地势低洼、排水不畅地段则分布有草甸—沼泽植被，主要有芦苇、黑三棱、香蒲等，以芦苇沼泽分布较广。本区人工营造的植被主要为各种防护林及用材林，主要树种有多种杨树、油松、樟子松等。

Ⅱ4辽西低山丘陵油松、栎林小区包括锦州、朝阳及阜新地区南部。油松是本小区的主要标志树种，与辽东栎、槲树、蒙古栎组成地带性植被。小区蒙古栎分布极为普遍，主要分布在山坡上部；其次为辽东栎，分布在山坡下部；油松分布在山脊部，间混有侧柏，并常伴生有怀槐、花曲柳、大叶朴、小叶朴等。林下优势灌木有胡枝子、迎红杜鹃、土庄绣线菊、花木兰等。由于本小区开发历史较久，破坏的程度严重，地带性植被分布面积很小。除在医巫闾山和大黑山一带有较集中分布外，其他地区仅在海拔 700 m 以上的山地有少量分布。油松栎林遭到破坏后，多衍生次生灌丛，以荆条为主；其次为酸枣、胡枝子、榛子、山杏、欧李、花木兰等。

以油松、刺槐、樟子松、杨、柳等为主的人工林在本区到处可见，山地主要为油松、刺槐林。杨、柳主要分布于河流两岸、河滩以及用作农田防护林树种。本小区的北部已规划入国家"三北"防护林建设范围。

3. 辽北温带森林草原区

本区是温带草原向暖温带落叶林过渡的地区，大致占据了辽北及辽西北的水平狭长地带。地带性植被为草甸草原，属蒙古植物区系。由于本区西部与内蒙古草原相接，为风沙侵袭严重地区，所以是东北西部防护林带和"三北"防护林重点建设地区之一。根据植被分布及其组成，可划分出两个植被小区。

Ⅲ1 西辽河阔叶疏林草甸草原小区包括昌图及彰武以北地区，除已开垦农田外，本区大部分为沙丘、沙地。本小区以草甸草原为主，并间有沙生植被分布。草甸草原分布在平缓沙地上，以羊草为主，并混有甘草、防风、柳穿鱼、唐松草等。沙生植被分布在固定沙丘和半固定沙丘上，主要建群种有差巴嘎蒿、百里香、小白蒿、糙隐子草、麻黄、冰草等。有时在沙丘上散生家榆、黄榆、蒙古柳、小黄柳、小红柳等。沙丘之间的低洼地有沙草、画眉草和杂类草分布。章古台一带沙地分布有山杏、欧李、山竹子、山荆子、马尿骚、叶底珠等。

Ⅲ2 努鲁儿虎山北麓阔叶疏林草甸草原小区包括努鲁儿虎山、大青山北麓地区，大致以老哈河、努鲁儿虎山、大青山分水岭以东至绕阳河上游为界，年平均气温 6.3 ℃，年平均降水量 481.8 mm，地势缓平，海拔高 400～800 m。本小区为辽西低山丘陵油松栎林和松辽平原草甸草原交汇地区，植被以草甸草原为主，建群种有贝加尔针茅、线叶菊、羊草、糙隐子草、兴安胡枝子等。百里香灌丛分布较广，天然林以小片散生灌木状的榆树疏林为主，局部地区残存零星的油松、侧柏以单株的大树分布。在海拔 800 m 的山地，有零星小片山杨林、辽东栎分布。

（二）野生动物分区

辽宁在动物地理分布上处于东北、华北、蒙新 3 个动物区系的延续交汇地区。其自然景观复杂，境内有森林、水域、草原等生态环境，通过漫长的历史形成了较丰富的野生动物资源。

根据地势、植被和开发程度等因素，资源动物的分布可分为以下 3 个生境区。

1. 辽东山地丘陵区

辽东山地丘陵区包括东部山地和辽东半岛丘陵。东部山区为天然次生林区，森林茂密，是毛皮兽类主要产区，如黄鼬、貉、獾、松鼠、豹猫、狐等，还有较少的狍麝、水獭、貂狗等。豹和黑熊也有分布，但数量寥寥无几。在鸟类方面，以花尾榛鸡和山斑鸠为当地常见的野禽。区内珍稀鸟类，黑鹳见于千山，营巢繁殖。大白鹭、中白鹭等观赏鸟类，在宽甸县红桐沟乡柞林内有400余只集群生活。

2. 辽河平原区

辽河平原区因开垦已久，成为农业耕作区。经济兽类除黄鼬和少数狐、貉外，以农田鼠类分布最广泛。辽河下游盘锦、营口的芦苇沼泽地区，是麝鼠的集中分布区。经济鸟类当推雁鸭类，中国雁鸭类有46种，辽宁就有35种，营口到锦州达 10×10^4 hm² 的广阔芦苇沼泽地区给雁鸭提供了适宜的栖息环境，迁徙季节成百上千只集群在这里停留。稀世珍禽丹顶鹤，目前已知在大凌河口至双台子河口附近的滨海芦苇沼泽地繁殖，居留期在250 d以上。此外，最著名的珍禽白鹳也栖于此地。

3. 辽西山地丘陵区

努鲁儿虎山、松岭、医巫闾山纵贯全区，渤海沿岸形成狭长的滨海平原，西北部与蒙新区接壤，西南与华北区毗连，天然植被很少，除部分人工林外，以荆条灌丛为主。毛皮兽类除黄鼬、狐、狗獾等广栖性种类外，西北部草原边缘地带有小群黄羊，西部低山丘陵地带有猪獾分布，荒漠、半荒漠鼠种较多，如黄鼠、草原鼢鼠、三趾跳鼠、五趾跳鼠等。本区肉用野禽资源较为丰富，环颈雉、斑翅山鹑、石鸡比较常见。大鸨、毛腿沙鸡是典型荒漠禽类。

四、土壤区划

辽宁省土壤区划分土区和亚区两级。土区是根据大的地貌类型及其相应的土壤组合，同时考虑到气候条件及利用方向划分的；亚区是根据中等地貌类型及相应土壤组合，水热条件及对农林牧适宜性划分，是对土区的续分。全省共有4个土区、9个亚区（表4.1、图4-3）。

1. 辽东山地丘陵棕壤、暗棕壤区

位于昌图、铁岭、灯塔、大石桥至盖州一线以东的地区，面积 689.5×10⁴ hm²，占全省总面积的47.2%。本区分以下3个亚区。

Ⅰ1 北部丘陵棕壤亚区包括昌图、开原、铁岭等县东部的低山丘陵区，面积为 73.7×10⁴ hm²，占全省总土壤面积的5%。本区西北部为海拔 200 m 左右的黄土丘陵，东部多为海拔 500 m 以下的石质丘陵。主要土壤类型为棕壤，河谷两岸有部分草甸土。棕壤面积占亚区面积90.6%，其中棕壤性土占棕壤面积的40.1%，棕壤占30.7%，潮棕壤占19.8%。土壤表层有机质含量为1%~2%,总的土壤肥力状况是缺磷、少氮、有机质含量不高。本亚区基本上是以农为主的地区，主产玉米、高粱、大豆，是辽宁省主要粮食产区之一，但耕地多中低产田。

Ⅰ2 东部山地棕壤、暗棕壤亚区包括抚顺市、本溪市的全部县区和西丰县、宽甸县等，总面积285.7×10⁴ hm²，占全省土壤总面积的19.6%。区内多山地，海拔在500~800 m。主要土壤类型是棕壤、暗棕壤，河谷有草甸土。棕壤面积有235.5×10⁴ hm²，占亚区总面积的82.5%，其中棕壤性土占土类面积的83.3%，棕壤亚类占9.5%，潮棕壤占7.1%；暗棕壤16.9×10⁴ hm²，占亚区面积的6.0%。其余为草甸土、水稻土等。本亚区是以林为主，林农结合的地区。

Ⅰ3 辽东半岛棕壤亚区包括大连市全部以及营口市、沈阳市、鞍山市、丹东市的部分低山丘陵区，总面积330.1×10⁴ hm²，占全省土壤总面积的22.6%。本亚区大多为海拔500 m以下的丘陵，主要土壤类型为棕壤和粗骨土；其次为草甸土、水稻土和滨海盐土。棕壤有147.9×10⁴ hm²，占亚区总面积的44.8%，其中以棕壤性土居多；粗骨土占38%，草甸土占8%，水稻土占4%。土壤侵蚀严重，本亚区土壤肥力较低，多数耕地表层有机质含量在1%以下。本亚区气候条件优越，开发较早，是农林牧渔综合发展地区，尤以水果、柞蚕、水产品总产量在全省占重要位置。本区海涂面积较大，具有很大的开发潜力。

2. 辽河下游平原草甸土、水稻土、滨海盐土区

本区位于康平、新民、黑山、锦州一线以东，Ⅰ区以西的广大平原地区，总面积267.5×10⁴ hm²，占全省土壤总面积的18.3%，分2个亚区。

Ⅱ1 辽河下游中部草甸土、水稻土亚区包括本土区黑山、台安和海城等县市及其以北地区，总面积183.1×10⁴ hm²，占全省土壤总面积的12.5%。本亚区以平原占绝大部分，主要土壤类型为草甸土、水稻土，同时有少量棕壤、沼泽土、盐土及碱土。草甸土面积占亚区总面积的55.9%，水稻土占12.5%，棕壤占12.5%。本亚区气候适宜，土质肥沃，垦殖指数高，是辽宁省的粮食主产区。

Ⅱ2 辽河三角洲滨海盐土、盐化草甸土亚区包括盘锦市全部，营口市老边区以及大石桥市、盖州市西部，凌海市、北镇市的东南部，面积84.6×10⁴ hm²，占全省土壤总面积的5.8%，这里是海退平原，地势平坦，地下水位高。主要土壤类型是草甸土（占亚区的37.5%）、滨海盐土（15.9%）、水

稻土（15.5%）和沼泽土（4.4%）。本区土壤中盐土和盐化土壤占很大比重，约占总面积的45%。本区气候适宜，土质肥沃，不仅是辽宁主要粮食产区之一，又是全省芦苇生产基地，并有大面积浅海和滩涂，是辽宁近年重点开发地区。

表 4.1　辽宁省土壤分区简表

土区	亚区	面积 /10^4 hm²	占全省/%	主要土壤类型（占本区/%）
Ⅰ 辽东山地丘陵棕壤、暗棕壤区	Ⅰ1 北部丘陵棕壤亚区	73.7	5.0	棕壤（90.6）其中：棕壤性土（40.1）、棕壤（30.7）、潮棕壤（19.8）
	Ⅰ2 东部山地棕壤、暗棕壤亚区	285.7	19.6	棕壤（82.5）暗棕壤（6.0）
	Ⅰ3 辽东半岛棕壤亚区	330.1	22.6	棕壤（44.8）粗骨土、石质土（39.6）
Ⅱ 辽河下游草甸土、水稻土、滨海盐土区	Ⅱ1 辽河下游中部草甸土、水稻土亚区	183.1	12.5	草甸土（55.9）水稻土（12.5）棕壤（12.8）盐土、沼泽土（3.7）
	Ⅱ2 辽河三角洲滨海盐土、盐化草甸土亚区	84.6	5.8	草甸土（37.5）盐渍型水稻土（15.5）滨海盐土（15.9）
Ⅲ 辽西山地丘陵褐土亚区	Ⅲ1 北部山地丘陵褐土亚区	194.1	13.3	褐土（34.9）粗骨土（40.5）红黏土（4.5）潮土、冲积土（9.6）
	Ⅲ2 南部丘陵和沿海平原棕壤、潮土亚区	186.4	12.8	棕壤（30.5）粗骨土（44.4）潮土（11.8）
Ⅳ 辽北及建平北部风沙土、石灰性褐土区	Ⅳ1 辽北及柳绕流域风沙土、砂质潮土亚区	100.2	6.9	风沙土（21.7）砂质或轻壤质潮土（38.5）
	Ⅳ2 建平北部石灰性褐土亚区	21.4	1.5	石灰性褐土（82.8）风沙土（2.8）

资料来源：尹德涛. 辽宁省志·地理志［M］. 沈阳：辽宁民族出版社，2002.

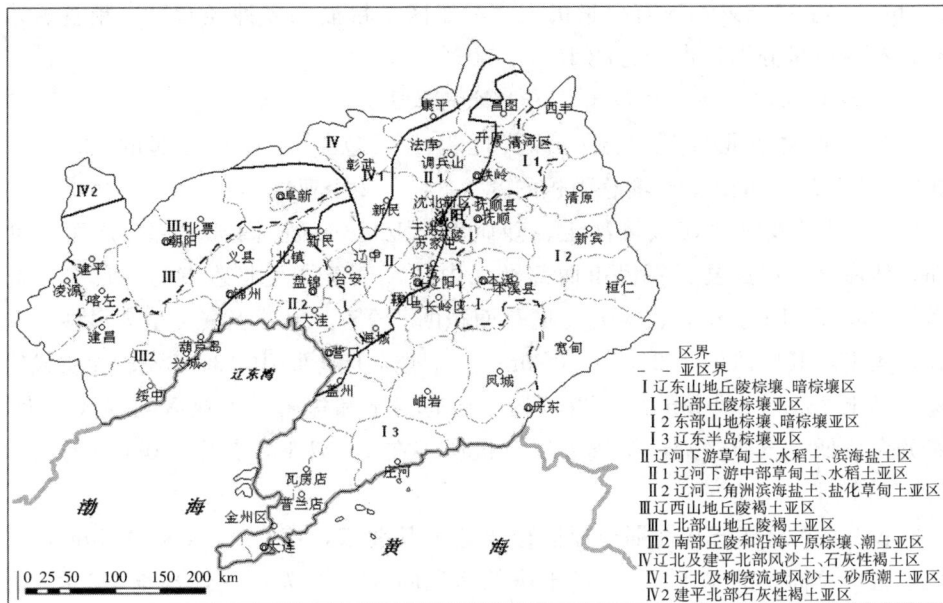

图 4-3　辽宁省土壤区划图

资料来源：尹德涛. 辽宁省志·地理志［M］. 沈阳：辽宁民族出版社，2002。

3. 辽西山地丘陵褐土亚区

辽西山地丘陵褐土亚区位于辽宁西部，包括锦州市大部，阜新县大部，朝阳市除建平北部以外的地区，北票市大部，总面积 380.5×10^4 hm²，占全省土壤总面积的 26.1%，分 2 个亚区。

Ⅲ1 北部山地丘陵褐土亚区包括朝阳县、喀左县全部，阜新县、北票市、建平县大部，总面积 194.1×10^4 hm²，占全省土壤总面积的 13.3%。本区以山地、丘陵为主，主要土壤类型为褐土（占亚区总面积的 34.9%），粗骨土（40.5%），红黏土（4.5%）和潮土、冲积土（9.6%）。本亚区土壤瘠薄、侵蚀严重，是全省粮食单产最低的地区；林地多为幼龄树和中龄树，成熟林很少。

Ⅲ2 南部丘陵和沿海平原棕壤、潮土亚区包括绥中、兴城、葫芦岛市区全部，黑山、北镇、凌海市和义县的西北部，建昌、凌源两县市，总面积 174.8×10^4 hm²，占全省土壤总面积的 12.8%。本亚区东部为医巫闾山，西部为松岭山脉，南部为沿海平原。主要土壤类型为棕壤、粗骨土和潮土。棕壤面积 56.9×10^4 hm²，占本亚区总面积的 30.5%（棕壤性土占 39.3%，棕壤占 31.6%，潮棕壤占 27.3%）；粗骨土 82.8×10^4 hm²，占 44.4%；潮土 22.1×

10^4 hm²，占 11.8%；还有少量褐土。本亚区是粮油果多种经营区，粮食、水果、花生产量分别约占全省的 10%、20%、30%。

4. 辽北及建平北部风沙土、石灰性褐土区

辽北及建平北部风沙土、石灰性褐土区包括辽宁省北部的 121.7×10^4 hm² 土地，占全省土壤总面积的 8.4%，分 2 个亚区。

Ⅳ1 辽北及柳绕流域风沙土、砂质潮土亚区包括昌图县西部，康平县北部，法库县、彰武县、新民市西部及辽中县、阜新县及北票市的一部分。总面积 100.2×10^4 hm²，占全省土壤总面积的 6.9%。主要土壤类型为风沙土和砂质潮土，其中风沙土 21.7×10^4 hm²，占亚区土壤面积的 21.7%；砂质或轻壤质潮土 38.7×10^4 hm²，占 38.5%；还有褐土和棕壤。本亚区土壤沙性大，养分含量低，土质贫瘠，土壤表层有机质多在 1% 以下，其中<0.6%的面积占 50%以上。

Ⅳ2 建平北部石灰性褐土亚区位于建平县北部，面积 21.4×10^4 hm²，占全省土壤总面积的 1.5%。本区土壤总面积的 82.2%为石灰性褐土，2.8%为风沙土。本区降雨量少，土质偏砂，游离碳酸钙含量高，粮食单产很低，林木生长差，不宜发展农业生产，应以牧业为主。

第二节 综合区划

一、综合自然区划

辽宁省各地自然条件变化很大，气候类型、地貌类型、生物资源、土地类型多种多样。根据综合自然区划的综合分析与主导因素原则、发生学原则、相对一致性原则、区域完整性原则，将辽宁省分成 5 个区，13 个亚区（表 4.2、图 4-4）。

表 4.2 辽宁省综合自然区划简表

区	亚区	面积/km²	占全省面积/%	占本区面积/%
Ⅰ 辽东中低山地区	Ⅰ1 开原—铁岭亚区	4 591	3.15	9.41
	Ⅰ2 清原—本溪亚区	21 463	14.71	43.99
	Ⅰ3 岫岩—宽甸亚区	22 737	15.58	46.60

续　表

区	亚区	面积/km²	占全省面积/%	占本区面积/%
Ⅱ辽中平原区	Ⅱ1 沈阳—黑山亚区	16 108	11.04	69.87
	Ⅱ2 盘锦—营口亚区	6 945	4.76	30.13
Ⅲ辽西丘陵山地区	Ⅲ1 建平—阜新亚区	8 199	5.62	23.43
	Ⅲ2 朝阳—北票亚区	13 486	9.24	38.54
	Ⅲ3 凌源—义县亚区	13 307	9.12	38.03
Ⅳ辽南沿海丘陵平原区	Ⅳ1 庄河—东港亚区	3 809	2.61	15.21
	Ⅳ2 大连—盖州亚区	14 449	9.90	57.69
	Ⅳ3 葫芦岛—绥中亚区	6 787	4.65	27.10
Ⅴ辽北波状平原区	Ⅴ1 昌图—法库亚区	9 003	6.17	64.10
	Ⅴ2 彰武—康平亚区	5 041	3.45	35.90

资料来源：尹德涛. 辽宁省志·地理志［M］. 沈阳：辽宁民族出版社，2002。

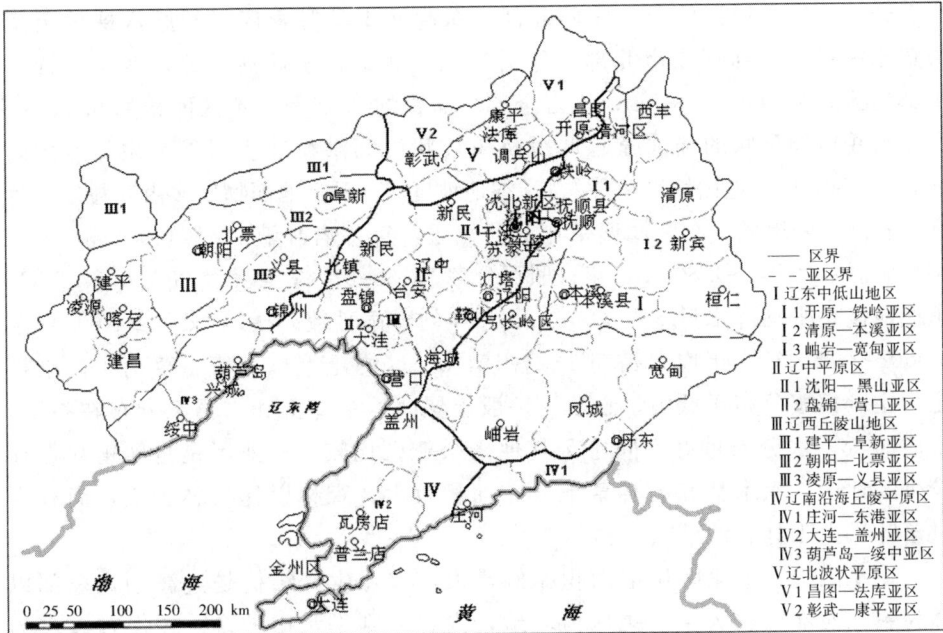

图 4-4　辽宁省综合自然区划图

资料来源：尹德涛. 辽宁省志·地理志［M］. 沈阳：辽宁民族出版社，2002。

（一）辽东中低山地区

辽东中低山地区位于辽宁省东部，昌图、铁岭、抚顺、鞍山一线以东，盖州、三架山、黑沟、五龙背一线以北，包括抚顺、本溪二市全部，铁岭市东部，丹东市大部，总面积 4.88×10^4 km²，占全省总面积的33.44%。本区以中低山地和丘陵为主，其自然资源特点是：第一，土地资源广阔，地貌类型多样。人均占有土地11亩，每个农业人口占有20亩，比全省平均数高出1倍。土壤类型以棕壤、草甸土为主，表层养分含量比较高，但坡耕地较多。第二，气候条件较好，生产力高。属于温带湿润气候，降雨充足，光热水配合较好。第三，淡水资源充足。地表径流量高，农村人均可利用地表水达2 114 m³，为全省最高区。地表水资源占全省的61%，水能资源占全省的85%。第四，植被较好，生物资源丰富。森林覆盖率达51.5%，为全省最高。草地资源覆盖度好，质量高。本区有多种珍贵野生植物资源。本区适宜发展林业，利用广阔草场发展草食畜牧业，发展柞蚕、人参等土特产生产。

本区分为3个亚区。

1. 开原—铁岭亚区

开原—铁岭亚区位于Ⅰ区西北部，东起西丰县部家店、开原八棵树至抚顺章党一线，南到抚顺市北部，包括开原中西部，铁岭县东部及西丰、抚顺小部地区。总面积4 591 km²，占全省总面积的3.15%，本区面积的9.41%。

地貌以圆顶状的侵蚀隆起低山及树枝状山间洪积冲积窄谷为主。海拔高度300～500 m，地面坡度20°左右，谷地坡度3°～5°。地面物质多由变粒岩、片麻岩和混合岩组成。本区属温带亚湿润气候，年总辐射量128～140 kcal/ cm²，年日照时数2 500～2 800 h，年日照百分率55%～62%；年平均气温6～7.2 ℃，东低西高；平均降水量650～800 mm，年均降雨日数95～110 d；≥10 ℃积温3 050～3 350 ℃，年均无霜期133～151 d。区内土壤以棕壤、草甸土、水稻土为主。棕壤分布于低山、丘陵，一般土层薄；草甸土和水稻土分布在谷底，土质肥沃，水分条件好。同Ⅰ区其他2个亚区比较，本亚区是自然植被保存较少的地区，灌木林和疏林草地分布面积较大，森林以柞树林为主，尚有少量落叶松人工林和油松人工林。

在Ⅰ区中，本亚区耕地面积比例最大，农业生产结构是过渡型，东部以林为主，西部以农为主。耕地为坡地，沟谷中则是水田较多。较适宜以农为主，农林牧全面发展。

2. 清原—本溪亚区

清原—本溪亚区西起部家店、八棵树、章党至本溪市一线，南至南芬、宽甸双山子、下露河一线，包括清原、新宾、桓仁三县全部及西丰、本溪县大部，抚顺县东部及开原、宽甸少部地区，面积 21 463 km²，占全省的14.71%，占Ⅰ区的 43.99%。

地貌以锯齿状或尖顶状的中低山为主，海拔为 500～1 300 m，地表坡度较陡，多在 30°以上。地面物质以侵入岩、混合岩、安山岩为主，清原东部，有小块玄武岩台地。山间则是树枝状冲积洪积窄谷。属温带湿润气候，年总辐射量 120～135 kCal/ cm²，年日照时数 2 400～2 700 h，年日照百分率低于60%；年均温为全省最低，东部不到 5 ℃，西部只有 7 ℃；年降水量较高，700～1 000 mm，年平均降雨日数为 105～125 d。总的来说是降水充足，光照不足。日平均气温≥10 ℃，积温只有 2 700～3 200 ℃，无霜期短，有 125～145 d。区内主要土壤类型为棕壤、暗棕壤和初育土、草甸土，有少量水稻土。本区是辽宁省自然植被保存最好的地区，个别地段仍有红松林存留。占地面积最大的是柞树林；其次是人工落叶松林和蚕场，但低丘及人口密集区已多为灌丛和疏林地。

该区是辽宁省主要的林业生产基地，也是牛、绒山羊产地。本区耕地少，多坡地，粮食单位面积产量处中等水平，粮食商品率极低。

3. 岫岩—宽甸亚区

岫岩—宽甸亚区位于Ⅰ1、Ⅰ2区南部，包括岫岩、凤城 2 县市全部，宽甸县大部，辽阳、海城和大石桥市东部，抚顺、沈阳小部分地区，面积22 737 km²，占全省总面积的 15.58%，占本地区 46.60%。

本区地貌以圆顶状低山为主，海拔 300～500 m，地面坡度＜30°。总的变化趋势是西部地势较高，地表坡度大；东南部地势较低，地表坡度较缓。地面物质组成以花岗岩、石英岩、大理岩及浅变粒混合岩为主，在宽甸有玄武岩台地。本区大部分地区属温带湿润气候，只有西北部属暖温带亚湿润气候。年总辐射量 120～135 kcal/ cm²，年日照时数 2 400～2 600 h，日照百分率55%～60%。年均温 6～8.3 ℃，年降水量为全省最高，东部在 1 100 mm 以上，西北部也在 700 mm 以上，年均降水日数 90～110 d，≥10 ℃积温 2 900～3 400 ℃，无霜期 130～175 d。土壤以棕壤、初育土、石质土为主，缓坡处有少量潮棕壤，个别海拔较高的山顶，有暗棕壤分布，沟谷多为草甸土。本区植被最大特点是有大面积柞蚕场，较高地段是以柞树为主的杂木林。西部和北部有较多的灌木林和疏林地。

本区是辽宁柞蚕主产区，占全省柞蚕场面积的 64%，产量的 70% 以上。本区又是山楂主要产区之一，牛和绒山羊产量也较高。但在东部山区的 3 个亚区中，本区粮食单产最低，在全省处于中下水平。

（二）辽中平原区

辽中平原区处于Ⅰ区以西，北镇、凌海一线以东，新民、铁岭一线以南，包括盘锦市全部、沈阳市大部、辽阳市和鞍山市西部、营口市西北部、锦州市东部，总面积 2.31×10⁴ km²，占全省总面积的 15.80%。

自然资源的特点是：①土地平坦，土壤肥沃，耕地面积大。主要土壤是草甸土、潮土、水稻土，土层深厚，多为壤质，有机质含量在 1.5% 左右。②气候适宜，光热水配合较好，属暖温带半湿润气候。③淡水资源紧张，局部洪涝、盐碱灾害严重。人均可利用地表水仅 168 m³，只有辽东区的 1/13；人均可利用地下水量较高，但由于大城市多，工业用水量大，影响农业用水。省内低洼地、盐碱地多在本区，虽经治理，但对农业生产仍构成威胁。④农业环境遭到大城市污染。

本区共分 2 个亚区。

1. 沈阳—黑山亚区

沈阳—黑山亚区位于Ⅱ区北部，北镇青堆子、柳家至海城市感王镇以北地区，包括辽中、台安县全部，黑山、新民、沈阳、灯塔大部，海城东部，北镇及铁岭小部地区。全区面积 16 108 km²，占全省总面积的 11.04%，占Ⅱ区的 69.87%。

本区是辽河冲积平原的主体，中部是洼地，向东西两侧依次为河间平地、微倾斜平原及缓倾斜平原。整个平原北高南低，海拔 6～35 m，地表物质以亚黏土、亚砂土为主。本区属暖温带亚湿润气候，年均辐射量 130～140 kcal / cm²，日照时数 2 400～2 800 h，日照百分率 55%～65%，年均气温 7～8.5 ℃，年均降水量 550～750 mm，年均降水日数 75～95 d，≥10 ℃积温 3 250～3 450 ℃，无霜期 150～170 d。土壤以草甸土、潮土、水稻土为主。水稻土多在东部地区，潮土多在西部。区内自然植被极少，沿河有以杨树为主的人工林，西部农田有防护林，草地则多在低洼地。

土地利用以耕地为主，占总面积的 56%，区内大部分县为辽宁省商品粮基地县，水稻产量仅次于Ⅱ2 区。本区东部粮食单产较高，西部中等，中部柳绕地区单产偏低。

2. 盘锦—营口亚区

盘锦—营口亚区包括盘锦市及营口市老边区全部，凌海市东部，大石桥市西部及海城、北镇小部地区，面积 6 945 km²，占全省的 4.76%，占本区的 30.13%。

本区是辽河三角洲平原，海拔仅 1.5～4.5 m，地表坡度<1°，地表物质以含盐的淤泥质亚黏土、黏土为主。西部为冲积低平原，海拔 5～25 m，地表坡度 2°～3°。属暖温带亚湿润气候，年均总辐射量 138～141 kcal／cm²，年日照时数 2 700～2 800 h，日照百分率 61%～65%。年均气温 8.2～9.2 ℃，年均降水量 580～680 mm，无霜期在 165～185 d。土壤以水稻土、滨海盐土及盐化草甸土为主。东部主要是水稻土，沿海及辽河口为滨海盐土，大凌河下游则以盐化草甸土和潮土居多。区内双台子河口及大辽河口有较大面积的芦苇草甸和盐生草甸植被，大凌河沿岸为人工杨树林。

土地利用以耕地为主，占总面积的 44%，本区开发较晚，是辽宁省水稻主产区，又是芦苇主产区。本区是辽宁省土地开发潜力最大的地区之一，尤其是大片沿海滩涂刚开始开发。

（三）辽西丘陵山地区

辽西丘陵山地区北部以彰武满堂红、阜新十家子一线与Ⅴ区为界，中部与Ⅱ区相邻，南部在凌海市杏山、南票黄土坎、葫芦岛白马石至绥中葛家一线西北，包括朝阳市大部、锦州市和阜新市西部，总面积 3.50×10⁴ km²，占全省总面积的 23.98%。本区以低山丘陵为主，自然资源特点是：第一，地貌类型多样，水土流失严重。本区山地、丘陵、平原三种类型地貌的面积比例为 27：49：24。水土流失面积占全区面积的 70%。第二，光热条件好，降水量偏少，水资源缺乏。本区属温带半干旱半湿润气候，年总辐射量高，但降雨偏少，农村人均可利用地表水仅 150 m³，为全省的 1/3，辽东的 1/14，水是当地限制农业生产的关键因素。第三，土地资源丰富，土地瘠薄，生产力低。人均占有土地 9 亩，高出全省平均水平 50%。农村人均耕地 3.7 亩，人均草地近 3 亩，是全省最高区。但土壤以褐土和粗骨土为主，自然肥力很低。第四，植被稀疏，旱生名贵植物资源丰富。本区有许多旱生的名贵植物，如山杏、山枣、沙棘、文冠果等。

1. 建平—阜新亚区

建平—阜新亚区位于Ⅲ区北部，包括阜新、北票、建平的北部地区及彰武小部地区，面积 8 199 km²，占全省的 5.62%，占本区的 23.43%。

区内东部由冲沟发育的剥蚀丘陵及山间坡积洪积谷地组成，海拔 100～250 m，地面坡度 10°～25°，地表物质为亚黏土混碎石，局部基岩裸露；西部由剥蚀的中低山构成，多呈圆顶状或尖顶状，由白云岩、火山碎屑岩及变质岩构成，海拔 300～1 000 m，谷地较宽。地表多覆盖风积黄土、黄土状土和老黄土。本区属温带半干旱气候，年总辐射量为全省最高，在140 kcal／cm² 以上，年日照时数在2 800 h以上，日照百分率在65％以上。年均气温5.8～7.3 ℃，年降水量为全省最低地区，建平北部低于400 mm。年降水日数68～75 d，≥10 ℃积温3 000～3 300 ℃，无霜期135～145 d。主要土壤类型是褐土，还有少量风沙土分布，沟谷中有潮土和草甸土。本区丘陵植被多为灌木林及疏林，草甸草原和草原植被较多。

2. 朝阳—北票亚区

朝阳—北票亚区位于Ⅲ区中部，包括朝阳县及喀左县大部地区，面积为13 486 km²，占全省的9.24％，占本区的38.54％，由中低山地及山间洪积坡积谷地构成，海拔300～800 m。属温带，北部为半干旱区，南部为半湿润区。年总辐射量大于140 kcal／cm²，日照时数大于2 800 h，日照百分率高于65％。年均温6.0～8.5 ℃，年降水量450～550 mm，年均降水日数65～75 d，≥10 ℃积温3 200～3 450 ℃，无霜期145～165 d。土壤以褐土为主，沟谷多为潮土。本区东部医巫闾山北段和西部努鲁儿虎山高处植被较好，以混交林和人工油松林为主，大部分低山丘陵植被稀疏，以灌木林、草地为主，并有较多的裸地。

土地利用以林地占比重较大，本区东部是绵羊产区，朝阳、建平有以梨为主的水果产区。本区是全省粮食单产最低区之一。

3. 凌源—义县亚区

凌源—义县亚区地处Ⅲ区南部，包括义县、建昌县和凌源市全部，锦州市、凌海市东部，喀左南部及朝阳、北票、北镇小部地区，面积13 307 km²，占全省的9.12％，Ⅲ区的38.03％。本区地貌与Ⅲ2亚区无显著差异。本区属温带半湿润气候，年均总辐射高于140 kcal／cm²，年日照时数高于2 800 h，日照百分率63％～65％。年均气温7.6～9.0 ℃，年降水量480～620 mm，降水日数70～75 d，≥10 ℃积温3 550～3 800 ℃，无霜期150～172 d。主要土壤类型是棕壤及初育土，沟谷是潮土、草甸土。区内大部丘陵植被稀疏，以灌木林和疏林、草地为主。东部医巫闾山植被较好，以柞树林和针阔混交林为主，并有较多果园。

本区自然条件优于Ⅲ2区，粮食单产水平仍较低。

（四）辽南沿海丘陵平原区

辽南沿海丘陵平原区位于辽宁省南部，包括丹东市、营口市、锦州市的南部，大连市全部，总面积2.5×10⁴ km²，占全省的17.16％。本区丘陵面积较大，山地、丘陵和平原三者面积比为21∶49∶30。

本区自然资源特点是：第一，气候温暖，光照充足，雨热同期，四季分明。本区属暖温带湿润、半湿润气候，对发展水果生产特别有利。第二，海岸线长，水产资源丰富。本区濒临黄、渤二海，海岸线长达 2 250 km，占全省海岸线长的 90%，既有大面积浅海滩涂，又有良好港湾。第三，地貌类型多样，土质偏沙，水土流失较重。本区土壤以棕壤和粗骨土为主，质地偏沙，肥力较低。山区丘陵覆盖率低，水土流失面积占总面积的 48%。第四，淡水资源不足，春旱严重。农村人均占有地表水 305 m³，为全省平均量的 3/5，辽东山区的 1/7。地下水资源少。

本区又可以分为 3 个亚区。

1. 庄河—东港亚区

庄河—东港亚区位于 Ⅳ 区东部，包括丹东市、东港市以及庄河市东部。面积 3 809 km²，占全省的 2.61%，占 Ⅳ 区的 15.21%。本区南部由海蚀台地及滨海阶地漫滩构成，海拔在 20～100 m，台地顶部平坦，边缘较陡，地表物质为冲积海积物。北部为圆顶状剥蚀丘陵，海拔 100～300 m，地表坡度 5°～10°，局部 10°～20°，由混合岩、碎屑岩构成。本区属温带湿润气候，年总辐射量 126～133 kcal/cm²，日照时数 2 400～2 600 h，日照百分率 55%～58%。年平均气温 8～8.5 ℃，年均降水 780～1 050 mm，降水日数 90～103 d，≥10 ℃积温 3 250～3 400 ℃，无霜期 152～168 d。土壤以水稻土、草甸土和棕壤为主。丘陵植被以人工柞林（蚕场）为主，沿海有部分芦苇草甸。本区是辽宁省的商品粮生产基地之一。此外，北部是柞蚕产区，西部是花生产区，鸭绿江口是辽宁省第二大芦苇产地。

2. 大连—盖州亚区

大连—盖州亚区地处辽东半岛，包括大连市、瓦房店市、普兰店市全部、盖州市大部及庄河市西部，面积 14 449 km²，占全省的 9.9%，占 Ⅳ 区的57.69%。地貌主体由剥蚀丘陵及山间谷地构成，并有部分低山，海拔 50～300 m，局部达 600～800 m。山前则是岗坡地和倾斜洼地，沿海有少量海蚀台地，属暖温带半湿润气候，年总辐射量 130～142 kcal/cm²，日照时数 2 500～2 820 h，日照百分率 55%～65%，年均气温达 8～10.3 ℃，为全省最高，年均降水量 650～850 mm，年均降水日数 78～95 d，≥10 ℃积温 3 200～3 700 ℃，亦属全省最高。无霜期长达 155～195 d。土壤以棕壤、初育土为主，并有少量草甸土、水稻土。丘陵、山地植被以柞林为主，半岛南端有针阔混交林。

本区耕地占总土地面积的 32%（水田占 2%），果园地占 9%，林地占

24％，草地占 11％。本区以农业为主，多种经营发达，是辽宁省亦是全国苹果重要产区，苹果产量占全省的 80％；柞蚕产量占全省的 18％，又是花生产地。沿海水产业发达。

3. 葫芦岛—绥中亚区

葫芦岛—绥中亚区地处辽西走廊，包括葫芦岛、兴城和绥中，共 6 787 km²，占全省的 4.65％，占Ⅳ区的 27.1％。本区地貌由剥蚀低山丘陵、山前倾斜平原及山间坡洪积谷地构成，沿海有少量滨海平原，低山丘陵海拔 100～600 m，山前倾斜平原海拔 10～40m。

属暖温带亚湿润气候，年总辐射量在 140 kcal/cm² 左右，日照时数 2 800 h 左右，日照百分率 62％～65％，年平均气温 8.6～9.2 ℃，年均降水量 550～650 mm，年均降水日数 72～75 d，≥10 ℃积温 3 500～3 600 ℃，无霜期 166～178 d。土壤以棕壤、初育土和草甸土为主。本区丘陵地以灌木林和果园较多。

区内耕地占 29％，园地占 8％，林地占 21％，草地占 22％。本区自然条件适宜发展水果生产，尤以梨产量为全省最多，约占总产量的 50％。沿海粮食单产较高，且是花生产区之一。

（五）辽北波状平原区

辽北波状平原区位于辽宁省中北部，包括铁岭市西部，阜新市彰武县大部，沈阳市新民市北部地区。总面积 1.4×10^4 km²，合 140.5×10^4 hm²，占全省总土地面积的 9.62％。人口密度 173 人/km²，农村人均占有土地 0.67 hm²、耕地 0.37 hm²。地貌以波状平原和沙丘覆盖的平原为主，平原中有丘陵分布，自然资源特点是：第一，土地资源丰富，开发潜力较大。本区人口密度低于辽河下游平原，人均占有土地和耕地都较多。东部以潮棕壤、棕壤、草甸土为主，土壤肥力较高；西北部潮土、风沙土较多，土壤肥力较低。第二，光照充足，风沙较大。属于温带半湿润、半干旱气候，北面靠近科尔沁沙地，风沙危害严重，年平均风速达 3.0m/s，春秋达 4～6m/s，有 70％的耕地受到风沙危害。第三，地下水资源分布不均。丘陵和山前岗地地下水资源贫乏，沿河河谷平原地下水丰富而易涝。

本区又可分为 2 个亚区。

1. 昌图—法库亚区

昌图—法库亚区位于Ⅴ区东部，康平县胜利、彰武县东六家子至新民市公主屯一线以东，包括昌图、法库二县全部，康平县东部、开原县西部以及铁岭、新民及彰武小部地区，面积 9 003 km²，占全省的 6.17％，占Ⅴ区面积的 64.1%。本区东部是由垄岗台地和丘间冲积洪积平坦宽谷地构成，海拔高度 50～150 m，垄岗台地地表坡度 5°～10°，宽谷地坡度小于 3°。台地地表物质含碎石亚黏土及砂砾岩，谷地为冲积物。西部则由浑圆状剥蚀高丘及丘边坡积洪积平原组成，高丘高度海拔 90～250 m，地表坡度多在 5°～10°，地表物质由安山岩及混合岩组成。倾斜平原多为黄土状亚黏土、亚砂土。本区属温带半湿润气候，年总辐射量较高，135～140kcal/cm²，年均日照时数 2 700～2 850 h，日照百分率 60%～65%。年均温 5.8～7.2 ℃，年降水量 550～650 mm，年降水日数 78～95 d，≥10 ℃积温 3 050～3 350 ℃，无霜期 141～155 d。土壤中棕壤、草甸土、潮土和风沙土较多。东部土壤肥沃。风沙土主要在北部，面积不大。本区自然植被较少，主要是低丘上的灌木林及疏林、草地，农田上多有防护林。本区耕地占比例较大，约 61%，是辽宁省商品粮基地，粮食年产量东部地区较高，西部中等，有相当面积的中产田，粮食商品率达 60%，尤其是昌图县，每年上交商品粮居全省之首。

2. 彰武—康平亚区

彰武—康平亚区地处Ⅴ1 区西部，包括彰武县大部，新民及康平北部，阜新小部分地区，面积 5 041 km²，占全省 3.45%，占本区 35.9%。本区由沙丘覆盖的冲积湖积平原和沙丘漫布的低平原组成，海拔高度 30～220 m，北高南低。地表物质以砂、细粉砂、亚黏土及黄土状亚砂土组成。本区属温带半干旱气候，年均总辐射量 136～142 kcal/cm²，日照时数 2 750～2 850 h，日照百分率 62%～66%。年均气温 6.5～7.5 ℃，年均降水量 450～600 mm，年降水日数 75～82 d，≥10 ℃积温 3 250～3 350 ℃，无霜期 145～155 d。土壤以砂质潮土及风沙土为主。区内丘陵多棕壤性土，本区北部分布较多的草甸草原和草原植被，部分低洼地有盐生草甸，沿河有杨树林。本区大部分县属辽宁省商品粮基地县，但区内粮食单产很低。北部是绵羊生产基地之一。

二、综合地理区划

（一）区域划分原则

本书对辽宁省地理区域划分的原则：一是考虑自然地理环境和农业生态经济条件的相对一致性；二是结合目前辽宁地理以市县为基本单元的特点，结合地理沿革，保持现存行政区划界线的完整性。结果是将辽宁省划分为辽东、辽南、辽中、辽西、辽北五个地理区域。

辽宁省自然和人文地理环境的地区差异比较大，各个不同的地理区域的社会经济状况以及地区间的联系，在不同的历史时期不断变化，这些都给辽宁地理区域的划分造成了一定的困难。本书对辽宁省的地理区域划分是在考虑自然地理环境和农业生态经济条件比较一致的基础上，着眼于目前辽宁地理以市县为基本单元的特点，结合沿革地理，保持现存行政区划界线的完整性，将全省划分为五个地理区域，即辽东地区、辽南地区、辽中地区、辽西地区和辽北地区。

这种以市的行政区划界限为基础的地理分区，既非自然地理区，也不是经济地理区，但又具有自然和人文地理互相结合的综合性特点。

（二）各地理区域基本情况

依据 2006 年辽宁省统计数据计算，土地面积是辽西地区最大，占全省土地总面积的 1/3 以上；人口数量是辽中地区最多，占全省总人口的近 1/3；地区生产总值是辽中地区最高，占全省生产总值的 42.42%，其次是辽南地区，占全省的 29.18%（图 4-5、表 4.3、表 4.4、图 4-6、图 4-7）。

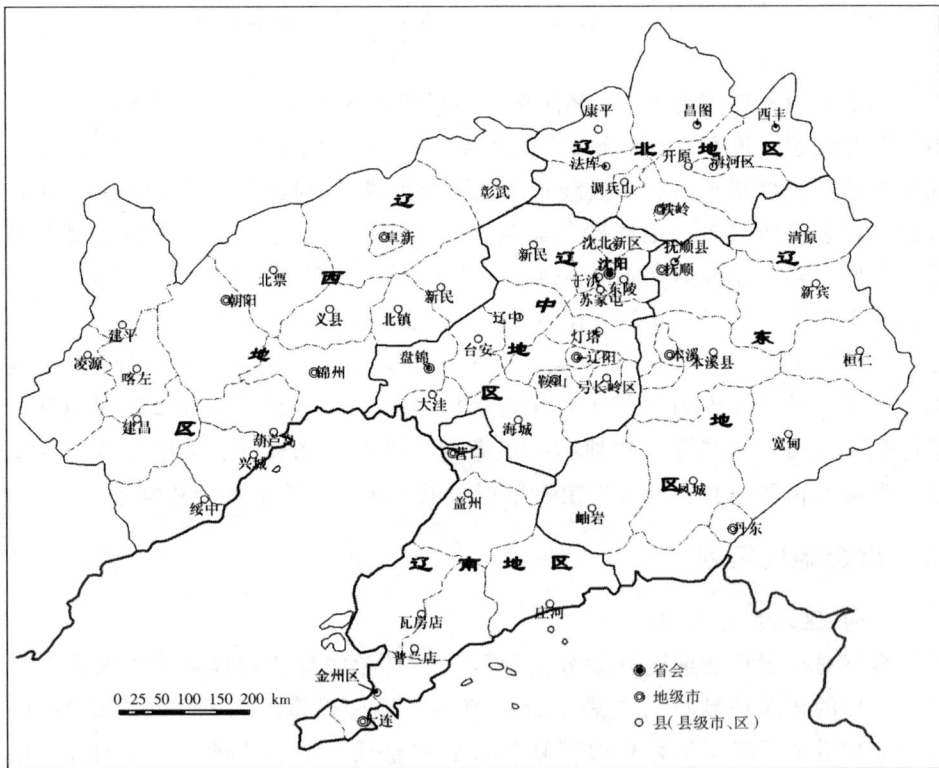

图 4-5 辽宁省综合地理区划图

资料来源：尹德涛．辽宁省志·地理志［M］．沈阳：辽宁民族出版社，2002。

表 4.3 辽宁省地理分区行政区域一览表

区域名称	所属市、县
辽南地区	大连市、营口市
辽东地区	抚顺市、本溪市、丹东市、鞍山市岫岩满族自治县
辽中地区	沈阳市（不包括康平县、法库县）、鞍山市（不包括岫岩满族自治县）、辽阳市、盘锦市
辽西地区	锦州市、阜新市、朝阳市、葫芦岛市
辽北地区	铁岭市、沈阳市康平县和法库县

表 4.4 2006 年辽宁省各地理区域经济概况

指标	单位	辽南地区	辽东地区	辽中地区	辽西地区	辽北地区
土地面积	km^2	17 754	39 233	22 072	50 534	17 400
	占全省比例/%	12.08	26.69	15.02	34.38	11.84
人口数	10^4 人	803.2	674.2	1 268.83	1 118	346.27
	占全省比例/%	19.08	16.01	30.13	26.55	8.22
地区生产总值	10^8 元	3 026.91	1 307.51	4 400.53	1 221.02	417.2
	占全省比例/%	29.18	12.60	42.42	11.77	4.02
农业生产总值	10^8 元	253.79	126.92	232.26	238.88	110.47
	占全省比例/%	26.37	13.19	24.14	24.82	11.48
工业生产总值	10^8 元	1 287.84	618.47	2 099.12	460.19	158.34
	占全省比例/%	27.85	13.38	45.40	9.95	3.42
第三产业生产总值	10^8 元	1 294.82	489.51	1 850.34	466.4	133.55
	占全省比例/%	30.58	11.56	43.70	11.01	3.15
地方财政收入	10^8 元	216.62	78.44	274.89	64.23	18.84
	占全省比例/%	33.17	12.01	42.10	9.84	2.89

注：农业包括农、林、牧、渔各业。

资料来源：辽宁省统计局. 辽宁统计年鉴（2007）[M]. 北京：中国统计出版社，2007。

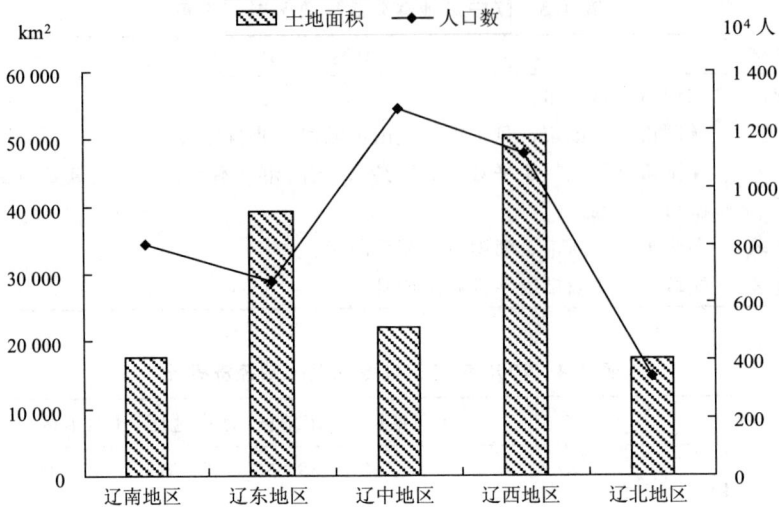

图 4-6 2006 年辽宁省各地理区域土地面积与人口数量比较图

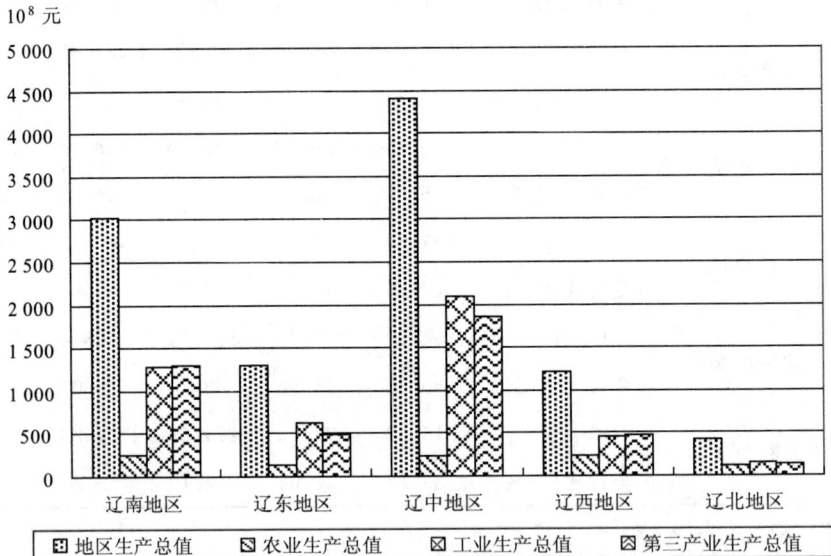

图 4-7 2006 年辽宁省各地理区域地区各类生产总值比较图

除辽北地区外，全省各地区的工业和第三产业生产总值，在地区生产总值中普遍占据主导地位，也决定着该地区在全省地区生产总值中所占比重的大小。

第二篇 分 论

第五章　辽东地区

第一节　区域概况

一、区位特征

　　辽东地区包括抚顺市、本溪市、丹东市、鞍山市岫岩满族自治县，共辖11区、3个县级市、8县（其中有6个满族自治县）（图5-1、表5.1、表5.2）。2009年，土地面积39 233 km²，占全省26.69%；人口620.90×10⁴，占全省14.59%；地区生产总值1 994.55×10⁸元，占全省13.11%。

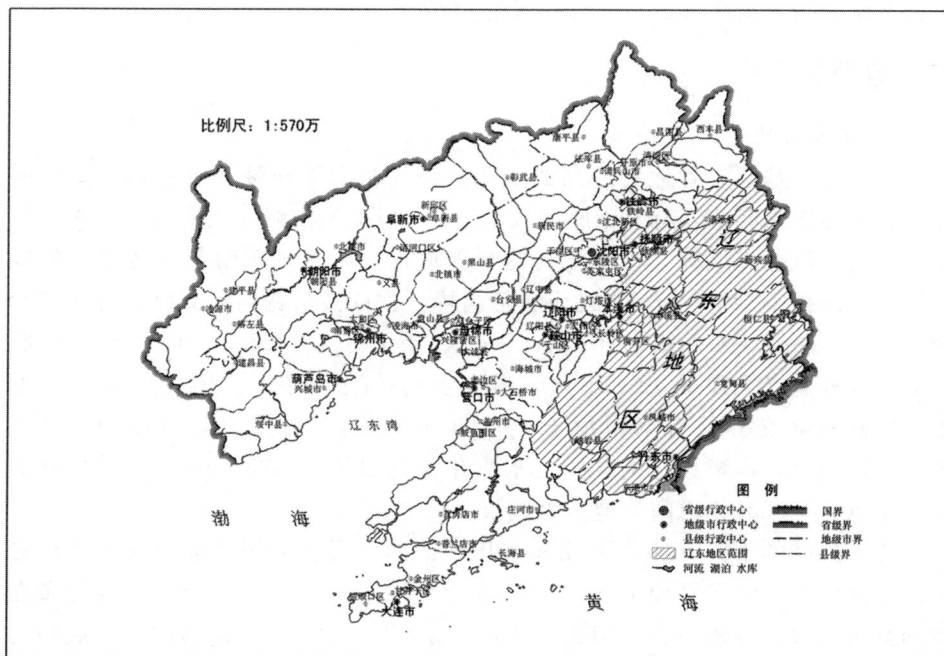

图 5-1　辽东地区的地理区位图

表 5.1　辽东地区所辖行政区数量

地区	县级市	县	自治县	区	镇	乡	街道
抚顺市	0	1	2	4	24	23	36
本溪市	0	0	2	4	23	7	28
丹东市	2	0	1	3	59	5	25
岫岩县	0	0	0	0	15	7	——

资料来源：辽宁省统计局. 辽宁统计年鉴（2009）[M]. 北京：中国统计出版社，2009。

表 5.2　辽东地区所辖县区名称

地区	县（市）	区
抚顺市	抚顺县 新宾满族自治县 清原满族自治县	顺城区　新抚区　东洲区　望花区
本溪市	本溪满族自治县　桓仁满族自治县	平山区　溪湖区　明山区　南芬区
丹东市	东港市　凤城市　宽甸满族自治县	振兴区　元宝区　振安区
鞍山市	岫岩满族自治县	

资料来源：辽宁省统计局. 辽宁统计年鉴（2009）[M]. 北京：中国统计出版社，2009。

　　辽东地区属于辽东半岛丘陵区，以千山山脉为骨干，东部以鸭绿江为界河，与朝鲜民主主义人民共和国新义州隔江相望，西、北、南部以抚顺、丹东、本溪、岫岩满族自治县的行政区划为界线。

二、地理概况

1. 自然地理

　　辽东地区是辽宁省地势最高的地区，是辽东山地丘陵区的主体，高大的花岗岩山体连绵起伏，有数十座海拔1 000 m以上的山峰，大多位于本溪、桓仁、新宾、清源、凤城、宽甸各县的交界地带。新宾县东南与吉林省交界处的钢山，海拔1 346.7 m，为辽宁省最高峰。桓仁县与宽甸县交界处有花脖子山（1 336.1 m）、八面威山（1 288.9 m）、果子岭（1 205.8 m），桓仁县与新宾县交界处有老秃顶子（1 325 m），桓仁县有牛毛大山（1 320 m），桓仁、本溪、新宾三县交界处有草帽顶子（1 260 m）、南大顶子（1 245 m）、摩天岭（1 205 m），本溪县与凤城县交界处有和尚帽子（1 234 m），本溪县有韭菜顶子（1 254 m）。山间盆地多为城镇所在地。

　　辽东地区的平原有冲积平原和海积平原两大类：冲积平原分布于山地之间的河流两岸；海积平原分布于东沟县南部沿海地带。火山台地主要分布在宽甸县黄椅山、青椅山、大川头一带，海拔200～300 m，是第四纪玄武岩台地，有明显的火山锥和几百米直径的火山口。海蚀台地分布于东沟县大孤山、海洋红一带，海拔40～120 m，有海蚀洞。辽东地区还有山体滑坡、崩塌、泥石流等灾害性地貌。

本区的气候大部分属于暖温带季风性落叶阔叶林气候，其偏北的地区属于中温带季风性针叶、阔叶混交林气候。辽东地区年平均风速 1.5～3.2 m/s，南部沿海大于北部山区，深山区风速最小。春季风速最大，夏季最小，各地盛行风向不同。影响辽东地区的灾害性天气有低温冷害、暴雨、霜冻、冰雹、伏旱、大风。低温冷害对辽东山区的农业生产影响较大，能使农作物减产，危害程度最大的是水稻，其次是高粱，最后是大豆、玉米。暴雨能引起洪水和泥石流、山体崩塌等灾害。

辽东地区河流分属 5 个水系，南部的大洋河水系和东南部的鸭绿江水系注入黄海，西北部的注入大辽河（浑河、太子河）水系，北部属于辽河水系的清河、柴河、汛河等注入渤海辽东湾，清原东部的柳河（又称辉发河）属松花江水系。

辽东地区典型的植被有寒温性针叶林、温性针叶林，有人造红松林、暖温性针叶林、温性针阔叶混交林、灌丛植被、草甸植被、沼泽植被。辽东地区的土壤有暗棕壤、棕壤、白浆土、草甸土、沼泽土、盐土、水稻土。

2. 经济交通

本区单位面积总产值略高于辽西和辽北，与辽中南尚有很大的一段距离。单位土地面积农业产值在全省是最低的。造成这种地位的原因是该区多山地丘陵，不利于发展农业。单位土地面积工业产值与第三产业产值都是处于一个中等偏下的水平，与辽中南差距很大，该区经济发展相对落后（表 5.3）。

表 5.3　2008 辽东地区三大产业的生产总值

地区	生产总值 /10⁸ 元	第一产业 /10⁸ 元	第二产业 /10⁸ 元	工业 /10⁸ 元	建筑业 /10⁸ 元	第三产业 /10⁸ 元	人均生产总值/元
全省	13 461.60	1 302.00	7 512.10	6 735.70	776.40	4 647.50	31 258
抚顺	662.44	44.26	376.00	338.19	37.81	242.18	29 645
本溪	610.86	34.52	387.33	358.03	29.30	189.01	39 158
丹东	563.86	77.29	265.54	230.15	35.39	221.03	23 233
三市总计	1 837.16	156.07	1 028.87	926.37	102.50	652.22	30 679
所占百分比 %	13.65	11.99	13.70	13.75	13.20	14.03	98.15

资料来源：辽宁省统计局. 辽宁统计年鉴（2009）[M]. 北京：中国统计出版社，2009。

从以上表格可以看出，辽东地区（未含岫岩县数据）的经济发展水平处在全省的平均水平偏下。其中第一产业的生产总值在全省比重略低，约有12%。第二产业的生产总值与第三产业的生产总值比较接近，都在14%左右，而人均生产总值则略低于全省的平均水平。由此可见,本区的经济发展水平不是很高,在全省的地位也没有处于强势。2008年该区总人口占全省的14.64%,该区的人口密度在全省也是最低的。

该区铁路分布未形成四通八达的铁路网,铁路多为分支,由于丹东特殊的边境位置,丹东修建有跨国铁路通向朝鲜,莫斯科—北京—平壤的国际联运列车途经丹东出入国境,建设中的东北东部铁路,将使丹东成为东北东部最便捷的出海口和物流集散地。辽宁省的铁路以沈阳为核心呈放射状分布,其中的沈丹线就是辽东地区主要的铁路线路。该区仅有丹东民航机场,该机场可起降大型客机,与北京、上海、深圳、三亚等城市通航。丹东港是大陆海岸线最北端的天然不冻良港,同日本、韩国、朝鲜、俄罗斯等30多个国家和地区的70多个港口开辟了散杂货、集装箱和客运航线。辽东地区的公路比较发达,有着四通八达的公路网,且路网建设仍在不断的完善中,弥补了铁路线路的不足。

3. 主要城市

抚顺市为东北老工业基地的重要组成部分。1934年采煤量达 900×10^4 t,占当时东北地区采煤总量60%~70%。并利用油页岩发展了人造石油工业,建有3座炼油厂。在煤炭工业基础上,又发展了电力、黑色冶金(特种钢)、有色冶金(炼铝)及电瓷、水泥工业等。重工业产值占全市工业总产值3/4。20世纪50年代以来,工业部门结构有了很大变化:炼油、发电、炼钢、炼铝、电瓷等工业得到发展,又新建了辽宁电厂、新抚钢厂等大中型企业。原来以油页岩为原料的炼油工业,现已改用原油炼制,其产值在工业结构中的比重由1949年的12%上升为1986年的36.3%;同期煤炭工业则由1949年的44%下降至6.2%。随着煤炭资源枯竭,抚顺市实现了从煤炭工业向石油工业的成功转型。近年来,石油工业总产值已居全市各工业部门之首,抚顺已成为全国最大的石油加工基地之一。

丹东市已形成了交通运输设备制造业、农副产品加工业、能源工业、金属矿开采及冶炼压延加工业、纺织服装业、机械设备制造业等优势产业。其中以汽车及汽车零部件为代表的机械加工制造业名列全省第三位,黄海客车、曙光车桥、化纤等产品在国内外有较高声誉。

本溪市煤、铁资源丰富,开发历史久,以生产优质炼焦煤、低磷铁、钢材驰名全国,冶金工业产值在全市工业总产值中占1/2。其他主要工业部门有纺织、机械、化工等。市区四面环山,太子河东西横贯,街道略呈放射状分布。本溪钢铁公司、行政区、商业区集中在山区。

第二节 资源环境特征

一、本溪旅游资源

本溪市位于辽宁省中部，是中国优秀的旅游城市。该市拥有目前全国唯一的一座以整个城市命名的国家地质公园——本溪市国家地质公园。漫长的地质历史造就了本溪山、泉、湖、峡谷等优美的自然景观。

本溪市素有"神奇山水，枫叶之都"的美誉，拥有奇洞、名山、秀水、热泉、枫叶、森林、漂流等丰富的旅游资源208处，现已开发了56处。森林覆盖率达73%，是绿色天然氧吧，森林储集量位居辽宁省第一。良好的植被和优美的生态环境造就了本溪绚烂多姿的景观：五女山、铁刹山、关门山等名山风姿绰约、景色秀丽；桓龙湖、观音阁、关门山等湖泊碧水荡漾、烟波浩淼；大石湖峡谷峭壁嶙峋、静谧幽远。

本溪市的民族历史文化源远流长。五女山高句丽遗址与九顶铁刹山无不浸润着浓厚的历史文化气息。

（一）地质景观资源

1. 水洞风景区

本溪水洞风景区坐落在太子河边，距本溪市区35 km，洞额有薄一波同志题写的"本溪水洞"四个大字。洞包括旱洞、泄水洞和水洞三部分。水洞长2 800 m，是迄今世界上最长的可乘船游览的地下暗河，是典型的喀斯特地貌景观。水洞分二门、四峡、六宫、八弯、九曲等百余处景点，平均水深1.5 m，最深7 m，洞内恒温在12 ℃左右，地下河流水终年不竭，清澈见底，曲折蜿蜒，有"三峡"、"九湾"，故名"九曲银河"。水洞风景区于1983年5月1日正式对外开放，被誉为世界奇观，中国一宝。水洞风景区是国际旅游洞穴协会会员单位、中国溶洞协会发起单位、国家级风景名胜区、国家AA级旅游区、拥有"中国最美的旅游洞穴"、"中国最具潜力的十大风景名胜区"等。2006年本溪水洞景区先后建立落成了本溪地质博物馆、硅化木王国主题公园，创造了一个融自然景观旅游、地质科普教育和娱乐休闲度假于一体的崭新游览环境。

2. 望天洞

望天洞坐落在桓仁县雅河乡弯弯川村东70余米高的山顶上，东距桓仁县城14 km。该洞发育于$20×10^4$年前，总长逾7 000 m，洞内最大的厅逾6 000 m²，可容纳万人。景观迷人，奇、特、险俱全，有石林、城墙、雪莲、冰川、喷泉、瀑布、暗河等。洞内的迷宫更为奇特，是黄河以北最大的溶洞。洞内的石坝、石梯田、三层迷宫和万人大厅被称为"地质奇观"、"北国第一洞，迷宫世无双"。望天洞景区为国家 3A 级旅游景区，省级风景名胜区。

从洞口到洞底，如同竖井，有 15 m 深。踏着宽阔的铁梯扶护栏而下，便至洞内第二大厅的"青龙厅"。由此厅向东北行约 800 m，尽头有一个约 40 m² 的水潭，池水湛蓝、清澈见底，周围全是细砂。洞内有宽窄不同、高低长短不一的支洞 50 多个。洞中的"迷宫"分上、中、下三层，总长度逾 1 100 m，为世所罕见。迷宫中，洞中有洞洞连洞，洞洞相通，门中有门门接门，门门可行。入其内，行来走去，难分难辨，妙趣横生。

（二）山岳景观资源

1. 五女山

五女山位于本溪市桓仁县城东北 8 km 的浑江西北岸。山体呈长方形，主峰海拔 824m，南北长 1 500m，东西宽 300 m，峭壁垂直高度逾 200 m，处在原始次生林中，山势突兀雄起，山峰凌空耸峙，四百丈悬崖酷似一座玲珑翠屏，环列构成五女山天然屏障，四周悬崖峭壁、巍峨险峻，山下桓龙湖烟波浩淼、山水相映。这里是高句丽民族文明的发祥地。公元前 37 年，北夫余王子朱蒙因败于宫廷之争流亡至此，在山上建立高句丽第一王城，史称纥升骨城。明永乐二十二年（1424 年）建州女真族第三代首领李满柱率军挺进辽宁，便驻扎于此山。因此，五女山也是满族文明的发祥和启运之地。近年来，考古专家在山上发现了大量的古代遗迹和遗物。年代最早的遗物是新石器时代晚期的陶器，距今已有 4 500 多年的历史。这说明，早在 4 500 多年前，就有人类在山上生活。发现的遗物还有战国晚期的石剑、石凿、陶壶以及一些辽金时期的生活、生产工具和兵器。1996 年，五女山山城被评为国家级重点文物保护单位；1999 年全国十大考古发现之一。2002 年五女山景区被评为 4A 级景区。2004 年五女山山城荣登世界文化遗产名录。

2. 关门山景区

关门山森林公园坐落在本溪县山城子镇，距市区 78 km，主峰高 1 200 m，属长白山系千山余脉，山势嶙峋，状若盆景，素以峰奇、水秀、雾巧、树茂、花美闻名遐迩。因其酷似黄山，有"东北小黄山"、"东北桂林"之美誉。森林公园包括小黄山、夹砬子、月台子、龙门峡和龙潭湖五个景区，境内山峰峻秀、沟幽谷深、清流潺潺、花木葱茏，动植物种类繁多。景区一年四季四景，尤以金秋枫叶如丹、姹紫嫣红、层林尽染、蔚为壮观而蜚声海内外。1991 年 10 月，紧毗关门山森林公园的关门山水库建成投入运行，库区长 15 km，蓄水

量 $8\ 100\times10^4\ m^3$。景区有山美、水美、树美、花美、云美"五美"之誉，尤以秋天红叶为最，满山红叶如火如霞，染红一汪湖水，所以关门山水库又被称为"红叶湖"。水库的修建，有效地保护了自然资源和环境，许多久已不见的珍禽异兽，纷纷来此栖息。同时也为关门山景区增添了一处"高峡平湖"的胜景。2004 年，景区顺利通过国家 AAAA 级风景区评比验收。

（三）水文景观资源

1. 桓龙湖

桓龙湖位于桓仁镇北部，浑江中游，1968 年竣工蓄水。水库全长 81 km，最宽处为 4 km，面积 $1.0\times10^4\ hm^2$，总库容量 $34.6\times10^8\ m^3$，水深平均 15 m，最深处约 60 m，为辽宁省蓄水量最大的淡水湖。库区国家森林公园与浑江水库山水相依，水随山转、山因水活，缔造出这座人间仙境。库区国家森林公园，面积为 $4\ 600\ hm^2$，被浩浩荡荡的万顷碧波划分成无数个形状奇异的山峰，搭舟漫游可观赏到小鳌山、三层砬子、望江楼、马面石、老虎洞等多处自然景观。湖边一片山坡上有一个被称为"黄金冰谷"的地方。那里到处是褐色的小点，这就是酿冰酒的优良品种——威代尔葡萄，正是它成就了"黄金冰谷"的美名。地理位置决定了这里冬季 $-8\ ℃$ 的严寒；每年 12 月间，$-8\ ℃$ 的冰冻时间超过 24 h，这时采摘的冰葡萄才能满足压榨需要。

2. 大石湖

大石湖景区位于本溪县蓝河峪乡大石湖村南五里的深山峡谷之中，五湖四瀑、阶梯相连，谷中两侧悬崖，谷底似高低错落的石槽。一条山溪从香水岭奔腾直下，在峡谷的一个转弯处形成一湖；水出一湖，因河床被巨石截断，形成落差 2 m 的一个瀑布，水落处，形成第二湖；水出二湖，又从 2 m 多高的石槽豁口中跌落，流入第三湖；第三湖湖水色墨绿，深不可测、枯叶不浮，故称"沉叶潭"，颇多神奇的传说。三湖之下为四湖，也有一瀑相连。再下，水流从岩缝斜坡流下，注入五湖，水流渐平。大石湖两岸陡峭险峻，山高林密，鸟兽繁多，是一处天然游览场所。景区的鹰嘴山山势陡峭，林树茂密。人迹罕至，鸟兽繁多，禽类有黄莺、百灵、杜鹃和珍贵的鸳鸯等；野兽有野猪、黑熊、獐、猞猁等。这里不仅是奇花异草的植物园，也是野生鸟兽的乐园。

二、岫岩玉石资源

（一）岫岩玉资源概况与分布

岫岩玉，质坚色美，储量丰富。岫岩主要有透闪石质玉（老玉、河磨玉、石包玉），蛇纹石质玉（岫玉、花玉、黄玉等）和透闪石质玉与蛇纹石质玉混合体（甲翠）3 大类。岫岩玉晶莹温润、玉质细腻、颜色多样，有耐高温性和抗腐蚀性，可雕性和抛光性好，适合雕刻大中型玉件，是国内外十分优质的玉雕材料。岫岩玉远景储量居全国之首，实行限产后，年产量仍占全国总产量的 60%。特别是岫岩的玉石王、井中玉王、河磨玉王和重约 $6×10^4$ t 巨型玉体"四大玉王"相继面世以来，产生了轰动效应。1960 年 7 月"玉石王"被发现后，周总理亲自批示："这是稀世国宝，不可多得，一定要保护好玉石王。"

岫岩玉所在地区位于中朝地台辽东台隆营口—宽甸古隆起的西端，区内古老地层发育，构造复杂，变质作用强烈，为岫岩玉矿床的形成提供了良好的条件。玉石矿体主要成透镜体状，赋存于古代辽河群大石桥组的富镁碳酸盐岩层中，受一定的层位控制，特别是其中的白云石大理岩—菱镁矿层为最主要的含玉层位。矿床在成因上属于层控变质热液交代型玉石矿床。现知岫岩玉在辽东半岛分布较广，产量较大。仅以岫岩县而论，其著名的北瓦沟矿区即为资源相当丰富、开采时间较长、年产量甚大的矿区。除此之外，在岫岩县境内还发现有 10 多处矿床或矿点。

岫岩县玉石矿位于岫岩县西北部的哈达碑镇玉石村境内，建于 1957 年4 月。井下 300 多米深的采玉场，被人们称作"地下水晶宫"。矿区占地面积5 km^2，是全国规模最大的一座玉石矿山。偏岭镇玉石矿位于岫岩县城西北的偏岭镇细玉沟村境内。1973 年，当地农民在细玉沟严家岗发现古坑遗址，偏岭公社组织人力开采，沿古坑下挖 5 m，发现细玉矿体，长约数十米，最宽处5 m。开采出的玉有碧绿、青绿、黄、白等颜色，色纯不乱。自 1975 年开采后，细玉年产量少则 30 t，多时达 100 t。90 年代后，产量逐年增加。该矿开采的玉石，属透闪石软玉。其质地异常细腻、坚韧、微透明，多呈翠绿色，类翡翠，十分珍贵。

（二）岫岩玉类型与特征

岫岩玉是中华宝玉石大家族中的重要一员，是最早被发现和使用的玉种。岫岩玉储量丰富。岫岩号称"中国玉乡"，是我国乃至全世界最大的玉石产地，拥有国内最大的玉石矿山。从中国最早的玉制品，到世界最大的玉制品，从原始文化阶段雕刻水平最高的玉器，到当代被誉为国宝的玉雕精品，都出自岫岩玉。由此可以说，岫岩玉在中国玉的历史上有着极重要的地位和影响。岫岩玉是玉文化赖以生存和发展的宝贵资源和珍稀材料。

岫岩玉历史悠久，早在旧石器时代晚期，岫岩玉就被人类发现并利用。1983 年，在辽宁海城小孤山仙人洞古人类洞穴遗址中出土的三件软玉砍斫器，距今在 12 000 年以上，这是到目前为止我国发现的唯一的旧石器时代的玉制工具，也是最早的玉制品，堪称"中华第一玉"。中国最早的玉饰品也是由岫岩玉制成的。在我国内蒙兴隆洼文化遗址和辽宁阜新查海文化遗址中出土的玉玦和玉匕，距今 7 000～8 000 年，经鉴定，都是岫岩玉制成的，其中玉玦是中国目前发现最早的玉饰品。中国最早的龙的形象来自于岫岩玉。在我国新石器文化遗址中，出土玉器最丰富，玉器制作成就最高的要数红山文化，距今 5 000～6 000 年。红山文化遗址中出土了玉龙、玉猪龙、玉蝉、勾云形器、马蹄形器等多种具有特殊代表意义的玉器，这些玉器都是由岫岩玉制作而成的。其中内蒙古自治区翁牛特旗出土的大型玉龙，高 26 cm，用整块碧绿岫岩玉圆雕而成，造型奇特，雕琢精细，并且运用了抛光技术，被誉为"中华第一玉龙"。它是迄今所知中国最早的龙的形象，把中国龙的起源提早到5 000多年前的新石器时代。

岫岩玉种类繁多，按颜色分为碧玉、青玉、黄玉、白玉、墨玉、花玉、湖玉、湖水绿、苹果绿、绿白等；按发现和开采时间先后分为老玉、新山玉；按玉石产出类型分为井玉、坑玉、石包玉、河磨玉；按矿物组成分为蛇纹石软玉和透闪石软玉；按其产地分为瓦沟玉、细玉沟玉等诸多不同名称。

按当代地质学的分类，岫岩玉主要有蛇纹石玉和透闪石玉两大品种。岫岩蛇纹石玉是国内 117 处蛇纹石玉中质量最上乘的优质品种。玉色以绿为主，还有红、黄、白、青、紫色和墨绿、淡黄、乳白等，五彩斑斓、五光十色、美不胜收。其化学成分为氧化镁 42.1%，二氧化硅 43.8%，氧化钙 0.15%，三氧化二铁 0.64%、结晶水 11.71%。硬度为摩氏硬度 5～5.5 度，可雕性和抛光性能优越，耐高温、抗腐蚀，能雕琢出精品大件，是极为理想的玉雕材料。

岫岩透闪石玉有老玉和河磨玉两类，其化学成分为氧化镁 24.25%，二氧化硅 61.28%，氧化钙 11.56%，三氧化二铝 0.86%，氧化铁 0.39%，氧化纳 0.16%。硬度可达摩氏硬度 6.36～6.5 度，微透明或不透明，质地异常坚硬细腻，呈油脂光泽。其六种基本色调，可分为奶白玉、黄白玉、青玉、碧玉、褐玉和墨玉，其中奶白玉和黄白玉为贵重的玉中珍品。透闪石玉又分为原生矿玉（老玉）和砂矿（河磨玉）两类。原生矿产于县城西北偏岭镇细玉沟东侧河谷底部及两岸的泥沙砾岩层中，大小不等。其明显特点是带有皮壳，因此也叫石包玉，无皮壳"露肉"的玉又叫河磨玉。岫岩透闪石玉是目前国内质量上乘的玉雕工艺品材料。

第三节　人文经济特征

一、满族文化发祥地之一——赫图阿拉城

（一）赫图阿拉城

历史上被称为"后金第一都城"的赫图阿拉城，位于辽宁省抚顺市新宾满族自治县永陵镇老城村。赫图阿拉城始建于明万历三十一年（1603 年），分为内外两重城墙，内城面积 $25 \times 10^4 \ m^2$，主要古建筑有正白旗衙门、关帝庙、民居、汗王井等，遗址有汗宫大衙门、八旗衙门、协领衙门、文庙、昭忠祠、刘公祠、启运书院、城隍庙等；外城面积约 $156 \times 10^4 \ m^2$，主要遗址有驸马府、铠甲制造场、弧矢制造场、仓廒区等。外城之外，东有显佑宫、地藏寺，东南有堂子，西北有点将台与校军场遗址。赫图阿拉城首创布椽筑城法，开创了清朝建都之制，是满族文化的重要发祥地之一，对研究清初历史具有重要意义。2006 年，赫图阿拉城作为明代古遗址，被国务院批准列入第六批全国重点文物保护单位名单。

（二）满族文化

1. 满族起源与发展

满族的先世可上溯到两千多年前的肃慎以及后来汉代，三国时期的挹娄，南北朝时期的勿吉，隋唐时期的靺鞨，辽、宋、元、明时期的女真。7 世纪末，粟末（满族先世的一个部落联盟名）的首领大祚荣以粟末靺鞨为主体，仿效唐制建立了渤海地方政权，因其居住在渤海以北，故称渤海国。这是满族先世在我国历史上第一次建立的地方政权。12 世纪初，以完颜部为核心的女真人，在其首领完颜阿骨打的带领下，起兵反抗契丹人的压迫，于 1115 年（北宋政和五年）建立了金国，并先后灭掉辽和北宋，成为与南宋并立的王朝。其疆域南至淮河，北达外兴安岭，东滨太平洋，西接蒙古，拥有中国北部的半壁江山。这是满族的先世在历史上建立的第二个政权。1234 年（南宋端平元年），新兴的蒙古灭掉了金朝女真政权。明代的女真人，由于各部落频繁迁移，渐渐形成了建州女真（绥芬河流域）、海西女真（松花江流域）及野人女真（黑龙江和乌苏里江流域）三大部。

清太祖努尔哈赤是建州女真部首领猛哥帖木儿的六世孙，生于 1559 年（明嘉靖三十八年）。努尔哈赤具有卓越的军事才干和政治才干，到 1593 年（明万历二十一年）基本上统一了建州女真各部。在统一女真各部的过程中，满族这个民族共同体逐渐开始形成。努尔哈赤在统一女真各部落的过程中，在征战的同时，还着力发展经济，生产力的快速发展，加快了建州女真从原

始社会向奴隶社会的转变。1599 年（明万历二十七年）努尔哈赤创制满文。满文的创制，有力地推动了生产力的发展，加速了满族新共同体的形成。

2. 满族文化

（1）社会组织制度

八旗是后金（清）国家中独特的社会组织制度。早在 1601 年，努尔哈赤就把所属的部众分为四个部分，分别以黄、白、红、蓝四色旗帜作为其标志。到了后金建国的前一年（1615 年），由于统一过程中人口数量继续增加，又在原有四旗的基础上扩编为八旗，并建立了更加完备的组织体系。入关后，由皇帝掌管的"上三旗"（镶黄、正黄、正白），与诸王贝勒统辖的"下五旗"（镶白、两红、两蓝）之间，确实有一些差异，但主要是观念和心理方面的，并无实质性的尊卑贵贱之别。后金迁都沈阳后，除原有的女真人外，又增加了许多蒙古族和汉族的人口，所以又分别编立了蒙古八旗（1635 年）和汉军八旗（1643 年），加上原有的满洲八旗，就成为二十四个旗，但其统辖，仍是每三个旗归一名旗主管辖，所以在习惯上仍称为八旗。

（2）服饰特点

满族服饰具有浓郁的民族特点，反映了鲜明的民族风格。首先，它有明显的历史痕迹。历史上，女真人"善骑射、善耕种、好渔猎"，满族也喜欢穿其衣；其次，满族服饰地方性十分突出，比如东北地区冬天寒冷，满族人不分男女老少都有戴帽的习惯。对于一个骑射民族来说，一切装束都要有利于马上奔驰，满族的服饰特点恰好反映了这个特点。满族民饰既保留了汉族服饰中的某些特点，又不失本民族的习俗礼仪，如现代生活中流行的"中山装"是由马褂子改进而来，中国旗袍源于满族女旗袍，坎肩仍是中国流行的时装。

（3）语言文字

满语属阿尔泰语系满—通古斯语族满语支。满文是 16 世纪末参照蒙古文字母创制的，后又在借用的蒙文字母上加"圈"加"点"，称之为"有圈点的满文"或"新满文"；以前的被称为"无圈点的老满文"。由于清代以来大量满族人迁入中原地区，大量汉族移居山海关外，在经济、文化、生活上交往密切，满族人民逐渐习用汉语和汉字。现在，只有少数老年人会说满语。

二、丹东的区域合作

丹东地处中朝边境，位于辽宁省东南部，鸭绿江西岸，北依长白山，南临黄海，东隔鸭绿江与朝鲜民主主义共和国相望。同时，它也处于东北亚经济圈、环渤海经济圈、环黄海经济圈三大经济圈的交汇点。而且东北东部地区的铁路工程将把丹东推到东北东部新的出海口的位置上，丹东也将成为东北地区走向世界的"大通道"。丹东依托港口交通物流优势、自然景观资源优势、工业产业配套优势和东北亚腹地战略地位优势，结合朝鲜当今逐步改革开放的历史机遇，发展与朝鲜的区域合作是促进丹东经济发展的有效途径。

从丹东与朝鲜区域合作的现状来看。首先，贸易额增长迅速。2004 年中朝贸易额为 13.9×10^8 美元，当年辽宁省与朝鲜的贸易额为 7.9×10^4 美元，占中朝贸易总额的 56.75%。2008 年中朝贸易额为 27.9×10^8 美元，当年辽宁省与朝鲜的贸易额为 9.96×10^8 美元，占中朝贸易总额的 35.6%；可见，中朝两国的贸易额在显著增长，辽宁省与朝鲜的贸易额也在大幅上升，虽然所占比重呈下降趋势，但辽宁省仍是对朝进出口贸易的重要省份。辽宁省丹东市是我国最大的对朝贸易商品集散地和对朝贸易物流中心。其次，贸易商品结构趋于合理，贸易形式趋于灵活。目前丹东市对外贸易的重要组成部分是对朝贸易，其出口额占全市出口额的 25% 左右，出口商品结构也由以小额商品为主，转变为以大宗出口商品为主，进口商品多以原材料和初级产品为主。在贸易方式上，已由早期单一的易货发展为多种贸易形式。再次，口岸建设日益完善。丹东口岸有公路、铁路和水路通往朝鲜腹地，鸭绿江大桥的铁路和公路将中国丹东与朝鲜新义州相连。货物流通量的 80% 依靠铁路桥梁运输，现在每台车辆的载重量可以提高到 20 t，物流量大幅上升。从 2004 年 1 月 20 日开始，丹东和平壤开通了公共汽车线路。

为了进一步深化丹东市与朝鲜的区域合作，应继续拓展合作领域，提高合作层次。首先，利用闲置的加工设备和生产线，鼓励有条件的企业到朝鲜进行设备、技术等方面的投资，或开展境外加工制造业务；其次，加强与朝鲜的旅游合作。利用辽宁省边境地区旅游资源丰富和具有跨国旅游的优势，调整旅游产业结构，使国内旅游与跨国旅游有效整合；再次，中朝两国加紧建设新鸭绿江公路大桥，新桥将在丹东市与新义州之间建设，成为丹东市对朝贸易的一个新的枢纽。对丹东浪头港进行河势改造与建设，大力发展临港工业，同时加快保税区、高科技产业园区以及物流区的建设，使丹东市真正成为对朝"路、港、区一体化"枢纽，成为中国乃至东北亚对朝物流中心。

第四节 人地关系与可持续发展
——本溪生态新城

一、本溪生态新城建设概况

2009 年，本溪市委市政府本着坚持走生态之路、和谐之路、产业与新城共同发展之路的方针，绘制了中国药都——本溪生态新城的发展蓝图。"生态城市（eco－city）"是一种城市发展的新概念，是根据生态学原理，综合研究城市生态系统中人与"住所"的关系，并应用生态工程、环境工程、系统工程等现代科学与技术手段协调现代城市经济系统与生物的关系，保护与合理利用一切自然资源和能源，提高资源的再生和综合利用水平，提高人类对城市生态系统的自我调节、修复、维持和发展的能力，使人、自然、环境融为一体，互惠共生。

本溪生态新城位于本溪老城北部，包含歪头山、石桥子和张其寨 3 个镇区。新城以医药产业为载体，在 60 km² 的区域内形成生活区、产业区和山林水域各占 20 km² 的规划布局，近期规模人口 30×10^4 人，远期规模人口 50×10^4 人。形成环境优美、经济发达、人居和谐的生态新城，使本溪尽快由钢铁产业支撑的一代城市，发展升级为由钢铁和医药双元产业支撑的二代城市。具体目标是建设一个以生物药业、环保产业、循环经济为主导的新城，成为沈本产业带上的创新极核和本溪跨越式发展的引擎，一个集研发、商务、会展为一体的高端产业服务平台，一个具有相当活力和吸引力的新城，一个具有独特山水风貌、风景优美的宜居新城，堪称辽东城市集群中的"绿色明珠"。

二、本溪建设生态新城的优势

建设生态新城，本溪市具备很多原生自然优势，经过近年来的发展，又创造了很多再生新优势，主要有以下几个方面：

本溪市生态基础良好。本溪位于辽宁东南部，地处辽东半岛腹地，自然地貌为"八山一水半分田，半分道路和庄园"。本溪市为大陆性气候，寒暑变化剧烈，四季分明。境内有大小河流 200 余条，其中流域面积 100 km² 以上的河流 27 条，主要有太子河、浑江、草河三大水系以及若干小水系。

本溪林业资源丰富。本溪的山属于长白山余脉、尾脉。全市林业用地 66.7×10^4 hm²，是辽宁省中部城市群重要的水源涵养林区和辽东天然次生林区。特殊的地理位置和小气候，不仅孕育了品种多、数量大的中草药材而且造就了中草药材有着其他地方的药材不可比拟的特殊药力。本溪各种植物、动物和矿物药 1 117 种，自然蕴藏量 $2\,200\times10^4$ kg。人参、辽细辛、辽五味等北药驰名中外。北柴胡、黄芪、甘草等中草药适宜种植在气候温和干燥或半干燥地区，包括石桥子、张其寨、本溪经济开发区等乡镇。新城区域内部分村镇农民种植中草药。

本溪矿产资源丰富，全市已发现铁、铜、锌、石膏、大理石等矿产共 8

大类5种，其中铁矿石已探明储量 27×10^8 t 以上，石灰石矿（水泥）储量 2.1×10^8 t，溶剂石灰（冶金）储量 1.3×10^8 t。新城境内矿产资有铁、煤、黏土、石灰石、石膏、页岩、花岗岩等几十种，尤以铁矿石最为丰富，已探明储量超过 2×10^8 t，具有较高的开采价值。

本溪市位于辽宁省中部，区位好，交通优势明显，被定位为沈阳的卫星城、后花园。新城距沈阳桃仙国际机场约 20 km，距本溪市区约 24 km，是沈本一体化的重要枢纽。交通方面公路包括：沈丹高速、G304、S304，铁路：沈丹铁路。规划建设公路：沈本产业大道，铁路：沈丹客运专线、沈本城际铁路。这种独特的区位交通优势为新城发展服务业和高新技术产业提供了有利条件。

三、本溪生态新城的建设重点

建设本溪生态新城，要坚持以人为本原则：以人与自然、人与人、人与社会和谐共生、良性循环、持续繁荣为基本宗旨，遵循人、自然、社会和谐发展的客观规律，建设资源节约型、环境友好型社会，形成符合生态文明要求的产业结构、增长方式、消费模式，促进全面协调可持续发展，实现经济、社会、环境的共赢。

沈本一体化的加速推进是本溪新城得以实施的基础背景。本溪新城将会成为沈阳产业集群南向发展的重要节点。振兴东北老工业基地战略的实施、辽中城市群区域合作的启动使得本溪新城在依托空港、铁路和便利的公路交通的条件下，能够与本溪老城功能互补、产业共荣，形成高品质的基础平台。本溪城市发展需要新的经济拉动核，沈本一体化要求本溪市具有区域物流中心与服务平台。一些矿产资源面临枯竭，迫切需要寻找替代产业，丰富本溪的产业构成，搭建未来本溪产业发展的可持续框架。

将辽宁（本溪）生物医药产业基地打造成为"中国药都"，在药业基地范围内形成高密度的产业集群，入驻的企业、机构的数量多，医药的研发、中试、销售和物流，产业功能完备，保持青山绿水，使用清洁能源，维护生态平衡，将本溪新城建成一座基本没有空气污染，污水零排放的生态型城市。

用生态文明引导新城规划建设，弘扬生态文化，把中国文化中"天人合一"的传统精神与本溪人热爱自然、崇尚自然、亲近自然的豁达情怀结合起来，让生态文化成为主流文化，生态意识上升为全民意识、主流意识，渗透到城市建设、居民行为、社会风气、城市精神等各个方面，形成全社会关注生态、热爱生态的浓厚氛围，使生态伦理标准成为公众自觉遵守的道德规范。

建设、施工与保护环境并举，增强环境保护意识，做好施工期的环境保护工作。在制订施工组织计划时，应对可能出现的扬尘、噪声、水污染、固体废弃物污染等环境问题制定相应的预防和治理措施。积极利用适应生态新城需求的新能源、新技术，节能减排。积极引进风能、太阳能等新能源，地源热泵技术应用、煤层气开发、中水回用等新技术，确保城市的可持续发展。新城的地位是宜居城市，所以更应该将提高市民生活质量作为建设生态宜居城市的出发点和落脚点。

四、未来本溪生态新城的特点

1. 新城空间格局——山水互依，生态之城

本溪生态新城占据着得天独厚的地理位置，不仅多山环绕，而且水系丰富，拥有良好的宜居环境。四大生态公园（歪头山矿场生态公园、边牛东山城生态公园、张其寨生态公园、石桥子西沟生态公园）更加凸显本溪新城优良的生态效应。在以四大公园建设为生态建设核心的同时，与周围山体的绿化渗透共同构成城市自然景观基底，打造和谐的宜居环境，形成"水在城中、城在林中、路在绿中、楼在园中、人在景中"的城市画面。让自然和人文资源优势转化成城市环境优势，实现生态环境质量和景观环境效果的有机结合，从而更好地彰显城市特色，提高城市品位。

2. 新城新职能——药业之都，创新之城

我国生物医药产业集群化发展将是一个必然的趋势。为形成集约、紧凑、高效的空间布局模式，新城规划在产业用地布局上强调组团式的弹性复合理念，以确保城市提供优质、生态、富有特色的产业环境。具体划分为政府主导"群"、开发公司运作"群"、高校智力"群"、上游研发类企业"群"、中游生产性企业"群"、下游销售类企业"群"和生活配套服务企业"群"等。而产业组团的联系网络是通过公交走廊。

本溪生态新城旨在打造"中国药都"，在医药产业开发上，坚持以"大产业、广覆盖"来推动生物医药产业集聚发展。所谓"大产业"，就是一二三产业一起上，产学研齐发展，形成一个完整的产业化系统。所谓"广覆盖"，就是包含中药、化学制药、生物制药、药物中间体、健康保健品、医疗器械、医疗包装品及医药物流等大医药业。用 $3\sim5$ 年时间，在 $20\ km^2$ 的药业基地形成 200 个企业集聚，使其成为本溪的新兴主导产业和未来支柱产业，成为独具特色、国内一流的国家级医药产业基地。

3. 宜居品质——多元复合，魅力之城

城市是一个以人的行为为主导、以自然环境为依托、以资源流动为命脉、以社会体制为经络的复合生态系统。人居环境的核心是"人"，居住、生活、

休闲以及交通管理、公共服务、文化等各种社会功能都应满足人们的需求。因此，城市建设绝不仅仅是通过市场运作机制实现公共资产的增值和保值。促进城市经济单方面的发展和提高，更重要的在于改善人居环境，促进城市可持续发展，使人民分享到经济发展和社会进步的成果，真正实现城市经济、环境和社会效益相统一。

本溪新城建设本着多元复合的方针，精心打造宜居的城市品质。新城将建有三所市级综合医院、两个体育休闲中心、三个文化中心，即生态文化中心、产业文化中心和市民文化中心。为充分体现多元社区和多彩生活的设计宗旨，结合快速公交站点与城际铁路、城市轨道交通建设，将形成疏密相间的城市居住组团。特别是在主要交通站点周边形成高强度开发用地，这部分组团承载着本溪新城的绝大部分居住人口。每个组团中心轴线两侧，各有80 m 的公共配套设施用地，形成独立社区组团的商业服务核心带。中小学、托幼用地按服务半径 300～500 m 设置。社区公共绿地集中居中设置，半径为500 m。社区服务中心也集中居中设置，并且沿街还设有小规模便利店，满足市民日常生活需要。其滨水地区和河岸两侧用地，开发低密度的公共建筑。山坡、山坳地区用地，根据组团需要开发花园式住宅。

第六章 辽南地区

第一节 区域概况

一、区位特征

辽南地区包括大连市、营口市两个地级市。其中大连市包括瓦房店市、普兰店市、庄河市、长海县四个县（市）和中山、西岗、沙河口、甘井子、旅顺口、金州六个区；营口市包括大石桥市、盖州市两个县（市）和站前、西市、老边、鲅鱼圈四个区。辽南地区共辖 10 区、5 县级市、1 县、84 镇、23 乡。2008 年，辽南地区土地面积 17 754 km²，占全省的 12.08%，人口 817.2×10⁴，占全省的 19.24%。

辽南地区东临黄海，与朝鲜、韩国隔海相望；北连辽东和辽中地区；西临渤海，与辽西地区和河北省隔海相望；南端老铁山隔渤海海峡和山东半岛遥相接应，形成渤海和黄海的分界。辽南地区是辽东半岛的主体部分，地处辽东半岛丘陵区，千山山脉横贯其中。辽南地区西北部的辽河三角洲平原，属辽河下游平原的一部分；中部和东北部主要为千山山脉的低山丘陵区。因伸入海洋，受海洋影响较大，气候温暖湿润，属暖温带季风气候。其特征是夏季温热多雨，受海洋影响，很少出现酷热天气。年降水量为 650～950 mm，由东北向西南递减，主要集中于夏季。主要土壤类型有棕壤、草甸土、滨海盐土、沼泽土、风沙土、水稻土等土类，其中棕壤面积最大。

辽南地区位于东北地区对外开放的前沿，地处东北亚的中心，环渤海经济带的北端，东临日本、韩国，与朝鲜接壤，是承接日韩产业转移的重要区域，也面向经济活跃的泛太平洋区域，与俄罗斯、蒙古陆路相连，经济联系密切，是欧亚地区通往太平洋的重要"大陆桥"之一；南与山东半岛经济区相望；西与京三角经济区相邻；北靠东北腹地；周围环绕着经济强省、农业大省和能源大省，区位优势十分明显（图 6-1）。

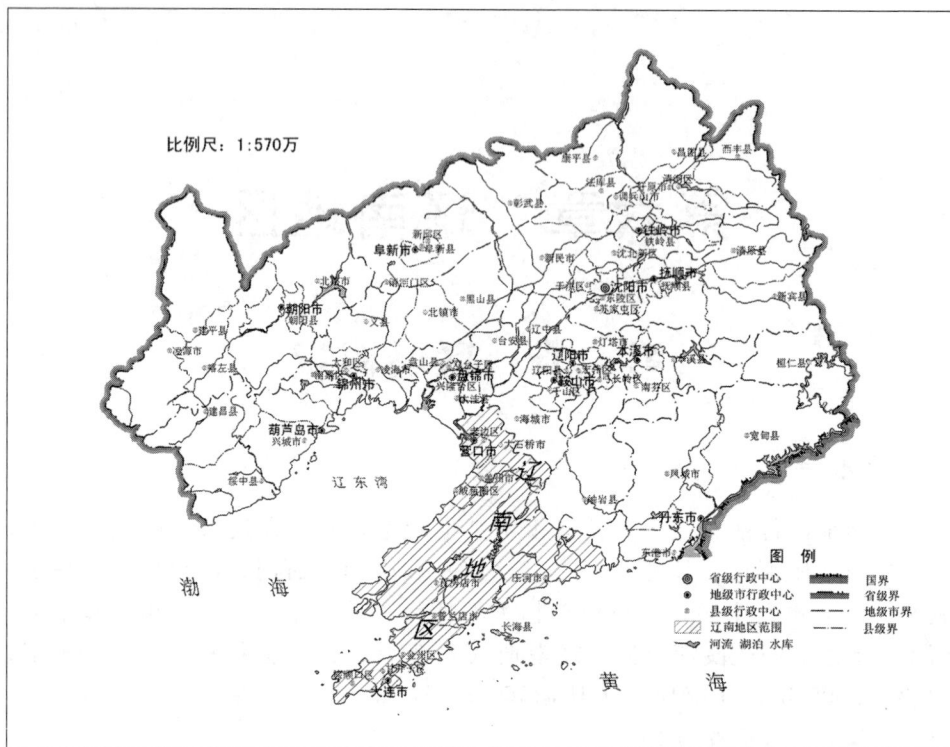

图 6-1　辽南地区地理区位图

二、地理概况

　　辽南地区属于暖温带季风性气候，雨热充足，加上自然条件优越，农业发达，玉米、水稻、高粱、谷子、薯类、大豆、花生等产量高。它还是我国苹果的集中产区和最大的外销基地。又因为辽南地区气候受海洋影响，很少出现酷热天气，辽南滨海地区为避暑胜地。辽南地区自然风光秀丽，人文景观众多，加上临海的区位优势，滨海旅游资源丰富，使得辽南地区成为我国的旅游胜地。辽南地区矿产资源丰富，种类多，储量较大。辽南地区的矿产储量在全国不是最大的，但是它对我国的资源结构却十分重要，特别是一些重要的我国稀缺矿产，如金、金刚石等。

　　辽南地区的重要城市大连，是省内第二大城市，是辽宁省的一个重要沿海港口城市，是东北地区的经济中心，主要的对外门户，也是东北亚重要的国际航运中心、国际物流中心、区域性金融中心。辽南地区交通运输基础设施完善，运作机构配套，各种交通工具齐备，目前已经形成了海陆空相互协调的立体化、多功能、综合性的现代化运输系统。

　　辽南地区经济发展较快，总体经济水平相对于辽宁省其他地区来说比较高。而在三个产业中，辽南地区的第二产业和第三产业比较突出，占据着全省重要的地位。2008 年，辽南地区的生产总值达到 4 561.82×10⁸ 元，占辽宁省生产总值的 34％。三次产业产值在全省中均占有较大份额。在人均生产总值上辽南地区在全省更是遥遥领先。2008 年我国人均 GDP 在 3 000 美元左右，辽宁全省的人均生产总值是 31 258 元，而辽南地区的人均生产总值达到了 93 376 元（表 6.1）。由此可见，辽南地区的经济发展较辽宁其他地区快速，在全国也属于经济发展水平较高的地区。

表 6.1　2008 年辽南地区生产总值和人均生产总值

经济指标	辽宁省	辽南地区	辽南占全省的比例
第一产业/10⁸ 元	1 320.0	350.79	27％
第二产业/10⁸ 元	7 512.1	2 398.26	32％
第三产业/10⁸ 元	4 647.5	1 812.77	39％
生产总值/10⁸ 元	13 479.6	4 561.82	34％
人均生产总值/元	31 258.0	93 376.00	

资料来源：辽宁省统计局. 辽宁统计年鉴（2009）［M］. 北京：中国统计出版社，2009。

第二节　资源环境特征

一、旅游资源丰富

　　辽南沿海地区是辽宁旅游资源的集聚带，滨海旅游资源丰富。"阳光、沙滩、碧水、空气"等优质旅游业基本要素完备，是中外闻名的海滨旅游和避暑胜地。其中，大连地处辽东半岛的南端，东濒黄海，西临渤海，海岸线曲折漫长，滩涂宽广，海域辽阔，风光秀美；气候属于受海洋性影响的温带季风气候，冬暖夏凉，四季分明，因此滨海旅游资源十分丰富。大连已开发出诸如金石滩国家旅游度假区、棒槌岛、东海公园、老虎滩海洋公园等具有相当知名度的海滨旅游度假景点，在国内外都有了一定的知名度。营口市团山海蚀地貌十分壮观，是我国沿海著名的岩石壁画长廊之一。在盖州角、台子山仙人岛等岬角处，崖壁垂挂，岩石奇异，如"三页石"、"八戒闯海"、"金鱼探海"、"巨鲸护玺"等景观都令人称绝。

辽南地区人文旅游景观也比较丰富。营口市金牛山猿人遗址，保存有完整的猿人头骨、髋骨等化石，曾被列为"世界十大科学技术发现"之一；石栅则是新石器时代晚期和铜器时代早期的墓葬。此外，上帝庙、西炮台、烽火台等景观，均享有盛誉。近代战争遗迹是大连的重要人文景观，旅顺是我国日、俄战争遗迹最集中的地区。帝国主义在旅顺厮杀而留下的战壕、工事、"纪念物"较多。整个旅顺实际上就是一座庞大的露天战争遗址。这些珍贵的历史遗址博物馆、人文景观不仅是发展旅游业的重要资源，也是进行爱国主义教育的场所。

辽南滨海旅游资源以海景和海滩为主，如棒槌岛海滨浴场、星海湾、金石滩十里黄金海岸、仙浴湾海滨浴场、傅家庄浴场等高品质的旅游资源，同时还有沿海地区特有的地质地貌景观。大连属基岩海岸，这里海岸线曲折、岬湾间布、山丘临海、基岩裸露。在海浪的磨蚀下，形成了千姿百态的海蚀地貌景观，如老虎滩的海蚀柱"老虎牙"、海蚀崖"虎头崖"、海蚀洞"老虎洞"；金石滩拥有千姿百态的海蚀礁石："百兽登岸"、"玫瑰石"、"海豹背天"、"蟹螯石"、"鲲鹏展翅"、"达摩面壁"、"八仙过海"等。大连有我国罕见且完整的震旦纪、寒武纪地质地貌、沉积岩石和丰富多彩的生物化石；有典型独特的地学旅游资源：白云山莲花状构造；有奇特的生物资源：蛇岛的蝮蛇；还有奇特的海洋水文资源。另外，大连盛产鱼、虾、蟹类及海参、鲍鱼等海珍品，为"海食文化"旅游提供了基础条件（表6.2、表6.3）。

表6.2 辽南地区主要旅游资源名录

旅游资源分类	旅游景点名称
国家5A级景点	大连老虎滩海洋公园
国家4A级景点	大连森林动物园、大连金石滩国家旅游度假区、大连现代博物馆、大连圣亚海洋世界、大连冰峪省级旅游度假区、旅顺东鸡冠山风景区、大连自然博物馆、旅顺白玉山景区
国家3A级景点	大连女子骑警基地、大连金龙寺森林公园、大连大学博物馆、大连广播电视塔、大连安波温泉旅游区、瓦房店仙峪湾旅游度假区
国家森林公园	大连国家森林公园、旅顺国家森林公园、仙人洞国家森林公园、长山群岛国家森林公园、普兰店国家森林公园、金龙寺国家森林公园、天门山国家森林公园
历史遗迹	太阳沟景区、东鸡冠山景区、白玉山景区、黄金山景区、关向应故居
国家地质公园	大连滨海国家地质公园

表 6.3 辽南主要的滨海旅游产品

类型	度假区
滨海休闲	滨海路、仙古湾旅游度假区、大黑石度假村
海滨综合	金渤海岸旅游度假区、金石滩旅游度假区
海岛休闲	三山岛旅游度假区、平岛旅游度假区、长兴岛旅游度假区、西中岛旅游度假区、黑岛度假村、獐子岛度假区、海王九岛度假区、广鹿岛度假区、大长山岛度假区、哈仙岛度假区

二、矿产资源丰富，特色矿产多

辽南地区的矿产资源在我国的资源结构中也占据着比较重要的地位，矿石种类多，储量较大。大连市已发现金属、非金属矿产资源等近 30 种、500 余处，已开发利用的矿产资源有 40 多种，其中非金属矿产中的石灰石、硅石、金刚石、石棉、菱镁矿、滑石等价值较大。石灰石矿主要集中分布于甘井子区和瓦房店市一带，探明储量为全省的 1/3 左右，金刚石探明储量为全国总储量的 54% 左右，储量居全国首位。营口的矿产资源也十分丰富，初步探明有金属和非金属矿藏 32 种，菱镁石储量居全国之首，是世界四大镁矿之一，素有"华夏镁都"之称。"中国镁都——大石桥"就坐落在市区东部。滑石、硼矿储量在国内位居前列；金矿储量居辽宁省第二位；花岗石、大理石、长石等资源十分丰富。辽南的主要矿产资源包括如下几种。

1. 金刚石矿

大连金刚石的储量居全国首位，产区集中在瓦房店市。大连瓦房店市的金刚石不仅储量大，而且质量也非常好。瓦房店金刚石总公司是主要的生产企业之一。瓦房店金刚石股份有限公司露天开采辽宁瓦房店（复县）头道沟矿区 50 号岩管金刚石原生矿，企业金刚石产量随原矿品位的富贫而波动，但年产量一般可在 $5 \times 10^4 \sim 8 \times 10^4$ 克拉[①]范围内，占我国金刚石供应量的大部分。1971 年，地质工作者在辽宁南部复县瓦房店的岚崮山发现天然钻石原生矿。该矿在我国是发现最晚，储量最大的钻石产地，该矿于 1990 年 10 月 24 日建成投产，钻石储量超过当时全国已探明储量的 50%，产出的金刚石有70% 达到宝石级。

2. 金矿

金矿是营口市的重要矿藏资源，主要分布在盖州市和大石桥市，营口市

① 1 克拉＝0.2 g。

也是辽宁省最大的金矿所在地。盖州市猫岭金矿位于太平庄乡境内,矿区面积约 5 km²,所处地理位置优越,交通便利。从 1985 年起,国家进行详细的地质勘探,已探明黄金金属储量 74.2 t,其中大于 5 g/t 的矿体总计 24 个,金属量 9 168 kg;大于 3 g/t 的矿体总计 34 个,金属量共 17 410 kg,属低硫化物、易采、易选的特大型矿床。

3. 白云岩

白云岩集中分布在大石桥市百寨镇,储量丰富,矿石质量优良,埋藏较浅,适于大规模露天开采。陈家堡子、峪子沟两个大型白云岩矿床,探明储量 47 790×10⁴ t,保有储量 47 000×10⁴ t,占全省总储量的 87%,储量居辽宁省第一位。白云岩主要用于冶金炼熔剂,该矿已被列为国家规划矿区加以保护。

4. 砷矿

辽宁省唯一探明的砷矿床——虎皮峪砷矿,位于大石桥市黄土岭镇虎皮峪村,该矿共有 25 个矿体,其中以 7 号矿体为主,长 50 m,厚 1.58 m,深 180 m。矿石量为 26.5×10⁴ t,含砷量 20 837 t,矿石矿物主要为毒砂,其次为磁黄铁矿和黄铁矿,规模较大,成矿地质条件优越,有很好的开发前景。

5. 菱镁矿

营口市菱镁矿属于晶质菱镁矿,探明储量 29.4×10⁸ t,占辽宁省的 84%,是我国最大的菱镁矿,是世界四大镁矿之一。主要资源分布在大石桥市的官屯镇青山怀、百寨镇高庄屯、圣水寺一带。菱镁矿床、矿点共发现 12 处。开采菱镁矿的矿山企业有辽宁镁矿公司青山怀镁矿、营口市电熔镁砖厂和乡镇集体矿山企业 32 个,营口青花集团有限公司生产的镁砂及系列产品畅销全国,远销美、日、法、韩、俄等 40 多个国家,已成为全国镁制品生产基地、出口基地。营口耐火材料厂试制出的电熔镁砂,是冶金工业和特种工业理想的耐火材料,可加工出电熔镁砂砖、电熔镁质出钢口砖、电熔再结和电铬砖等产品。

6. 花岗岩

营口市是东北最大的花岗岩生产基地。花岗岩俗称花岗石,结构均匀,质地坚实,颜色美观,为优质建筑材料和装饰材料。营口市花岗岩出露面积约 900 km²,主要分布在盖州市南部的 16 个乡镇内,大石桥市境内出露面积约 20 km²。全地区总储量为 250×10⁸ m³,正在开采利用的储量为 22×10⁸ m³,是东北地区最大的花岗岩生产基地。营口花岗岩有黑云母二长花岗岩、中细粒黑云母花岗岩、似斑状中—中粗粒花岗岩、中粗粒花岗闪长岩、粗粒花岗片麻岩、混合花岗岩等。其中盖州市花岗岩石材国内外闻名,现有大小采石场

68 个，年产量 $100 \times 10^4 \sim 159 \times 10^4$ m³。产品有各种楼房基石、路崖石、囤底石、矿井石、碑石、纪念碑（塔）基石、耐酸槽石和各种抛光饰面板材等，大量销往国内各地，并批量出口，特别是黑色花岗石更受国内外用户的青睐。

7. 钴矿

营口市是辽宁省唯一的钴矿产地。营口市的铜、钴矿产地共有 5 处，主要分布在大石桥市境内，盖州市 1 处。已探明储量的有 2 处。估计矿石量 538×10^4 t，钴金属量 2 023 t。钴平均品位 0.038%，矿石工业类型为铜钴硫化矿石。

8. 硼矿

营口市的硼矿保有储量占绝对优势，主要产地分布在大石桥市黄土岭乡后仙峪村和吕王乡冯家堡子。硼矿保有储量居辽宁省第二位，是营口市的优势矿产之一。后仙峪硼矿床共见 4 条矿化带，其中 2 号矿化带规模最大，矿化最好，是辽宁省开采条件较好的富硼矿。以富含遂安石为主要特征，矿石的矿组成主要有硼镁石、燧安石、硼镁铁矿 3 种。

三、海洋资源丰富

辽南地区浅海面积（10 m 等深线以内）约 4.7×10^4 hm² 亩，潮间带滩涂面积约 13.3×10^4 hm²，现已开发利用约 15%。海洋矿产资源品种多，探明储量较丰富，海洋能源蕴藏量较大，海洋生物经济种类 80 多种。该区还是全国主要芦苇、海盐产区。

营口市西濒临渤海辽东湾，海洋资源开发潜力大，有 96 km 海岸线，近海滩涂逾 1.1×10^4 hm²，各类水产品 80 多种，百里盐田年产海盐 80×10^4 t，近靠辽河油田，近海和地下有丰富的油气资源；水产品以东方对虾、螃蟹和中华鳖绒河蟹著称。

大连三面环海，一面靠山，拥有 1 906 km 的海岸线和 226 个各具特色的岛屿，领海基线以内属于大连管理的海域面积约为 2.3×10^4 km²。大海孕育了大连的海洋经济、海洋文化、海洋环境、海洋资源。大连的鲍鱼、对虾等海洋珍品远销海外，虾夷扇贝和裙带菜等的产量占全国总产量的 90%。

1. 海洋能源

"海洋能"包括潮汐、海流、波浪、海洋温度、盐度差等能源。与开发石油、水电和核能相比，开发海洋能源是一种取之不尽、用之不竭的可再生能源。大连三面环海，海岸线较长，具有丰富的海洋能，沿海可开发的潮汐电站装机容量预计可达 6 000 kW，年发电量可达 12×10^8 kW·h。

2. 海洋生物资源

辽南地区海洋生物资源丰富。大连市盛产海参、海胆、鲍鱼等名贵海产品。皱纹盘鲍、刺参、扇贝、对虾、裙带菜等资源量大、质优闻名海内外。南部沿海和长山群岛基岩岸段是海珍品的主要产地。营口近岸海域是辽东湾渔场的重要组成部分，基础生产力较高。海产品种类齐全，有经济鱼、虾、贝、蟹、海蜇等80多个品种。海产品捕捞量居辽宁省第三，海蜇产量居辽宁省第一。该区域历史上为多种海洋经济生物的栖息繁殖和生长的场所，盛产中国毛虾、鲈鱼、小黄鱼等经济生物，此外海蜇、文蛤、四角蛤蜊、沙蚬子等资源也很丰富。

3. 滨海旅游资源

大连拥有众多的优良港湾，港湾的基岩岸段长950 km。山、海、岛、礁等地貌奇观组成了大连颇为独特的自然景观，也使大连拥有了众多的滨海公园、海水浴场、度假区等旅游资源。其中闻名遐迩的星海湾、海洋极地馆、圣亚海洋世界、金石滩等景观，营造出浓烈的海洋文化氛围。大连漫长曲折的海岸线造就了60余处优良的天然海水浴场，这里沙软滩平、阳光充足、气候宜人、空气清新，是理想的避暑胜地。

4. 滩涂及海湾资源

辽南沿海滩涂面积广阔。大连市现有滩涂660 km^2，占土地总面积的5.2%，黄海与渤海沿岸均有分布。沿海滩涂潮汐换水条件好，有利于发展对虾和贝类养殖。渤海滩涂属淤泥质，渗透力好，有利于建设盐田，大连有宜盐滩涂220 km^2。营口海岸线长96.5 km，沿海滩涂广阔，浅海水质肥沃，全市滩涂面积有131.2 km^2，已开发利用面积为45.8%。营口小海湾自北向南主要有营盖海湾、望海寨湾、熊岳河湾、白沙湾。

5. 盐业资源

营口市共有盐田面积210.5 km^2，"百里盐田"居全省之首，盐化产量全省第一，是我国著名的盐区之一，主要分布在营口市南部的老边区，年产盐80×10^4 t，精盐15×10^4 t，粉洗盐10×10^4 t，氯化镁1×10^4 t，溴素530 t，氢溴酸1 000 t，年产值12×10^8 元，产品质量达到国内和国际同行业先进水平。

第三节　人文经济特征

一、沿海港口区位优势明显

以大连为龙头，营口和庄河为两翼的辽南沿海经济区，面临黄海和渤海，海岸线狭长，呈斜"V"字形分布，是辽宁沿海经济带的重要组成部分。本区是整个东北地区的对外"窗口"和海上通道，占据着非常重要的战略位置，尤其是大连和营口，沿海区位优势非常明显，是国内重要的主枢纽港，同世界160多个国家和地区有船舶往来。

1. 大连港

大连港位于辽东半岛南部、东北亚经济圈的中心位置、中国东北主要的对外门户。港口接近国际海上运输主航道，深水资源等建港条件十分优越，区位优势得天独厚。它的核心港区陆域面积约18 km²，主要分布在大港、黑嘴子、甘井子、大连湾、鲇鱼湾、大窑湾等港区。大连港拥有现代化生产性泊位196个，港口通过能力达到2.4×10^8 t，集装箱通过能力达到近800×10^4标箱，初步形成了大窑湾集装箱码头、30×10^4 t原油码头、30×10^4 t矿石码头、汽车专用码头和长兴岛公共港区等布局合理、层次分明、分工明确的港口集群，具备了与国际航运中心相匹配的公共基础设施。大连港已经与世界160多个国家和地区、300多个港口、超过50家国内外大型航运企业建立了港航运输或经贸合作关系，拥有基本覆盖全球各主要港口的国际集装箱航线80条。2010年，大连港货物吞吐量突破3×10^8 t，居全国第6、世界第8。

2. 营口港

营口港是距东北三省及内蒙古自治区经济腹地最便捷的出海口，其突出的区位优势，大型化、信息化、深水化、现代化的港口功能，使营口港与大连港一起组成东北亚国际航运中心的"双核心"。营口港现辖营口、鲅鱼圈和仙人岛三个港区，陆域面积20多平方千米，共有包括集装箱、滚装汽车、煤炭、粮食、矿石、大件设备、成品油及液体化工品和原油8个专用码头在内的61个生产泊位，最大泊位为20×10^4 t级矿石码头和30×10^4 t级原油码头，集装箱码头可停靠第五代集装箱船。营口港已同50多个国家和地区140多个港口建立了航运业务关系。2010年，吞吐量已突破2×10^8 t，成为中国东北第二大港、中国第十大港。

二、东北亚国际航运中心——大连

由于大连区位优势得天独厚、建港条件优良、临港工业基础雄厚以及全方位的对外开放和完善的现代服务功能，其东北亚国际航运中心地位不断提高，但还需要进一步完善国际航运中心的功能，将大连建设成为集运输物流、国际商贸、国际生产加工服务、金融财务、信息人才交流五大功能为一体的国际化航运中心。

1. 国际运输与物流服务中心

运输和物流服务是大连东北亚国际航运中心的基础功能。辽南地区沿海及东北地区已形成较完善的交通运输网络。东北地区的铁路网密度位居全国第一。哈大铁路是东北铁路网的主轴。高速公路网络已经覆盖大部分城市。大连港是东北亚国际航运中心，是欧亚"陆桥"运输的理想中转港。烟大轮渡是国内跨度最长的跨海铁路轮渡。大连国际机场是东北地区客货吞吐量最大、国际国内航线和航班数量最多的机场。以大口径为主的输油管道网络在全国率先建成，大庆至大连输油管道连接东北腹地众多的石化企业。总体上看，已经初步形成以港口为门户，铁路为动脉，公路为骨架，民用航空、管道运输、海上运输相配套，贯通东北腹地，连接山东半岛和东南沿海，面向东北亚的区域综合运输体系。

依托发达的交通体系，大连的物流业非常发达。大连大孤山半岛国际物流区及大连保税港区是大连国际航运中心国际物流的核心功能区。大连将整个大孤山半岛辟建为国际物流园区，依托大窑湾地区集装箱码头、汽车码头、油品码头、矿石码头、北良港等专业化港口，构建以大连保税物流园区为中心，以油品物流中心、散矿物流中心，大连国际粮油食品物流中心，汽车物流园区为节点的国际物流园区网络，加快形成大连航运中心现代物流网络体系，为航运中心的建设奠定基础。在沈大高速公路后盐出口的两侧，建立甘井子陆港物流中心区。根据需要和可能向南关岭、周水子、革镇堡现有仓储拓展，另外还有大连北部产业物流集聚区——大连长兴岛工业园区、大连湾南部沿岸（老港区）物流园区——大连物流主体区等物流集聚和发达的地方。

2. 国际商品贸易与服务中心

商品贸易及其相应的服务是对国际航运中心最直接的功能支撑。贸易引起的物流集散是国际航运中心发展的根本动力。作为东北经济区和环渤海经济带的对外贸易窗口和重要口岸城市的大连，理应成为国际商品贸易及其相应服务的中心。国家对大连保税物流园区实施"区港联动"，通过大连保税区和大连港区在形态、资源上的整合、集成，促进货物在境内外的快速集拼、快速流动、快速集运，带动信息流、资金流和商品流的集聚和辐射，使"区"和"港"的资源在保税区物流园区项目运作中真正达到优化组合，强化大连东北亚国际航运中心的商品贸易功能。

3. 国际生产与加工服务中心

大连东北亚国际航运中心的生产与加工功能主要指临港产业（大型石化产业基地、船舶制造基地、装备制造业基地、粮食深加工基地）。大连现已初步形成与国际经济接轨的外向型经济格局，拥有四个国家级开发区，具备发展临港产业的优良自然条件、坚实工业基础、发达支持系统、高等人才支持等条件，是理想的投资区域。鉴于世界加工中心已经开始向东北亚地区特别是我国东北地区转移，大连的这些优势对于吸引各大公司的生产和加工中心有着极大吸引力。大连可以按照"大项目—产业链—产业群—产业基地"的发展方向整合上下游生产企业，拉长产业链，集中产业布局，重点打造石化、造船、机械制造等产业基地。

4. 国际金融与财务服务中心

航运业是一个资金密集型行业，金融业的发展能解决航运和港口企业资金不足的问题，充分发挥其在航运投资、融资、结算和海上保险中的作用。大连市的金融业是大连对内对外开放区位优势的具体体现。金融业可以为国际航运中心建设提供全方位金融服务，为国际航运中心建设提供直接的金融支持。发达的金融业还有利于降低企业的融资成本，可以使企业资源逐渐向区域金融中心聚集。大连金融业应逐步形成融资服务、结算服务和保险服务 3 个中心。融资服务中心为航运中心提供多样化的投融资渠道，形成国家投资、引进外资、地方筹资、社会融资相结合的格局；结算服务中心为外汇交易提供便利，促进国际结算顺利进行；保险服务中心有利于降低市场风险，有利于国际航运企业的经济核算和经营管理，减少航运事故的发生。

5. 国际信息交换与人才交流中心

当今世界，所有的国际运输、物流、贸易、生产等经济活动，均须依赖以信息技术为代表的高新科技的支撑。大连东北亚国际航运信息中心功能主要体现在以下几方面：首先，航运信息的发布。世界著名航运中心都设有咨询机构，以提供权威性的航运信息。大连东北亚国际航运中心也必须建立起航运信息中心的地位，应有权威的咨询机构、航运信息库、权威性信息类航运出版物，并发布一系列的运价指数。其次，国际航运信息交换的平台。建设国际航运中心离不开信息基础设施和相应的技术环境。因此，大连东北亚国际航运中心须建立一个标准化、系统化、多接口的国际信息交换平台和服务系统。大连东北亚国际航运中心的建设，不仅需要高级工程技术人才，同时也需要一大批熟悉国际贸易和国际运输业务的交通运输方面的人才。建设国际航运人才交流中心也是大连东北亚国际航运中心重要的功能定位。

第四节 辽南人地关系与可持续发展

一、引水入连

大连市属暖温带季风型大陆性气候，年降水量为 600～900 mm，降水量由东北向西南递减。天然降水的主要特征是时空分布不均，年际变化幅度大，西北部的营口、鲅鱼圈和南部的普兰店、大连、旅顺，年平均降水量为 610～670 mm，长兴岛年降水量最少，为 570 mm 左右。辽东半岛东海岸降水量明显高于西海岸。辽南地区枯水年和丰水年会连续出现，全年降水量的 60％～70％集中在夏季。天然降水的区域分布不均，在北部山区降水集中程度，最大平均相差超过 1.6 倍。水资源短缺成为制约大连发展的重要因素。

近年来，大连市连续发生严重干旱，旱情持续时间之长、波及面之广、危害与影响之大，都是历史上罕见的。2001 年 6 月 15 日，旱象发展到顶点时，城市供水告急。全市城区周围担负供水任务的 9 座中小水库总蓄水量降至 1 450×10⁴ m³，扣除死库容，可用水量仅 700×10⁴ m³。向大连城市供水的主要水源地碧流河水库蓄水降至历史最低点，蓄水量为 8 250×10⁴ m³，扣除死库容 7 000×10⁴ m³，可供水仅有 1 250×10⁴ m³。为解决大连水资源的短缺的问题，大连市政府进行了多项引水工程，以缓解水资源与经济发展之间的矛盾。大连市先后扩建碧流河和英纳河水库，实施三期引碧入连工程和两期引英入连工程。

（一）引碧入连

引碧入连工程以大连城市供水为主，兼顾沿途农业用水、中小城镇用水的跨流域调水工程。1986 年竣工的碧流河水库位于大连市东北 170 km 处，总库容 9.34×10⁸ m³，年调节水量 4.03×10⁸ m³，是大连市重要的水源地。为缓解城市供水困难，先后建设了引碧入连一期、二期应急供水工程，每年能为城市供水 2×10⁸ m³。引碧入连工程分为北、南两段。北段始于碧流河水库坝下，止于洼子店水库左坝头受水池，为主要的引水工程；南段为进入城区的受水工程。工程主要由取水头部及输水总干线、防洪工程、分水枢纽等组成。输水总干线全长 67.75 km，天然落差 25 m，包括暗渠、倒虹吸、隧洞等主要建筑物。地震设计烈度为Ⅶ度，供水流量为 13.89 m³/s，总干渠渠首最大供水流量为 15.05 m³/s，年总供水量为 3.33×10⁸ m³。

（二）引英入连

引英入连应急供水工程，位于辽东半岛南端的大连市境内，工程始于取水头部的庄河市英那河水库，终于受水尾部的普兰店洼子店水库，线路总长108.5 km。工程主要包括水源泵站工程、输水管线工程、受水池工程。该工程设计输水能力为 33×10^4 t/d，实际运行能力可达 38×10^4 t/d。引英入连所建水库库容由原 0.62×10^8 m^3，扩建为 2.87×10^8 m^3，2003 年年底竣工，总投资 5.59×10^8 元。引英入连一期工程于 2000 年 9 月 28 日正式开工，2001 年 5 月 28 日完工，实际工期 8 个月，并于 2001 年 5 月 28 日试通水一次成功。二期工程于 2003 年 11 月 20 日正式开工，2004 年 5 月 31 日完工，实际工期 6 个月。

二、海洋资源与环境可持续开发与保护

辽南地区拥有丰富的海洋资源和优越的自然条件，为地区的社会经济发展提供了重要的物质基础。然而，在以往的海洋开发活动中，由于海洋资源、环境意识淡薄，加之缺乏科学的宏观指导，存在着无序、无度、无偿的用海现象，严重制约了辽南地区的经济发展。因而保护海洋生态环境，实现海洋资源可持续开发和利用是辽南人神圣的职责和根本的伦理要求，也是建设和谐辽南，实现经济和社会可持续发展的必要前提。

1. 近海海域水环境问题

辽南湾海域污染十分严重。例如，大连工业企业已有 140 多个工业门类，其中，造船、机车、机械、化工、纺织、建材等产业大都设在海陆运输接触点的大连湾周围，大连湾已成为容纳大连市工业废水和生活污水的主要海域。大连湾近岸海域污染以工业污水和生活污水混合排放区潮间带污染为主。陆源污染严重损害了大连湾海域的生态环境，大连湾海域由于环境污染所造成的水产业经济损失每年有数千万元，同时还造成了部分海域底栖生物绝迹，赤潮灾害频繁发生，海水养殖病持续蔓延。黄海和渤海的海水自净能力较弱，对于这样的海域环境，其污染的控制和治理难度很大，一旦生态系统遭到破坏，需要用很长时间、很大代价才能恢复。

2. 海洋资源与环境可持续发展保护策略

树立海洋国土观念，确立可持续发展意识。增强人们的海洋国土意识、海洋经济意识、海洋环境意识，把传统的海洋开发转变为对海洋的多目标、多层次、多领域、多系统开发利用。开发利用和保护并重，实现近期开发和未来开发的合理配置、统筹兼顾、突出重点。加强海洋管理，强化海洋开发和环境综合管理。为实现海洋资源可持续发展，要逐步建立健全各级海洋管理机构，加强监督检查。

海洋资源开发与环境保护相结合。严格遵循自然规律，根据资源再生能力和自然环境的适应能力，科学地处理好海洋开发利用和保护之间的关系，实现海洋资源的可持续利用和保护。建立海洋资源数据库，实施海洋动态信息管理。在海域调查的基础上，建立海域、海岸带资源档案、数据库，为今后海洋开发规划、宏观决策等提供咨询服务。在此基础上建立动态跟踪监测模型，及时、准确地掌握海洋资源的开发利用情况，为正确决策提供支持。

第七章 辽中地区

第一节 区域概况

一、区位特征

辽中地区包括沈阳市（新民市、辽中县，不含康平县、法库县）、辽阳市（含辽阳县、灯塔市）、鞍山市（含海城市、台安县，不含岫岩满族自治县）、盘锦市（盘山县、大洼县），共辖21区、3县级市、5县（图7-1）。辽中地区以长大铁路为界，东部为丘陵低山区，西部为辽河平原，长大铁路沿线地带为丘陵低山与辽河平原的过渡区。长大铁路以西为广阔的辽河平原，盘锦

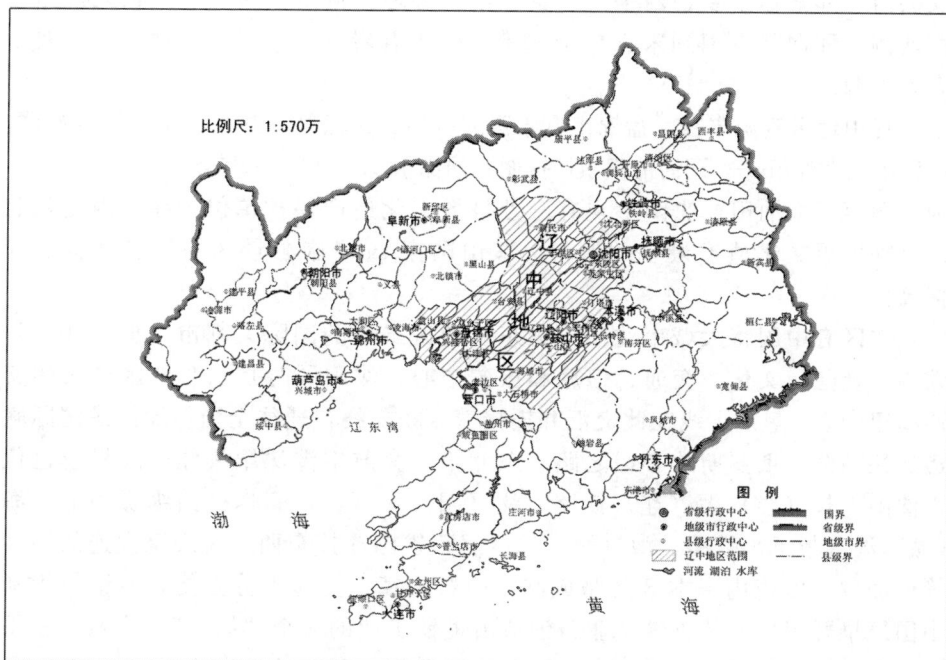

图7-1　辽中地区地理区位图

市南部的辽东湾沿岸为辽河三角洲的最前沿。与辽东、辽南、辽西、辽北比较，辽中在辽宁五区中社会经济各项指标均位于辽宁省区的前列，经济发展水平较高（表 7.1）。

表 7.1　辽中地区社会经济基本情况表（2008）

	土地面积/ km²	人口/ 10⁴	地区生产总值/10⁸ 元	农业生产总值/10⁸ 元	工业生产总值/10⁸ 元	第三产业生产总值/10⁸ 元	地方财政收入/10⁸ 元
辽中	22 072	1 268.8	4 400.5	232.26	2 099.1	1 850.3	274.89
占全省百分比/%	15.02	30.13	42.42	24.14	45.40	43.70	42.10

资料来源：辽宁省统计局. 辽宁统计年鉴（2009）［M］. 北京：中国统计出版社，2009。

二、地理概况

辽中地区以辽阳县与岫岩、凤城、本溪三县交界地带地势最高，辽河平原地势平坦，海拔多在 50 m 以下。东部丘陵低山与辽河平原之间为过渡区，有山前倾斜平原、坡岗地和低丘，海拔 50～300 m。西部平原区的辽河及其西部支流柳河、绕阳河沿岸有风蚀洼地、风蚀沟、沙丘等风沙地貌，分布于台安县西北部桑林子乡、西平乡、黄沙坨乡等地。鞍山市西北部，长大铁路东西两侧，环钢路以南到宋三台子一带，分布着岩溶（喀斯特）地貌，主要形态是溶洞。

辽中地区资源丰富，盘锦市有丰富的石油、天然气、井盐、煤、硫等矿藏。中国第三大油田——辽河油田累计探明石油储量 21×10^8 t，天然气 $1\,784 \times 10^8$ m³，为中国第三大油田。沈阳市现有三处世界文化遗产保护单位，在国内是除北京之外世界文化遗产最多的城市。鞍山国家 A 级旅游景区的知名度也逐渐提高。

本区有中国特大城市沈阳，为东北地区最大的国际大都市，也是辽宁省政治、金融、文化、交通、信息和旅游中心。沈阳同时是东北地区最大的交通枢纽中心，5 条干线在此交汇并连接着 8 条支线，通往全国各地，是国际联运通往朝鲜、俄罗斯的必经之路。东北第一大航空港沈阳桃仙国际机场也位于沈阳。长（春）大（连）铁路、沈（阳）大（连）高速公路纵贯南北；海（城）沟（帮子）铁路、海（城）岫（岩）铁路连接东西。大庆至大连的输油管道经过鞍山境内。本区公路成网，遍布乡镇，交通十分方便。鞍钢作为新中国最早开工生产的钢铁企业，创造出钢铁工业的多个"第一"，为鞍山赢得了"中国钢都"之称。到 2009 年，鞍钢累积产量居全国钢铁企业之首。另外，辽阳有全国最大的制药机械厂和全国造纸机械、工业纸板生产基地，铁合金厂是国家铁合金行业的重点企业，化纤工业则是国家重点基地之一。

第二节 资源环境特征

一、沈阳、鞍山旅游资源

辽中地区旅游资源丰富，景点品质高，从近几年（2005～2008 年）游客人次数据也可以看出（表 7.2），辽中一地即占了全省旅游人次的 1/3。辽中地区旅游资源无论数量、品质都以沈阳、鞍山两地为最。

表 7.2 辽中地区旅游资源情况

年份	2005	2006	2007	2008
辽中接待旅游人数/人次	419 189	532 568	630 815	731 602
辽宁接待游客数/人次	1 301 955	1 612 987	2 000 867	2 418 707
占全省比例/%	32.2	33.0	31.5	30.2

资料来源：辽宁省统计局. 辽宁统计年鉴（2009）[M]. 北京：中国统计出版社，2009。

（一）沈阳旅游资源

沈阳市是辽宁省的省会，中国七大区域中心城市之一，东北地区最大的国际大都市，也是国家级历史文化名城、中国优秀旅游城市，旅游资源丰富（表 7.3）。沈阳历史悠久，孕育了辽河流域的早期文化。近年来，沈阳旅游人次不断攀升，2007 年已超过 $5\,000\times10^4$ 人次。海外旅游者人数也不断增加，旅游业收入占全市 GDP 的比例也在不断升高。

表 7.3 沈阳主要旅游资源名录

旅游资源分类	旅游景点名称
世界文化遗产	沈阳故宫、沈阳北陵（昭陵）、沈阳东陵（福陵）
国家 5A 级景区	沈阳植物园
国家 4A 级景区	沈阳棋盘山风景区、沈阳三农博览园、沈飞航空博览园、辽宁省博物馆、沈阳冰川动物乐园
国家 3A 级景区	沈阳老龙口酒博物馆
全国重点文物保护单位	清故宫、福陵、昭陵、张氏帅府、东北大学遗址、叶茂台辽墓群、新乐遗址、石台子山城、高台山遗址、锡伯族家庙
国家级森林公园	沈阳陨石山国家级森林公园
国家级自然保护区	沈阳古陨石地质遗迹国家级自然保护区
国家级爱国主义教育基地	九一八事变博物馆

1. 沈阳故宫

沈阳故宫始建于 1625 年，建成于 1636 年，后经康熙、乾隆皇帝不断改建、增建，形成了今日共有宫殿、亭、台、楼、阁、斋堂等建筑 100 余座，占地面积达 $6×10^4$ m^2 的格局面貌。这是清王朝亲手缔造的第一座大气庄严的帝王宫殿建筑群，其浓郁多姿的满族民族风格和中国东北地方特色，都是北京明清故宫所无法比拟的。作为满汉建筑艺术融合得尽善尽美的范例，沈阳故宫既是中国最著名的历史古迹和旅游胜地，也是当之无愧的优秀世界文化遗产。

2. 沈阳北陵（昭陵）

沈阳昭陵位于沈阳古城北约 5 km，因此也称"北陵"。园内古松参天、草木葱茏、湖水荡漾、楼殿威严、金瓦夺目，充分显示出皇家陵园的雄伟、壮丽和现代园林的清雅、秀美。

昭陵是清朝皇太极以及孝庄文皇后的陵墓，占地面积 $16×10^4$ m^3，是清初"关外三陵"中规模最大、气势最宏伟的一座。昭陵除了葬有帝后外，还葬有关睢宫宸妃、麟趾宫贵妃等一批后妃佳丽，是清初关外陵寝中最具代表性的一座帝陵，是我国现存最完整的古代帝王陵墓建筑之一，现为国家重点文物保护单位，并于 2004 年 7 月 1 日被正式列入世界遗产名录。

3. 沈阳东陵（福陵）

福陵位于沈阳东郊的东陵公园内，是清太祖努尔哈赤和孝慈高皇后叶赫那拉氏的陵墓，因地处沈阳东郊，故又称东陵。福陵利用地形修筑的"福陵一百零八蹬"（108 级台阶），象征着三十六天罡和七十二地煞，是福陵的重要标志。福陵与沈阳的昭陵、新宾县永陵合称"关外三陵"、"盛京三陵"。整座陵墓背倚天柱山，前临浑河，自南而北地势渐高，山形迤逦、万松参天、百水回环、层楼朱壁、金瓦生辉、建筑宏伟、气势威严、幽静肃穆、古色苍然，其优美独特的自然风光和深邃人文景观早已为历代文人雅士所垂青。福陵建筑格局因山势形成前低后高之势，南北狭长，从南向北可划分为三部分：大红门外区，神道区，方城、宝城区。陵寝建筑规制完备，礼制设施齐全，主要建筑规模宏伟，陵寝建筑群保存较为完整。2004 年 7 月 1 日沈阳福陵作为明清皇家陵寝文化遗产扩展项目列入世界遗产名录。

（二）鞍山旅游资源

鞍山地处辽东半岛中部，有"共和国钢都"的美誉，长（春）大（连）铁路、沈（阳）大（连）高速公路纵贯南北；海（城）沟（帮子）铁路、海（城）岫（岩）铁路连接东西，交通十分方便。鞍山旅游景点众多，旅游业发展迅速。2008 年，鞍山接待旅游人次 $15.5×10^4$ 人次，外汇收入 $1.2×10^8$ 美元，并且在 2000～2004 年间，申请报批共 15 个国家 A 级旅游景区（表 7.4），旅游资源增加，景区知名度提高。

表 7.4 鞍山 2000～2004 年间国家 A 级旅游景区

序号	名称	级别	批准时间
1	鞍山玉佛苑	AAAA	2000 年 11 月
2	鞍山市千山风景名胜区	AAAA	2001 年 4 月
3	鞍山市汤岗子温泉旅游度假区	AAA	2001 年 1 月
4	鞍山市岫岩县药山风景名胜区	AA	2002 年 7 月
5	鞍山市海城白云山风景区	AA	2002 年 12 月
6	鞍山市岫岩县龙潭湾风景区	AA	2002 年 12 月
7	鞍山市海城九龙川自然保护区	AA	2003 年 11 月
8	鞍山市千山区双龙山旅游景区	AA	2003 年 12 月
9	鞍山市罗汉圣地	AA	2004 年 11 月
10	鞍山市岫岩县清凉山风景区	A	2002 年 7 月
11	鞍山市海城东四方台温泉度假区	A	2002 年 12 月
12	鞍山市岫岩县卧鹿山效圣寺	A	2003 年 11 月
13	鞍山市台安县西平森林公园	A	2003 年 11 月
14	鞍山市台安县张学良出生地纪念馆	A	2003 年 11 月
15	鞍山市岫岩县罗圈背风景区	A	2004 年 11 月

1. 千山

千山又名千朵莲花山，位于鞍山市东南 18 km 处，面积 44 km^2，是全国重点风景名胜区。远在隋唐时期，千山就有寺庙建筑，清代中期，道教传入千山，相继建成了"五宫"、"八观"、"五大禅林"、"十二茅庵"等 38 处不同风格的庙宇和大量的碑、塔、亭、阁。千山有景点 300 余处，按自然地形分为北部、中部、西部和南部 4 个景区。北部景点主要有无量观、龙泉寺、南泉庵、五佛顶和"小黄山"；中部景点主要有中会寺、五龙宫；西部景点主要有太和宫、斗姆宫；南部景点主要有香岩寺、仙人台。千山北部景区还架设了五佛顶、小黄山两条空中客运索道和森林火车。在千山北部绣莲台景区内，一尊天然形成的巨型弥勒大佛威严正坐山巅。大佛身高 70 m、肩宽 50 m、头高 10 m，形象逼真、栩栩如生，是千山一大奇观。

2. 汤岗子温泉

汤岗子温泉是全国四大康复中心之一，位于鞍山市区西南部 15 km 处，面积为 65 km²。该温泉泉水无色无味、清澈透明，温度达 72 ℃，并含有钾、镁、氡、钠等 30 余种微量元素。用温泉水和热矿泥配合按摩、针灸、蜡疗及光电疗法，对风湿性关节炎、皮肤病、外伤后遗症都有明显疗效。疗养院内环境优雅、风格独特。

3. 玉佛苑

玉佛苑位于鞍山市二一九公园东侧、东山风景区脚下，占地面积4×10⁴ m²。玉佛苑主体建筑高 33 m，宽 66 m，纵深 58 m，红墙碧瓦。2001 年，又在西南角和西北角分别增建仿清建筑钟楼和鼓楼，更显其气势恢宏。殿内有重达 260.76 t 的"玉石王"雕刻成的玉佛，正面为高 5.23 m 的释迦牟尼佛，背面为高 2.66 m 的渡海观音，堪称世界玉佛之最。

二、盘锦油气资源

盘锦市位于辽宁省西南部，辽河三角洲中心地带，东、东北邻鞍山市辖区，东南隔大辽河与营口市相望，西、西北邻锦州市辖区，南临渤海辽东湾，总面积 4 071 km²，占辽宁省总面积的 2.75%。2009 年年末，全市总户数46.66×10⁴，户籍总人口 130.0×10⁴ 人。境内地势平坦，多水无山，有大小河流21条，海岸线长 118 km，气候宜人，资源丰富，被称作美丽、富饶的辽河金三角。

盘锦市有丰富的石油、天然气、井盐、煤、硫等矿藏，油气储量占全国已探明总储量的 10%，石油地质储量 19.8×10⁸ t，天然气储量1 618×10⁸ m³。现海洋石油勘探开发生产能力 30×10⁴ t，已开采石油 158×10⁴ t，油气产值达 14.7×10⁸ 元。2000 年年底，中国第三大油田——辽河油田累计探明石油储量 21×10⁸ t，天然气 1 784×10⁸ m³。现已开发建设 32 个油气田，并建成兴隆台、曙光、欢喜岭、锦州、高升、沈阳、茨榆坨等 12 个油气生产单位。原油稳定装置处理能力每年 600×10⁴ t。2002 年生产原油 1 351×10⁴ t，天然气 11.31×10⁸ m³。原油品类有稀油、稠油和高凝油。年处理天然气 5.62×10⁸ m³，其巨大的产量为石化工业提供了可靠的原料资源。石化工业已成为盘锦市的支柱产业。多年来，年产原油保持在 1 500×10⁴ t 以上，始终保持着全国第三大油田的地位。盘锦市油气采掘业一直占全市经济总量的 50% 以上，同时带动了机械、建材、食品、医药等相关产业的发展。

第三节 人文经济特征

一、国际化大都市——沈阳

所谓国际化大都市，就是指那些具有超群的政治、经济、科技实力，并且和全世界或大多数国家发生经济、政治、科技和文化交流关系，有着全球性影响的国际一流都市。沈阳市从经济实力、经济结构、人口规模、基础设施、人口文化素质等方面都已经具备了国际化大都市的特征。沈阳经济实力在辽宁省遥遥领先，经济结构中第一产业所占比例极少，第二、三产业份额极高，第三产业的比例仍在不断提高，其经济结构是健康而有发展潜力的（表 7.5）。沈阳市人口占辽宁省总人口比例最高。2008 年，人口 460.5×10^4，占全省人口的 21.7%。非农业人口比例几乎是农业人口比例的 2 倍。基础设施十分发达，处于全省前列（表 7.6）。沈阳市人口文化素质处在辽宁省最前列。以普通高等学校为例，2008 年沈阳市普通高等学校 30 所，招生人数 98 545 人，在校学生 327 059 人。

表 7.5　2008 年沈阳市主要经济指标

地区	生产总值/10^8 元	各行业生产总值/10^8 元					人均生产总值/元
		第一产业	第二产业	工业	建筑业	第三产业	
全省	13 461.60	1 302.00	7 512.10	6 735.70	776.40	4 647.50	31 258
沈阳	3 860.47	183.68	1 934.12	1 757.39	176.73	1 742.68	54 248

资料来源：辽宁省统计局：《辽宁统计年鉴》，北京，中国统计出版社，2009

表 7.6　沈阳市城市设施水平

城市	城市用水普及率/%	城市燃气普及率/%	每万人拥有公共交通车辆/标台	人均拥有道路面积/m²	人均公园绿地面积/m²
沈阳	100	100	13.14	9.71	12.12

资料来源：辽宁省统计局. 辽宁统计年鉴（2009）[M]. 北京：中国统计出版社，2009。

二、"钢都"——鞍山

鞍山是我国重要的钢铁生产基地，铁矿石资源丰富，已探明的铁矿石储量约占全国储量的 1/4。周围还蕴藏着丰富的菱镁石矿、石灰石矿、黏土矿、锰矿等，为黑色冶金提供了难得的辅助原料。鞍山钢铁集团公司是新中国最早开工生产的钢铁企业，浇铸了新中国的第一炉铁水、第一炉钢水，并因此被誉为"共和国钢铁工业的摇篮"。

1949～1952 年，鞍钢的铁、钢、钢材产量分别占全国的 46％、64％和 47％，占据中国钢铁工业的一半产量。如今，鞍钢已具有年产钢 $2\,500\times10^4$ t 的生产能力，在生产流程上集矿业采选、炼铁、炼钢到轧钢为一体，在产业分布上集冶金机械、焦化耐火材料开发、钢铁产品深加工等为一体，已发展成为多角化产业协调发展，跨区域、多基地、国际化的特大型钢铁联合企业。鞍钢是国内大型钢材生产企业，目前能够生产 16 大类品种、600 个牌号、42 000 个规格的钢材产品，主要包括生产销售热轧板、冷轧板、镀锌板、彩涂板、硅钢、中厚板、线材、大型材、无缝钢管等钢铁产品，广泛用于汽车、建筑、造船、家用电器、铁路建设、制管等领域。"鞍钢"牌铁路用钢轨、船体结构用钢板、集装箱用钢板获得"中国名牌产品"称号。2010 年，公司生产铁 $2\,212\times10^4$ t，钢 $2\,165\times10^4$ t，钢材 $2\,087\times10^4$ t，实现营业收入 924.31$\times10^8$ 元，利润总额 23.58$\times10^8$ 元。鞍山市逐步形成了以钢铁工业为主，门类比较齐全的产业体系，三次产业迅速发展，人民生活水平显著提高。

三、辽阳化工产业

辽阳市工业门类比较齐全，包括石油化纤、轻工、纺织、冶金、化学、机械、电子、建筑材料、能源、医药和食品加工等十几个主要行业。其中，化纤工业是国家重点基地之一，以辽阳石油化纤工业公司规模最大。

辽阳石油化纤工业公司是中国石油天然气集团公司直属的具有独立法人资格的大型国有企业，是具有现代化技术装备和管理水平的特大型石油化纤联合企业，主要从事化工化纤产品生产、生产和工程技术服务、机电仪加工制造和石化建筑安装等业务。化工化纤生产系统共拥有 16 套生产装置，可生产硝酸、薄型涤纶纺粘无纺布、差别化聚酯、锦纶 66 切片、纳米材料改性工程塑料等产品。加工制造系统主要从事压力容器及智能化仪表的生产、检修、安装和低压开关成套设备制造等业务。工程技术服务系统可提供化工石油领域工程项目设计、建设，工程质量监督，管道、电气、仪表安装等服务。生产服务系统主要提供化工化纤生产设备检验维修、产品及物资仓储和运输以及进出口代理、电信工程及计算机软件开发等服务，具备化工生产设备的保运和检修，技改技措设备安装，60kV 级以下的电力设备的检修、安装、调试等能力。

辽阳石油化纤工业公司着力实施强化服务经济、资产重组置换、内涵升级发展、管理流程再造和企业文化建设"五大系统工程"，向公司目标"核心业务突出、资本结构合理、管理规范高效、经济效益良好的集团公司、化纤纺织原料基地"不断发展推进。

第四节　辽中人地关系与可持续发展
——城市群环境污染

一、辽中地区生态环境问题

1. 水环境安全形势严峻

据统计，辽宁中部地区的工业废水排放达标率为 94.7%，城市生活污水处理率仅达 36.95%。未经处理或处理未达标的城市生活污水和工业废水大量流入农业地区，使一些农业土地受到严重的污染和毒害，水环境质量和容量处于危机状态。区域内主要河流污染严重，大部分属于Ⅳ~Ⅴ类水质。此外，辽宁中部地区缺水十分严重，区域内的水资源总量严重不足，地区水资源分布极不均衡。

2. 大气环境质量问题突出

该区域是高耗重化工业聚集的区域，以煤炭为主的能源结构长期影响大气环境质量。因此，该区域也必然是工业废气污染较重的地区。近年来，沙尘、扬尘、酸雨污染较重，并频繁出现沙尘暴天气，而且呈逐年加剧的态势。空气污染仍属于煤烟—扬尘型。冬季采暖期燃煤污染严重。二氧化硫浓度均值是非采暖期的 4.1 倍，颗粒物是非采暖期的 1.3~1.5 倍；春季风沙扬尘污染突出，总悬浮颗粒物浓度是冬季的 1.6 倍，是夏季的 1.9 倍。

3. 生态状况不容乐观

由于工业化、城市化和经济的持续快速增长，自然生态环境承受的压力越来越大。过度开发和不合理的农耕方式，导致的土地沙化和水土流失对辽宁中部城市群构成了严重的威胁，尤其是每年春季的沙尘暴已经直接影响到了区域的生态环境，形成了突发性的自然灾害。辽河、浑河、太子河的部分河段每年都有断流发生，最严重的是太子河本溪市区段，每年接纳大量的废水、污水，造成河水严重污染，河水已呈黑褐色，鱼虾几乎绝迹。生态环境质量的恶化还表现为森林结构失调、草场和湿地面积锐减、林草植被功能下降、农村生态环境问题、外来有害物种入侵、采矿污染等。

二、辽中地区可持续发展的路径选择

1. 循环经济推进模式

从 2002 年开始，辽宁省率先在全国开展循环经济试点。辽中地区应该以此为契机，从微观、中观和宏观三个层面，冶金、石化、电力、煤炭、建材、镁硼等行业实现经济循环，用循环经济理念重塑企业、产业和区域的发展模式，确立必要的政策导向、经济激励和自愿行动的法律规范，形成由政府调控、市场引导、公众参与的法律制度框架，提高整体竞争实力，使其快速步入可持续发展的轨道。

2. 产业结构优化模式

辽宁中部城市群目前还处于产业结构调整的过渡阶段，传统产业结构模式越来越暴露出弊端。从区域可持续发展的角度来看，各城市要在深化体制改革的基础上，以资源环境的合理利用和保护为前提，调整与升级并重；产业结构调整方向应该向知识密集型产业和高新技术产业发展，及时调整城市产业布局，加大重点污染企业的搬迁和改造；努力提高服务业的功能，在高端环节上着力发展生态旅游、娱乐等现代服务业。这样既保证了经济增长，同时也使工业发展对环境质量的制约性相对减小，以达到区域经济增长和生态环境的协调发展。

3. 工业变革模式

走新型工业化道路有可能使发展中的生态环境问题从根本上得到解决，是经济与资源环境相协调的可持续性的一种工业变革。新型工业化追求的是以较少的物质投入实现较高的产出价值，要以减少消耗和避免污染产生作为经济活动的一个根本目标和行为准则。通过这一原则，人们可以建立起新的生产方式和生活方式，从不可持续发展的传统物质化工业经济逐步转向可持续发展的新型工业经济，根本性地促进区域的可持续发展。

4. 绿色科技导向模式

辽中地区科教发达、人才济济，拥有强大的人力、财力支持，构建这一科学技术体系具有现实的可能性。具体来说，以绿色为导向的科学技术体系重点从三个方面来构建：第一，大力发展高新技术，如信息技术、能源技术、材料技术、海洋技术、生物技术等，可以有效降低区域发展进程中产业序列演进的资源环境代价。第二，研究、开发和引进与本地区资源环境条件相适应的技术。第三，研发具有重要意义的环境保护技术和循环经济技术，发展相关环保产业和循环经济产业。

5. 生态城市建设模式

生态城市的构建，标志着传统的经济开发模式向复合生态开发模式的转变，是区域可持续发展的重要内容之一。对辽中地区而言，由于城市的高度密集，国外城市建设中的绿道体系建设值得借鉴，即城市区域沿道路、河流等进行绿化，形成绿色带状开放空间，连接公园和娱乐场地，形成完整的城市绿地或公园系统，将自然引入城市，体现人与自然的和谐之美。绿道体系中生态廊道的功能更加突出，实际上又成为一个线状的自然保护区域。

第八章　辽西地区

第一节　区域概况

一、区位特征

辽西地区是指位于辽河平原以西的辽宁地区，包括阜新市、朝阳市、锦州市、葫芦岛市四个地级市，共辖 13 个市辖区、5 个县级市、9 个县(图 8-1)（其中阜新县和喀左县为两个蒙古族自治县）。本区南临渤海，西与河北相接，北连内蒙古自治区，东与辽中、辽北地区相连。辽西地区地处华北通往东北的

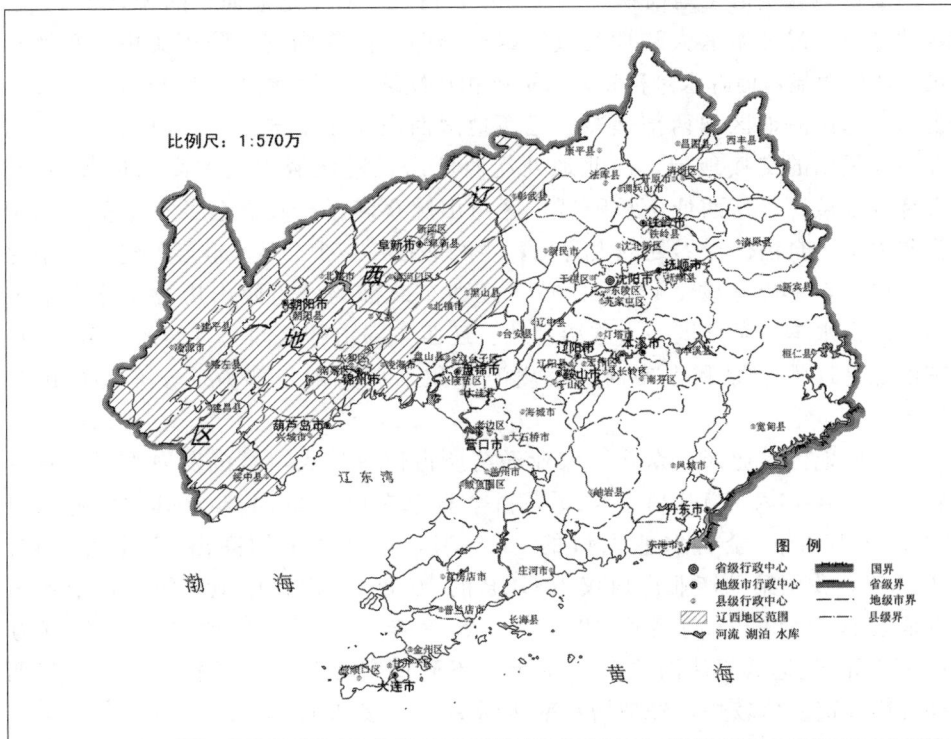

图 8-1　辽西地区的地理区位图

227

咽喉要道之地，其南部的辽西走廊是中原地区进入东北地区的主要陆上通道，历来为军家必争之地，战略地位极为重要。辽西走廊连通沈阳和京津两大经济区，是环渤海经济圈的重要组成部分，过境的客货流量巨大。

辽西走廊濒临渤海辽东湾，海岸线长，港湾条件好，主要港口有锦州港、葫芦岛港。锦州港是一类对外开放口岸，东北第三大港口，已和世界 80 多个国家和地区建立了通航关系，2010 年吞吐量突破 $6\,000 \times 10^4$ t；葫芦岛港是国家二类口岸，为天然不冻良港，港阔水深，2010 年吞吐量突破 $2\,000 \times 10^4$ t。

辽西走廊陆上交通极其便利，辽西各港的潜在腹地巨大，公路、铁路、海运、空运和地下管道主体运输条件兼备。沈山铁路、秦沈高速铁路、锦州—通辽铁路和 102 国道、京沈高速公路等在此通过；锦州与上海、北京、广州等地已经开通民航航线，葫芦岛和兴城也建有航空港，与国内外诸多地区通航；大庆与锦州、盘锦与锦州之间各有一条输油管道，极大地推动了我国石油化工事业的发展。辽西走廊上现代化的立体交通网已基本形成。

二、地理概况

辽西地区全区土地面积 50 279 km²，占辽宁省土地总面积的 34.32%。辽西地区属于温带湿润大陆性气候，四季分明，雨热同期，降雨集中，日照充足，季风明显，但降水量稍缺，水资源相对缺乏。年降水量 471.0~637.6 mm，由东南部沿海地区向西部递减。辽西地区西南位于七老图山、燕山、努鲁尔虎山和黑山的交接地带，西北地处辽西低山丘陵区域内蒙古高原过渡地带，大部分区域属于辽西低山丘陵区，区内山脉众多，比较著名的有坐落于朝阳县与内蒙古自治区交界处的大青山，主峰海拔 1 153.7 m，坐落于建昌县中北部的黑山，主峰海拔 1 140 m。位于辽西东北部的医巫闾山历史文化底蕴浓厚，山奇水美，是该区一大旅游胜地。辽西中部山脉之间为宽阔的河谷平原，东南部是辽河平原和大凌河、小凌河冲积平原，东北部为辽宁东部低山丘陵区。

辽西地区农业人口众多，农业经济所占比重较大，经济发展水平相对落后。2008 年，人口 1 123.9×10⁴，占全省总人口的 26.47%，其中农业人口 733.9×10⁴，占全省农业人口的 34.52%，比全省平均高出 15 个百分点。2008 年，我国第一产业产值仅占 GDP 的 10.8%，而辽西地区第一产业产值占地区总产值的比例高达 18.76%。2008 年，辽西人均地区生产总值为 15 971 元，远远低于沈阳的 54 248 元，不到辽宁省总体水平的 50%，但辽西经济增长速度比较快，经济增长率达到 15%（表 8.1）。

表 8.1 2008 年辽西地区主要社会经济指标比较

指标名称	单位	锦州	阜新	朝阳	葫芦岛	辽西地区	辽宁省	占全省比例/%
土地面积	km^2	9 739	10 355	19 760	10 425	50 279	146 502	34.32
年底总人口	10^4 人	310.1	192.5	340.9	280.4	1 123.9	4 246.1	26.47
农业人口	10^4 人	186.7	106.3	247.2	193.7	733.9	2 126.3	34.52
非农业人口	10^4 人	123.4	86.2	93.7	86.7	390	2 119.8	18.40
农业人口比例	%	60.21	55.22	72.51	69.08	65.30	50.08	
地区生产总值	10^8 元	690.4	233.9	446.6	457.8	1 828.7	15 474	11.82
第一产业	10^8 元	124	52.2	101.3	65.5	343	1 326.3	25.86
第二产业	10^8 元	303	93.5	215.5	214.6	826.6	8 190.7	10.09
第三产业	10^8 元	263.5	88.2	129.8	177.7	659.2	5 956.9	11.07
人均地区生产总值	元	22 287	12 132	13 114	16 351	15 971	32 071	49.78

资料来源：辽宁省统计局. 辽宁统计年鉴（2009）［M］. 北京：中国统计出版社，2009。

第二节 资源环境特征

一、煤炭资源枯竭，新能源开发加快

辽西地区煤炭资源丰富，曾经是我国东北重要的能源基地。新中国成立以来，阜新出产了约 5×10^8 t 煤炭，为国家经济建设提供了强大的动力支持。然而，随着煤炭资源的枯竭，虽然辽西地区的煤炭生产还在继续，但辽西能源基地的地位已被打破，寻找替代能源成为辽西面临的重大课题。因此，21 世纪以来，辽西地区结合地区优势，不断发掘新能源。

1. 风力资源

辽宁省是风能资源丰富的省份。锦州、葫芦岛濒临渤海，地处我国东部沿海海风带上，本区 10 m 高处的平均风速一般在 4.5 m/s 以上，年平均风功率密度一般大于 150 W/m^2，年有效风力小时数为 6 000 h 左右。辽西海拔相对高的丘陵山地，局地地形及周围环境条件有利于气流加速，适合风能资源大规模开发利用。而且，这些地区冬季以偏北风为主，夏季则以偏南或西南风为主，偏北和偏南风是各地的主要风向，也是能量集中的方位，有利于风电机的排列布局和风能资源的充分利用。例如，葫芦岛兴城市海滨乡台子里村属辽东丘陵地带，地域广阔平缓，平均海拔为 10～50 m，风力资源丰富。2004 年，中国与荷兰共同投资兴建兴城台子里 $50×10^6$ W 风力发电场。

2. 太阳能资源

辽西地区太阳辐射强，气候干旱少云，日照时间长，太阳能资源丰富。该区年均总辐射量处于（5 000～5 200）MJ/m^2，年日照时数一般超过 2 600 h，可在该区域推广应用太阳能采暖、农业温室、太阳能热水器等。其中，朝阳市的建平县年均总辐射量大于 5 200 MJ/m^2，年日照时数一般超过 2 700 h，可充分利用太阳能资源进行大规模的发电。锦州市光照辐射强，日照时间长，全年有效光照时间超过 1 500 h，是我国两大单晶硅生产基地之一。

3. 煤层气资源

煤层气的主要成分是甲烷，其热值与天然气相当，可与天然气混输混用，且燃烧后洁净，是上好的工业、化工、发电和居民生活燃料。辽西地区煤层气资源丰富，主要分布在阜新盆地煤田区。其中，刘家区煤层气探获资源量 $51×10^8 m^3$，东梁煤层气探获资源量 $32×10^8 m^3$，将成为阜新、沈阳民用天然气的产地，开发前景可观。2003 年，阜新市煤气公司完成了气源转换，正式向市民供用煤层气，并逐渐建成煤层气综合利用系统，形成一套完整的向市民和工业用户供气及在煤矿井口利用煤层气发电的产业模式。

4. 油页岩资源

油页岩是一种潜在的储量巨大的低碳新兴能源，它同石油一样，是由生物的残体混同泥沙演化而来的，可用来炼油。我国油页岩资源储量预计超过 $4 800×10^8$ t，所含油页岩资源量 $290×10^8$ t，居世界第四位，主要分布在吉林、辽宁、广东等地。2007 年，辽宁省第三地质大队承担的辽宁省朝阳市九佛堂地区油页岩矿详查及其外围地质预查取得新成果。该项目先后完成了朝阳地区朝阳、梅勒—大平房营子、大城子、四官营子四个凹陷地质调查，见矿点 17 处。通过勘查，查明辽西地区的油页岩分布于朝阳、阜新、建昌等地的盆地或凹陷白垩系。九佛堂组地层内常见有 1～4 组油页岩矿，每组矿系有多个矿层，单层厚多为 0.3～0.8 m，最厚 10 m 以上，矿床平均焦油率在 4％～6％。辽西地区已发现的七个矿点按最低工业指标含油率 3％计算，已勘明油页岩总储量近 $10×10^8$ t。辽西地区目前仍有大面积是勘察空白区，其勘查潜力巨大，资源优势明显。

二、矿产资源丰富

1. 玛瑙之都——阜新

玛瑙是玉的一种，它质地细腻、色泽光艳缤纷、纹理瑰丽、晶莹剔透，是很好的艺术雕刻材料。阜新原生玛瑙矿产于侏罗系上统义县组安山凝灰岩及建昌组火山熔岩、火山碎屑岩中，属火山热液充填型矿床。阜新市玛瑙石储藏量大，品种繁多。原生矿主要分布在阜新县的老河土、十家子、苍土、泡子、清河门、七家子，彰武县的五峰、苇子沟等地，其中老河土乡和十家子乡的储量尤多。而不同地方出产的玛瑙也各具特色：老河土乡主产红玛瑙，苍土乡多出产黑红花、白红花和水草玛瑙，泡子乡则主产蜚声中外的紫云玛瑙。阜新地区还出产水胆玛瑙——中心空洞中含有水液，数量稀少，是一种极为罕见的观赏石。

早在 8 000 年前，阜新玛瑙就已被开采、加工和使用。阜新的玛瑙采掘与加工业在辽代出现过繁荣时期，到了清代乾隆年间，达到了历史上的鼎盛时期，而清代宫廷摆设的雕件及所用的玛瑙饰物大多取材和加工于阜新。阜新蒙古族自治县十家子镇是阜新市玛瑙第一镇，2009 年全镇有 3 200 户、近万人从事玛瑙加工业，带动周边地区近 3×10^4 人就业，有 6 个村形成了玛瑙专业生产。现开发出的玛瑙产品有 6 大系列、120 多个品种，数千种样式。阜新玛瑙产品遍销北京、上海、广州等国内各大中城市及韩国、日本、新加坡等二十几个国家和地区。2009 年，阜新玛瑙制成品产值达 6.25×10^8 元，玛瑙从业人员逾 5×10^4 人，并有逐渐发展壮大之势。

2. 化石之都——辽西

辽西是我国古生物化石蕴藏最为丰富的地区，尤其是北票、朝阳、凌源和义县等地，发现了古生物化石群，种类之繁、数量之多、保存之精及科研价值之高，堪称世界之最。以"热河生物群"为典型代表，这里是世界上特有的陆相中生代生物化石群。经发掘在辽西发现了由 20 多个门类、千余物种组成的古生物种群，包括动物界的鸟类、爬行类、两栖类、鱼类、哺乳类、腹足类、双壳类、叶肢介类、介形类和昆虫类；植物界的楔叶类、真蕨类、苏铁类、银杏类、松柏类和被子植物类等，几乎涵盖了现今所有生物门类的祖先。

木化石是指亿万年前树木被埋藏在地下后，经过硅化、钙化或矿化等复杂的地质作用而形成的化石。辽西是我国中生代蕴藏木化石最丰富的区域之一，尤其是锦州市义县的红墙子、九道岭和朝阳市北票的巴图营子等地。其地下埋藏着一个与恐龙同时代的大森林，木化石基本保留着树木原来的形态。从化石来看，当时辽西的树木种类丰富，枝繁叶茂，树龄高达上千年。此外，由于埋藏条件不同，一些树木演化为玛瑙，称为"树化玉"，密度大、硬度强，有些甚至能划破玻璃，科学研究价值不菲。

根据化石的蕴藏地域和多少，辽西化石群的分布情况可划分为以下区域：

义县大定堡乡金刚山、刘龙沟乡西北沟；北票市上园镇炒米店子、尖山沟和横道子；凌源县王杖子、宋杖子、大新房子、小城子等；朝阳县波罗赤乡大西沟和朝阳县胜利乡梅勒营子；凌海市余积镇茶山；建昌县一些山区。此外，辽西古生物化石赋存层位和产地具有面广点多的特点，从凌源向东到朝阳、北票、义县长达 170 km，面积约 6 000 km² 的范围内有多处化石集中产地。

3. 世界钼都——葫芦岛

金属钼具有高强度、高熔点、耐腐蚀、耐研磨等优点，被广泛用于工业生产中。在冶金工业中，钼作为生产各种合金钢的添加剂，制成的含钼合金钢材具有很高的工业经济价值。辽西南部的葫芦岛市是中国最重要的钼矿基地，占全世界九分之一、全中国三分之一的钼储量。葫芦岛市最大的钼矿场坐落在连山区杨钢地区（杨家杖子镇和钢屯镇），矿床总面积 200 多平方千米。钼矿资源主要分布在 36 km² 范围内，现已探明的钼矿石保有储量为 1 322×10⁴ t，金属量 19 443×10⁴ t。葫芦岛市通过对杨钢地区的钼矿资源进行整合和规范，现杨钢地区由原有的 53 家钼矿矿山企业缩减至 12 家，限量有序开采，保证钼矿资源的可持续开发与利用，创造最大价值。

三、水资源不足，时空分布不均

辽西地处温带海洋性季风气候向大陆性气候过渡区，比较干燥，多风沙，年平均降雨量为 400～600 mm，由东南向西北逐渐减少，年平均蒸发量为 1 600～1 800 mm。辽西大部分区域处于大、小凌河流域和辽西沿海诸河流域中，区内河流稀少，且多为季节性河流。该区虽地处亚欧大陆的东部，属季风区。虽依山临海，但由于受山东半岛、辽东半岛的夹峙和东部山地的阻隔，切断了与太平洋的联系，大大削减了海洋的作用，大陆性气候越往内陆越明显。辽西地区水资源总量为 47×10⁸ m³，按 2008 年年末的人口数来算，该区人均水资源占有量仅为 418 m³，为辽宁省人均水资源占有量的 49%。

辽西地区水资源有以下几个特点：第一，降水年际变化大，丰水年降水量是枯水年的 3 倍以上。第二，降水年内分配不均。降水主要集中在 7～9 月，其间降水量为全年的 70%～80%。第三，水资源空间分布不平衡，由东南向西北逐渐减少。第四，水资源利用率低，浪费严重，灌溉渠系利用系数仅为 0.4 左右。第五，水资源污染严重。

辽西各城市中，锦州、葫芦岛地区沿海，降水较其他地区丰富，地下水资源也相对丰富，而朝阳和阜新则地处辽西内陆，降水稀少，水资源紧缺（表 8.2）。尤其是辽西的阜新市，多年平均降水量 480 mm。全市水资源总量为 8.42×10⁸ m³，人均水资源量仅为 437 m³，不足全省的 1/2，属于绝对贫水区。辽西地区水资源缺乏，是辽西地区社会和经济发展的一大障碍。

表 8.2　2008 年辽西四市降水量　　　　　　（单位：mm）

	1～5 月	6～9 月	10～12 月	全年
锦州	118.4	490.5	28.3	637.2
阜新	91.4	394.0	17.5	502.9
朝阳	74.6	259.6	24.2	358.4
葫芦岛	117.9	441.4	34.3	593.6

资料来源：辽宁省统计局. 辽宁统计年鉴（2009）[M]. 北京：中国统计出版社，2009。

第三节　人文经济特征

一、辽西沿海经济区

（一）经济区概况

辽西沿海经济区土地面积约 5.5×10^4 km²，占全省的 37.30%，2008 年年末人口数为 $1\,253.1 \times 10^4$，占全省的 29.5%。从地理位置上看，城市较为密集，拥有锦州、盘锦、葫芦岛 3 个地级市及凌海、兴城两个县级市。阜新、朝阳也可进入辽西近海"一小时经济圈"。辽西沿海经济区处于京津冀经济区和东北经济区结合部，具有接受双向辐射的优势，拥有 481 km 海岸线，占辽宁省海岸线的 20.67%。锦州、葫芦岛港口资源丰富，临港产业发达，基础设施完善，炼油、石化、有色加工、造船、电力等产业基础雄厚，土地、劳动力资源充裕，成本较低。实施以港口城市为骨干的辽西沿海经济区开发战略，是辽宁省着眼于实现辽宁老工业基地全面振兴的战略全局而制定的重要决策，是国家环渤海经济开发的重要组成部分。

（二）锦州湾

锦州湾在整个辽西地区的经济发展中担负着先行和带动作用。锦州、葫芦岛、盘锦、朝阳、阜新五市都要围绕锦州湾这一开放的平台，搭建平台，利用平台，按照市场经济的原则，互惠互利、优势互补的原则进行资源整合和区域合作，最终实现以开放促改革、促发展，提升辽西地区对外开放的整体水平。

2006 年年初，辽宁省政府出台《关于鼓励沿海重点发展区域扩大对外开放的若干政策意见》，在税收、用地、审批等各个方面颁布了一系列新的优惠政策，并在锦州湾沿海经济区内设立"飞地"，锦州和葫芦岛分别为内陆经济实力相对较弱的朝阳市和阜新市确定了分别为一平方千米和两平方千米的"飞地"，并实施政策优惠。这些措施对于沿海、内陆城市间良性互动，产生了积极而深远影响，即内陆城市沿海化和沿海城市腹地内陆化，使之走上同步发展的快车道。锦州湾港口群的辐射作用，推进了港口资源的整合，拉动了辽西地区外向型经济的发展，形成锦州湾临港工业、港口海运业、海洋渔业、滨海旅游业、滨海出口加工业和新兴产业六大产业，形成具有鲜明特色、良好经济效益和较强竞争力的沿海经济产业群。

（三）辽西沿海经济开发区

1. 锦州滨海新区

锦州经济技术开发区是 1992 年辽宁省首批对外开放的地区，是锦州改革开放、城市南扩的先导区，是锦州建设环渤海经济圈，逐渐发展成为依港崛起与世界经济接轨的现代化海滨新城区。锦州滨海新区是京津唐经济区与东北经济区、环渤海经济区的节点。锦州滨海新区集港口物流、产业发展、行政商住、滨海旅游四大功能于一体，商贸和物流服务半径覆盖东北西部和内蒙古自治区东部及俄罗斯远东地区，是新的欧亚大通道的桥头堡和出海口。

锦州滨海新区由锦州港区、西海工业区、娘娘宫临港产业区、白沙湾行政生活区和滨海旅游带组成。其中，港区规划面积 24.3 km²，白沙湾行政生活区规划面积 11 km²，形成了石油化工、机械制造、汽车零部件、生物制药、基础建材、粮食深加工、食品加工等工业体系；娘娘宫临港产业区将重点发展修造船业、临港物业、重化工业、装备制造业、机械制造、新能源、新材料工业、光电半导等大型临港产业。以服务产业发展为核心，建设了便捷、高效的行政服务体系和设施齐全的商业、金融、教育、卫生、体育等服务设施及环境优美的滨海生活区。开发了以国家 4A 级的笔架山风景区、梦蓝湾景区、海滨浴场至老龙头望海广场为重点的滨海旅游带。

2. 葫芦岛北港工业区

葫芦岛经济开发区北港工业区地处葫芦岛港和锦州港之间，规划面积35 km²，海岸线全长 32 km，与天然不冻良港葫芦岛港港区一体，沿锦州湾呈带状布局。北港工业区与天然不冻良港葫芦岛港零距离，港区一体。葫芦岛港水深港阔，自然条件极佳，自然、资源交通条件得天独厚。北港工业区从东至西，由南向北依次规划为七个功能区，即葫芦岛港港区陆域 2 km²，船舶制造配套园 3 km²，港口仓储物流园区 3 km²，综合产业园区 15.4 km²，新能源装备制造基地 3 km²，商务区 0.5 km²，打渔山工业园区 8 km²。依托优越的港区发展条件，北港工业区大力发展以船舶制造、石化专用设备制造、交通运输设备制造等为主的新型装备制造业。

3. 朝阳经济技术开发区

辽宁朝阳经济技术开发区成立于 1992 年，是辽宁省首批对外开放的省级经济技术开发区之一。园区位于朝阳市郊，北依内蒙古自治区，西接河北省，南临渤海，一域连三省，兼具沿海与内陆双重优势，受两大城市群的辐射。园区周围地区农副产品资源、矿产资源和文化资源丰富，距锦州港仅 7 km，区位交通便利。开发区依托母城的工业基础和资源优势，利用特殊的优惠政策和良好的投资环境，大力发展外向型工业园区。目前已初步形成了以食品加工、机械制造、电子工业和医药化工为主的支柱产业。柏慧燕都、加华电子、凌云机械、希波集团等一些知名企业发展势头良好。

辽西沿海经济区将充分利用石油、石化产业优势，大力发展高科技、高附加值的石化工业；充分利用原材料资源优势，加快纺织工业发展；充分利用科教和人才优势，加快发展新型电子、电信工业，做大做强汽车零部件配套工业；充分利用流通资源优势和雄厚的文化底蕴，建设新型流通产业基地和新型文化产业基地；充分利用农业资源优势，大力发展农产品深加工产业。辽西沿海经济区大力推进新型工业化发展，双向依托东北和京津冀两大经济区，大力推进新型工业化，促进沿海与腹地优势互补、良性互动，构建新型特色产业群。辽西沿海经济区依托该区域城市发展的基础和优势，以锦州湾整体开发为龙头，以经济结构调整为主线，打破行政区划界限，整合区域资源和经济优势，大力发展临港经济，全力打造辽西国家级石油化工加工和储备基地；依托港口优势，壮大沿海经济，打造辽宁经济新的增长极，构建以锦州港为主的辽西组合港和以优势企业为龙头的农产品深加工基地，以辽西沿海城市群产业集聚带的发展，带动整个辽西的振兴。

二、辽西农业经济发展

（一）辽西农业经济发展现状

辽西地区的土地面积约 5×10^4 km^2，占全省土地面积的 34%；辖 570 多个乡镇，占全省乡镇总数的 36%；2008 年，人口 $1\,123.9 \times 10^4$，占全省总人口的 26.5%，其中农业人口 733.9×10^4。总播种面积 $1\,448.9 \times 10^3$ hm^2，占全省总播种面积的 36.7%；辽西地区农业生产总值 342.96×10^8 元，占全省农业生产总值的 26.34%，占全区总生产总值的 18.75%，农业经济成分比重大。

辽西农业较省内其他区域发达，种植特色品种多、产量大，对辽宁省农业经济贡献巨大。区内谷子的播种面积和产量占辽宁省总量的 90% 左右，油料的播种面积和产量占全省总量的 50%～60%，烟草的播种面积和产量占全省总量的 40% 以上。辽西养羊业发展迅速，羊的出栏和肉产量占全省总量的

50%～60%。然而，随着农业生产力水平的不断提高，加上过去长期以增加产量为目标的生产体制，致使辽西农产品结构单一，质量较低，名特优新产品匮乏，不能适应市场需求，农产品价格连年下跌，而辽宁西部地区由于自然条件比较差，近几年又出现严重的旱灾，制约了西部地区的农业发展，农民增产不增收，辽西农业经济发展缓慢。

（二）辽西农业经济发展方式选择

辽西地区需要加快农业产业结构的调整，因地制宜，发挥辽西的区位优势和比较优势，加大科技投入，发展辽西的外向型农业经济模式，实现辽西农村经济的可持续发展。

第一，以市场为导向，调整农产品结构，生产适应市场需求的农产品迫在眉睫。在产品过剩导致日益残酷的市场竞争中，整合现有资源，进行资源重组和资本运营，提高核心竞争力，通过提高农产品市场流通力，以提升辽西地区农业产业化企业和农户的市场竞争力，逐步走向辽西农业经济的产业化道路。

第二，发挥资源优势，使其转化为经济优势和商品优势。从实际出发，合理布局农村产业结构，提高各类农业资源的利用程度和经济性，综合开发农业自然资源。在京沈铁路和高速公路沿线的地区，充分利用好两侧土地平坦、肥沃的地理优势，发展高新技术农业园区，建设新型、特色、优质水果园和高水平大棚区，发展特色农业，逐步形成高新技术农业经济带。锦州和葫芦岛两市部分地区靠近渤海，发展海水养殖业得天独厚，要发展具有渤海特色的水产品养殖。与内蒙古自治区接壤的地区，要加大退耕还林的力度，植树种草，形成防风固沙绿色经济带。辽西腹地要大力发展畜牧养殖业，保持传统特色作物的发展，形成特色畜牧经济带。

第三，发挥自然、交通区位优势，发展乡村旅游业。辽西走廊西起山海关，东到锦州，沿渤海之滨延伸。走廊之中为沿海平原低地，走廊之外以低山丘陵为主要地形，使得辽西乡村类型多样，有平原乡居，有沿海分布的渔村，有幽静安详的山村，提供了丰富的乡村旅游资源。加之辽西地处东北和华北两大城市群的辐射之中，大部分区域被纳入了城市"一小时经济圈"，乡村旅游市场需求大。目前，辽西地区已经开发了许多宜于生态旅游的自然景区，还有大量的潜在旅游资源更适合开发成为生态旅游景区，充分利用自然环境因素，开展休闲度假旅游。例如，建昌县充分利用当地山好水清空气清新的"绿色资源"，大力发展乡村游、生态游，促进了"农家乐"的迅速发展。到 2010 年 5 月末，"农家乐"已有 100 多家，30% 的"农家乐"饭庄年收入超过 10×10^4 元，50% 在 6×10^4 元左右，20% 的在 3×10^4 元以上。

第四节　辽西人地关系与可持续发展

一、水土流失、土地沙漠化及其治理

1. 水土流失

辽宁西部山区总面积 1 131.16 km²，是蒙古高原、冀北山地和东北平原三大地貌的交汇地带。境内丘陵起伏，沟壑纵横，属低山丘陵地貌。土壤主要以褐土和淋溶褐土为主，只在海拔 500 m 以上山地为棕壤，土壤肥力较低，有机质一般约为 1%。区内植被破坏严重，仅海拔 500 m 以上山地有天然次生林残存，海拔 500 m 以下分布有山杏矮林、荆条灌丛和小灌丛草地。该区平均森林覆盖率为 23.8%，而建平北部植被更加稀疏，仅散见榆树疏林、沙生植被和草甸草原。区内水土流失严重。

2007 年辽宁省第四次水土流失遥感普查数据显示：土壤侵蚀面积区域分布以辽西低山丘陵区的锦州、朝阳、阜新、葫芦岛 4 市最多，达到 20 906 km²，占全省总侵蚀面积的 49.4%。其中朝阳市最高，达 9 664 km²，占该市总面积的 48%。沟壑侵蚀是辽西又一水土流失特征。朝阳市沟壑侵蚀面积占水土流失面积的 22.40%。1960 年朝阳沟壑侵蚀面积 707 km²，2007 年发展到 2 164.7 km²，可见长期以来沟壑侵蚀相当严重。严重的水土流失造成生态环境恶化，土地沙漠化加剧，耕地减少和农业生产力下降，严重影响了该区粮食、林果和畜牧产品基地的发展，开展沟壑侵蚀治理显得更为迫切。

2. 土地沙化

辽西地区土地沙化较为严重，风沙危害较大。全国第三次沙化和荒漠化土地监测结果显示：辽宁省现有沙化土地面积 54.96×10⁴ hm²，还有明显沙化趋势的土地 60.66×10⁴ hm²。该沙化区北与内蒙古科尔沁沙地接壤，东至招苏台河，西以内蒙古的赤峰市为界，地域呈由西向东北延伸的狭长形状，主要包括康平、法库、义县、黑山、阜新、彰武、昌图、北票、建平、兴城、绥中、连山、龙港等县（市、区），除康平和法库两个县属于辽北地区，其余各县均属于辽西地区。土地沙化不仅导致辽西地区生态环境恶化，可利用土地资源减少，土地质量下降，还严重制约了当地农业和农村经济的可持续发展，对辽宁中部城市群也构成了生态威胁。

3. 水土保持与生态建设

辽西黄土丘陵区缓坡面积广大，生态特点接近于草原生态景观，但其植被较为稀疏，气候干旱。作物生育期段，土壤既受水力侵蚀，又受风力侵蚀，水土流失和沙化趋势明显。20世纪80年代以来，水土保持科学研究成果和辽西地区积累的既能发展农业生产又能改善环境的成功经验，被逐渐推广到辽西各区的生态建设上来。彻底改变广种薄收的习惯，在水源充足的地方集中建设本区特色的高效农业，其余大面积土地以牧草和沙棘生态林为主，扩大林草面积。优先发展区内丰富的名贵旱生植物，经济价值高，收益快。这样，在获得较高经济收入的同时，又能有效治理水土流失，抑制土地沙化。例如，朝阳市乡村地区实行"一年收草，两年收枣，近期收柴，远期收材卖果"的办法，在坡地利用和水土保持上收到了良好的效果；凌源市地处辽西半湿润偏旱区，该区进行了以小流域为单元的水土保持综合治理，创造了"山上林地围顶戴帽，山中果树拦腰，坡脚高产农田，河道谷坊与防护林护底"的金字塔利用模式，这是一种农林牧多元的复合利用结构，在旱区土地合理开发中效益巨大。此外，可在西部风沙干旱地区防风固沙林网的基础上，建立沙地果园，栽植李、杏、矮化苹果及梨、葡萄等适宜品种，发展前景广阔。此外还能种植适应能力强的中药材（甘草、黄芪、琉璃苣等），经济效益显著。有条件的地方还能种植红小豆、烤烟、小麦等。

二、资源枯竭型城市转型——阜新

阜新地处辽西内陆，是我国最早建设的重要能源基地之一。"一五"期间，国家的156个中工程中有4项安排在这里，使得阜新迅速发展成为国家重要的煤炭生产基地，素有"煤电之都"的美称。然而，在市场经济条件下，随着煤炭资源的开采，阜新的资源开始走向了枯竭，一个典型的资源型城市在经济和社会发展上面临着重重困难。

（一）阜新转型的压力

第一，失业人数多，失业率高，就业矛盾突出。阜新诸多矿山关闭、矿企破产，阜新原有从事矿业人员及其家属 40×10^4 人，占城市总人口的52%。现煤炭资源枯竭，采区塌陷，下岗职工剧增，生活陷于困境，而失去工作的矿工，本身没有土地，没有资本，没有一技之长，再就业压力大。

第二，下岗失业人员普遍文化水平偏低，劳动技能单一，学习新知识的能力较差，再就业困难。据2004年统计，阜新市下岗职工中初中及以下文化程度的为 8.53×10^4 人，占下岗职工总的71%，分别高于辽宁省62.6%和全国53.7%的平均水平，40岁以上的大龄下岗职工 5.65×10^4 人。

（二）阜新经济转型的成果

阜新作为我国资源枯竭型城市转型的首个试点，已初步建立起了"两个机制"的雏形。在资源开发补偿机制方面，阜新围绕"人的补偿、企业补偿、城市功能补偿和环境补偿"等开展工作,缓和城市居民的生存困境和影响社会稳定的矛盾;在衰退产业援助机制方面,围绕"深化煤炭采掘业发展,重点发展农产品及食品加工基地、新型能源基地和煤化工产业基地"三大支柱产业展开转型的战略工作。

以资源优势为依托,阜新在彰武县打造中国北方最大的板材加工研发基地,在清河门区建设中国北方最大的现代皮革深加工基地,在全市范围内建设全国重要的农产品及食品加工供应基地。转型以来,阜新在林业二次创业和城市绿化建设方面不遗余力。阜新市森林覆盖率已由 2001 年的 21.7% 上升到 2008 年的 32.1%,城市绿化覆盖率达到 42%,阜新已晋升为省级"园林城市",并被确定为全国唯一的资源型城市生态恢复试点市。经济发展方面,从 2001 年到 2008 年,阜新城镇居民人均可支配收入由 4 327 元增加到 10 114 元;农民人均纯收入由 1 123 元增加到 5 030 元。

阜新经济转型的关键是培育接续替代产业,走多个主导产业协调发展之路。阜新立足资源优势,依托产业基础,坚持大开放、大发展的理念,突出建设全国重要的农产品及食品生产加工供应基地、新型能源基地和煤化工基地,打造中国液压之都、玛瑙之都,培育壮大精细化工、新型建材、新型电子、北派服饰等优势特色产业,构筑多元化的主导产业新格局。

第九章　辽北地区

第一节　区域概况

一、区位特征

辽北地区包括铁岭市（含调兵山市、开原市、铁岭县、西丰县、昌图县、银州区、清河区），沈阳市（康平县和法库县），共辖2区、2县级市、5县（图9-1、表9.1）。辽北地区南与沈阳市、抚顺市毗邻，北与吉林省四平市相连，东与清原满族自治县、吉林省辽源市连接，西与内蒙古自治区科尔沁左翼

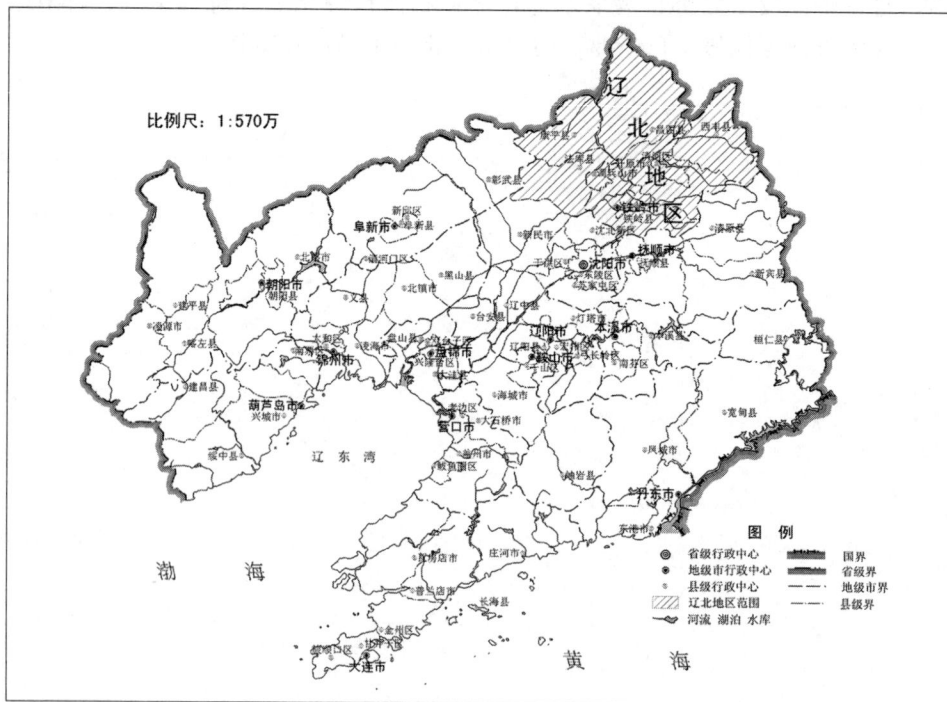

图9-1　辽北地区地理区位图

后旗和通辽市为邻。

辽北地区的土地面积占全省的 11.84％，在五个区域中面积最小。2008 年年末人口数为 386.4×10⁴，占全省的 9.1％。2008 年生产总值为719.5×10⁸ 元，仅占全省的 5.3％。因此该区经济在全省处于相对落后的地位。从三次产业的增加值占全省的比重来看，本区农业相对发达，可以占到全省的 12.1％，而工业农业总产值在全省中的比例则比较低。从辽北地区区域内部来看，开原市、昌图县经济较为发达，法库县、铁岭县及康平县紧随其后，而其他区县的经济则较为落后（表 9.2）。

表 9.1　辽北地区行政区划

序号	市区	县（市）区名称	行政区域土地面积/km²
1	沈阳市	康平县	2 175
2		法库县	2 290
3		银州区	77
4		清河区	465
5		铁岭县	2 249
6	铁岭市	西丰县	2 685
7		昌图县	4 317
8		调兵山市	262
		开原市	2 825

资料来源：辽宁省统计局. 辽宁统计年鉴（2009）[M]. 北京：中国统计出版社，2009。

表 9.2　2008 年辽北各县经济情况

县（市）区名称	生产总值/10⁴ 元	三次产业增加值/10⁴ 元		
		第一产业增加值	第二产业增加值	第三产业增加值
康平县	791 007	188 000	396 915	206 092
法库县	1 040 863	232 119	570 273	238 471
银州区	350 528	9 675	195 006	145 847
清河区	251 127	22 876	150 425	77 826
铁岭县	1 013 075	194 431	662 079	156 565
西丰县	389 788	137 386	118 015	134 387
昌图县	1 174 579	412 762	336 833	424 984
调兵山市	380 160	40 080	154 348	185 732
开原市	1 615 833	293 140	933 246	389 447

资料来源：辽宁省统计局. 辽宁统计年鉴（2009）[M]. 北京：中国统计出版社，2009。

二、地理概况

辽北地区属温带大陆性季风气候,年平均气温 4.5~7.4℃,年降水量 500~800 mm,且从东至西递减。区内有辽河、清河、柴河水系及延伸数十千米的大型水库数座。辽北区地势东高西低,以长大铁路为界,东部为低山丘陵区,西部为低丘漫岗准平原和冲积平原。东部低山丘陵区可分为两个地貌单元:东南部为低山区,山地海拔多在 500~800 m,山势比较陡峻;西部为丘陵区,山丘海拔 300~500 m,相对高度 150~200 m,山势浑圆,谷地宽阔。西部低丘漫岗准平原及冲积平原区的西南部,包括法库县大部及其毗邻地区,低丘浑圆,呈岛状分布,海拔一般在 200 m 左右。西部低丘漫岗准平原及冲积平原区的东北部,为黄土岗地和冲积平原,包括昌图、康平两县的大部,海拔 140 m 左右,向南逐渐降低到 90 m 左右。辽北地区有大小河流 87 条,均属辽河水系,这些河流多分布于东部地区,自东北向西南或自东向西,逐级汇入辽河干流。辽北地区的植被类型包括寒温性针叶林、灌丛植被、草原植被、草甸植被、沼泽植被、水生植被。土壤有暗棕壤、棕壤、黑土、风沙土、草甸土、盐土、碱土、沼泽土、水稻土 9 类。

辽北地区矿产资源丰富。铁岭境内发现金、银、铝、锌、铁、煤等 36 种矿藏,已开发利用 23 种。煤是铁岭市储量最大的矿产资源,主要分布在调兵山市境内,已探明煤储量 22.5×10^8 t,可持续开采 80~100 年,是辽宁省最重要的能源生产基地,近年来又探明煤层气储量为 170×10^8 m³,现已开发利用。非金属矿有 13 种,现已探明和开发利用的有 11 处。石灰石储量 3×10^8 t;白黏土 244×10^4 t;陶瓷黏土 $1\,000 \times 10^4$ t;硅灰石 300×10^4 t,远景储量在 500×10^4 t 以上,品位为亚洲最好的矿石之一;饰面花岗岩 $2\,500 \times 10^4$ t;饰面大理石 2×10^8 m³;菱镁矿 500×10^4 t。其中饰面大理石“铁岭红”亦称“东北红”,是一种名贵的高级建筑装饰材料,横断面有椭圆形并同心的构造,岩石以特有的紫红色和含有丰富多变的迭层花纹而著名,在国内外市场上享有盛誉。金的保有储量为 $2\,907$ kg,主要分布在柴河流域。

第二节 资源环境特征

一、农业资源丰富

辽北地区属于中温带大陆性季风性气候区,冬冷夏热,四季分明,年平均气温 5.0~7.3 ℃,无霜期 128~159 d,年平均降水 650 mm,素有“辽宁粮仓”

之称，是我国重要的商品粮基地。主要粮食作物有玉米、水稻，还有谷子、高粱、大豆、小麦、芝麻、向日葵、烟叶、甜菜、麻类、蔬菜、水果等。辽北地区也是辽宁生猪和禽蛋生产基地，昌图县为瘦肉型猪生产基地，昌图豁鹅是优良的鹅种。西丰、昌图黄牛饲养发展较快。西部风沙盐碱地区的草地荒滩，是牛羊生产基地。东部山区有人参、鹿茸、柞蚕、养蜂、山野菜、中药材、林果等产业。各地的水库为淡水养鱼基地。

辽北各区县农业产值占总产值的比例都比较高，如昌图县 2008 年农业产值占总产值的比例在 35％以上。昌图县地势平坦、土质肥沃，宜农宜林，是典型的北方平原旱作农业地区。昌图县耕地面积 400×10^4 hm²，年粮食总产量可达 17.5×10^8 kg。昌图县作物种类丰富，产量高，农业基础雄厚，并不断调整农业产业结构，马铃薯、蔬菜、花生、烤烟、甘薯、西甜瓜等经济作物面积逐步扩大，总面积达到 172×10^4 hm²。另外，昌图县畜牧业发展较快。目前有肉牛、生猪、家禽大型深加工龙头企业十几家，带动畜牧业迅猛发展，产品远销至欧、美、东南亚等 10 余个国家和地区。昌图豁鹅是全国闻名的特色禽类，具有产蛋多、生长快、肉质好、耐粗饲等特点，其产蛋量为全世界鹅中之最。

二、全国八大煤炭生产基地之一——调兵山市

调兵山市位于辽宁省北部，成立于 1982 年，是一座依托煤炭资源发展起来的年轻城市，原称铁法市，于 2002 年更名为调兵山市，行政级别为县级市。调兵山所在地地质稳定，煤田系系华北陆台阴山陆隆带东段，受华夏系构造影响所形成的断陷盆地，造就了调兵山市西高东低，呈倾斜状的地势，成低山丘陵、平原的地貌类型。调兵山市辖区内煤炭资源十分丰富，在国家限产的条件下，年生产能力仍可达 $1\,500 \times 10^4$ t，煤矸石年排放量达 300×10^4 t，煤层气总储量为 282×10^8 m³，煤炭工业为调兵山市的支柱产业。

近几年，矿区生产规模达 $2\,100 \times 10^4$ t，一跃成为辽宁省乃至东北地区特大的煤炭生产基地之一。与辽宁阜新、抚顺等其他煤炭资源型城市不同的是，调兵山市正处于煤炭开发的鼎盛时期。预计在未来的 30 年左右，煤炭资源的开发利用对调兵山市经济与社会发展仍将起到巨大的支撑、推动和促进作用。铁法煤业（集团）有限责任公司位于辽宁省北部调兵山市，是一个以煤炭生产为主，集煤层气开发利用、建筑安装、机械制造加工、建材、电力等为一体，多元化的大型煤炭企业集团，是中国 500 强、中国煤炭工业 100 强和辽宁省 100 强企业之一。

三、充沛的水资源

辽北地区水资源丰沛，如康平县水资源总量为 $18\,815 \times 10^4$ m³。境内共有

8 条内河，总长 218.7 km，流域面积 2 160 km²，有大、小型水库 14 座，总容量 25 181×10⁴ m³，以中部的卧龙湖水库为最大，库容量为 9 626×10⁴ m³。法库县水资源总量 33 789×10⁴ m³，除过境辽河外，有中小河流 4 条和若干季节河流，纵贯全境，经东南汇入辽河。全县已初步形成比较完整的具有蓄水、拦洪、排灌、养殖多功能的水利工程配套体系。近年来，法库境内发现有益矿泉水多处，极有开发利用价值。

铁岭市境内现有流域面积 100 km² 以上的河流 39 条。据 2006 年统计，铁岭市境内现有大、中、小型水库 82 座。铁岭市大型灌区一处，中型灌区 12 处。全市设计灌溉面积 18.5×10⁴ hm²，实际灌溉面积 13.3×10⁴ hm²，其中水田 7.3×10⁴ hm²。但值得注意的是，铁岭市作为农业大县，对水资源的需求量也非常大。铁岭市 2003～2007 年，年平均农田灌溉用水量为 9.86×10⁸ m³，占总用水量的 81.35%。由此可以看出，农业是铁岭市最大的用水产业，若考虑林牧渔畜用水量，农业用水量可达 10×10⁸ m³，则农业用水占总用水量的比例高达 82%，远远超出全省平均水平。

第三节　人文经济特征

一、农业经济发达

辽北地区自然资源丰富，生态环境良好，是典型的一年一熟粮食种植区，具备发展绿色农业的自然资源。辽北地区的铁岭市是中国食品发展中心和绿色食品协会共同授予的唯一一家地市级绿色农业示范区。铁岭市绿色食品产业 1999 年开始起步，无公害农产品生产是 2003 年随着农业部"无公害食品行动计划"的全面实施开始的，已经建设了绿色玉米、绿色水稻、绿色大豆、绿色蔬菜、绿色瓜果、绿色肉食、绿色水产、绿色林产品等 24 个农副产品生产加工基地。

铁岭市进一步发展绿色农业的原则是通过发展绿色农业，使铁岭市农业和环境可持续发展，将高能、高耗、低产出的传统农业有序、分阶段、分批次转变成低能、低耗、高产出的现代化农业，使农业产业不断优化升级进而增加农产品附加值，大力发展农产品加工业，实现铁岭由农业大市向农业强市的跨越。铁岭市绿色无公害农业主要分成以下几个区域：

1. 东部低山丘陵生态区和林果特色经营区

本区包括铁岭县、开原市、昌图县东部和西丰县，面积约 65×10⁴ hm²，占全市总面积的 50.2%。本区发展方向以生态涵养、退耕还林保护区建设为基础，重点发展农林业、特产养殖、中药材种植等。加强森林资源的培育保护，进一步实施退耕还林。通过实施生态涵养林业工程，以林养土，恢复森林及林地地表植被，提高林分质量，增加其涵养水源及其他生态服务功能。充分利用山地资源优势，因地制宜积极发展多种经营，着力开发农林特色产业，建设以榛子、板栗、刺五加和水果等名优新产品为主的经济林基地；结合天然林保护工程，搞好林下参、细辛、五味子等中药材开发和刺嫩芽、香菇等绿色食品开发。

2. 中部漫岗平原粮菜生产与农业产业化经营区

本区包括昌图中部，开原、铁岭西部。本区热量资源和水分条件都很好，但大部分土壤肥力低，部分土壤耕作层薄，农田防护条件也较差。本区发展方向应以提高耕地土壤质量，改善农村生态环境为基础，充分利用、自然资源优势，建立蔬菜加工基地，实现区域化布局、专业化生产、规模化经营。坚持把玉米、水稻、大豆三大粮食作物生产放在首位，增加绿色农产品生产比重。水稻生产重点是在抓好大面积示范区的基础上，建立绿色水稻生产基地。积极发展蔬菜生产基地，集中发展优势特色蔬菜产品，逐步形成蔬菜产品生产、加工产业带。

3. 西北风沙盐碱生态恢复和经济作物经营区

本区在地貌上属于辽河平原的一部分，海拔高度 60～200 m。本区发展方向是以风沙盐碱地生态恢复为基础，重点发展生态经济型农林业及经济作物。本区应因地制宜，发展花生、芝麻等小油料作物。以花生产业等龙头项目为重点，多渠道、多形式、多层次、全方位建设工农一体化、产加销一条龙经营体制，全面推进铁岭绿色农业的发展。

二、铁岭工业发展的契机——沈铁工业走廊

（一）沈铁工业走廊概况

沈铁工业走廊南起铁岭县新台子镇，沿 102 国道蜿蜒向北，一直到辽吉两省交界的昌图县毛家店镇，全长 100 余千米。铁岭市委、市政府以沈阳经济区一体化战略为契机，发挥 102 国道和沈哈高速公路将铁岭和沈阳连接在一起的优势，将沈铁工业走廊作为实施工业化带动城镇化，城镇化促进工业化的"双轮驱动"战略的重要载体，从根本上改变"农重工轻"的落后面貌。

沈铁工业走廊总体上呈"一体两翼"架构。"一体"即沿 102 国道和京哈高速公路，从铁岭县新台子镇至昌图县毛家店镇南北一体；"两翼"即开原—西丰、银州区—调兵山东西两翼。涵盖了全市 7 个县（市）区和两个经济开发区的 37 个乡（镇）街。整个沈铁工业走廊由"三大经济板块"组成，

即核心区、北部延伸区和东部延伸区，重点规划建设 17 个工业园区，园区规划面积 194 km²。核心区由铁岭县、开原、调兵山、银州区、清河区组成，它南起与沈阳交界的铁岭县新台子镇，北到铁岭中心城区，由"一城七区"组成，一城即凡河新城区，七区即铁岭市高新技术产业开发区、懿路工业园、腰堡工业园、凡河工业园、银州区工业园区、铁岭经济开发区工业园区和平顶堡铸造工业园。北部延伸区即开原—昌图一线，东部延伸区即开原—西丰一线。

沈铁工业走廊充分利用沈阳经济区巨大的辐射、吸纳功能，并构建与沈阳经济区发展相配套的产业体系，按照"区域经济特色化，特色经济产业化，产业经济规模化，规模经济优质化，优质经济集群化"的思路，把发展专业特色产业园和集聚带作为重点，实现由工业集中向产业集聚，初步形成专用车、换热设备、起重设备、煤电及新兴能源、矿山设备及配件、农产品及食品加工、煤化工及生物化工、新型建材和高新技术等产业集群。其中，辽宁专用车生产基地、辽宁换热设备生产基地、开原起重设备工业园、调兵山新能源和矿山机械设备生产基地等，已经形成巨大的产业集群效应。

（二）沈铁工业走廊的发展优势

1. 区位优势

沈铁工业走廊的区位优势在于：一是它的区位重要。南与沈北新区的新城子接壤，北与吉林省的四平市为邻，是辽宁中部城市群的重要组成部分，是辽宁通往吉林、黑龙江两省的桥梁和纽带。二是它的交通便捷。本区位于东北铁路大动脉——京哈电气化铁路线上，是沈哈高速公路的交通要道，102 国道穿境而过。距大连港 430 km，距营口港 290 km，距沈阳桃仙机场 80 km。

2. 新能源优势

沈铁工业走廊在原有"两电一煤"的基础上，大力发展循环经济，不断利用自然资源、工业废弃物和农产品资源，开发新能源。一是风力发电。经测试，昌图泉头、满井、下二台等处和调兵山高力沟风能源状况均达到建设大型风力发电厂要求的风力资源条件。二是煤矸石发电。铁法煤业集团与辽宁能源总公司共同开发煤矸石发电项目，总投资 38.8×10⁸ 元。三是生物质能。在资源和环保的双重压力下，铁岭大力发展以农产品和农业废弃物为原料的生物能源，并在开发利用上取得了新突破。

3. 基础设施优势

经过全方位、大面积的基础设施建设，目前沈铁工业走廊内各工业园区已经实现"六通一平"，有的园区达到了"九通一平"，具备了功能齐全、设施完善的投资条件，特别是 102 国道拓宽改造，由沈北新区最北端向北延伸 22 km 至铁岭市区双向八车道，打开了沈北开发的大通道，促进了承接沈阳经济区各种生产要素和能量向北释放和滚动，拓宽了辽宁中部城市群区域经济发展的空间，增强了沈铁工业走廊承载大项目，承接大企业的能力。

4. 承接产业转移的优势

铁岭的现实优势在于承接异地的产业技术转移，积极主动接受沈阳经济区的辐射，结合自身区域的特点，合理确定区域功能定位和主导产业，形成区域特点的产业集群，使各类企业和投资项目都能在沈铁工业走廊找到适合自身发展需要的载体。目前，沈铁工业走廊 80％ 的项目是异地转移过来的，其中有 60％ 来自于沈阳经济区，主要包括装备制造、精密铸造、管材加工、汽车零部件加工、电线电缆等大型企业集团。

5. 土地资源优势

沈铁工业走廊位于辽河冲积平原，地势平坦、开阔，具备大量的土地储备和广阔的发展空间。近年来，沈铁工业走廊内各工业园区通过平整土地、埋沟填壑，为入园项目提供了充足的建设用地。与此同时，优惠的用地政策和土地价格形成了一定的竞争力。

三、辽北特色民间艺术

1. 二人转

东北二人转主要来源于东北大秧歌和河北的莲花落。用东北人的俏皮话说：二人转是"秧歌打底，莲花落镶边"。莲花落亦称"落子"，是北方的一种民间说唱艺术，边说边唱，且歌且舞。1953 年 4 月，在北京举行的第一届全国民间音乐舞蹈大会上，东北代表团的二人转节目正式参加演出，从而使二人转这个名字首次得到了全国文艺界的承认。二人转植根于民间文化。其表演台词具有浓厚的乡村特色，俗、色、酸是其最大特点，由著名演员赵本山"净化"为绿色版本之后得以上台面，成功组织了全国百场巡演，二人转被列入第一批国家非物质文化遗产名录，二人转这一剧种走向了 300 年间的空前辉煌。

2. 小品

20 世纪 90 年代初期，赵本山、潘长江等铁岭人通过中央电视台春节联欢晚会，把铁岭的喜剧小品展示给了全国亿万人民。连续十几年，铁岭的喜剧小品层出不穷，成为中央电视台春节联欢晚会奉献给全国亿万人民的"快乐大餐"的重要组成部分。铁岭的喜剧小品在全国独树一帜，享有盛誉。铁岭拥有一支编、导、演相结合的喜剧小品队伍，其创作表演的喜剧小品风格独特，成为铁岭的一个品牌。铁岭编导、演员创作的《1+1=？》、《相亲》、《过河》、《征婚》、《三鞭子》、《红高粱模特队》、《昨天、今天、明天》、《卖拐》、《卖车》等小品，深受全国人民的喜爱。2002 年，中国文联为铁岭市颁发了"中国曲艺小品之乡"的牌匾。

第四节　人地关系与可持续发展

一、水土流失与生态环境建设

1. 辽北水土流失现状

辽北地区水土流失的特点是以水力侵蚀为主，风力侵蚀严重，主要分布在铁岭市。随着城市发展步伐的加快和开发建设的项目逐渐增多，产生了大量建筑垃圾和弃土，人为破坏地貌加剧，而且没有水土保持措施，造成严重的水蚀和风蚀。全市现有土壤侵蚀面积 2 598.33 km²，占全市总面积的20.04%。强度侵蚀大都是由于人为因素造成的，土壤养分已基本流失，地表岩石裸露，寸草不长，治理难度很大。

铁岭市的农田分布可划为两个部分：东部山区坡耕地区、辽河平原耕地区。东部山区耕地面积 1 514.96 km²，坡耕地 502.40 km²，全市水土流失部分主要分布在本区域，约为 1 610 km²，占全市总流失面积的62%，是辽宁省水土流失的重点区域。辽河平原区的耕地面积为 3 468.11 km²，本区土地平坦，土质肥沃，水系发达，水资源丰富，森林植被率低，易受风蚀，本区的水土流失面积为 986 km²，占全市水土流失面积的38%。

水土流失在部分城市地区也较为严重。由于人为破坏植被及龙首山周边开发建设，又没有完善的水土保持工程和措施，造成雨季部分山体滑坡，形成侵蚀沟，大量雨水挟带泥沙、碎石涌入市区，淤塞城市排水管道及道路，严重影响道路交通及居民生活和企业生产。经调查，城区水土流失面积为165.93 hm²，占城区面积的 6%，其中龙首山水土流失面积占 78%，城市开发建设等产生水土流失的面积占 23%。

2. 造成水土流失的因素

造成水土流失的因素包括自然因素和人为因素。自然因素包括重力、风力、水力、冻融等；人为因素包括修建铁路、公路、水利工程，开办矿山企业、电力企业以及其他大中型工业企业在山区、丘陵、风沙区乡镇集体矿山企业和个体申请采矿、城市建设、开荒、放牧、伐木等一切生产建设开发性活动。

铁岭市水土流失的原因主要有：一是蚕场沙化严重。铁岭市柞蚕生产，至今已有近百年历史。由于多年来重放养、轻建设，特别是近些年，市场需求量大，产值高，蚕农为了眼前利益，而进行过量放养，造成水土流失加剧。二是过度放牧。铁岭市畜牧业发展十分迅速，尤其牛羊的经济效益十分显著，饲养量逐年增加，牧草产量已远远满足不了牛羊数量的增长，牛羊上山现象时有发生，使小树枝条、嫩芽被啃光，变为死树，山上草皮也遭到破坏。三是开发建设项目造成水土流失。随着社会生产的不断扩大，对矿产资源的开采量也不断加大，生产开发项目迅猛发展和增长，搞掠夺式开发，不采取防护措施，产生强度侵蚀，生态环境不断恶化。四是砍柴为薪。由于缺少薪柴和山区人民生活习性而出现了过度修枝、搂树叶、草皮，甚至在自己的承包地乱砍滥伐，地表植被遭到破坏，土壤涵养水源能力降低，极易引发山洪和泥石流。

3. 水土流失的治理

铁岭地区大力植树造林，防止水土流失，初步形成了东部山区水涵养，中部农田防护，西部及西北部防风固沙的三大防护林带的带、网、片体系。全地区森林覆被率达 20.5%，高于全国和全省水平。铁岭城区以治理龙首山水土流失为中心，在城市建设规划中提出"山在城中、水穿市区、城中有山、城山相连"发展山水特色城的实施方案。以建设园林城市为目标，对龙首山进行水土流失综合治理，同时进行景点建设，建成区绿化覆盖面积 1 452 hm²，公共绿地 222 hm²，建成区绿化覆盖率达到 40%。

二、矿区生态环境问题与治理

调兵山市地处辽宁省北部，位于铁岭、法库两县之间，地势自西向东倾斜，丘陵与平原共存，是辽北地区一个典型的水土流失区，由于调兵山市多年的煤矿开采，造成矿区生态环境问题严峻。

矿区生态环境问题主要有：第一，沉坑水力侵蚀。主要由于降水产生地面径流，使耕地变成沉坑，耕地减产，最后不能耕种。沉坑水面以上部分坡度一般为 $3°\sim5°$，年土壤侵蚀模数在 $500\sim1\ 000\ t/km^2$，属轻度侵蚀；水面以下部分坡度多在 $6°\sim15°$，年侵蚀模数 $5\ 000\sim8\ 000\ t/km^2$，属强度侵蚀，抗侵蚀年限小于 20 年。第二，矸石山土壤侵蚀。流失的矸石粉影响周围耕地，使地力下降，农业减产，矸石粉流向河道致使河床抬高。第三，矿区建筑用地。矿区每年修建厂房、住宅等，有的是旧住宅区改造，有的占用苗圃，有的占用荒草地，均破坏了原地表地貌，扰动原土层结构，致使土壤的相对稳定状态发生变化。

调兵山市坚持经济发展与环境保护并重的原则，积极开展矿区水土流失防治。对于开采时间长，沉坑面积广且深度大的大明一、二矿和晓明矿，列为重点治理区，适合复垦；对于由于开采年限短，沉坑小、坡度缓的大隆矿、小青、大兴、晓南四矿，列为重点预防保护区，在措施配置上用矸石粉回填沉坑；对于废弃的矸石山，以矸石利用、发展经济为主攻方向，用于沉坑回填、填筑公路、堤防和烧砖制件，逐步吞掉矸石山，还耕地于民；对于继续堆放的矸石山，在其外侧设拦沙防风林带，达到保持水土的目的。

三、自然生态保护区——卧龙湖湖泊湿地

1. 卧龙湖湖泊湿地概况

卧龙湖湖泊湿地位于辽宁省沈阳市西北部的康平县东关镇境内，1958 年以东、西马莲河为主要水源修建水库，是辽宁省水面最大的淡水湖，属半人工、半天然湿地。区域面积 1.1×10^4 hm²，水域面积 0.6×10^4 hm²，天然芦苇、蒲草面积 0.3×10^4 hm²，最大蓄水量 $9\,620 \times 10^4$ m³。2001 年经辽宁省政府批准建立省级自然保护区，是以保护水禽栖息地和水生物资源为目的的湖泊型省级湿地自然保护区。

该保护区具有库塘、沼泽、湖泊湿地的综合功能特性，构成淡水系统多单元的生态特性，是东北地区生物多样性保存较完整的湿地生态系统，为丰富物种和遗传进化提供了环境条件，为科学研究物种发展变化提供了良好场所。据调查，卧龙湖湿地生物物种丰富，分布有水生植物 48 种、浮游植物 154 种、鱼类 39 种、鸟类 141 种，其中国家一级重点保护鸟类 5 种，二级重点保护鸟类 19 种。

卧龙湖位于我国干旱半干旱与湿润半湿润两种气候、耕地与荒漠两种土壤、森林与草原两种植被的生态过渡带上，其生态系统敏感脆弱，是国家一级生态敏感带。和一般湿地相比，它的生态功能尤为重要，因为其地理位置处于科尔沁沙地的南缘地带和东南—西北季风区的下风向，并且临近康平县北部残存的风沙口、流动沙丘和固定沙丘，是抵御科尔沁沙地南侵和防风固沙的重要屏障，对于改善辽西北沙化地区的干旱气候，净化环境，补充地下水和调节水生态循环有着重要的作用。

2. 卧龙湖湖泊湿地存在问题及原因

卧龙湖湖泊湿地于 2002 年年底彻底干涸，丧失了卧龙湖湿地的生态功能，使阻止科尔沁沙地南侵的天然生态屏障遭到了破坏。干涸的湖底沙质土壤裸露形成新的沙尘源，相当于科尔沁沙地骤然向南推进了上百千米，直接对沈阳和辽宁中部城市群的环境构成威胁，加速了当地干旱少雨多风等不利

气候的变化，恶化了区域经济发展的综合环境。造成卧龙湖湿地干涸的原因是多样的。

从人为因素看，一是盲目的旅游开发。20世纪90年代中期以来，卧龙湖作为旅游胜地进行开发，在卧龙湖周围修筑环湖公路55 km，修筑环湖堤坝38 km，人为隔断了包括东、西马莲河在内的10余条河流的河水入湖和区域面积为 16.4×10^4 hm^2 的汇水区的雨水径流入湖，使卧龙湖失去了主要的补水水源。二是破坏性耕种和水产养殖。由于在卧龙湖滩涂和浅水区内开发水田和水产养殖区，每年需要 $1\,000 \times 10^4$ m^3 水用于灌田和养殖，既消耗了湖水，又影响了滩涂蓄水功能，导致湖区蓄水总量减少，加速了湖水蒸发，导致湖泊的干涸。三是污水排放量增加。康平县生活污水及雨水都是直接汇入卧龙湖的，且排污途径短，随机性大，水质、水量均不易控制。排入湖中的工业废水及生活污水在水量上不断增加，水质上呈多元化趋势。

从自然因素看，一是降水量少而蒸发量大。康平县年平均降水量526 mm，1999～2003年，只有2000年的年降水量高于平均值5.9 mm，其余4年在平均值以下52～193 mm不等，而且气温比正常年份偏高，持续的干旱少雨，年蒸发量加大，形成水资源的负增长。二是距离沙漠近。内蒙古自治区科尔沁沙地距卧龙湖仅20 km，每年"沙龙"都裹挟着大量沙土袭向康平，乃至沈阳，常年平均风速4.5 m/s，春季最大风速达25 m/s，这股干燥的西北风吹走了卧龙湖上空大量水汽，并且在烈日的配合下，使其自身生态系统遭到严重破坏。

3. 卧龙湖湿地恢复对策

为了恢复卧龙湖湿地，当地采取了一系列措施。第一，终止卧龙湖资源开发承包合同。停止湖区内水田耕种和水产养殖，拆除水上游乐等工程设施，恢复滩涂和植物生长区域。第二，疏浚东、西马莲河及其支流通向湖区的渠道，拆除在东、西马莲河及其支流上建造的堤坝。第三，引辽入湖，利用河湖高差使辽河水自然流入湖区，补充湖泊水源。第四，结合退耕还林、"三北"四期工程，大力营造水源涵养林、防风固沙林等生态公益林。第五，控制污染源，建立污染监测系统，对流域内的水质及化学指标进行定期检测，监测水质动态变化。当地生活污水和工业废水经过处理再利用，用于补给卧龙湖湿地生态用水。

第三篇　专　　论

第十章 辽宁老工业基地振兴

章前语

"老工业基地"是指那些在新中国成立前及新中国成立初期（主要是"一五"时期）所形成的对我国工业化起步产生基础性影响，门类比较齐全，相对集中的老工业城市和地域。同时，由于受计划经济影响较深，在许多方面难以适应全新的经济环境和市场环境，在社会主义市场经济体制的新形势下，暴露出深层次的体制性、结构性矛盾，计划经济体制的影响严重地束缚了老工业基地的发展，显现出"老"的表象。

辽宁省是我国重要的老工业基地之一，素有"新中国的装备部"、"共和国长子"的美誉。新中国成立以来，辽宁省老工业基地为我国建成独立完整的工业体系和国民经济体系，为国家的改革开放和现代化建设做出过历史性的贡献。如何全方位、多层次调整改造老工业基地，促进老工业基地振兴，实现老工业基地经济社会可持续发展，是辽宁人民乃至全国人民面临的重大课题。

第一节 老工业基地形成的基础

根据工业发展阶段理论，重工业的兴起是从矿产资源的采掘业开始的，辽宁省也是如此。辽宁老工业基地的形成主要有自然和人为两个方面的基础：首先是自然基础，主要是辽宁省矿产资源丰富，开采条件优越，为工业基地的建立提供了天然的条件；其次是人为基础，新中国成立以前，清末民初到日伪时期就有较大规模的资源开发，这两个方面共同构成了辽宁老工业基地的形成基础。

一、优越的资源条件

辽宁省资源丰富，尤其是可供开采的矿产资源极为丰富。截至 2010 年年底，已发现矿产资源 120 种，其中 116 种已探明储量，其中铁矿、菱镁矿、溶液用灰岩、硼矿、金刚石的保有资源储量居全国首位。煤炭、油气、化工、冶金、有色金属、建材等矿种开发一应俱全，是全国三个矿种齐全的省份之一。目前，全省年产矿石固态总量约 2.3×10^8 t、液态总量 $1\,437 \times 10^4$ t、气态总量 11.8×10^8 m^3。许多矿山企业都有百年以上的开采历史。在新中国成立初期，全国 156 项重点工程中有 24 项安排在辽宁，其中 15 项属矿产资源开发建设项目。地方配套建设的 730 个重点项目中，半数以上是以资源开采为主的建设项目。丰富的矿产资源为矿产资源采掘业的发展和老工业基地的形成和发展提供了坚实的自然基础。辽宁省是因矿兴省，优越的资源条件为辽宁老工业基地的形成奠定了坚实基础。

二、悠久的开发历史

早在旧石器时代，辽宁就有人类活动。商周时期，辽宁地区就出现了聚落和城镇。辽宁矿产资源开发历史悠久。战国时期，鞍山一带的先民就开始了铁矿石开采；清末民初，辽宁民族工业逐渐兴起并获短暂繁荣，矿产资源型产业初露端倪。1905 年，全省开采煤矿 148 处、金矿 188 处，此后规模较大的矿山不断增加。在奉系军阀垄断东北期间，辽宁工矿业的规模、速度、技术水平及设备等方面，均为国内先进水平。

鸦片战争以后，日俄先后侵占东北，修建铁路和港口，掠夺辽宁大量森林、煤炭、钢铁资源，辽宁境内资源开发与加工规模不断扩大，采掘工业、冶金工业、机械工业及轻工业等逐步得到发展，形成了"殖民地"经济体系。在辽宁投资的主要是日本侵略者。日本对辽宁增加矿业投资，主要针对煤、铁。到 1929 年，日本人在辽宁经营的矿山达 276 家，仅本溪县就有煤、铁、有色金属等矿山 65 家，抚顺是煤炭资源开发的主要地点。截至 1945 年，日本共掠夺抚顺煤炭资源超过 2×10^8 t。

"伪满"建立后，日本成立"满业"对重工业加以垄断。"满业"向钢铁工业、轻金属工业、汽车制造业、飞机制造业、煤炭等矿产业进行投资，还对黄金、锌、铅、铜及其他矿业进行附带投资。1932～1944 年，辽宁地区主要工业产品产量，生铁从 394 180 t 增至 1 157 727 t，原煤由 662.6×10^4 t 增至 $1\,306.8 \times 10^4$ t。辽宁地区运往日本的生铁数量最高时超过日本进口量的 40%。日伪时期的主要矿产资源最高年产量是 1943 年，当年产原煤 $1\,378 \times 10^4$ t，铁 170×10^4 t，钢 87×10^4 t。

三、新中国的工业建设

新中国成立后，根据当时的自然条件、经济基础和地缘政治关系，国家把东北地区作为生产布局的重点。国家建设东北重工业基地的战略推动了辽宁的迅猛发展，辽宁省成为国家重要原材料和装备制造业基地。

"一五"计划的核心是 156 项重点工程。辽宁有幸成为"共和国长子"，在 156 项重点工程中，安排在辽宁的最多，达到 24 项；投资额 $46.4×10^8$ 元，占全国总投资的 31.3%。156 项工程的建设，形成了以沈阳、鞍山为中心的东北工业区等全国八大工业区。"一五"计划奠定了新中国工业化基础，辽宁作为中国近代工业的摇篮，初步形成了以冶金、机械、石化、石油、煤炭、电力、建材为主体的重工业体系，钢都鞍山、煤都抚顺、机械之城沈阳、煤铁之城本溪、煤电之城阜新、石油之城盘锦、海港之城大连，在全国都有举足轻重的地位。

辽宁省为全国近现代工业的形成和发展做出了巨大的贡献。1952~1988 年，辽宁省就向全国各地净调出生铁 $6\,113×10^4$ t，钢材 $7\,949×10^4$ t，铜、铝、铅、锌四种有色金属 $383×10^4$ t，纯碱 $1\,178×10^4$ t，烧碱 $165×10^4$ t，水泥 $5\,508×10^4$ t，还有大量的其他生产、建设物资和科技人员、管理人员乃至产业工人，上缴了相当于国家投资 3 倍的财政收入。

依靠对矿产资源的开发利用，形成了以冶金、石化、机械装备为主体的全国最大的重化工业基地，包括鞍—本钢铁工业基地，盘锦、抚顺、辽阳、大连、锦州、葫芦岛等石化工业基地，大石桥—海城菱镁产业基地，抚顺、阜新、沈阳、调兵山、北票、南票六大煤炭产业基地，沈阳、葫芦岛、抚顺三大有色金属加工基地，沈阳、大连两大装备工业和高新技术产业基地。虽然改革开放后辽宁的经济地位相对下降，但在全国，乃至世界制造业领域仍有一定地位。辽宁工业基地的形成，为全国建设独立、完整的国民经济体系，推动工业化和城市化进程做出了历史性的重大贡献。

第二节　老工业基地的衰落与调整改造

一、老工业基地的衰落

进入 20 世纪 90 年代以后，长期被称为我国"工业巨人"的东北工业基地，出现了工业发展迟滞、增长乏力、经济效益极差的现象，东北工业的发展陷入严重困境，学术界将这种老工业基地的衰落状况称之为"东北现象"。"东北现象"的问题在辽宁表现得最为突出。

1990 年其工业总产值仅比上年增长 0.6%，远远低于全国 7% 的平均增长水平。预算内企业实现利税下跌 25%~45%，明显高于全国的 18.5% 平均下降幅度。东北独立核算工业企业的主要经济指标不仅低于全国平均水平，而且在全国工业生产体系中处于较低的水平位次（表10.1）。

表 10.1　1991 年辽宁工业基地独立核算工业企业主要经济效益指标

指标	全国	辽宁省	全国的位次
全员劳动生产率/（元·人$^{-1}$·年$^{-1}$）	17 408.00	15 578.00	27
每百元固定资产原值实现产值/元	129.90	105.74	18
每百元固定资产原值实现利税/元	13.50	9.16	20
亏损企业亏损总额/10^8 元	348.76	37.37	1
每百元销售总额实现利润/元	3.30	1.48	28
每百元资金实现利税/元	12.20	9.12	19
每百元产值实现利税/元	10.40	8.66	25

注：根据1992年中国统计年鉴整理。

二、人地关系矛盾与协调——资源型城市

（一）资源型城市

辽宁省现有 9 座城市为比较典型的以资源开采为主的城市，即阜新市（煤炭）、盘锦市（油气）、鞍山市（冶金）、抚顺市（煤炭）、本溪市（冶金和煤炭）、北票市（煤炭）、南票区（煤炭）、大石桥市（建材）和调兵山市（煤炭）。从现有资源储量看，9 座城市大体可分为三种类型（图 10-1）：

一是资源储量仍较丰富，鞍山市目前铁矿保有储量 74.5×10^8 t，还可开采百年，但大多属赤贫矿，品位低，埋层深，开采成本高，环境破坏严重。位于调兵山市的铁法煤田目前储量 8.78×10^8 t，占全省总储量的三分之一，还将有 20 年的"黄金时光"。

二是资源近期可能走向衰竭的盘锦市和大石桥市。经 30 多年的开发，盘锦油气产量呈递减趋势，现有资源储量仅可维持 10 年左右的时间。大石桥市大部分矿山已转入地下开采，成本高，市场竞争能力差。

三是资源已经枯竭的城市。视接续产业发展程度又可分为两类：一类是在资源枯竭的同时，接续产业发展已有一定基础的抚顺和本溪二市；另一类是经济社会发展遇到较大困难，亟待发展接续产业的阜新、北票和南票。

（二）资源型城市凸显人地关系矛盾

资源是资源型城市得以生产和发展起来的最重要的物质基础和条件。资源型城市也都由资源的开发而兴起。随着资源的逐渐枯竭，人对自然的作用

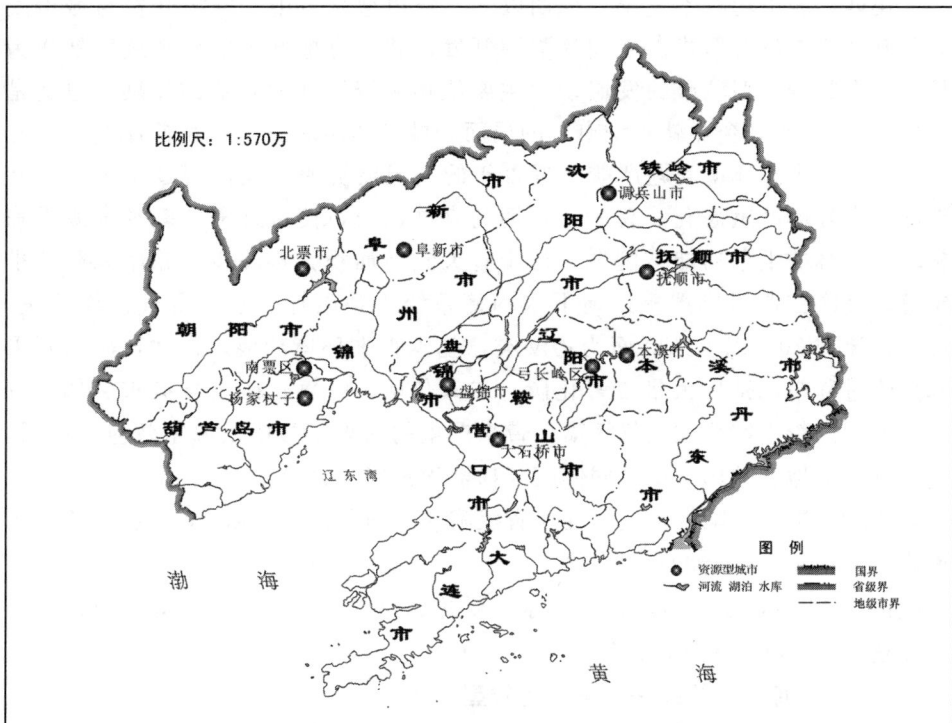

图 10-1 辽宁省资源型城市分布图

方式是以开发利用为主，忽略了人与自然的可持续发展，随着资源的日益枯竭，资源型城市的人地矛盾也日渐紧张，这突出表现在以下几个方面。

第一，随着资源的开发，储量和产量日渐减少，开发成本不断上升。资源型城市对煤炭、石油、森林资源过度依赖，城市的发展必然会受到这些枯竭资源的约束。辽宁省的资源产业枯竭主要体现在煤炭和有色金属矿山上。辽宁省现有煤炭保有储量的 70% 分布在铁法和沈阳矿区，全省 7 个矿区除铁法矿区外都在萎缩，煤炭产量逐年下降。

第二，产业结构单一，城市增长方式粗放。这些资源型城市以资源采掘业及关联原材料初加工工业为产业体系的主导产业，从而形成了较为单一的产业结构，城市经济发展对资源具有高度的依赖性，产业结构呈超重型，调整难度较大。

第三，劳动力人口素质偏低。资源型城市的劳动力人口，受教育程度低，高技术人员少。资源开发需要大量劳动力，这些劳动力大部分来自周边农村，受教育程度较低，这使资源型城市难以向技术含量高的知识密集型产业发展。

第四，城市功能不完善。长期以来，资源型城市中，资源开发与城市发展的互动机制没有形成。长期的资源开发，并没有把城市的可持续发展作为核心，多数资源型城市的发展动力主要依赖于资源开发企业的发展，也就是"城市就是企业，企业就是城市"的局面。城市功能缺失，服务能力弱。

第五，生态环境问题严峻。近百年的大规模资源开发使得辽宁老工业基地的生态环境严重恶化。首先，长期的森林砍伐，使可开采的森林资源面临枯竭，森林的生态功能被削弱。辽宁省天然林面积大幅减少，原始森林几乎绝迹。其次工业污染严重，地下水均衡系统受到破坏，水和空气污染严重，如辽河流域 70% 以上的断面为劣 V 类，基本丧失环境功能。再次，矿山开采和燃烧过程中，排出大量二氧化碳、二氧化硫、一氧化碳及含有重金属、放射性元素的粉尘，造成大气污染，带来严重的后果是酸雨及温室效应。最后，资源开采对地表破坏严重，固体废弃物堆积占用了大量土地。

第六，采煤沉陷区问题。辽宁省沉陷区总面积达 $370 \ km^2$，受损住宅建筑面积 $737 \times 10^4 \ m^2$，涉及居民 13.1×10^4 户、38.2×10^4 人，受损学校 101 所，受损医院 44 所，受损道路、供排水、供热、供电、煤气、通信等市政设施总长度达 $1\ 700 \ km$，受损农田 $1.5 \times 10^4 \ hm^2$。

（三）协调人地关系——阜新的转型

阜新市地处辽宁西北部，是一座典型的因煤而兴的资源型城市，素有"煤电之城"的美称。"一五"期间 156 个重点发展的重工业项目，阜新市占了 4 个，包括新中国第一座大型机械化、电气化露天煤矿——海州露天煤矿，装有新中国第一台汽轮发电机组的火力发电厂——阜新发电厂，从而使阜新市成为我国最早建立起的能源基地之一。新中国成立以来，阜新市每年的煤产量达到 $1\ 200 \times 10^4 \ t$，60 年来，全市累计生产煤炭超过 $6 \times 10^8 \ t$，发电约 $1\ 700 \times 10^8 \ kW \cdot h$，为国家经济建设作出了重要贡献。

然而，1999 年，东梁、平安、新邱三个煤矿的剩余可采储量分别为设计可开采储量的 3%、6% 和 11.3%。2001 年 3 月 30 日，三个煤矿宣告破产，涉及矿工超过 4×10^4 人。2001 年，阜新下岗职工扩大到 12.9×10^4 人，占职工总数的 36.7%。2001 年 12 月，国务院将阜新市确定为"全国资源枯竭型城市经济转型试点市"。阜新市经济转型和发展接续产业走的是一条"非工业化"的道路，即实行"退二进一"。走现代化农业之路，围绕现代化农业，发展第一产业，带动第二产业，促进第三产业，形成"一二三"产业协调发展的新格局。

为了实现阜新市资源型城市转型的目标，阜新市因地制宜，采取了一系列措施来协调人地关系：

第一，根据土地资源丰富，气候和环境比较适宜发展绿色食品的实际，把发展食品及农产品加工业作为继煤炭产业之后的重要接续替代产业。几年来，已引进和培育河南双汇、内蒙古伊利、上海大江等70多个龙头企业，带动全市形成了生猪、乳品、白鹅、食用菌、杂粮等14个农业产业化链条，初步构筑起了接续替代产业框架。

第二，开发利用低碳、清洁能源。利用煤炭、煤矸石和风能资源，启动实施了 70×10^4 kW 阜新发电厂三期改造，60×10^4 kW 金山煤矸石热电、百千万风力发电等一批电力工业项目，此外，还在探索煤层气发电。

第三，打造产业集群，壮大一批区域特色产业，规划建设了玻璃、电子、橡胶、氟化工四大工业园区，初步形成了优质浮法玻璃深加工业、橡胶制品业、新型电子元器件制造业和含氟精细化工等特色产业集群，并加快做大装备制造业。全地区已形成大吨位压铸机、汽车动力转向泵、电力电缆等一批优势产品和产业群体。目前，这些优势特色产业占全市规模以上工业的30%以上。围绕优势特色产业，规划建设了1条工业走廊、5个工业区和20个工业园，为引进培育项目搭建了平台。

第四，加大基础设施建设，改善人居环境。完成了锦阜高速公路、煤城路、阜塔路等一批重要基础设施建设工程。加强了城市小街小巷改造和广场游园建设。建成了城市污水处理厂、垃圾处理厂，进行了城市地下管网改造，实施了细河城市段治理工程。

三、产业升级与调整——装备制造业

（一）辽宁装备制造业存在问题

曾经在全国占有重要地位的辽宁装备制造业，在面临改革开放与市场竞争的大背景中，也存在很多问题，产业结构在发展中也存在比例失调、结构畸形和产业发展滞后的问题。

首先，辽宁装备制造业市场机制还没有完全形成，工业企业所有制结构调整步伐相对迟缓，国有成分在工业经济总量中仍然占有过大的比重。国有企业"一股"独占的局面没有发生大的变化，这对增强国有经济的控制力产生不利影响。其次，产业、产品结构老化，优势产业趋同现象十分明显。辽宁装备制造业以机械制造业、交通运输制造业为主，多年来由于技术落后、设备陈旧，一些产业的优势地位已经丧失，能适应市场需求且仍处于成长期的产品比重偏低，高新技术产品比重偏小。最后，高技术在产业结构中比例低。辽宁省装备制造业技术比较落后，新产品开发能力较差，重要产品和工艺技术主要靠从国外进口，对国外技术的依赖性大，具有自主知识产权的技术少。装备制造业中新产品的研发能力较差，装备制造业中 57% 的产品产业化是在引进技术的基础上完成的，行业自身的自主创新和开发能力很弱。

（二）沈阳铁西工业基地改造

沈阳铁西工业区的调整改造是辽宁振兴中，装备制造业振兴的成功典范，是辽宁以及东北老工业基地振兴的示范区，有许多成功经验值得学习和借鉴。

沈阳铁西工业基地是国家"一五"、"二五"时期重点支持发展起来的。到"七五"末期，铁西工业基地已形成了集机械制造、化工、制药、纺织、轻工、建材等多门类的国家重化工业基地，众多国有装备制造企业位居国内行业排头兵地位。改革开放初期，特别是进入 20 世纪 90 年代后期，铁西老工业基地陷入了困境。90% 的企业处于停产或半停产状态，约 500×10^8 元的存量资产闲置；企业负债沉重，平均资产负债率高达 90%；技术设备落后，研发投入不足；第二、第三产业发展不协调，第三产业发展严重滞后；职工生活困难，30×10^4 产业工人中有 13×10^4 人下岗。

为了让铁西工业区走出困境，沈阳市采取了一系列措施进行调整改造：

第一，创新政府管理模式。2002 年 6 月 18 日，铁西区与沈阳经济技术开发区合署办公，赋予铁西市级经济管理权限。两区合署办公，一是打破了行政区划的束缚，整合了两区体制、资源和人才等优势，构建了组织领导、规划布局、资源配置一体化的全新管理框架，减少了管理层次和审批程序，提高了决策和执行效率。

第二，"东搬西建"，利用土地级差为调整改造提供了充足的资金来源。合署办公拓展了铁西区的经济发展空间，铁西区面积由 40 km² 迅速扩张到 128 km²，使企业搬迁改造和项目成为可能。开发区土地价格最初只有 200 元/m² 左右，而老城区位于城市中心，地价多超过 3 000 元/m²，通过"东搬西建"，筹集约 100×10^8 元资金，较大的土地级差为铁西老工业基地调整改造提供了充足的资金保证。

第三，"壮二活三"。铁西区与沈阳经济技术开发区合署办公后，坚持"搬迁、并轨、改造、升级、就业"并举原则实施了"壮二活三"的发展举措，对铁西老工业基地进行系统彻底的改造。在着力解决企业的冗员、内债和办社会等问题的同时，重新整合工业资源，推进资产向优势企业集中，促进优势企业做强做大；推进基础工艺向专业化生产集中，提升专业化生产水平；推进企业向产业集群集中，打造产业发展新高地。在老城区大力发展现代服务业，完善城市功能，提升城区的核心竞争力。

经过调整改造，沈阳铁西老工业基地在经济和社会发展等方面都取得了较快进展。2006年，全区完成地区生产总值 $276×10^8$ 元，五年年均增长30%；规模以上工业总产值 $843×10^8$ 元，年均增长37.7%；规模以上工业增加值 $212.6×10^8$ 元，年均增长32.7%。其中，装备制造业增加值 $150×10^8$ 元，年均增长56.5%；财政收入 $26×10^8$ 元，年均增长36.8%；直接利用外资 $5.7×10^8$ 美元，年均增长33.7%；固定资产投资 $202×10^8$ 元，年均增长51.7%；社会消费品零售总额 $165.8×10^8$ 元，年均增长30.5%。

在经济发展的同时，大力改善人居环境。经过五年的努力，全面完成了棚户区、平房区改造，全部拆除了违章建筑，正在推进旧楼区改造，$4×10^4$ 多户居民的居住条件得到改善。改造建设了体育场、体育馆、图书馆、工人会堂和十几所中小学校，不断完善城市环境建设。

2007年6月9日，国家发改委和国务院振兴东北办授予沈阳市"铁西老工业基地调整改造暨装备制造业发展示范区"称号。"示范区"的命名，标志着铁西装备制造业的发展进入了一个崭新的历史阶段。沈阳铁西工业区将以示范区命名为契机，在沈阳全面振兴中充当"火车头"，成为沈西工业走廊建设的"发动机"，将在东北老工业基地改造振兴中发挥示范作用。

第三节　老工业基地振兴——国家战略

一、国家政策措施

党中央、国务院高度重视东北老工业基地的改革和发展。2003年10月，中共中央、国务院正式印发《关于实施东北地区等老工业基地振兴战略的若干意见》（中发［2003］11号），制定了振兴战略的各项方针政策，吹响了振兴东北老工业基地的号角。12月，国务院振兴东北地区等老工业基地领导小组成立，先后发布了《关于促进东北老工业基地进一步扩大对外开放的实施意见》（国办发［2005］36号）等一些重要文件和政策。党的十六大报告强调要"支持东北地区等老工业基地加快调整和改造"。

2007年8月，国家发改委、国务院振兴东北地区等老工业基地领导小组办公室发布了经国务院批复的《东北地区振兴规划》，提出东北振兴的目标是：经过10～15年的努力，实现东北地区的全面振兴，将东北建设成为具有国际竞争力的装备制造业基地、国家新型原材料和能源的保障基地、国家重要商品粮和农牧业生产基地、国家重要的技术研发与创新基地以及国家生态安全的重要保障区。

2009 年 9 月，实施东北地区等老工业基地振兴战略五年多后，振兴东北地区等老工业基地工作取得了重要的阶段性成果。但是，东北地区等老工业基地体制性、结构性等深层次矛盾有待进一步解决，已经取得的成果有待进一步巩固，加快发展的巨大潜力有待进一步发挥。为此，国务院颁发了《关于进一步实施东北地区等老工业基地振兴战略的若干意见》，为辽宁老工业基地的进一步振兴提供了纲领性文件。

辽宁省牢牢把握中央实施东北等老工业基地振兴战略的重大历史机遇，全面贯彻落实党中央的振兴战略部署，制定并实施了《辽宁省老工业基地振兴规划》，提出抓住东北振兴和沿海开放双重机遇，着力推进大中型国有企业改革，全力建设"一个中心、两大基地、三大产业"；构建"五点一线"沿海经济带，实施辽宁中部城市群一体化发展战略，实现沿海与腹地良性互动；坚持用中国装备支撑中国制造；以发展县域经济为载体建设社会主义新农村；从实施民心工程入手构建和谐辽宁。

二、老工业基地振兴以来的显著变化

从 2003 年国家提出东北老工业基地振兴以来，辽宁老工业基地发生了翻天覆地的变化。辽宁经济呈现良好的发展态势，经济社会发展成效显著，老工业基地振兴取得了重要的阶段性成果，进入全面振兴的新阶段。2009 年，经济增长保持了不低于振兴以来的平均速度，不低于东北地区的平均速度。全省生产总值增长 13.1%，完成 15 065×10⁸ 元，是 2003 年的 2.5 倍，6 年年均增长 13.1%，人均生产总值 34 898 元，主要体现在以下方面：

（一）装备制造业、原材料工业初具规模

辽宁装备制造业主要分布于沈阳铁西装备制造业聚集区和大连"两区一带"装备制造业聚集区。2006 年，装备制造业实现增加值 984×10^8 元，首次超过冶金、石化行业成为辽宁省第一大支柱产业。同时原材料工业向高加工度方向发展，大型石化企业实施装置大型化、炼化一体化改造，鞍钢西区 500×10^4 t 精品钢材、辽阳石化 80×10^4 t PTA 等一批项目建成投产。2009 年全省装备制造业增加值 $2\,441 \times 10^8$ 元，比上年增长 18.3%，占规模以上工业增加值的 31.5%；冶金工业增加值 $1\,495.4 \times 10^8$ 元，增长 23.8%，占规模以上工业增加值的 19.3%；石化工业增加值 $1\,286.5 \times 10^8$ 元，增长 6.8%，占规模以上工业增加值的 16.6%。

（二）生态环境日益和谐

在发展经济的同时，辽宁省十分重视生态建设和保护环境。加快重点流

域治理和近岸海域污染治理步伐。全省 417 家造纸企业关闭 285 家，停产治理 60 家印染企业，25 家糠醛企业实现零排放。继续推进二氧化硫减排工程，部分单机 30×10^4 kW 以上的发电机组建设了脱硫设施。99 座污水处理厂全部竣工。在节能方面，加快技术改造，发展清洁生产，2009 年全省万元生产总值能耗比上年下降约 5%。在减排方面，2007 年以来，先后实施了辽河治理工程和二氧化硫减排工程，2009 年，化学需氧量和二氧化硫排放量分别下降约 2% 和 3.5%，节能减排继续走在全国前列。辽西北逾 1 000 km 的防护林体系建设基本完成，滨海大道、辽西北荒山绿化工程加快推进；治理辽西北沙化草原 6.7×10^4 hm^2。落实严格的耕地保护制度，实现耕地占补平衡。

（三）基础设施日臻完善

辽宁省重点推进了能源、交通、水利等一批重大基础设施项目，基础设施条件得到了较大改善。国电康平电厂、大唐锦州热电、华能新能源、阜新风电二期等一批能源项目竣工投产，沈大高速公路改扩建、铁岭至承德、沈阳至桃仙机场、辽中至新民、沈阳至康平等高速公路竣工通车。滨海公路全线贯通。大连港 30×10^4 t 级原油码头、营口港 20×10^4 t 级矿石码头等重点工程交付使用。大伙房水库输水一期工程 85 km 长的主隧洞全线贯通并成功通水。到 2009 年年底，全省电力装机容量达到 $2 555 \times 10^4$ kW，比 2003 年增加 938×10^4 kW；电气化铁路里程达到 1 652.1 km，比 2003 年增加 601.6 km；公路总里程达到 10.08×10^4 km 比 2003 年增加 5.07×10^4 km，其中高速公路里程达到 2 833 km，比 2003 年增加 1 196 km；各类港口综合吞吐能力达到 4.05×10^8 t，比 2003 年增加 2.51×10^8 t；城市污水集中处理率达到 54%，比 2003 年提高 14.8 个百分点。

（四）资源型城市转型初见成效

阜新市自 2001 年被国家确定为全国资源枯竭型城市经济转型首个试点市以来，经济转型工作取得了阶段性成果，使阜新这座陷入困境的城市焕发了新的生机。一是国民经济实现显著增长，生产总值由 2000 年的 65×10^8 元上升到 2008 年的 234×10^8 元；二是结构调整取得重大进展，传统的煤炭工业比重由 2000 年的 33.4% 下降到 19.5%；三是经济发展后劲不断增强，累计完成全社会固定资产投资 432.2×10^8 元，实施投资千万元以上的项目近 500 个；四是城乡面貌和生态环境明显改观，城市基础设施得到了加强。

抚顺市实施煤炭工业的战略转型和加快产业结构调整，在发展接续替代产业上走在了前列。全市已初步形成了石油化工、精细化工及其深加工相互衔接，冶金、机械、电力工业规模与实力不断提升，煤炭工业由采煤向采气、炼油、煤炭副产品深加工方向转移的工业体系。煤炭工业增加值仅占全市增加值的 6.6%，以煤炭生产力为主的单一发展格局得到了根本性改变。

本溪市也加快了产业结构调整，确立了建设全国重要的钢铁和精品板材生产基地、中心城市重点产业的配套加工基地、省内中部城市休闲娱乐度假的"后花园"，做大做强做优冶金支柱产业，把旅游、现代中药、钢铁深加工制品三大接续产业培育成支柱产业，并制定了发展思路和目标。

盘锦市也于 2007 年 6 月被国务院振兴东北领导小组第四次会议增列为全国资源枯竭城市经济转型试点市。盘锦市借地处辽宁沿海经济带的优势，通过实施"结构调整、外向牵动、油地融合"的发展战略，以壮大石化、塑料加工与新型建材、绿色与有机食品、现代服务业和培育发展汽车零配件产业为重点，加快发展接续产业，全市正在推进的单项投资额 500×10^4 元以上的接续产业项目 290 项，建设了船舶修造产业园、食品工业循环经济示范区、精细化工园、塑料工业园、晨宇工业园、大洼新材料工业园等一批各具特色的产业园区。

鞍山市以建设全国重点精品钢材基地为重点，确立了"一个基地、三大产业"的经济结构调整方向。发挥钢铁产业优势，力争建设世界精品刚才基地，主动接受沈阳的辐射，建设装备制造业配套加工基地，迅速壮大轻纺工业规模，建成国内著名的纺织产品集散地，发挥资源优势，建设镁制品制造基地，做精做深矿产品加工业。构筑了以东有高新技术，西有钢铁加工园区，南有农业高新技术产业区，北有装备制造业园区，推进中心城区改造，发展第三产业，建设北方旅游名市的东西南北中的全新产业发展格局。

其他各资源型县级市（区），积极探寻经济转型途径，因地制宜、分类推进。例如，弓长岭区充分利用地处千山山脉，境内山水林泉资源丰厚的条件，立足发展旅游业，建设辽宁中部城市群休闲度假地；北票市以农产品加工、针纺服装为重点接续产业；南票区积极发展现代农业和农产品精深加工业；大石桥市主动承接沈阳、大连的辐射，通过大项目的牵动，形成支柱产业；调兵山市逐步改变以煤炭生产为主导的经济结构，加强资源的综合利用和精深加工，拉长产业链条。

三、老工业基地进一步振兴的策略

根据《中共中央国务院关于实施东北地区等老工业基地振兴战略的若干意见》（中发［2003］11 号）和辽宁省省委九届六次、七次、八次全会精神，辽宁省结合自身实际，制定了《辽宁老工业基地振兴规划》。大力推进产业结构调整和优化升级，是辽宁老工业基地调整改造和振兴的主要任务。要发挥老优势，增创新优势，不断优化产业结构，提高产业竞争力，增强国民经济整体实力。要根据全国战略布局和辽宁省的实际，集中力量重点建设大连东北亚国际航运中心，培育现代装备制造业和重要原材料工业两大基地，加快发展高新技术产业、农产品加工业和现代服务业三大产业。

（一）港城互动——大连是东北亚国际航运中心

大连是辽宁、东北乃至东北亚重要的港口，是东北腹地的重要海上门户。大连市也是"以港兴城"，多年来大连市的城市功能不断完善，港口建设水平逐步提高，港口与城市呈现良性互动的局面。依托港口，大连市不断完善港口基础设施，大力发展临港工业，城市各项产业蓬勃发展。在辽宁老工业基地振兴中，应加快基础设施建设，全面提升海空港核心功能，提高城市功能与服务水平，充分发挥区港一体化功能，大力发展临港产业。把大连建成核心功能突出、港口布局合理、服务体系完善、比较优势明显、对区域经济牵动力强的东北亚重要国际航运中心。

首先，要优化港口资源配置，加强航运基础设施建设。大连要重点建设超大型口岸设施，发展国际集装箱、能源、原材料运输和中转业务，逐步形成以大连港为干线港，以营口、丹东、锦州等港口为支线港和喂给港的现代化的辽宁集装箱海上运输网络。其次，加强软硬环境建设，全面提升城市服务功能。提高大连航运交易市场软硬件设施水平，提高市场的服务功能，使之成为东北亚重要的航运业务交易、结算中心和航运信息交流、展示中心。最后，依托港口条件，大力发展临港产业。按照走新型工业化道路的要求，立足区位、资源优势和现实产业基础，以制造业为基础，石化工业为支柱，高新技术产业为特色，着力构建以大连为中心，包括丹东、营口、锦州、葫芦岛等沿海地区的临港工业带。

（二）产业链延长与产品深加工

按照产业结构演进发展的基本规律，各产业都遵循一个从传统资源开采到资源的初步加工，再到制成品的精深加工，生产高科技含量和高附加值产品的阶段。

辽宁省的大部分城市资源开发都已经接近尾声，工业发展上，注重产品的高附加值和高科技含量，延长产业链，培育好接续产业的发展。例如，石化工业，重点发展原油加工、乙烯、合成材料和有机原料，钢铁工业发展市场短缺和替代进口的热轧板、冷轧板、镀锌板、彩涂板、冷轧硅钢片等产品。农业的发展也要由传统的农业种植和采摘向农产品的深加工发展。例如，粮食深加工要以饲料、淀粉、食品为主，提高农产品转化率和产品附加值。畜牧产品要重点搞好肉牛、肉羊、生猪、乳品的综合深加工，做出特色，打出品牌。

（三）高新技术与信息产业

按照以信息化带动工业化，以工业化促进信息化，走科技含量高、经济效益好、资源消耗低、环境污染少的发展之路，加快用高新技术和先进适用技术改造提升传统产业，增强企业核心竞争力。大力应用信息技术，加快企业信息化步伐。以制造业信息化为突破口，加快信息技术在电子信息、汽车、石化、钢铁、装备制造等重点产业的应用，将信息技术、自动化技术、现代管理理念和制造技术融合、集成，实现辽宁省产业结构、产品结构的优化升级，提高企业的核心竞争力。建设高新技术产业园区，培育壮大新的经济增长点。增强高新区辐射功能，逐步把沈大高新技术产业带建设成国家高新技术产业发展的第四个增长极，充分发挥高新区的集聚、示范和辐射效应。

（四）产业布局

1. 农业生产布局

首先，在稳定提高粮食综合生产能力的基础上，各地要因地制宜，发挥优势，努力发展特色产业。构建沿海地区、中部地区、辽东地区、辽西地区和北部地区五大农业产业区。围绕五大产业区建设，规划建设一批现代农业生产基地。其次，沿着沈大、沈山—沈四、丹大三条主要高速公路干线兴建各具特色的绿色高效农业产业带，发展农产品深加工，实现农业产业化经营，向精品农业、设施农业、观光农业的高效农业经济带方向发展。

2. 经济综合布局

统筹规划，形成区域经济协调发展的新局面。实现区域经济的协调发展，是辽宁老工业基地振兴和实现全面建设小康社会的一项重大任务。要进一步增强大城市的辐射力，建设具有竞争力和活力的沈阳经济区、近海经济带和沿海经济带，推进辽西北地区加快发展，逐步形成辽中南、辽西北和辽东地区互联互动、优势互补、持续协调、共同发展的新格局。

推进以沈阳为中心，辽宁中部8城市的沈阳经济区建设，通过合理的产业分工，培育统一市场，实现优势互补、资源共享，建设成为国家的现代装备制造业基地和重要原材料工业基地。以打造沈西工业走廊为重点，发展近海经济区，把沈阳经济区建设和辽宁沿海经济带建设相结合，形成优势互补，实现共赢的和谐、高效可持续发展局面。以大连建成东北亚国际航运中心为龙头，大力发展临港经济，加快构筑沿海经济带，沿海经济带地区要加快发展以石化、钢铁、大型装备和造船为重点的临港工业，形成临港经济的主导产业。坚持港口建设与城市建设相结合，发展临港经济与发展地区经济相结合。辽西北地区要结合突破辽西北战略，提高内生动力，增强"造血"功能，发展特色产业和资源深加工，促进资源型城市合理转型。

（五）基础设施

基础设施是辽宁老工业基地振兴的重要条件。要大力推进水利、交通通信及能源基础设施建设，增强其对经济发展的支撑能力。要加强城市基础设施建设，改善城市功能和环境。同时还要将经济振兴与生态环境建设同步推进，形成生产发展、生活富裕、生态良好的发展格局。

农业及水利基础设施方面，重点抓好节水灌溉、人畜饮水、防氟饮水、灌区改造等农村中小型水利工程和标准农田建设，积极发展旱作节水农业，保护、提高粮食综合生产能力和抗旱减灾能力。继续做好辽河流域和沈阳、丹东、盘锦等城市的防洪工程建设，加快大伙房水库等病险水库除险加固工程建设，提高全省重点地区和主要城市的安全保障能力。

交通基础设施方面，保持交通运输建设的适度超前发展，继续加快以公路、铁路干线通道和水运、航空枢纽为重点的综合运输网络建设。不断完善高等级公路网。加快现有铁路复线工程建设和电气化提速改造，建设纵贯东北东部地区的铁路工程，形成新的出海通道。调整、完善省内港口功能和布局，优化整合港口资源，形成以大连为中心，营口、丹东、锦州等各港分工合作、优势互补的港口群。

能源基础设施方面，实施全省县城电网建设、改造和煤炭深加工，加快调整能源结构，促进能源供给多元化。大力开发太阳能、风能、生物能等新能源，积极开发和应用先进能源技术，促进可再生能源的开发利用。

城市基础设施建设方面，努力建设功能齐全、设施先进、交通便捷、环境优美的城市环境。加强城市供水、供热、供气工程和污水、垃圾处理设施，城市快速路、主次干道网的建设，改善城市环境质量，逐步建成多层次、多平面的立体化城市交通系统。

（六）生态环境

首先，要加强对农业资源的保护和利用，努力改善生态环境。采取坚决的行政手段依法治林，保护耕地，对乱占耕地、毁林开垦、乱砍滥伐、破坏农地等行为严格依法惩治。积极发展间套复种，提高复种指数，充分利用光热水土资源；发展节地、节水型农业技术，推广新型灌溉技术及旱作农业，实行立体种植和立体养殖，提高单位土地单产和生物量。大力倡导农林复合、废弃物资源化等生态农业经济，发展无公害农产品。

其次，开展生态功能区划和生态保护规划工作，建设生态示范区和生态功能保护区。控制开发建设项目造成的人为水土流失，重点组织实施天然林资源保护、退耕还林、水土保持等生态建设工程，注重辽西北地区的植被恢复和保护，建设辽东绿色屏障。加强自然保护区建设，保护好森林、草原和湿地，合理开发利用草地资源。

最后，加快生态环境和基础设施建设。要进一步搞好矿山生态环境保护和恢复治理，加大退耕还林（还草）和土地垦复的力度。结合全省"三北"防护林、水土保持、防沙固沙、人畜饮水等工程项目计划，在计划制订、政策支持以及资金安排等方面向资源型城市进行重点倾斜。结合国家"三河三湖"、"碧海行动"等行动计划，支持资源型城市污水处理、垃圾处理、河道整治等环境治理工程。支持资源型城市经济转型必要的水利工程、交通道路、能源设施、信息设施和其他公用设施的改造和建设以及破产矿区基础设施改造、新能源开发和固体废弃物综合利用等项目建设。

第十一章　辽宁沿海经济带

章前语

　　辽宁沿海经济带的开发是东北老工业基地振兴的"火车头",是环渤海经济圈的重要组成部分,在东北亚经济合作中扮演着重要角色。辽宁沿海经济带的开发是以"点轴"开发模式理论为基础,以港口、城市、临港产业"三位一体"发展为依托,以沿海开放开发与腹地经济实现"共赢"为目标的大型系统工程。

　　本章对辽宁沿海经济带的开发进行专题论述。重点介绍辽宁沿海经济带的开发背景、条件、开发构想的提出、开发基础、问题与潜力;辽宁沿海经济带的发展现状、总体布局、发展战略和开发重点。使读者以地理学的视角认识和思考辽宁沿海经济带开发中的相关问题。

第一节　辽宁沿海经济带开发背景与条件

　　辽宁沿海经济带的开发是在一定的历史基础、区位条件以及自然、经济技术条件的基础上发展起来的。辽宁沿海的发展是以港口和航运的兴起而发展起来的。历史上早期的开发给沿海经济带发展提供了良好的历史背景。同时,辽宁沿海在东北、国内以及世界中的区位条件、海上和沿海资源、经济技术基础是沿海经济带发展的先天条件。

一、历史沿革

　　辽宁省沿海港口的开发有着悠久的历史,秦汉时期就辽宁地区与日本、朝鲜通航。明代辽宁沿海属山东布政司所辖,辽东的粮食、棉花布匹等军需物品多依靠山东供给。嘉靖年间,渤海湾内山东、天津与辽宁沿海的贸易就有兴起,清代康熙中叶海禁开放以后,渤海湾内各港口间的贸易得到了进一步发展。

营口是随着东北沿海贸易的发展而兴起的港口城镇。清代中叶逐渐取代锦州成为东北沿海贸易量最高的港口。由于它当时在东北沿海贸易中的地位，鸦片战争后营口成为东北第一个通商口岸。锦州是清代前期东北沿海最重要的港口，其腹地范围主要包括辽西平原和直隶承德府的东北部地区，输出以杂粮、瓜子等农副产品为主，输入则以南方的布匹、茶叶等为主。牛庄在明代属辽东都司之海州卫，清代属奉天府海城县。康熙中叶到乾隆中叶，是牛庄作为海船贸易码头发展最盛时期。清中叶以后，由于辽河河道淤浅，海船不能进入，船码头向辽河下游转移，这里成为内河船舶的重要码头，辽河北部的农产品多在此集散，转运营口。

辽宁沿海港口的发展是随着东北的开发而兴起的。清代以后，东北地区农副产品的输出能力逐步提高，有支付能力的需求也随之增长。乾嘉年间，东北与南方各省沿海贸易已具有相当规模。东北向南方输出的主要是大豆、杂粮、药材、干果等农副产品，从南方各省输入则以棉布绸缎、茶、糖、纸张等各种手工业品为主。

第二次鸦片战争以后，英国强迫清政府签订《天津条约》，开放牛庄（营口）为通商口岸，从此帝国主义掠取了东北航海权。1898年，沙俄租借旅顺、大连，以旅顺为军港，以大连为自由贸易港。1905年日俄战争以后，日本夺取了东北的航海权，把海上运输作为侵略我国、掠夺原材料、倾销商品的工具，直到1945年日本投降。

新中国成立后，在运输需求的带动下，辽宁省的港口事业长期保持了快速增长。货物吞吐量由1978年的不足1 000 t发展到1985年的4 570×10^4 t，是1949年的32倍，是1978年的4倍多。"九五"期末，全省港口泊位250个。其中深水泊位81个，吞吐能力达到10 112×10^4 t，港口吞吐量达到12 800×10^4 t，形成了以大连港、营口港为枢纽，丹东港、锦州港为两翼，大、中、小港口合理分布的沿海港口体系。

如今，辽宁省已经与世界160多个国家和地区建立了贸易航运往来。2008年，辽宁省完成货物吞吐量4.88×10^8 t，集装箱吞吐量完成744×10^4标准箱。辽宁省港口形成了南联北开、辐射国际的对外开放格局，物流园区功能日益完善，"区港联动"全面实现，促进了临港产业的蓬勃发展。辽宁的石油、化工、钢铁、大型机械、电子、服务产业在全国占有突出地位。随着世界经济一体化的发展，辽宁省港口已经成为东北地区参与国际竞争的重要战略资源，成为振兴老工业基地的基础设施，成为发展外向型经济的窗口和桥梁。

二、开发条件

辽宁省位于渤海、黄海北端。辽宁省行政管辖范围，包括陆地 14.8×10^4 km²，海域 6.8×10^4 km²。西、西北、北、东分别与河北省、内蒙古自治区、吉林省相接，东南与朝鲜相邻，南隔渤海和黄海与河北省、天津市和山东省相望，是吉林、黑龙江和内蒙古自治区东部地区进出关和太平洋的主要通道，是东北地区对内、对外贸易和国际联系的主要通道。

辽宁沿海经济带由大连、丹东、锦州、营口、盘锦、葫芦岛 6 个沿海市组成，面积 5.8×10^4 km²，2008 年人口总量为 $2\,120.3\times10^4$，地区生产总值 $6\,385.1\times10^4$ 元。辽宁沿海经济带处于环渤海地区和东北亚经济圈的关键地带，拥有 2 428 km 海岸线，2 000 多平方千米可供综合开发的土地，数十年的工业传统培养了无数勤奋聪颖的技术工人，产业体系完备，港口基础雄厚，科技教育发达。经过 30 多年的改革开放，中国的开放热点正在由南向北转移，20 世纪 80 年代在珠三角，90 年代在长三角，进入 21 世纪，世界经济正在由西欧移向东亚，由大西洋移向太平洋。辽宁沿海经济带正是"北上"、"东移"的重点交汇处，是东北地区唯一的沿海区域，在辽宁省和东北地区经济发展中占有重要地位。

（一）区位条件

1. 东北亚经济圈核心地带

东北亚经济正处于快速发展之时，辽宁沿海经济带位于东北亚经济圈的关键地带，与周边国家和地区经济合作的区位条件良好。毗邻黄海和渤海，周边有发达国家日本、工业化国家韩国、世界大国俄罗斯，还有社会主义国家朝鲜等，是欧亚地区通往太平洋的重要"大陆桥"之一（图 11-1）。

进入 20 世纪 90 年代以来，中国不仅注重从整体上造就东北亚区域经济合作关系，同时也积极加强双边的跨国区域经济合作，特别是与俄罗斯一起合作创建两国边境区域经济振兴带的大工程已经启动。辽宁省沿海经济带，虽离中俄边境区域较远，但是作为东北综合经济区的区域引擎，将在中国与俄罗斯的跨国合作中成为主力。

优越的区位条件将使辽宁沿海经济带在造就东北亚区域经济合作关系，实现东北亚区域经济合作战略升级目标中发挥重要作用。

2. 全国沿海经济带的北方重点

从国内看，随着改革开放的不断深入，先后形成了"长三角"、"珠三角"、"京津冀"等富有活力、辐射带动作用较强的沿海经济带，沿海地区逐渐成为全国经济发展的火车头，带动和辐射作用明显增强，并呈现由南向北的发展态势。

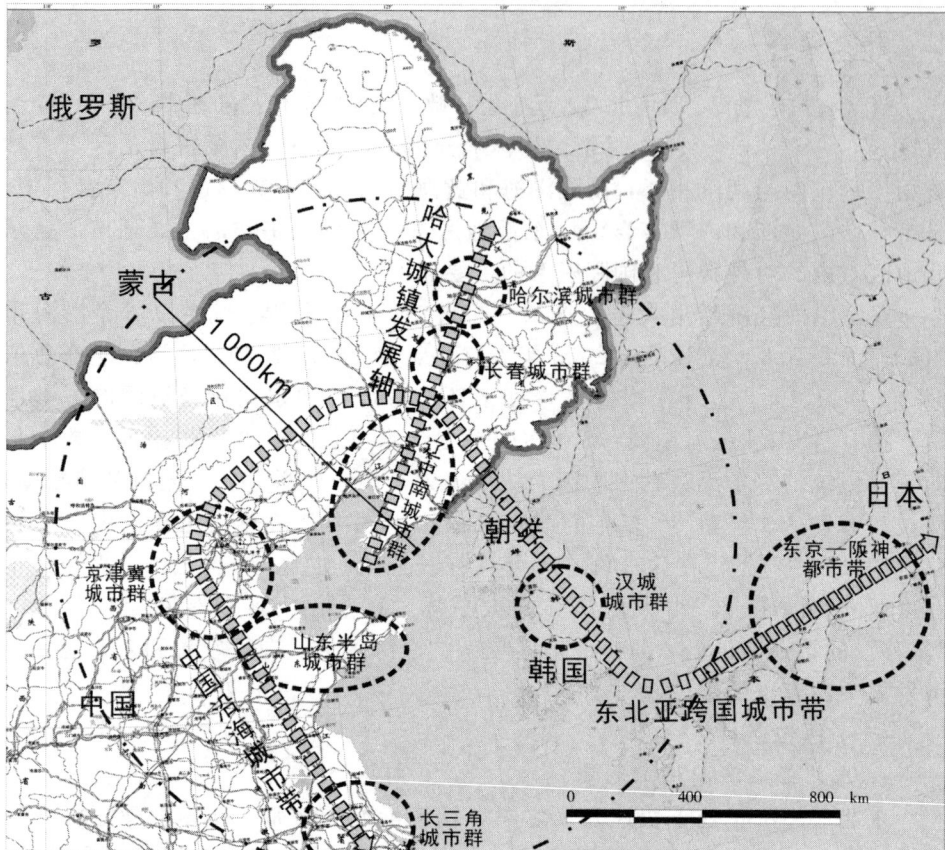

图 11 - 1　辽宁省沿海经济带在东北亚经济圈中的区位示意图

以香港地区为龙头的南海航运中心、以上海为龙头的东海航运中心已经形成。北方以天津、青岛、大连为龙头的三个港口群竞相发展的大格局已经形成。沿海经济带和航运中心的竞相发展为辽宁沿海经济带的发展提供了历史机遇。

在中国的区域振兴政策中，第一步是提出了东部开放、西部开发、东北振兴及中部崛起战略，这是全域性、方位性、政策性的总体战略布局；第二步是确定了大连创建"东北亚国际航运中心"的地位；第三步是大连大窑湾保税港区的封关运作，区内享受全国最高层面、最大含金量的政策安排，这也是为辽宁沿海经济带在东北振兴中加强引擎功能所作的战略安排；第四步是将辽宁沿海经济带开发上升为国家战略，更加凸显了辽宁沿海经济带在全国区域振兴中的作用和地位。

从完善我国沿海区域布局来看，辽宁沿海经济带开发有利于改变中国海洋经济开发"南重北轻"的亚健康格局。中国海洋经济带呈大"S"形，国家已经实施的战略是在西南部位强劲拉动环北部湾经济圈国际合作开发，再从南向北大力推进珠江三角洲区域、长江三角洲区域、黄河三角洲区域、环渤海区域经济开发，而辽宁沿海区域开发相对滞后，正处于迎头赶上的大好时机。

3. 东北腹地发展的沿海"门户"地带

东北地区是辽宁沿海经济带的广阔腹地，国家实施振兴东北老工业基地战略和进一步扩大沿海地区对外开放战略为辽宁沿海经济带开发建设带来双重机遇。沿海地区将进一步扩大对外开放，在更大范围、更广领域、更高层次上参与国际经济技术合作与竞争（图11-2）。

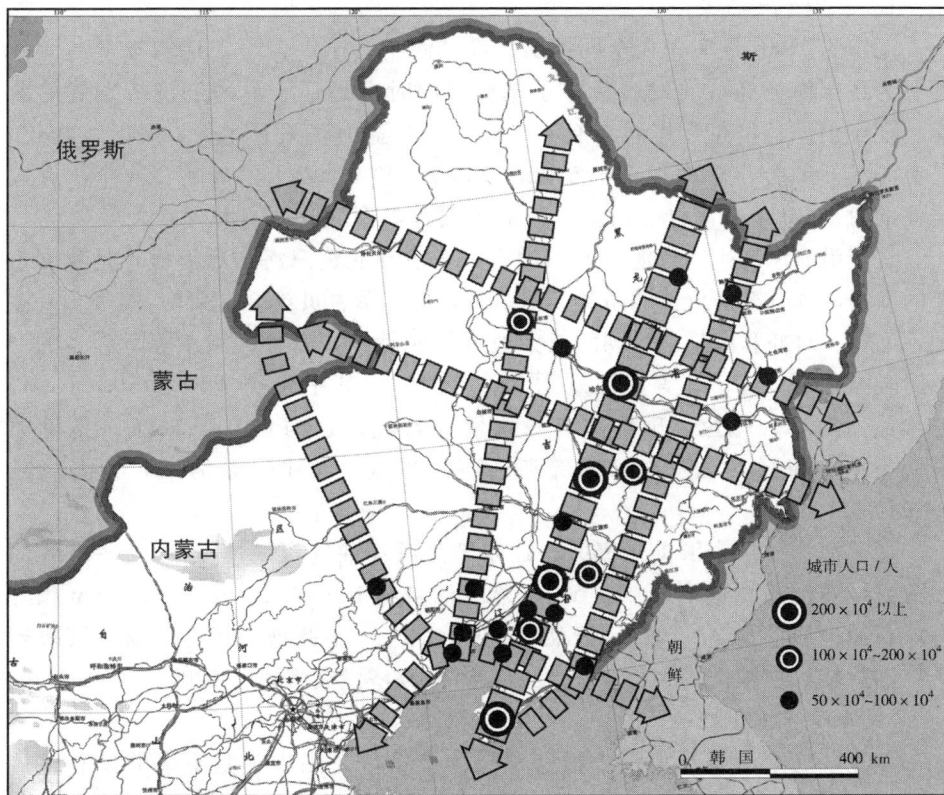

图11-2 辽宁省沿海经济带与东北腹地关系示意图

从省内看，经过多年调整，辽宁省经济已步入快速发展的轨道，沿海地区经济发展的环境十分宽松。近年来，在全力推进辽宁老工业基地振兴的过程中，全省经济实现了持续平稳较快协调发展，经济增长的动力、后劲和稳定性明显增强，综合实力迈上了新台阶。

东北腹地的雄厚基础和快速发展，可为沿海经济带开发建设提供技术、人才、资金等方面的支持，共同构筑沿海与腹地优势互补、良性互动的区域发展新格局。

（二）自然条件

辽宁沿海经济带濒临黄、渤海，海岸线长度占全国 1/8 以上，居全国第四位。海域面积广，土地类型多。气候条件良好，地处温带大陆性季风气候区，光热资源较丰富，雨热同季，适宜农林牧渔综合发展。辽河平原地势平坦、土质肥沃，是国家重要的商品粮基地。辽宁沿海经济带的自然基础主要体现在海上资源、沿海资源和东北腹地资源三个方面。

1. 海上资源丰富

辽宁省 1986 年率先在全国提出建设"海上辽宁"口号，辽宁丰富的海洋资源为辽宁海洋经济的发展奠定了基础，同时也是辽宁沿海经济带发展的前奏。辽宁沿海经济带海岸线东起鸭绿江口，西至山海关老龙头，海岸线较长。另有海岛 506 个，总面积 191.5 km^2。其中 500 m^2 以上的岛屿 266 个，有人居住的海岛 30 个。海洋、海滨、海岛蕴藏着丰富的资源，潜力巨大。

辽宁沿海海洋生物资源丰富。渤海辽东湾和北黄海海洋岛海域，是我国重要的渔场，具有经济价值的鱼类 200 多种，虾、蟹、贝类 30 多种，藻类 100 多种。毛虾、对虾和海蜇是全国的三大地方捕捞品种，海参、鲍鱼等海珍品的产量居全国首位。鱼、虾等资源量约 100×10^4 t，其中鱼类资源量 50×10^4 t，海珍品（海参、鲍鱼、扇贝）资源总量近万吨。辽河口和鸭绿江口是贝类资源集中分布区，辽东半岛南部和辽西的兴城、绥中一带海域，为海珍品分布区。

辽宁海洋矿产资源前景喜人。辽东湾是海洋油气资源蕴藏区，2～5 m 的浅海海域石油蕴藏量 7.5×10^8 t，天然气储量约 $1\,000 \times 10^8$ m^3。水深 5m 以外海域石油地质储量 3×10^8 t，天然气 200×10^8 m^3。此外，还有海盐、滨海砂矿、潮汐能、波浪能、风能等资源，为海洋经济发展提供了基础。

2. 沿岸条件良好

首先，辽宁沿海经济带土地资源较为丰富，是国内为数不多的没有整体开发的地域，拥有 2 000 多平方千米的废弃盐田、盐碱地和荒滩。其中大部分尚未开发且不涉及农用地和搬迁，投资开发成本较低，土地综合利用增值潜力较大，为临港产业发展、重大项目建设提供了广阔的拓展空间，同时使闲置资源得到有效开发和利用，符合节约土地、集约发展的要求。

其次，港址岸线资源宝贵。鸭绿江口到绥中老龙头，宜港海岸线 1 000 km，其中深水岸线 400 km，中水岸线 300 km，浅水岸线 300 km。优良商港港址 38 处。其中可建设 10×10^4～30×10^4 t 级深水泊位的港址 11 处，

$1\times10^4\sim5\times10^4$ t 级泊位的港址 14 处，万吨级以下泊位的港址 13 处。渔港港址 77 处，可建二级渔港的港址 37 处。

最后，沿岸浅海滩涂资源潜力较大。现有滩涂 16.96×10^4 hm²，面积占全国的 9.5%。可供海洋渔业利用的浅海水域面积 10.87×10^4 hm²，可供养殖的沿海滩涂面积 16.2×10^4 hm²，适宜对虾养殖的沿海港湾面积 6×10^4 hm²，浅海增殖保护面积 26.67×10^4 hm²。

3. 腹地实力雄厚

沿海的发展离不开腹地条件支撑，沿海最终发展目的也是为了带动腹地经济的发展。辽宁省是东北唯一的沿海省份，东北地区也是辽宁沿海经济带的广阔腹地。东北腹地自然资源丰厚，产业实力较强，基础设施完备，拥有全国 8%左右的人口和 10%左右的国内生产总值。40 多种矿产资源储量居全国前三位，铁矿石储量占全国的 1/7。内蒙古自治区东部的煤炭和黑龙江、辽宁等地的石油、天然气储量丰富。铁、菱镁、金刚石、玉石等矿产资源种类多、储量大，居全国前列。拥有众多大型石油、化工、装备制造、冶金、造船等具有较强竞争实力的骨干企业。原油、木材、商品粮、电站成套设备、汽车、造船、钢等产品产量分别占全国的 2/5、1/2、1/3、1/3、1/4、1/4 和 1/8，是全国重要的装备制造业、原材料工业、商品粮和能源基地。

（三）经济技术条件

辽宁沿海经济带不仅自然资源禀赋良好，而且由于多年的发展，也形成了良好的经济技术条件，为沿海经济带的发展提供了基础。

第一，交通条件。辽宁沿海经济带已建成为东北地区最发达、最密集的综合运输网络。拥有 5 个主要港口，100 多个万吨级以上泊位，最大靠泊能力 30 万吨级，已同世界 160 多个国家和地区通航，是东北地区唯一的出海通道。有沈山、哈大等区域干线铁路和烟大轮渡，沈大、沈山、丹大等多条高速公路，铁大、铁秦等输油管道，大连、丹东、锦州 3 个空港，52 条国内航线和 20 多条国际航线，已形成四通八达的交通和通信网络。

第二，产业基础。辽宁沿海经济带产业基础雄厚，是我国竞争实力较强的装备制造和原材料工业集聚区，机床、造船、内燃机车、炼油产能分别占全国的 30%、23%、23%、13%。依托辽宁重化工业基地，已形成石油化工、装备制造、电子信息、冶金、造船等门类齐全、配套性较强的工业体系，装备制造和原材料工业优势突出，拥有众多大型石油、化工、装备制造、冶金、造船等竞争实力较强的企业集团，为承接国际制造业务提供基础。

第三，科技资源优势。辽宁沿海经济带拥有较强的科技力量，拥有水平较高的大量产业工人、技术人才，且劳动成本低。拥有较强的科技力量，普通高等院校 33 所，占全省 44%。两院院士 22 人，占全省 42%。有中国科学院大连化学物理研究所等独立科研机构 87 所，占全省 36%，一批重大高新技术项目已达国际先进水平。拥有实力较强的大连国家软件产业基地和软件学院。拥有大量水平较高的产业工人和技术人才。

第四，城市功能条件。辽宁沿海经济带城市密集、功能齐备，是发展沿海经济带的重要依托。拥有 6 个省辖市和 8 个县级市，城镇化率高达 58%，与辽宁中部城市群互为支撑，辐射和带动力较强。大连市物流、商贸、金融、旅游等现代服务业发达，是全国最具经济活力的城市之一，中心城市功能较强。

第五，对外开放条件。辽宁沿海经济带已成为东北地区重要的对外开放门户。外贸出口总额占东北地区的一半以上，实际利用外商直接投资占东北地区的 1/5。现已建成 25 个国家级和省级开发区。拥有目前东北唯一的、开放程度最高、政策最优惠、功能最齐全的大连大窑湾保税港区。

第二节　辽宁沿海经济带的开发基础

从 2005 年提出"五点一线"沿海经济带开发的构想，到 2006 年开始正式实施，2007 年颁布《辽宁沿海经济带发展规划》，2009 年"辽宁沿海经济带"发展上升为国家战略，辽宁沿海经济带的发展经历了一个较快发展历程。2005 年，沿海经济带开发构想提出之初，与南方沿海地区相比，辽宁沿海处于滞后的发展境地，但也有一定发展基础。

一、"辽宁沿海经济带"概况

辽宁沿海经济带的所谓沿海经济带，是指产业沿着海岸线布局，点状密集、面状辐射、线状延伸，通过各种交通运输纽带连接起来的带状经济体或工业走廊。辽宁沿海经济带由大连、丹东、锦州、营口、盘锦、葫芦岛 6 个沿海市所辖的 21 个市区和 12 个沿海县市（庄河市、普兰店市、瓦房店市、长海县、东港市、凌海市、盖州市、大石桥市、大洼县、盘山县、兴城市、绥中县）组成，长约 1 400 km，宽 30～50 km，土地面积约占全省的 1/4，人口约占 1/3，地区生产总值占近 1/2，是东北地区唯一的沿海区域，在辽宁和东北地区经济发展中占有重要地位（表 11.1、图 11－3）。

表 11.1　2008 年辽宁沿海经济带主要经济指标

主要指标	沿海经济带	占辽宁比重/%
国土面积/10^4 km²	5.8	39.8
总人口/10^4 人	2 120.3	49.9
地区生产总值/10^8 元	6 385.1	47.4
外贸出口总额/10^8 美元	286.7	68.2

　　2005 年，辽宁提出了以"五点一线"为代表的沿海经济带的战略构想和加快沿海经济带开放开发的战略举措。2006 年 2 月《辽宁省人民政府关于鼓励沿海重点发展区域扩大对外开放的若干政策意见》明确提出"五点一线"沿海经济带发展战略。在"十一五"规划中，辽宁省首先明确提出开发建设"五点一线"沿海经济带战略，并从 2006 年正式开始实施。

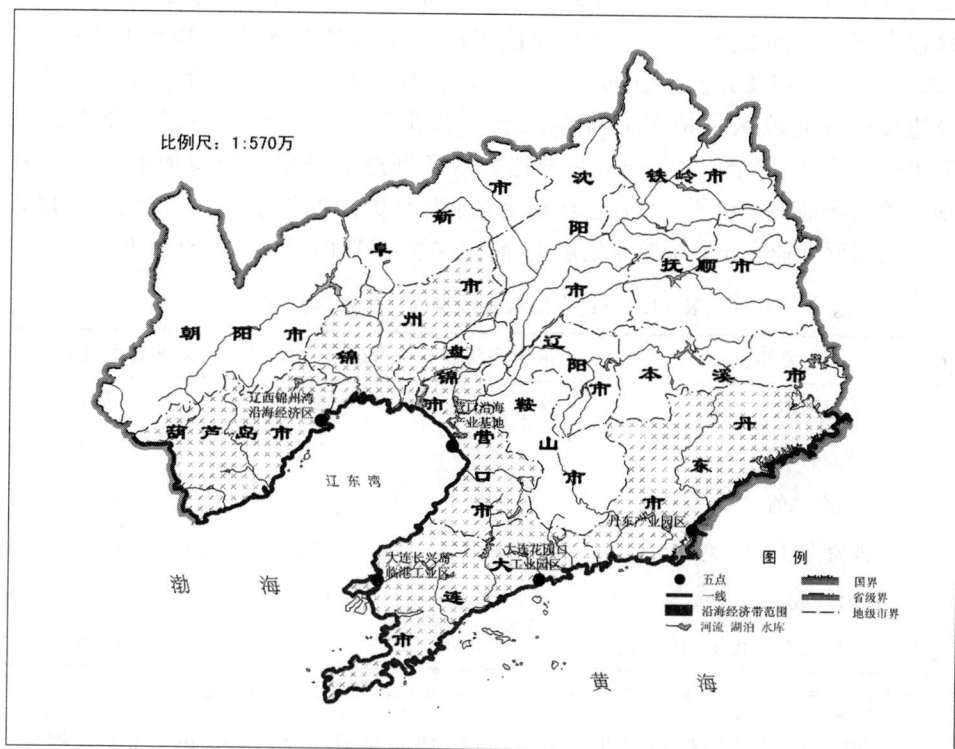

图 11-3　辽宁省沿海经济带区位示意图

　　2009 年 7 月 1 日，正式颁布《辽宁沿海经济带发展规划》之后的 2 年零 3

个月，国务院讨论并原则通过《辽宁沿海经济带发展规划》，标志着辽宁沿海经济带开发建设已纳入国家战略。辽宁沿海经济带，地处环渤海地区的重要位置和东北亚经济圈的关键地带，资源禀赋优良，工业实力较强，交通体系发达。加快辽宁沿海经济带发展，对于振兴东北老工业基地，完善我国沿海经济布局，促进区域协调发展和扩大对外开放，具有重要的战略意义。加快辽宁沿海经济带的发展，要认真贯彻落实科学发展观，紧密结合应对国际金融危机的实际，充分考虑现有开发强度、资源环境承载能力和发展潜力，着力优化空间布局。从国家战略的高度考虑辽宁沿海经济带的发展规划，这意味着在投资、经济建设及重大项目等方面，辽宁省迎来了前所未有的发展机遇。

二、沿海经济带开发的经济技术基础

新中国成立以后，辽宁省沿海地区一直是辽宁省乃至东北地区发展最为迅速的地区。2005 年提出沿海经济带开发战略构想的时候，辽宁沿海经济带已经有了一定的基础，辽宁沿海经济带的开发就是在这样的基础上进行的。1998～2005 年 GDP 占全省的比重从 32.1％提升到 45.0％。沿海地区是辽宁省重要的农业地区；是实力雄厚的能源和化工产业基地，年炼油能力超过 $5\,000 \times 10^4$ t，占全国的 1/6；是发达的装备制造业基地和重要的冶金生产基地；第三产业潜力巨大，大连已经成为东北地区的外汇业务中心，现代商贸物流业和会展服务业突出，旅游业发展迅速，正在形成新的经济增长点（表 11.2）。

表 11.2　辽宁沿海经济带的开发基础概况

主要指标	沿海经济带	占辽宁比重/％	占东北地区比重/％
面积/10^4 km^2	5.8	39.8	7.4
人口/10^4 人	1 757.7	41.2	16.2
生产总值/10^8 元	4 734.1	51.1	24.1
外贸出口/10^8 美元	196.9	69.5	49.5
财政收入/10^8 元	304.0	37.3	21.0
实际利用外商直接投资/10^8 美元	25.8	43.1	27.6

资料来源：辽宁省、吉林省、黑龙江省 3 省和沿海 6 市 2007 年政府工作报告及 2006 年统计公报。

辽宁沿海经济带建设初期，产业结构趋向优化。2005 年同 2000 年相比，第一、第二产业比重减少，第三产业比重增加。地区生产总值由 $2\,109.74 \times 10^8$ 元增加到 $3\,980.92 \times 10^8$ 元，三次产业比例由 12.33：49.09：38.58 调整为 11.47：48.39：40.13。

　　辽宁沿海经济带工业规模日益扩张，工业门类齐全。2005 年沿海经济带共完成工业增加值 1 694.85×10^8 元。沿海经济带工业 39 个行业门类齐全，但在空间上呈非均衡分布。主营业务收入占全部主营业务收入 5% 以上的主要行业有 7 个，占全部主营业务收入超过 3% 的行业有 4 个。39 个行业门类，葫芦岛市有 29 个行业，锦州市 35 个，营口市 36 个，盘锦市 26 个，大连市 35 个，丹东市 36 个。石油和天然气开采业受资源分布影响全部集中在盘锦市，余下的 10 个行业在大连市比重均在 24% 以上，其中 6 个超过 55%。

　　辽宁沿海经济带第三产业发展良好。2005 年，沿海经济带第三产业分布在 14 个行业，其中增加值占第三产业全部增加值比重超过 5% 的行业有 9 个（批发和零售业、交通运输和仓储及邮政业、房地产业、住宿和餐饮业、金融业、居民服务业和其他服务业、信息传输计算机服务和软件业、教育、公共管理和社会组织）。其中批发零售贸易餐饮和交通运输仓储邮政业在各市第三产业中均居前两位，分别占六市第三产业增加值总和的 22.81% 和 21.27%。各市产业分布具有明显的层次性，大连市第三产业增加值占沿海经济带的六成以上。9 个主要行业在大连市的比例全部在 42.86%～66.02%，营口、丹东、锦州各有 4 个在 10% 以上，但最高仅 16.22%，葫芦岛、盘锦则全部低于 10%（表 11.3）。

表 11.3　沿海经济带主要工业行业六市分布比例　　　（单位：%）

行业	沿海带	葫芦岛	锦州	盘锦	营口	大连	丹东
电气机械及器材制造业	3.21	1.62	10.60	0.62	6.98	74.21	5.98
非金属矿物制品业	3.45	2.29	7.31	2.11	59.83	24.57	3.89
电力、热力的生产和供应业	3.46	25.06	12.12	1.59	12.94	37.25	11.05
农副食品加工业	4.44	1.31	15.72	4.17	10.69	58.00	10.11
通信设备、计算机及其他电子设备	5.17	0.00	1.12	0.00	0.15	94.15	4.57
化学原料及化学制品制造业	5.43	22.33	8.20	23.70	9.43	32.43	3.92
黑色金属冶炼及加工业	6.08	22.64	27.09	0.03	20.89	27.48	1.88
交通运输设备制造业	6.47	20.47	1.83	10.50	1.28	64.38	10.99
石油和天然气开采业	6.72	0.00	0.00	100.00	0.00	0.00	0.00
通用设备制造业	8.14	1.31	1.16	0.58	4.64	89.09	3.22
石油加工、炼焦及核燃料加工业	26.76	14.55	15.62	12.90	1.76	55.03	0.14

资料来源：辽宁省统计局. 辽宁统计年鉴（2009）[M]. 北京：中国统计出版社，2009。

辽宁沿海经济带产业集聚初步形成,单位面积地区生产总值 $687.55×10^4$ 元/km²。大连市单位面积产出率最高,营口、盘锦两市也都高过平均水平,但两翼的三个市均低于平均水平。沿海六市国有及规模以上非公有工业企业增加值依次分布在大连 47.22%、盘锦 21.43%、营口 11.83%、锦州 7.49%、葫芦岛 7.22%、丹东 4.8%。开发区成为各市的主要产业集聚区。2006 年沿海经济带六市已经形成 18 个省级以上经济技术开发区,共完成地区生产总值 $1\ 085.52×10^8$ 元,占六市全部地区生产总值的 22.93%。其中大连开发区和大连高新技术开发区依靠高开放度和高技术化模式,创造了数倍于其他开发区的产业规模。

三、问题与潜力

(一)存在问题

1. 经济总体结构不合理

辽宁沿海经济带结构分布不均,表现为四个方面:一是工业结构上表现出过于偏向重型化,且重化趋势加快;投入少、产出快的轻工业比重过低,且降速加快。二是组织结构上依然偏多依赖大中型企业。三是所有制结构上,国有及其控股比重依然偏高。四是传统低端产业偏多。根据对制造业各行业按技术水平高低的分类,高中技术密集度制造业仅占 27.75%,占沿海经济带工业的 24.44%,中低技术密度制造业则占 72.25%,占沿海经济带工业的 63.63%。

2. 产业空间结构不合理

空间分布上,总量过于集中于大连市,2005 年大连市的 GDP 是葫芦岛的 7.19 倍、丹东的 6.6 倍、营口 5.67 倍、锦州 5.63 倍、盘锦 4.88 倍。辽宁沿海经济带在产业发展布局规划上,产业布局统筹不够,一定程度上存在着功能定位、产业发展方向雷同和重复建设的现象,缺乏产业特色,降低了资源配置效率。现有规划大多立足于现有石化、冶金、装备制造等产业基础进行扩张,缺乏对产业演进和产业集群规律的研究和前瞻性分析,对新兴产业和服务业的安排考虑不够,上下游关联不紧密,缺少龙头企业带动,缺乏产业链条的设计和配套安排,尚未有意识地按现代意义的产业集群理念、模式来运作,产业可持续发展能力不足。另外,沿海各地区之间缺少沟通、合作与整合,园区之间造成过度的和无序的竞争,资源严重消耗。产业园区缺乏科学规划,专业性、科学性和指导性不足,而且各起步区摊子铺得过大,不符合产业集群发展规律。

3. 生态环境问题突出

辽宁沿海经济带区域内有 28 处生态功能区，13 处国家和省级自然保护区。沿海经济带的开发建设，产业总体上呈明显的重化特征。除东部丹东市外，石化、冶金等高消耗、高排放产业均为各市支柱产业，沿海生态环境保护所面临的压力空前增大。

首先，水资源将成为瓶颈。除丹东相对丰富外，其他地区的水资源问题都已经成为严重制约其产业发展的瓶颈。由于水资源的紧张，锦州湾海水倒灌已达 10 km。随着开发建设乙烯、火电等一批高耗水的大项目进驻西海工业区，锦州生产和生活用水问题将面临巨大挑战。

其次，土地资源依然紧张。虽然辽宁沿海经济带可供开发的土地资源丰富，但产业开发与耕地保护的矛盾依然存在。我国的土地资源匮乏，国家对土地供应的宏观调控进一步加强，辽宁沿海经济带五个重点发展区域的总规划面积达到 482.9 km^2，单位面积创造的工业增加值比全国平均水平低，土地的集约利用水平还有待提高，需要提升的空间还很大。

最后，能源消耗问题值得关注。按照国家对单位产值能耗降低的约束性要求，沿海经济带传统产业比重大，能耗高的问题突出。以区域龙头大连市为例，2005 年一次能源消费总量 $1\,304 \times 10^4$ t 标准煤，人均能耗 2.2 t 标准煤；万元 GDP 综合能耗 0.6 t 标准煤，是全省的 34.44%，全国平均值的一半左右，但仍高于发达国家近一倍。特别是沿海地区的能源供应矛盾比较突出，如大连市所需要的一次性能源（煤炭、石油、天然气）几乎全部依靠外部调入，水电资源贫乏。

（二）潜力与发展空间

1. 沿海产业竞争力较强

首先，沿海经济带在发展过程中形成了一批支柱产业，如原材料工业、装备制造、能源工业等，它们在沿海经济带中所占的比重较高。而且这些产业的延展性好，后续深加工产业链条尚未展开，具有较大的延伸和扩展空间。例如，辽河油田，经过多年发展，形成了产业规模和技术支持，适应炼油一体化的产业发展趋势，充分发挥资源和研发优势，大力发展油、化、纤一体化，产业规模和经济效益的提升空间很大。其次，新兴产业刚刚起步。依托特有的资源优势，新材料产业成长迅速。例如，锦州的半导体材料产业已经形成独特的单晶硅产业，出现了一批发展速度快，增长幅度高的硅材料生产企业，产业聚集效应正在形成。风能、核能等能源工业项目，海水淡化等海洋资源利用项目均有一定基础。最后，第三产业发展潜力巨大，如生产性服务业、物流业、金融业、旅游业、批发和零售业、交通运输仓储和邮政业等。

2. 腹地产业支撑力强

腹地支撑是沿海经济发展的重要条件，辽宁沿海经济带腹地范围广阔，不仅包括辽宁省，还包括整个东北地区，腹地资源丰富，产业基础雄厚，可以为沿海经济的发展提供有力支撑。例如，辽西经济区中心南移找海是必然趋势，朝阳将重点发展汽车零部件，阜新重点发展农产品加工。辽宁中部城市群产业基础雄厚，纵深腹地哈—长—沈产业集聚带，是东北地区最强的纵向产业轴带。丹东的直接腹地——东北东部经济带，纵跨东北三省东部 12 个地、市、州，总面积 27.6×10^4 km²，粮食、石油、煤炭、木材、金属及非金属矿藏、水能、生态、旅游资源丰富。

第三节　辽宁沿海经济带发展现状与战略

辽宁"五点一线"沿海开发战略提出以后，经过几年的快速发展，辽宁沿海经济带的发展已经初见成效。辽宁沿海经济带发展战略上升为国家战略以后，按照《辽宁沿海经济带发展规划》的要求，优化产业布局，抓好城镇体系、港口集群、产业园区等区域重点，以重点基础设施工程建设为突破，提升辽宁沿海经济带的可持续发展能力。

一、发展现状

自从沿海经济带开发建设以来，沿海经济带正成为全国新的产业集聚带和新的经济增长区域。尤其是 2009 年 7 月 1 日，国务院常务会议通过了《辽宁沿海经济带发展规划》，标志着辽宁沿海经济带开发开放已经上升为国家战略。这极大地提升了辽宁省的影响力和知名度。辽宁省紧紧抓住沿海经济带上升为国家战略这一重大历史机遇，加速大连沿海核心城市建设和国际航运中心建设，加快沿海六市开发开放，29 个重点区域竞相发展。全长 1 443 km 的滨海大道建成通车。沿着海岸线，一个充满生机的城市带、经济带、旅游带开始形成。

一是沿海经济带开发建设速度快。截至 2007 年年底，沿海重点发展区域已开发土地面积 121.2 km²，这一开发进程已经完全超过了 2006 年 3 号文件起步区（120.47 km²）的开发面积。"五点"沿海重点发展区域固定资产累计投入资金 343.35×10^8 元，基础设施建设累计投入资金 148.89×10^8 元，累计使用开行贷款 84.21×10^8 元，累计签约项目 546 个，投资总额 2 248.1×10⁸ 元。

二是沿海经济带开发对地方经济贡献巨大。"五点"累计实现地区生产总值 174.1×10^8 元，工业生产总值 271.5×10^8 元，税收总额 18.5×10^8 元，财

政收入 25.6×10^8 元，出口 4.32×10^8 美元，特别是拉动了 34 567 人就业。

三是超亿元大项目集聚重点发展区域。截至 2007 年年底，沿海重点发展区域累计批准入区注册的 437 个项目，平均单项投资额达 2.9×10^8 元；签约的 546 个项目，平均单项投资额达 4.12×10^8 元；在谈的 220 个项目，平均单项投资额达到 7.95×10^8 元。

四是装备制造业项目引领重点区域快速发展。以机械制造、船舶配套、石化、电子信息、轻工食品为主的装备制造业项目占园区项目的主导地位。

二、总体布局

辽宁沿海经济带的开发模式要以"点轴"理论为指导，合理布局产业，应将工业园区作为点，以宜港岸线和滨海公路作轴，以腹地经济作为此轴不同紧密程度的互动区域，在总体上形成节点分布合理，轴线辐射适宜，网络功能强大的产业布局框架。

沿海经济带的五个主要产业园区地处对外开放的最前沿，依城傍港，靠近公路、铁路干线，土地资源丰富，依托基础雄厚，是全省新的发展空间，也是沿海经济带发展的切入点。按照"点轴"开发模式，辽宁沿海经济带的产业布局主要集中在产业园区上。总体设想是：以市场为导向，坚持走新型工业化道路，努力形成技术先进、结构合理、优势互补、特色突出、机制灵活、竞争力强的现代产业基地。

大连长兴岛临港工业区打造以造船为主导的产业集群，发展精密仪器仪表、重工起重、机床等装备制造业，能源及精细化工原材料产业。加快交通、能源、水利等港口基础设施建设，有序开发深水岸线，发展大型专业化深水港口，完善港口功能，逐步建成大连东北亚国际航运中心组合港区和世界最大的造船基地之一。

营口沿海产业基地（包括营口沿海产业基地和盘锦船舶工业区）打造以冶金产业为主导的产业集群，发展先进装备制造、精细化工和现代服务业。加快推进冶金重装备基地、高技术产业园区等项目建设，加快营口港建设，逐步建成大型临港生态产业区。盘锦船舶工业区，发展 5×10^4 t 级以下中小型船舶和游艇、快艇制造业及相关配套产业集群。依托辽河油田，发展新型钻井机械等石油钻采设备和油田环保设备，逐步形成中小型船舶和配件特色产业基地。

辽西锦州湾沿海经济区（包括锦州西海工业区和葫芦岛北港工业区）打造以电子工业为主导的产业集群，发展石油化工、制造业、能源等临港产业，加快建设国家石油储备基地，打造带动力强、辐射面广的物流园区。

葫芦岛北港工业区，打造以石化工业为主导的产业集群，发展船舶制造及配套、有色金属精深加工产业，逐步建成综合工业园区、船舶制造园区、物流园区。

丹东产业园区打造以造纸为主导的产业集群，发展仪器仪表、物流、汽车、电子信息、纺织服装、农副产品深加工、旅游等临港产业，建设具有特色发展优势的综合工业园区。

大连花园口工业园区打造以食品加工业为主导的产业集群，发展电动汽车零部件、新材料等产业，加快轮胎、农产品深加工、生物制药等重点项目建设，逐步建成产业加工园区。

沿线产业开发布局是以开发建设全长 1 443 km 的滨海公路和宜港岸线为纽带，连接沿海城市和各类开发区，构成的"线"是实现沿海经济带全面发展的主轴线。以沿海城镇为重要依托，以各类开发区为重要载体，以"点"开发建设为重要推动力，加快推进沿海地区新型工业化和城镇化建设进程，促进沿海经济带的全面发展。坚持工业化与城镇化协调发展，实行产业园区、商贸区、生活区、文化区统一规划、功能配套、资源共享。充分发挥开发区的先导和示范作用，加强产业规划引导，鼓励资金、技术、管理、人才向园区聚集。坚持生态环境建设与城镇发展同步推进，科学合理开发海洋资源，切实保护自然保护区、重要湿地、海洋环境和具有特色地质地貌的海洋岸线岸段，避免结构性污染和污染转移，建设生态工业园区和环境宜人的宜居地区（表 11.4）。

表 11.4　产业园区的区域优势、主导产业和发展定位

区域名称	区域优势	主导产业	发展定位
大连长兴岛临港工业区	中国第五大岛，拥有渤海湾最优良的建港条件	修造船及配套业、炼化一体化精细化工、特种钢材、港口物流业、再生能源、滨海旅游业	东北亚国际航运中心组合港区、大宗资源进出口加工区、全国大型船舶制造基地
营口沿海产业基地		特种钢材、新材料、先进设备制造、滨海旅游业、精细化工、物流服务业	大型临港生态产业区、沈阳营口工业走廊先导区
营口沿海产业基地	港口资源丰富位处辽中城市群与辽东半岛经济区结合部		
盘锦船舶工业区		中小型修造船及配套石油钻采设备、油田环保设备	5×10^4 t 以下中小型船舶和游艇、快艇制造业及相关配套产业基地

区域名称		区域优势	主导产业	发展定位
辽西锦州湾沿海经济区	锦州西海工业区	连接东北和华北的交通要道和物资集散地地下矿藏资源、油气资源、沿海滩涂资源丰富	重型船舶制造业及配套、石化设备成套、炼化一体化精细化工、再生能源、港口物流、农产品深加工	临港工业区、物流园区
	葫芦岛北港工业区		重型船舶制造业及配套、石化设备成套、炼化一体化精细化工、有色金属精深加工、滨海旅游业、农产品深加工	综合工业园区、船舶制造园区、物流园区
丹东产业园区		中朝边境口岸木材积蓄量位居全省之首，矿产资源丰富	汽车零配件、仪器仪表、旅游业、农海产品深加工、物流业	综合工业园区
大连花园口工业园区		位于大连 1 h 经济圈内行政成本、商务成本低	电动汽车及零配件、新材料、再生能源、精细化工、食品加工	产业加工园区

三、区域重点

(一) 城镇体系生态化

辽宁沿海经济带建设要以绿色生态城镇体系建设为载体，打造沿海宜居家园，投资兴业福地，优化城市功能，完善城市布局。打造大连、锦葫兴凌（锦州、葫芦岛、兴城、凌海）、营盘鲅（营口、盘锦、鲅鱼圈）3 个都市区（图 11－4）。把大连建成国际化城市，逐步把丹东、锦州发展为特大城市，把盘锦、葫芦岛发展为大城市。科学统筹制定县城、小城镇和村屯建设规划，注意把小城镇建设同发展乡镇企业，推进农业产业化经营有机结合起来。同时，改革小城镇户籍制度，促进农村人口向小城镇转移。发展壮大县域经济，使辽宁沿海经济带成为全省建设社会主义新农村的重要示范区。

以"低碳经济"理念为指导，建设宜居型生态地带。严格实行环境准入制度，淘汰高消耗、高排放、高污染、低效益的行业和产品。加强生态建设和环境保护，建设沿海防护林带，优先安排村屯绿化，提供绿色支撑。加强 28 处生态功能区的保护与管理，对辽东湾和鸭绿江口湿地等 13 处国家和省级

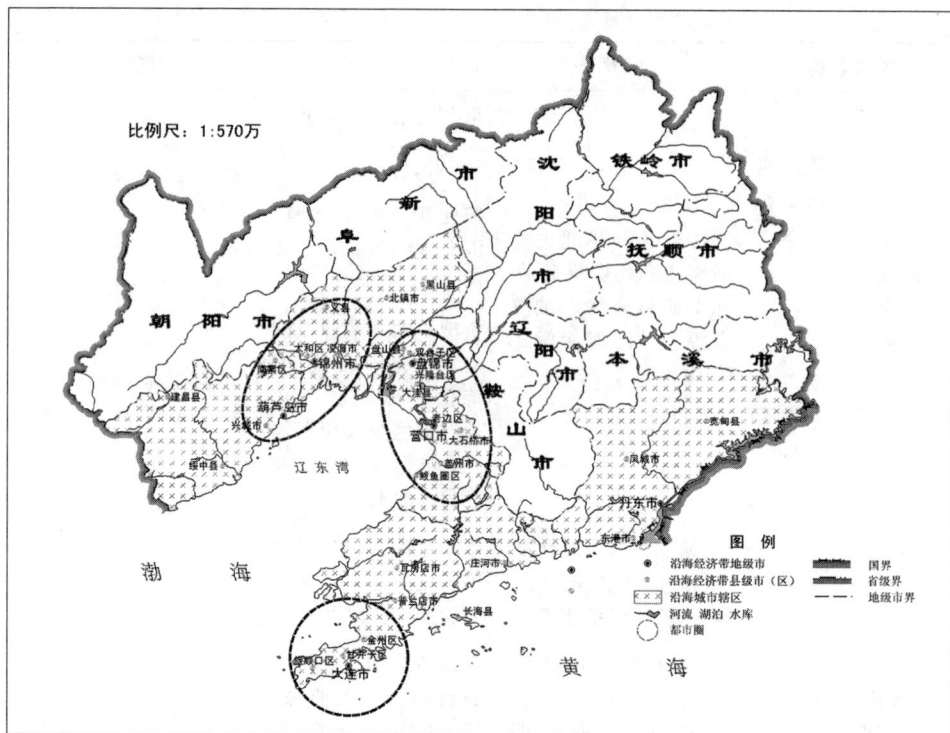

图 11 - 4　辽宁省沿海经济带城镇体系

自然保护区实行生态环境分区管理（图 11 - 5）。努力建设功能齐全、设施先进、交通便捷、环境优美的城市环境，加快污水处理和城镇生活垃圾无害化处理进程。

（二）港口集群与临港产业

整合全省港口资源，优化沿海港口资源配置，完善沿海港口布局，努力打造以大连港为中心，营口、丹东、锦州、葫芦岛等港口为侧翼，布局合理、层次分明、结构优化、相互间分工合作、优势互补的港口集群（图 11 - 6）。建设现代化组合港基础设施体系、立体化综合运输体系、综合性服务体系、产业支撑体系。大连港以集装箱干线运输为重点，全面发展石油、矿石、散粮、商品、汽车等大宗货物中转运输，加快拓展港口物流、保税、信息、商贸和国际海上旅游服务，积极推进长兴岛组合港区建设。营口港以集装箱、钢材、铁矿石运输为重点，全面发展原油、粮食、杂货等中转运输，大力拓展现代化的港口服务和临港产业功能。丹东港以杂货、大宗散货和集装箱运输为主，积极发挥物流、商贸、临港工业等相关功能。锦州港和葫芦岛港是锦州湾重要港口，地区运输体系的重要枢纽。锦州港以石油、煤炭、粮食等

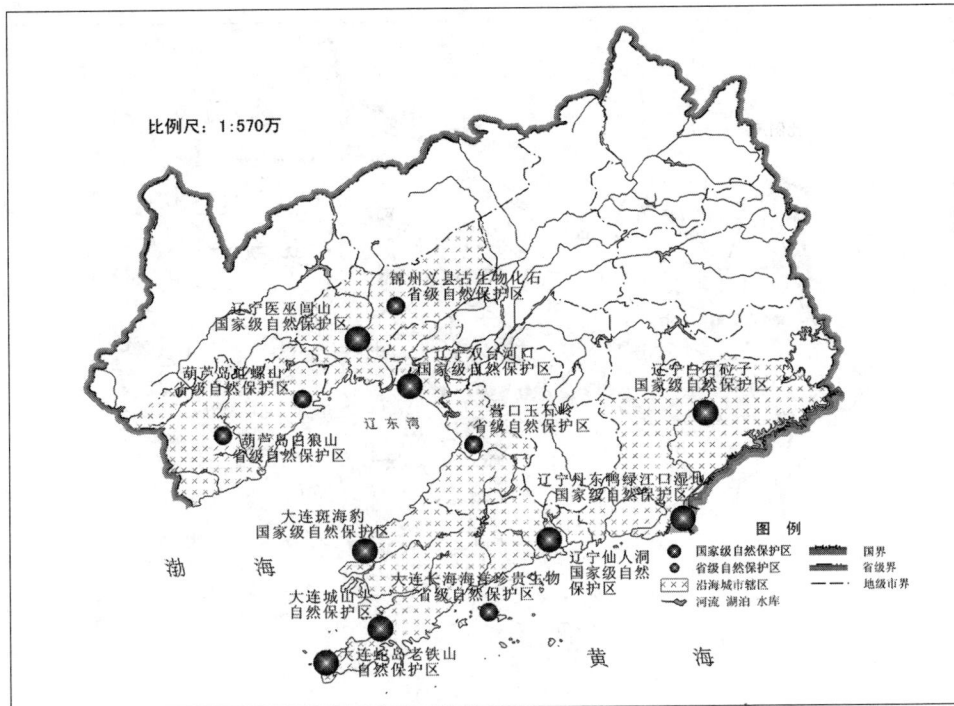

图 11 - 5　辽宁省沿海经济带自然保护区

大宗散货和集装箱运输为主，积极发挥物流、商贸、临港工业等相关功能。葫芦岛港发展石油化工、散杂货、油田专业化运输，积极拓展商贸和物流等相关功能。

　　以临港产业建设为支撑，提升区域竞争能力。辽宁沿海经济带的发展要以临港产业为重点，发挥沿海梯级开放优势，培育发展一批积极参与国际竞争、对东北老工业基地振兴有较强带动作用的特色产业集群，建成布局合理、用地节约、环境友好、国际竞争力突出、综合配套能力强的现代化产业园区。

　　现代装备制造业基地以造船、数控机床等为主体，提高信息化水平、自主创新能力和产品的成套、配套能力。大连重点发展高技术水平、高附加值的基础机械、数控机床、重型装备、发动机、机车、石化通用装备等行业和优势产品，建成我国先进装备制造业的重要基地。丹东加快建设我国重要的汽车零部件、大中型客车、专用车生产基地，发展精密装备制造业。营口着力构筑重型装备和专用设备、交通运输设备及部件等产业集群。锦州、盘锦、葫芦岛进一步壮大汽车零部件、化工机械、石油开采专用设备制造等优势产业。

　　高新技术产业以软件服务业、生物技术和基因工程等为主体，重点发展

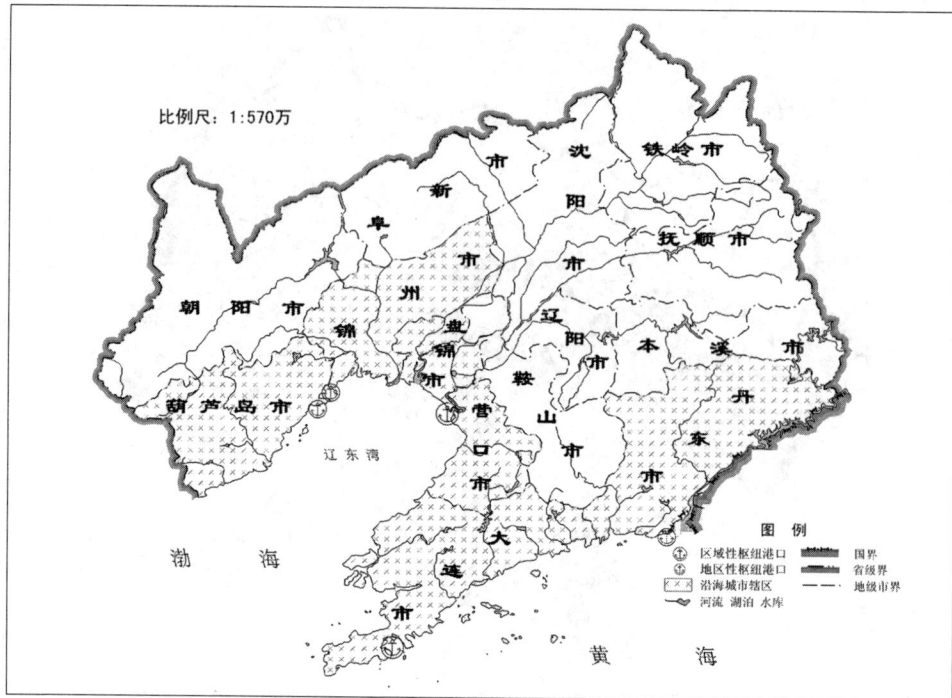

图 11-6 辽宁省港口及临港产业分布图

软件、芯片、机床数控系统、船用曲轴、燃料电池、半导体照明材料、现代通信系统及终端设备、汽车电子、多媒体动漫、太阳能电池材料、镁质材料等关键技术和产业集群。做强大连国家软件产业基地、软件产品出口基地、锦州光伏产业基地和营口镁质材料深加工产业基地。

原材料工业以先进石化、冶金装备研发和示范工程为主体提高加工度。石化产业重点发展原油加工、乙烯、合成材料和有机材料，构筑精细化工产业群。大连要在现有石化基础上，积极推进百万吨乙烯、百万吨化纤原料项目，新建具有世界级规模的千万吨炼油炼化一体化生产基地；盘锦建成我国最大的重交沥青、环烷基润滑油生产基地和我国重要的化肥、聚烯烃、炼化生产基地，加快建设 46×10^4 t 乙烯扩建项目；营口要在仙人岛建设大型石化产业积聚区；锦州湾建成国家级炼化生产基地和国家石油储备基地。

（三）产业园区整合与提升

以先进技术集成和产业生态聚集为原则，整合提升各类经济技术开发区、高新技术产业开发区、出口保税加工区等，形成品牌优势鲜明、规模效益突出、低碳效益明显、核心竞争力和辐射带动力强大的系列产业园区。重点发展经济技术开发区、高新技术产业开发区、特色工业园区三种类型的开发区。开发区重点向三个方向发展：一是向主导产业明确、关联企业集聚、综合配套能力较为完备的方向发展；二是增强自主创新能力，集聚创新创业资源，向创新型工业园区方向发展；三是发展现代装备制造业、高加工度原材料工业、高新技术产业和高附加值服务业，向多功能产业园区方向发展。

经济技术开发区以提高吸收外资质量为主，以发展现代制造业为主，以优化出口结构为主，致力于发展高新技术产业，致力于发展高附加值的服务业，向多功能综合性产业园区转变。增强经济技术开发区的龙头、窗口与辐射作用，使之成为临港产业集聚地和外向型经济的先导和示范区。做强大连经济技术开发区、大连保税区、大连出口加工区、营口经济技术开发区等国家级开发区，加快大连金州、锦州、盘锦、丹东东港、葫芦岛杨杖子等省级经济技术开发区发展，构建现代化工、先进装备制造、造船、新材料、电子、软件信息服务、生物制药、农产品加工、物流、纺织服装等产业群。

高新技术产业开发区以发展高科技，实现以产业化为宗旨，以智力密集、产业集聚、环境开放为依托，以增强企业自主创新能力为目标，聚集创新创业资源，转化技术创新成果，向创新型工业园区方向发展，成为以企业为创新主体、产学研结合的创新载体和集中区域。壮大大连、锦州、营口、葫芦岛等国家和省级高新技术产业开发区规模，积极发展丹东、盘锦高新园区，更好地发挥科技创新在沿海经济带建设中的先导作用。

特色工业园区是突出和推动特色产业资源要素集聚，形成产业链完整、具有园区品牌的企业簇群功能区域。重点建设大连三十里堡、营口仙人岛能源化工区、锦州白马综合工业园、葫芦岛高岭—万家工业区、盘锦天河工业区、丹东临港工业园区等一批各具特色、功能凸显、后劲较强的特色工业园区（图 11 - 7）。

四、基础设施工程重点

辽宁沿海经济带开发中重点要从交通运输、能源项目、供水设施三个方面提高基础设施水平，增强可持续发展能力。

首先要加快交通体系建设。建设总长 1 443 km 的滨海公路，新建大窑湾、长兴岛、鲅鱼圈和仙人岛港（区）至沈大公路的 4 条疏港公路；建设鸭绿江大道、渤海大道、长兴岛环岛道路等连接"五点"与周边城市、相邻港口的联络线和内部道路体系。以提高沿海港口疏港能力为核心，建设 13 个沿海地区的铁路项目。重点建设哈大铁路客运专线、东北东部铁路通道和大窑湾港区第二疏港铁路、锦赤线地方铁路，完成营口鲅鱼圈港区和锦州港疏港

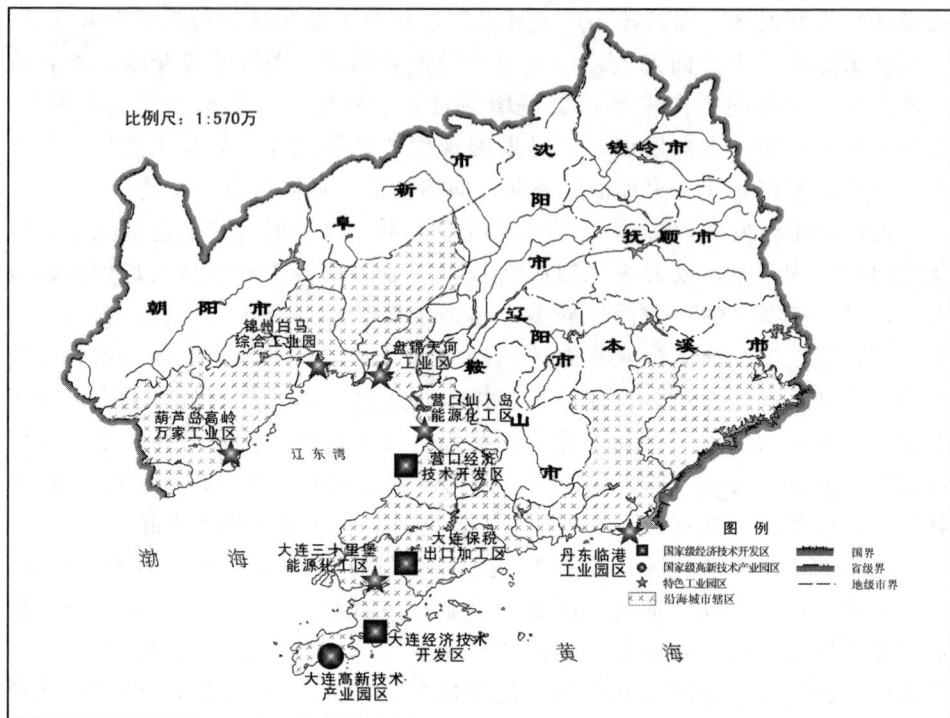

图 11-7　辽宁省沿海经济带开发区分布图

铁路复线和电气化改造，新建连接哈大铁路和长兴岛、仙人岛港区的疏港铁路，新建庄河港至岫岩疏港铁路，实施丹东港大东港区疏港铁路扩能改造。以建设大连门户枢纽机场为核心，全面提高沿海各机场的吞吐能力，完善机场的口岸服务功能。扩建大连周水子国际机场，建设功能完备的大连空港国际物流中心。启动大连新机场选址与建设，更新改造丹东和锦州机场设施，积极发展支线航空，力争将丹东机场提升为国际口岸。

其次，加快重点能源、油气项目建设。重点规划建设辽宁红沿河核电站、国电庄河电厂新建、营口华能电厂二期、国华绥中电厂二期、华能丹东电厂二期等电源项目，总投资 450×10^8 元，投产装机 760×10^4 kW，装机容量增长 90%。建设大连国家石油储备基地，保障30座，10×10^4 m³ 原油储罐建设和竣工投产。推进大连石油储备基地项目第二期工程和锦州石油储备基地建设工程等国家石油储备二期项目建设。建设中石油大连 LNG 接收站。开发建设中海油锦州 25-1 气田（图 11-8）。

最后，"北水南调"，加强供水设施建设。重点规划和建设 13 个服务于沿海地区的水利、供水项目，确保"五点"近期和远期供水动态需求。建设

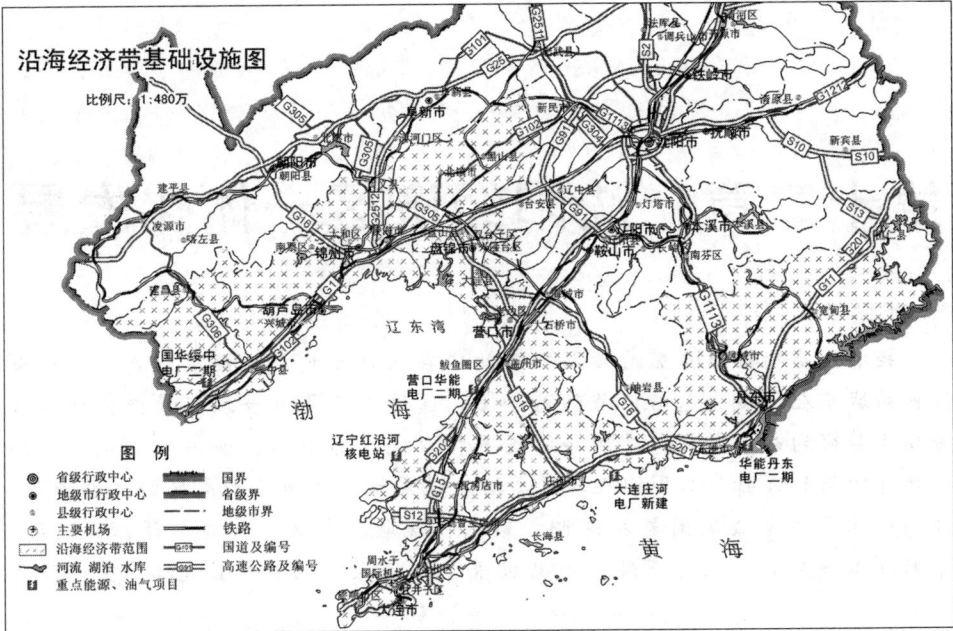

图 11 - 8　辽宁省沿海经济带基础设施图

"引东入岛"工程和大伙房水库输水工程，保障长兴岛临港工业区用水需求。建设松树沟水库工程和"引英入连"工程，保障大连花园口工业园区用水需求。建设大伙房水库输水工程、中水利用工程等水利设施，保障营口沿海产业基地用水需求。建设 $2\,000 \times 10^4 \mathrm{~m}^3$ 的平原水库和疙瘩楼水库引水工程，保障盘锦船舶工业产业园区用水需求。修建锦凌水库和青山水库，推进海水淡化项目，保障辽西锦州湾沿海经济区用水需求。建设鸭绿江和三湾水库供水工程，保障丹东产业园区用水需求。

第十二章　沈阳经济区一体化发展

章前语

　　经济区是指按照自然地理与经济的内在联系而形成的经济联合体，经济区内的城市在区域分工与协作的基础上，通过生产要素合理流动使区域经济整体优势得到充分发挥。沈阳经济区是指以沈阳为中心，通过中心城市沈阳的经济辐射和吸引，与周围经济社会活动联系紧密的地区形成的经济共同体。沈阳经济区的地域范围包括沈阳、鞍山、抚顺、本溪、营口、辽阳、铁岭、阜新八市（图 12-1），下辖 7 个县级市、16 个县、475 个小城镇。区域面积

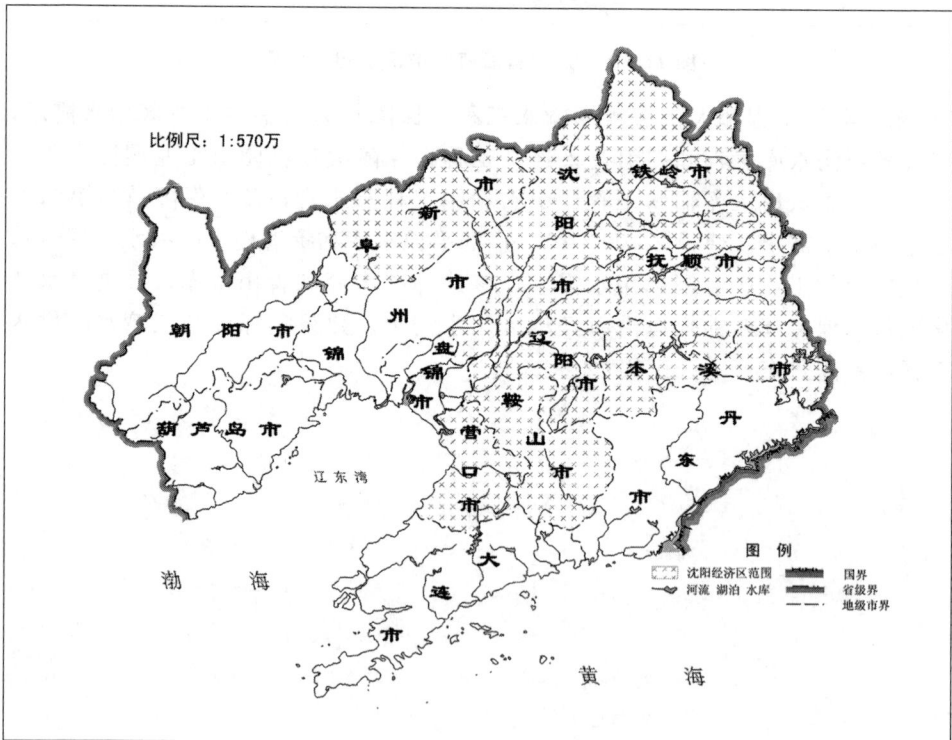

图 12-1　沈阳经济区区位图

7.5×10^4 km²，占全省的 50.8%。2008 年人口 $2\ 359 \times 10^4$，占全省的 55.6%，占东北三省的 32.7%。规模以上工业增加值 $4\ 611 \times 10^8$ 元，占全省的 59.49%，占东北三省的 33.9%。城市化率达到 65%。在经济全球化和区域经济一体化趋势的推动下，大中型城市的聚群效应日益突出，辽宁中部城市群的战略地位愈加重要。沈阳经济区的战略设想将实现辽宁中部八城市间的优势互补、资源共享、互惠互利、协调发展。沈阳经济区一体化经济的形成，将使它成为我国继珠三角经济圈、长三角经济圈和京津唐经济圈后的第四个大都市经济圈，成为中国经济增长的新增长极，对辽宁和东北老工业基地的振兴具有重要的推动作用。

第一节　沈阳经济区的形成与战略地位

一、沈阳经济区的形成

沈阳经济区的前身是辽宁中部城市群。在经济全球化和区域经济一体化趋势的推动下，"沈阳经济区"的概念应运而生，短短几年间，便上升为国家战略，成为我国第八个国家综合配套改革试验区。

（一）沈阳经济区的前身——辽宁中部城市群

城市群是指在特定的区域范围内云集相当数量不同性质、类型和等级规模的城市，以一个或两个特大城市为中心，依托一定的自然环境和交通条件，城市之间的内在联系不断加强，共同构成一个相对完整的城市"集合体"。城市群的形成是一个地区经济高度发展的必然结果。以沈阳为中心的辽宁中部城市群是闻名中外的重化工业高度集聚区，是中国最重要的装备工业和原材料工业基地。

沈阳经济区（中部城市群）重化工业的产业框架和城市群雏形始于 20 世纪 30 年代中期。日本帝国主义为掠夺辽宁省和东北地区丰富的矿产资源，对中国及亚洲侵略扩张提供支撑，竭力发展为侵略扩张服务的沈阳机械军工业、鞍山的钢铁工业、抚顺和本溪的能源工业、辽阳的军事化工业等。到 20 世纪 40 年代中期，这一地区初步发展为当时中国大中城市最密集、重化工业最发达的地区。

20 世纪五六十年代，新中国成立初期，党中央做出加快经济发展和国防建设的战略决定，考虑原有工业基础和当时优越的地缘条件，把发展重点放在东北地区，特别是重点倾斜于以沈阳为中心的辽宁中部城市群。经过"一五"、"二五"时期的国家重点建设，该地区成为当时最先建成的中国最大的重工业基地，形成了比较雄厚的工业基础以及内在联系紧密的重化工业体系。

20 世纪 80 年代以后，中国宏观发展环境改变，国家战略重点转移，经济体制变革。遵循旧体制和传统发展模式的辽宁和东北老工业基地结构性、体制、机制矛盾突出。以沈阳为中心的沈阳经济区（中部城市群）作为辽宁和老工业基地的核心地区，经济发展面临重大困难。尽管沈阳经济区重化工业在全国的战略地位和作用受到挑战，但以结构调整为主线，通过不断加大调整和改革力度，沈阳经济区也取得了较大发展，依然是全国重要的装备工业基地和重要的原材料基地。

（二）沈阳经济区理念的提出与地域范围变动

1. 沈阳经济区的提出与推进过程

2003 年中央开始实施东北地区等老工业基地振兴战略，有着完备工业体系的辽宁中部城市群，理所当然地成为辽宁和东北振兴的主要看点，"沈阳经济区"的概念应运而生。2003 年 9 月，辽宁省委九届六次全会正式提出，将构建辽宁中部城市群（沈阳经济区）作为振兴辽宁老工业基地的重要战略举措。

2005 年沈阳经济区第一次写进辽宁省政府工作报告，"构筑辐射整个东北地区、在国内外具有较强竞争力的沈阳经济区"被纳入全省发展战略。2005年 4 月 7 日，沈阳、鞍山、抚顺、本溪、营口、辽阳和铁岭七市市长正式签署辽宁中部城市群合作协议。合作涉及交通运输、产业发展、金融服务、贸易流通、对外招商、人力资源、科教文化、旅游开发、生态环境等 10 个领域19 项具体内容，标志着以沈阳为中心、辐射辽宁中部城市群建设全面起步。沈阳经济区一体化进入全面实施阶段。

2008 年 7 月 21 日，辽宁省政府召开了沈阳经济区工作会议。会议明确将辽宁中部城市群更名为沈阳经济区，将阜新市正式纳入沈阳经济区。同时编制规划，明确沈阳经济区的发展目标：2015 年要基本实现区域经济一体化，综合经济实力要达到中等发达国家水平，成为东北亚重要的经济中心。沈阳经济区八市的格局始之形成。

2010 年 4 月 6 日，沈阳经济区获批为全国新型工业化综合配套改革试验区，成为继上海浦东新区、天津滨海新区、成都、重庆、武汉城市圈、长株潭城市群和深圳经济特区七个地区后，国务院批准设立的第八个国家综合配套改革试验区。沈阳经济区上升为国家战略，将为全国范围内建立新型工业化发展模式、加快发展方式转变，发挥示范和带动作用。

2. 沈阳经济区地域范围变动

沈阳经济区在发展过程中，区域范围也在不断发生变化。中部城市群经济成长期，地域范围主要包括中心城市沈阳和鞍山、抚顺、本溪及辽阳 5 市。

随着区域能源（煤炭）供应城市抚顺和本溪煤炭资源的枯竭，位于沈阳北部，正在逐步发展成为辽宁新能源（煤电）生产基地和粮食、农产品加工基地的铁岭成为沈阳经济区的成员，沈阳经济区区域范围扩大到 6 市。

据发达国家经验，大都市经济区要具备三大现代化通道，即信息港、空港和海港。但中部城市群 6 市属于腹地城市，考虑到营口港是国内重要枢纽港，其距矿产品和原材料大进大出的鞍山、本溪仅 1～1.5 h 距离，距中心城市沈阳也仅 2 h 距离，提出"6＋1"方案，让营口起到沈阳经济区出海大通道的作用，沈阳经济区范围扩大到 7 市。

2008 年，结合突破辽西北的辽宁省振兴战略，阜新市被纳入沈阳经济区，其将作为突破辽西北的桥头堡。同时，作为国家首个资源枯竭型城市经济转型试点市，阜新市正推进资源型城市转型，发展接续产业，建设新型产业基地和新型能源基地，承担着经济区能源供给的重任（图 12－2）。

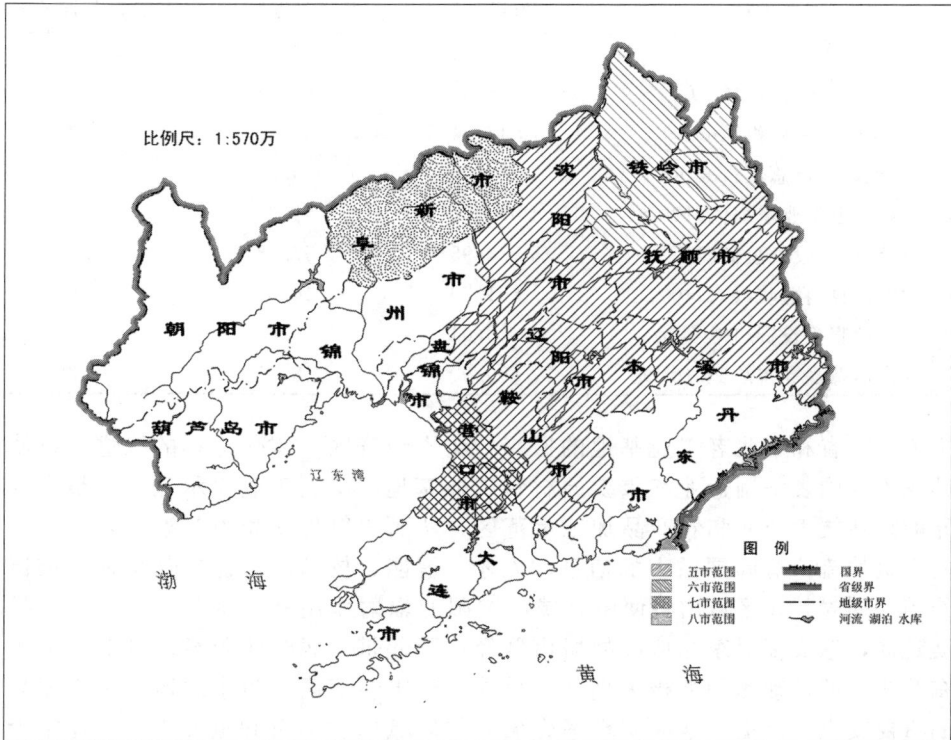

图 12－2　沈阳经济区地域范围变动图

二、沈阳经济区的战略地位

沈阳经济区的发展对于实现东北沿海与内地互动,加快老工业基地振兴,优化我国城市体系和地域空间结构,加强我国与东北亚的区域合作都具有重要的战略意义。

(一) 辽宁和东北老工业基地核心区

沈阳经济区作为新中国最早建立的重工业基地,形成了偏内向型的产业体系,是国家重要的原材料工业、重大装备制造业和重大国防战略产业基地,是辽宁省乃至整个东北地区最大和发展程度最高的经济核心区。各主要经济指标显示出沈阳经济区在辽宁省和东北的主体地位(表 12.1),其优势产业(装备工业和重要原材料工业)具有举足轻重的影响,沈阳经济区的未来发展

表 12.1　2008 年沈阳经济区主要经济指标及其占辽宁省和东北三省比重

主要指标	沈阳经济区	占辽宁省%	占东北三省%
人口/10^4 人	2 359.40	55.57	21.84
非农业人口/10^4 人	1 261.80	59.52	
建成区面积/km^2	1 047.54	53.57	22.70
地区生产总值/10^8 元	8 782.05	65.24	31.15
规模以上工业增加值/10^8 元	4 003.20	60.63	
固定资产投资总额/10^8 元	5 738.95	57.28	30.67
地方预算内财政收入/10^8 元	601.79	44.38	25.53
外商直接投资/10^8 美元	68.04	56.61	
社会消费品零售总额/10^8 元	2 899.90	58.97	28.32

事关辽宁省和东北老工业基地的振兴。沈阳经济区一体化进程的推进,将使其成为我国装备制造业和重要原材料工业基地、新型工业化示范区、整个东北的高新技术产业和农产品加工示范区,从而辐射带动和服务整个东北地区的商贸物流,对周围城市的信息、人才、智能、技术、资金扩散起到助推器作用。同时,在区域内将使中心城市沈阳的辐射作用从"点"向"面"上扩展延伸,形成辐射东北地区的城市群经济隆起带,届时沈阳经济区对于整个东北振兴的带动作用将极大增强。另外,沈阳经济区作为东北地区全面振兴的重要支点,是沿海地区实现率先振兴的区域内生力量和重要支撑。辽宁沿海经济带的优势在于不可替代的区位与港口优势,劣势在于自身空间整合难度较大。沈阳经济区的优势恰恰在于城市群的整体优势,一体化空间障碍小,劣势在于转型的包袱过于沉重。解决这些问题,除依靠自身力量外,还必须通过彼此协作、互助完成。遵循旧体制和传统发展模式的沈阳经济区结构性、

体制、机制矛盾突出，许多城市"东北现象"严重，面临重大转型，要想突破原有体制、机制和产业结构限制，必须依托沿海地区的对外开放窗口、贸易通道和产业重组空间。而沿海经济带的经济发展需要沈阳经济区这一腹地强有力的支撑。沿海经济带和沈阳经济区的融合将构建沿海与腹地良性互动发展新格局，极大地促进辽宁省和东北老工业基地的振兴。

（二）中国第四增长极

沈阳经济区位于东北地区南部，辽东山地和下辽河平原的交汇地带，毗邻渤海，双跨东北经济区和环渤海经济带，具有特有的地缘条件，是连接关内和关外的枢纽。向东邻日本、韩国等经济发达地区，向南是京津唐城市群，向西接山西、内蒙古自治区等西部资源大省，向北是吉林省、黑龙江省以及俄罗斯。周边地区具有很强的经济互补性，它们之间的物资交流必然要通过沈阳经济区，独特的地理区位是沈阳经济区成为与珠三角、长三角、京津唐三大经济区并驾齐驱的"第四增长极"的前提条件。2010 年沈阳经济区获批为全国新型工业化综合配套改革试验区，这是沈阳经济区成为中国第四增长极的重大机遇。通过综合配套改革试验，沈阳经济区旨在建成国家新型产业基地重要增长区，老工业基地体制机制创新先导区，资源型城市经济转型示范区，新型工业化带动现代农业发展的先行区和节约资源、保护环境、和谐发展的生态文明区。通过承接国内外产业梯度转移，走中国特色新型工业化、城镇化道路，沈阳经济区将带动东北等老工业基地全面振兴，为全国范围内建立新型工业化发展模式，加快发展方式转变，发挥示范和带动作用。

（三）东北亚经济中心

沈阳经济区地处东北亚的中心地带，与日本东京、韩国首尔、蒙古乌兰巴托、俄罗斯伊尔库茨克处于等距离的辐射线上，具有良好的区位条件，具备成为东北亚经济中心的空间优势（图 12 - 3）。另外，沈阳经济区是全国公路网和铁路网最为稠密的地区之一，也是我国综合交通运输最发达的地区之一。目前已经形成铁路、公路、航空、港口等多种运输方式相互联结，以沈阳为中心向四周放射的立体交叉综合运输网络，具有东北地区最大的国际机场和空运中心桃仙机场及全国十大亿吨港口之一的营口港，基础条件好，具备成为东北亚经济中心的硬件优势。《辽宁中部城市群经济区发展总体规划纲要》在关于辽宁中部城市群经济区（沈阳经济区）发展定位的叙述中，就提出要将沈阳经济区建成东北亚商贸物流金融服务中心。目前，沈阳经济区正在全力打造东北亚国际物流中心，规划立足沈阳母城及沈阳经济区各市，依托大连港和营口港为核心的港口群，以海、陆、空完善的交通网络为支撑，建设东北亚国际物流中心，使其成为集物流、资金流、信息流、商流为一体的现代仓储中心、多式联运中心、区域配送中心和国际分拨中心。当前发展思路是重点构建"三大体系",即利用沈阳保税物流中心的特殊政策优势,搭建保税物流平台,形成"大保税"体系;借助沈阳中心城市的特殊聚集优势,搭建物资集散平台,形成"大市场"体系;搭建物流信息共享平台,形成"大通关"体系,连通东北腹地,辐射环渤海。

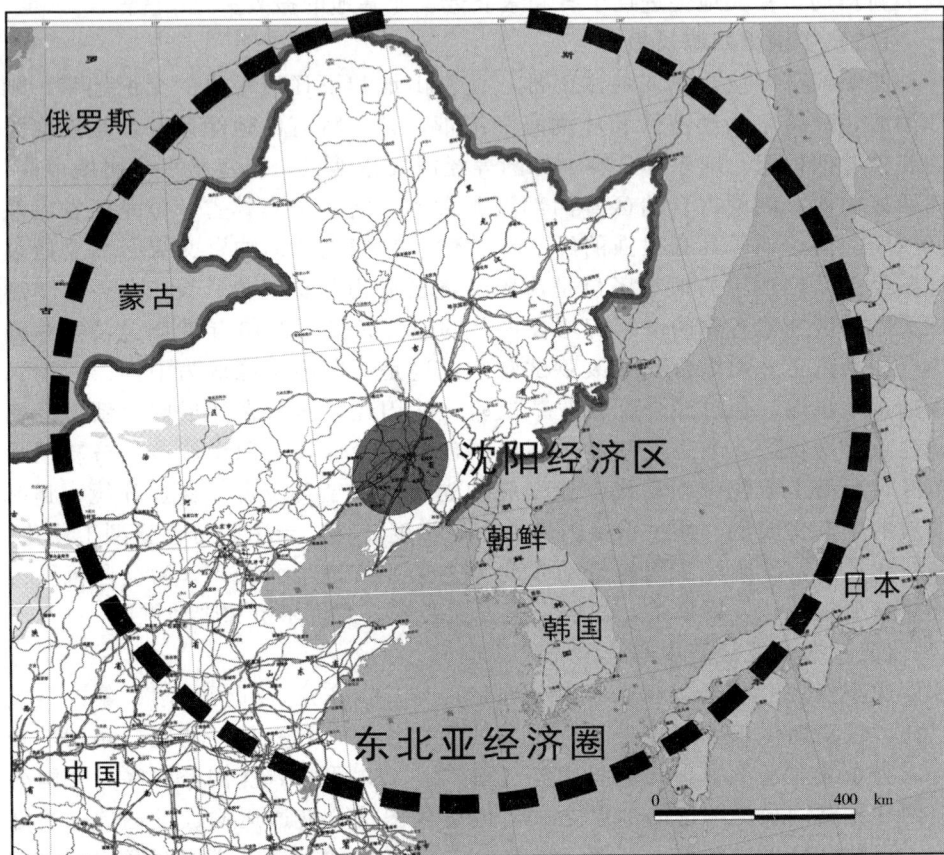

图 12-3　沈阳经济区在东北亚经济圈的位置示意图

第二节　沈阳经济区一体化基础与发展现状

一、沈阳经济区一体化基础

　　长期以来,以沈阳为中心的辽中部城市群具有天然的地缘关系,彼此之间水相系、山相连、人相亲,很早就形成了较为完整的经济地理单元。随着历史的发展,辽中部城市群的经济社会联系逐步加强,为沈阳经济区一体化发展奠定了基础。

（一）沈阳经济区一体化空间障碍小

辽宁省是国家从"一五"时期便开始建设的老工业基地，曾经是我国工业化的先锋和摇篮。在工业化的带动下，沈阳经济区成为我国工业化水平较高，城市化进程较快的典型区。以沈阳为中心的 100 km 半径内，汇集了人口超过百万的 3 座特大城市（沈阳、鞍山、抚顺），人口在 $50×10^4$ 以上的 4 座大城市（本溪、营口、辽阳、阜新），$20×10^4$ 以上的 1 座中等城市（铁岭），7 座县级市，16 个县，475 个小城镇。城市分布合理，大中小城市层次分明，是国内少有的城市密集地区（图 12-4）。另外，沈阳经济区是典型的块状集聚体，各城市围绕沈阳集中分布，形成紧密的圈层结构，根据空间临近效应，比较容易发挥规模效益和集聚效益，有利于形成高度一体化的统一体，整合空间障碍较小。

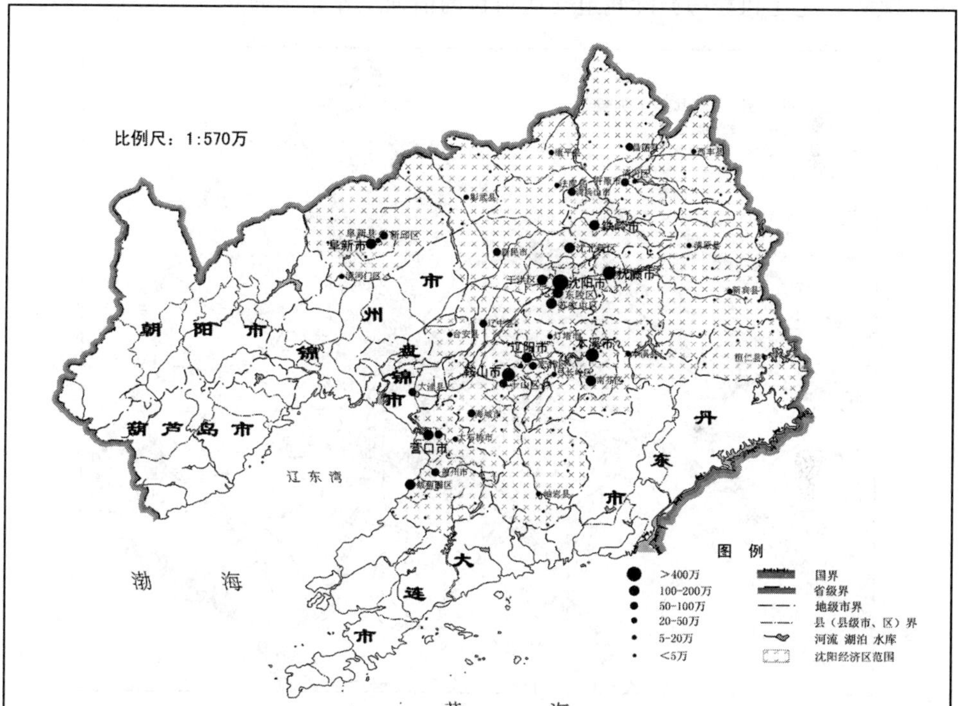

图 12-4 沈阳经济区城镇体系图

同时，沈阳经济区现代化交通网络密集，进一步缩小了空间障碍。目前，沈阳与 7 个城市之间，集高速公路、普通公路、高速铁路、城际铁路为一体的交通走廊，已然粗绘出一幅阡陌纵横的交通画卷，未来将规划形成"一小时交通圈"。

高速公路：沈阳经济区形成了以沈阳为中心，以高速公路为主骨架，"一

环五射"的现代化区域公路网格局。中心城市沈阳与各城市之间全部以高速
公路连接，包括沈大、沈山、沈抚、沈丹、沈哈等高速公路。"一环"指环沈
阳经济区高速公路，长达 400 km，它由本溪—辽阳—辽中、辽中—新民—铁
岭、铁岭—抚顺—本溪三部分组成，与沈铁、沈通、沈抚、沈丹、沈大 5 条
放射状高速公路互通互连。

城际公交化：沈阳与抚顺已实现公路客运公交化运营，目前开通了三条
线路；沈铁两市之间也实现了城际客运公交化运行。在此基础上，沈阳市还
开通了至鞍山、本溪、营口、辽阳 4 条"双休日"经济区城际公交线路。

城际铁路：沈抚城际铁路于 2009 年 7 月 30 日正式通车，全程运行 50 分钟，
开启了新的城际铁路时代。沈铁城际铁路于 2009 年 7 月 24 日全面开工建设。沈
本、沈彰、沈辽和鞍海城际轨道交通项目的前期工作正全面展开（图 12 - 5）。

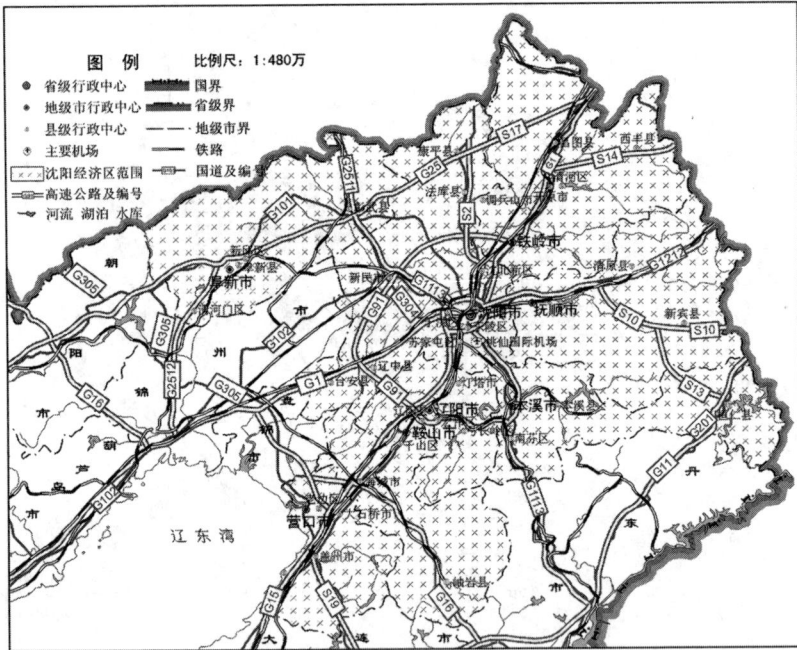

图 12 - 5　沈阳经济区交通图

（二）沈阳经济区城市间产业互补性强，内在联系紧密

沈阳经济区的重化工产业框架形成之初就是基于产业关联性打造的，现
已形成以机械装备、冶金、石油化工、建材等支柱产业为主的产业发展格局。
矿山—能源工业—冶金—机械装备产业链条清晰，装备制造业优势明显，城
市群间协作配套能力强，产业关联度高，为进一步建立大都市经济区，实行

一体化发展奠定了基础。中心城市沈阳是东北最大的城市，是辽宁省政治、经济和文化中心，又是以重化工业为主的综合性城市，享有"共和国装备部"的美誉。近年来，沈阳的数控机床、燃气轮机、机器人、数字医疗设备、模具、输变电设备等重点装备发展迅速，形成一条面积 54 km² 的装备制造业带。由沈阳生产的 77 种主要装备制造产品中，就有 44 种产品的技术水平居全国前列，29 种列亚洲前 5 位，18 种列国际前 10 位，是名副其实的国家装备制造业基地。"钢都"鞍山是全国最大的钢铁基地之一；"煤都"抚顺已成功实现产业转型，成为我国北方最大的石油加工中心；"煤铁之城"本溪矿产资源丰富、工业历史悠久，将建成全国重要的钢铁、精品板生产基地以及中心城市配套加工基地；辽阳是著名的"化纤之城"；铁岭是辽宁省乃至全国重要的商品粮生产基地；沈阳经济区各城市产业门类虽自成体系，但整体上看，产业的水平分工和垂直分工都有具较强的互补性。例如，沈阳发挥装备制造业优势，为抚顺、辽阳的石油化工和化纤生产，为鞍山、本溪的冶金产业，为营口的临港产业、轻纺工业，为铁岭的能源工业、农产品加工业提供相应的技术装备，帮助其延长产业链，提高加工制造水平。而其他 7 市为沈阳的装备制造业和其他产业发展提供相应的能源、原材料、零部件和专业技术装备支持（图 12 - 6）。

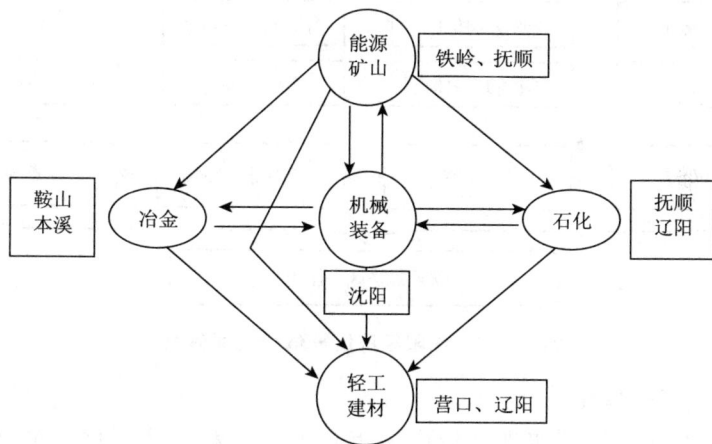

图 12 - 6 沈阳经济区产业链

二、沈阳经济区一体化发展现状

沈阳经济区虽然具有一体化的优越条件，但目前仍然存在障碍。首先，沈阳经济区的发展受辽宁老工业基地旧体制的影响，集中反映在：第一，沈阳经济区是在我国计划经济体制下形成的老工业基地，国有经济发达，民营经济发展滞后。国有企业受政府约束，难以完全按照市场机制，遵循利润最大化原则进行结构调整和产业整合。而民营经济发展滞后不足以在区域内进行资本扩张，形成区域分工体系，导致市场主体发育不全。第二，政府作用压制市场作用，体制壁垒、行政分割，导致生产要素和资源的流通、产业协作不畅，阻碍区域一体化发展。另外，沈阳作为经济区的中心城市能量不足，扩散辐射能力有限。沈阳作为经济区的中心城市的地位无可争议，但目前沈阳推动区域一体化的能量不足，极化效应和扩散效应脱节。要发挥和强化沈阳中心城市的龙头作用，增强沈阳的集散功能，将其打造为集吸纳、辐射、生产、服务、管理及创新等多种功能于一身的区域核心。同时，也要充分发挥周边城市的优势，让其与沈阳形成良好互动。目前，沈阳经济区一体化进程正全力推进，突破口便是通过多个一体化建立沈阳经济区发展的支撑体系，即交通、通信、户籍管理、就业和社会保障、金融、商贸流通、房地产市场、旅游市场和环境治理等的一体化（图 12-7）。

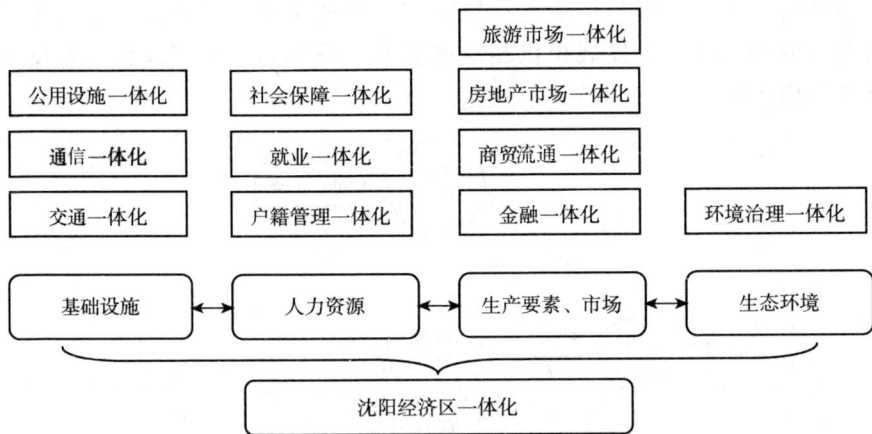

图 12-7　沈阳经济区一体化支撑体系

（一）交通一体化

发达的交通设施是实现区域内城市合理分工和经济一体化的必要条件。交通基础设施一体化是指通过公路、铁路、客货站场、港口和机场等交通基础设施，将区域内不同地点连接起来，实现交通网络一体化。交通设施一体化是沈阳经济区经济发展的基础条件，为改善投资环境，提高沈阳经济区综合竞争能力提供重要保障。按照规划，沈阳经济区内重点安排沟通工业城市、运输集散地和资源开发的建设项目，实现沈阳经济区间的高速公路网络化，主要实施辽宁中部地区环线、丹东至海城和沈阳至康平二期等项目，为实现沈阳经济区与腹地、港口之间的有效衔接、良性互动提供重要支撑。在普通公路方面，重点支持同城化和交通一体化区间快速通道建设，全面实施县级以上公路超期服役老油路改造，完成沈本产业大道、辽宁中部工业走廊出海通道等重点公路建设项目。在站场建设方面，加快沈阳南站客运站、辽阳市中心客运站、阜新市客运站扩建停车场、阜新新邱区客运站、营口鲅鱼圈开发区熊岳客运站、本溪市南芬区客运站、沈阳辽中县客运站七个项目新建改造的实施，从而形成高速公路、城际快速通道、城际铁路和高速铁路客运专线相互融通的 1 h 交通网络。

（二）通信一体化

通信一体化是区域经济一体化的前提。一个经济区分成几个本地通话网、长途区号，不仅造成网络资源浪费，给日益频繁的各区居民通信联络带来不便，而且影响了城市的形象，不利于招商引资。八城市区号统一，减少信息交往的成本，可以产生直接的经济效益。另外，共用"024"会促进经济区城市间的融合，增加认同感、归属感。作为试点，自 2011 年 8 月 28 日起，抚顺、铁岭已和沈阳共用"024"区号。三市间通话将取消长途费，改为区间收费，电话资费将节省一大半。由于沈阳经济区跨行政区划合并本地网涉及面广，要实现八城市通信一体化，尚存在资金、技术、市场等诸多问题。

（三）户籍管理一体化

为保证人才在沈阳经济区内合理流动，减少行政限制，沈阳经济区率先启动户籍管理制度改革。2009 年年底，辽宁省公安厅出台《关于沈阳经济区户籍管理改革的实施意见》，放宽户口迁移限制，实现八城市城乡、城市间人口自由移动。具体内容包括：第一，实行"一元化"户口管理制度。沈阳经济区不再区分农业户口与非农业户口，户口统一登记为"居民户口"。第二，统一人才引进户口迁移政策。社会经济发展所需要的各类人才，凭用人单位录用或聘用证明，在其合法固定住所或单位集体宿舍、本人直系亲属所在地办理落户。第三，统一集体户口管理标准。企业单位具备员工集体住宿条件的，公安机关予以设立集体户口，提供户口管理与服务。第四，统一购房落户标准。凡购买、受赠、继承、自建以及通过其他方式获得城市合法房屋所有权证的居民，不受房屋面积、新旧程度及居住期限等条件的限制，可在房屋所在地办理落户。第五，简化人才落户手续。

（四）就业和社会保障一体化

就业和社会保障一体化也在不断推进，旨在实现区域就业机会共享、人才资源共享和优化配置，实现区域社保政策的异地接续。目前沈阳经济区八城市正在携手打造统一、高效、快捷的人力资源服务和社会保障工作平台。2010 年 3 月，八城市共同签署促进人才流动的合作协议，旨在打破城市壁垒，推进人才交流、就业服务和社会保障工作一体化，在这方面率先实现沈阳经济区居民无差别待遇。就业方面，八城市互认就业证件，包括《失业证》、《职业资格证》、《技术等级证》及相关证件。同时，八城市共享创业优惠，对失业人员自主创业的，都将按有关规定减免营业税、城市维护建设费、教育费附加、地方教育附加和个人所得税，免收登记类、证照类、管理类等各项行政事业性收费。在社会保障方面，实行养老、医疗等社会保障的跨区域转移和接续改革。最终将实现区域内各类社会保险的资源、信息、制度、服务共享。

（五）金融一体化

金融一体化是指国与国（地区）之间的金融活动相互渗透、相互影响而形成一个联动整体的发展态势。沈阳经济区的金融一体化有利于促进八城市间要素的自由流动和城市资源共享。盛京银行已与沈阳经济区内部分城市商业银行或城市信用社完成了股金注资工作，并已筹备在营口设立分行；营口银行已在沈阳设立首家异地分行。沈阳市新组建的城市建设基础设施投融资平台已为沈阳经济区城际间的铁路、公路、客运等重大基础设施建设项目融资近 20×10^8 元。沈阳经济区内八城市已在信用卡代理、资金业务等方面达成合作共识，城市间取消银行卡异地存取款手续费和支票结算等工作也在积极推进中。沈阳市创建全国优化金融生态综合试验区得到国家发改委的支持，已经纳入沈阳经济区综合配套改革试点方案，争取得到国家政策支持，整合区域金融资源，打造东北区域性金融服务中心，这将极大促进沈阳经济区的金融一体化进程。

（六）商贸流通一体化

商贸流通一体化旨在鼓励商贸流通企业跨区域发展，发展连锁经营；推进商品批发市场建设，建设大型现代物流园区，加快培育物流服务企业，实现八市物流服务共享。2005 年辽宁中部城市群（沈阳经济区）七城市共同签署了《辽宁中部城市群（沈阳经济区）合作协议》，提出将搭建统一的招商引资平台，实现优势互补、互相促进、协力发展。协议中沈阳经济区商贸流通一体化的主要内容包括：促进跨地区商业资源的开发利用，实现资源共享；建立沈阳经济区统一的市场体系，实现投资共享；打破地区封锁和行业垄断，实现市场共享；构筑区域性物流配送体系，实现服务网络共享；建立区域商业发展论坛，实现成果共享。

（七）房地产和旅游市场一体化

沈阳经济区房地产市场一体化和旅游市场一体化正在积极推进。房地产市场一体化，即八城市土地使用权交易一体化和商品房销售一体化。目前八城市土地使用权交易已经实现一体化，沈阳经济区其他城市的土地，也可以在沈阳土地交易中心挂牌、招标和拍卖；商品房销售一体化正在积极推进，八城市共同举办沈阳经济区房交会，将经济区城市纳入房交会范围，实现了商业地产、工业地产、住宅地产共同参展以及经济区范围内的巡展，同时，个人异地购房公积金贷款已经实现了"同城化"。2009年3月，辽宁省14个城市的住房公积金管理中心签订了《全省异地公积金贷款合作协议》，这标志着住房公积金可以省内"通贷"。沈阳经济区八城市通过实现土地使用权交易、房地产销售和公积金贷款一体化，正日益呈现"同城效应"。旅游市场一体化，即八城市统筹规划旅游资源、联合促销、统一宣传，建立区域旅游服务一体化发展机制。目前，沈阳经济区旅游集散中心已经挂牌运行，成为目前东北地区规模最大的现代化旅游集散中心。

（八）环境治理一体化

辽宁中部城市群分布于辽河、浑河、太子河、大辽河四大河流两岸，同属辽河流域。由于沿岸城市高度密集，而且多为重化工业结构，开发强度大，辽河水体严重污染。为此，八城市联合开展了节能减排专项治理，共同启动了一批污水治理工程项目，上下游联合治理辽河、浑河、太子河三大河流的水环境，加快改善生态功能。结合《辽河、浑河流域七城市环境保护与生态建设规划（2005～2010年）》，辽宁中部七市投资 55.98×10^8 元对辽河水系、大辽河水系（包括浑河和太子河）进行了综合整治，同时对17条支流河进行了治理和生态修复，包括对浑河河岸周边固体废物进行控制、卧龙湖湿地恢复、大伙房水库周边污染源治理等。辽河流域内禁止新改扩建化工、制药、造纸、电镀等严重水污染项目；禁止新建含磷洗涤用品生产项目，已建的限期转产或关闭；禁止销售和使用含磷洗涤用品。整治辽河流域水污染对于节能减排、保障环境安全、维护社会稳定具有重要意义。

第三节　"一核、五带、十群"产业发展格局

《沈阳经济区总体发展规划》中明确指出，要走新型工业化道路，加快产业结构调整，不断优化空间布局，按照分工有序、结构优化、整体发展的原则，完善城市功能，增强辐射能力，统筹城乡发展，优化资源配置，拓宽产业空间，发展产业集群。立足于发挥"哈大"城市绵延带中心枢纽的作用，沿"哈大"发展轴形成各具特色的产业集聚区，构建"一核、五带、十群"的产业发展格局。

"一核"，即建设沈阳特大经济核心区，充分发挥沈阳的核心带动和辐射作用，整合发展空间，拓展城市功能，打造世界级先进装备制造业研发基地，建设区域性商贸物流和金融中心、科教文服务中心、高新技术产业中心，做大做强经济总量，提升沈阳区域中心城市地位，逐步发展成为东北亚国际性中心城市，进而带动整个经济区的发展。

"五带"，即打造沈抚、沈本、沈铁、沈辽鞍营和沈阜5条城际连接带，加快基础设施、生态环境、产业发展建设，完善社会服务功能，形成若干经济新区，以点连线、以线带面，推进沈抚同城和八城市一体化建设。

"十群"，即以五条城际连接带为载体，打造沈西先进装备制造、沈阳浑南电子信息、沈阳航空制造、鞍山达道湾钢铁深加工、营口仙人岛石化、辽阳芳烃及化纤原料、抚顺新型材料、本溪生物制药、铁岭专用车改装和阜新彰武林产品加工10个主业突出、优势明显的重新调整区域产业结构。

一、经济区核心——沈阳

沈阳是沈阳经济区的核心城市，是辽宁的金融中心、商贸物流中心、信息中心以及交通枢纽。产业升级和结构调整是区域竞争的重要方面，中心城市作为一定区域内经济活动的中心，是承接高级产业辐射和启动次级产业扩散的枢纽，对一定区域内经济发展的方向、规模、速度和水平等具有很大的影响作用。沈阳在实施和推进沈阳经济区产业结构调整升级及产业整合中，负有特殊的责任和重要的牵动引导作用。

（一）中心城市合理扩散与极化，促进区域产业对接与整合

极化是区域中心形成和发展进程中必然的经济现象。由于中心城是在区域发展中占优势的地缘条件，在一定时期内必然成为各生产要素及承接国外产业和技术转移的聚集洼地。近年来，沈阳在极化效应中产业结构不断升级，初步形成和发展了一批高技术层次、知识密集型产业。目前，沈阳仍然存在数量较大的低层次、粗加工企业，应在极化的同时进行产业转移和扩散，使极化与扩散交替进行，推进资金、技术和产业向所在区域转移、扩散，不断增强中心城市的辐射力与带动力，为整个沈阳经济区的结构调整和区域产业整合创造条件和提供发展机会，促进区域经济发展与经济一体化进程。

（二）调整和重塑中心城市功能，促进区域经济发展与产业整合

一方面，调整生产功能，建立和完善研发、集成（组装）和销售主导型企业组织结构，推进配套加工业扩散转移。机械装备工业是沈阳的一大优势产业，沈阳具有国际国内先进水平的数控机床、通用机械和大型成套设备。

但是"大而全"的企业组织结构与国际型企业存在错位，加工部分庞大，研发和销售薄弱，制约了企业自身发展与竞争力的提高，影响区域产业分工协作、产业整合和区域一体化进程。因此，应大力调整企业组织结构，将研发、集成和销售作为企业内核，将加工部门从企业中分离出去，按市场机制和规则向区域内周边地区转移和扩散，以推进区域产业整合，使中心城市沈阳真正成为研发中心、集成中心和销售中心，从而带动周边城市的发展，促进区域经济一体化。加强中心城市的集散与服务功能，为区域产业结构调整和产业整合技工技术与服务支撑。集散与服务功能是区域经济中心城市最重要的功能，它是有效实现商品和各要素积聚与扩散，促进区域经济发展和经济一体化最重要的条件。因此，中心城市沈阳必须进一步调整产业结构，改造和提升现代服务产业，以服务沈阳经济区及服务辽宁、东北经济区发展为基本取向，大力构建现代化信息咨询中心、人才技术服务中心、商品物流中心、资金调度及服务中心、会展中心等，并以此推进区域产业整合和经济一体化进程。

（三）发挥中心城市作用，促进两大经济循环

两大经济循环包括内向型经济循环与外向型经济循环。内向型经济循环，是指沈阳经济区内部经济循环，以优势互补，资源共享，产业联动，共同发展微循环链条，促进区域产业整合，提升区域总体对外竞争力。目前制度约束和体制壁垒是实施区域内向循环的主要障碍因子，中心城市沈阳应该充分利用中心城市集散功能和服务功能的优势条件，推动区域内各要素自由流动和产业转移扩张，按市场经济的机制和规则，促进经济区内部跨地区产业整合和市际间合理产业分工。中心城市要成为内向经济循环的发动机和催化剂。外向型经济循环，是指沈阳要扩大对外开放，实施接轨战略，提升经济区对外竞争力。沈阳作为辽宁和东北地区的经济中心城市，要成为国内外市场和国内外经济循环的接轨点和融合点，在接轨中充分发挥极化和扩散效应，进一步加快承接国际资本、技术、产业的转移，并为沈阳经济区提供接受转移的各种服务，利用中心城市的优势条件，推动经济区内部生产、经营、贸易协调，提升经济区对外竞争力，促进经济区经济一体化进程。

二、五大产业带与十大产业集群

"五带，十群"，即开发建设五条城际间重点产业带，以五条城际连接带为载体，打造十个主业突出、优势明显的重点产业集群。从而加快基础设施、生态环境、产业发展建设，完善社会服务功能，形成若干经济新区，以点连线、以线带面，推进八城市一体化建设。2010年2月，辽宁省政府组织编制

了沈阳经济区五条城际连接带空间发展规划，沿城际连接带重点规划建设节点新城、连接带新城和新市镇三级城镇体系，共计 35 个连接带城镇，其中沈阳 19 个（包括 8 个节点新城、7 个连接带新城、4 个新市镇）。连接带城镇空间总体布局可概括为以下三种模式：一是沈抚连接带发展采取同城化布局模式；二是沈铁、沈本、沈辽鞍营连接带发展采取珠链式城镇布局模式；三是沈阜连接带发展采取区域组团式城镇布局模式。

（一）沈抚同城化产业带

沈阳市和抚顺市是沈阳经济区的两个特大型城市，依托共同的母亲河浑河而城区相连，两市市中心距离 45 km，城市边缘距离仅为 10 km。虽然同为重要的老工业基地，但产业结构，特别是重工业内部的产业结构有较大差别，具备优势互补、错位发展的基础条件。特别是沈阳的装备制造业与抚顺的能源原材料工业产业互补性强。沈阳可以借助抚顺石化产业延伸下游产业链，而抚顺还可在电力、煤、煤气、钢材、铝材等原材料方面做沈阳的供应基地。同城化发展已成为必然趋势和客观需求。沈抚同城化既能够支撑沈阳增强中心城市的带动力，又能够为抚顺的资源型城市转型寻找根本出路。打造沈抚同城化产业带，旨在建设以浑河为主轴线的沈抚生态文明都市走廊，打造国内较有影响的抚顺新型材料产业集群，大力发展沈阳文化创意产业，做强现代服务业，加速推进沈阳与抚顺实现同城化发展。

1. 沈抚连接带

实施沈抚同城化，从长远看，主要是立足东北经济区，构建沈抚大城市带，实现经济社会的全面融合和振兴，打造强势经济发展区域。从近期看，主要是依托沈抚接合部，共建沈抚新城，切实发挥其在沈抚同城化中的先行和牵动作用。沈抚连接带规划面积 605.34 km²，《沈抚连接带总体发展概念规划》提出构建"一核三区、一带两廊、多中心网络"的总体格局。"一核"即沈抚连接带核心区——沈抚新城。沈抚新城是沈抚连接带城市功能的核心区域，规划了 23 km²，位于沈抚都市走廊的中心，横跨浑河南北，距沈抚城区各 12 km。"三区"包括生态旅游区、生态工业区和生态农业区。"一带"即浑河生态人文景观带，浑河这条人文景观带自西向东划分为生态游憩区、文化休闲区、体育运动区和生态科普区，将功能与生态有机结合，实现有序与可持续发展。"两廊"即贯穿连接带南北的两条主要生态廊道。通过它将连接带的北部生态区和南部产业区融为一个整体，带动连接带高效发展。"多中心网络"即按照功能明确、等级有序的网络式拓展模式，进行规划布局，切实建立起新型的城乡统筹与协调发展的良好格局。沈抚连接带的建设强调产业和生态的协调发展。

2. 抚顺新型材料产业集群

新材料是高新技术发展的基础和先导，其研发及产业化水平已成为衡量一个地区经济社会发展、科技进步的重要标志。以抚顺"千万吨炼油、百万吨乙烯"项目为依托，大力发展以碳纤维等为主要项目的新材料产业，打造新材料产业基地，对于推进沈抚同城化进程，调整产业结构、提升传统产业的技术能级具有巨大的推动作用。抚顺已有 80 多年的石化工业发展史。抚顺石化公司是隶属于中国石油天然气股份有限公司，集"油、化、纤、塑、洗、蜡"为一体的大型石油化工联合企业。抚顺将成为世界级炼化生产基地和具有世界级规模的石蜡、合成洗涤剂原料及合成树脂等产业特色鲜明的产品基地，这为抚顺新材料产业基地建设奠定了坚实基础。

（二）沈本一体化产业带

沈本一体化产业带北起沈阳浑南高新技术开发区，向南延伸至本溪经济技术开发区、本溪工业加工区、南芬循环经济区，重点建设沈阳浑南电子信息产业集群、沈阳航空制造业产业集群和本溪生物医药产业集群，并大力发展新型旅游休闲服务业。沈本一体化产业带是沈阳向南拓展发展空间，本溪北上承接沈阳产业资源转移的重要区域，是沈本两市共同构筑产业新优势的重要节点。

1. 沈本产业大道

沈本产业大道北起沈阳市区，向南经浑南经济技术开发区、苏家屯区、本溪经济技术开发区和城市新区、至本溪市太子河孤山子大桥全长 65.4 km，沈阳境内全长 31 km，本溪境内全长 34.4 km。沈本产业大道使沈阳城区、浑南开发区、桃仙机场、本溪经济开发区和本溪城区等重要经济廊带连为一体，并与沈本高速公路一起，形成沈本 1 h 交通圈。同时将沈阳市区、浑南高新技术开发区和本溪经济技术开发区，火连寨、东风湖、桥北工业加工区，"两钢"主厂区等连接起来，形成"沈本工业经济带"，对本溪市更好地承接沈阳产业转移和辐射带动，推动七大园区加快发展具有重大意义。产业大道沿线将成为沈本产业带上三大产业集群（沈阳浑南电子信息产业集群、沈阳航空制造业产业集群和本溪生物医药产业集群）的重要依托。

2. 沈阳航空制造产业集群

沈阳航空制造产业集群以沈阳民用航空国家高技术产业基地为依托，着力发展民用航空产业。2008 年 2 月，国家发改委正式批准沈阳国家航空高技术产业基地为国家级民用航空产业基地。沈阳航高基地总规划面积约 127 km²，北至三环，南至塔山北，西至哈大客运专线及沙河，东至沈丹高速，辖桃仙镇、白塔堡镇及苏家屯区沙河堡、陈相、佟沟等部分地区，规划建设成"两区、三城、六大基地"。其中包括运营区、产业区、航空城、科学城、国际城。运营区以沈阳桃仙国际机场为核心，将建设成为东北亚航空枢纽中心。产业区将打造成为中国的"西雅图"，作为我国最重要的航空产业基地和世界民机产业转移承接地。服务于运营区的航空城主要发展航空总部和基地经济、通航经济、航空俱乐部、航空试飞等。服务于产业区的科学城以航空航天高科技为核心，进行航空航天高科技研发与应用，同时配套发展高科技第三产业。具有综合服务功能的国际城主要发展金融贸易、总部经济、现代服务业、信息通讯、公益设施。沈阳航高基地将成为我国最重要的支线飞机、公务机、通用飞机总装基地，规模最大的飞机大部件转包基地，专业的"一站式"飞机维修基地，实力强劲的航空研发培训基地，东北亚地区高效、便捷的航空基地和物流基地。

3. 沈阳浑南电子信息产业集群

沈阳浑南电子信息产业集群以沈阳浑南新区为依托，重点发展集成电路装备、软件等核心产业，培育数字医疗设备、数字消费品、汽车电子、新型显示器件及嵌入式软件等产业。浑南新区位于沈阳市城区南部，总面积为 $126.6~km^2$。新区各重点产业各环节都流动着电子信息的"血液"，数字医疗、电子汽车、IC装备……电子信息产业正以集群合力之强势引领大浑南新兴产业和沈阳经济区新型工业迅跑。软件是电子信息产业的核心与神经，浑南新区软件产业已成集群化发展的态势。数字医疗是电子信息产业的后起之秀，浑南新区建有中国唯一的数字医疗设备生产基地。在IC装备领域，浑南新区初步形成了国内首家集IC装备整机研制、关键精密零部件及子系统加工、系统集成及配套技术开发于一体的产业化基地，基地内建有目前国内唯一的IC装备产业专业孵化器。

4. 本溪生物制药产业集群

本溪生物制药产业集群以构建国家级新药研发为平台，以参与国际中药生产经营标准制定为主攻方向，建设辽宁（本溪）生物医药产业基地，在外延和内涵上构建"中国北方药谷"。辽宁（本溪）生物医药产业基地于2008年开始打造，总投资 $147×10^8$ 元，产值 $365×10^8$ 元。其中生产型项目97个，科研类项目34个。目前已开工项目62家，其中包括辽宁（本溪）生物医药产业基地研发中心、孵化中心及实训中心。2010年，辽宁（本溪）生物医药产业基地晋升为"国家生物医药科技产业基地"，成为继上海张江之后，科技部批准的第二个"国家生物医药科技产业基地"。

（三）沈铁工业走廊产业带

沈铁工业走廊产业带以102国道为主发展轴，以沈北蒲河新城、铁岭凡河新区为主要功能组团，重点发展铁岭专用车改装产业集群，发展光电信息产业、农产品精深加工业和现代物流服务业。

1. 沈铁工业走廊

沈铁工业走廊是连接沈阳与铁岭两市的一条产业轴线，也是连接辽宁与吉林、黑龙江省的一条重要纽带，加快建设沈铁工业走廊对推动辽宁北部经济和社会发展具有重大的战略意义。沈铁工业走廊总体上呈"一体两翼"架构。"一体"即沿102国道和京哈高速公路，从铁岭县新台子镇至昌图县毛家店镇南北一体；"两翼"即开原—西丰、银州区—调兵山东西两翼。涵盖了全市7个县（市）区和两个经济开发区的37个乡（镇）街，总面积3 313 km²。整个沈铁工业走廊由"三大经济板块"组成，即核心区、北部延伸区和东部延伸区，重点规划建设17个工业园区，园区规划面积194 km²。核心区由铁岭县、开原、调兵山、银州区、清河区组成，其中先导区是建设的重点，它南起与沈阳交界的铁岭县新台子镇，北到铁岭中心城区，由"一城七区"组成。一城即凡河新城区；七区即铁岭市高新技术产业开发区、懿路工业园、腰堡工业园、凡河工业园、银州区工业园区、铁岭经济开发区工业园区和平顶堡铸造工业园。北部延伸区即开原—昌图一线，东部延伸区即开原—西丰一线。"十一五"期间，铁岭市人口的60%，就业岗位的70%，经济总量的80%都聚集在沈铁工业走廊这条经济隆起带上。沈铁工业走廊将立足于"开放牵动、工业主导、项目支撑"，结合自身区域的特点，合理确定区域功能定位和主导产业，全力打造能源、农产品生产加工和现代物流三大基地；积极培育装备制造、化学医药、新型建材、食品制造和高新技术五大支柱产业。

2. 铁岭专用车生产基地

铁岭专用车产业集群以辽宁专用车生产基地为依托，借助沈阳、长春汽车产业优势（铁岭正处于长春、沈阳东北汽车工业带的中心区），积极推动汽车生产企业兼并重组，旨在建设全国主要的专用车生产基地。根据"生产基地选址要集中连片，交通便捷，临近新城，为新城区提供产业支撑，与城市发展相互促进"的总体要求，铁岭市打破现有行政区划，将铁岭专用车生产基地建在铁岭县腰堡镇。该镇南距沈北新区4 km，北距铁岭新城区4 km，区位优势独特，城市对产业发展的支撑能力较强。基地总规划面积为38.3 km²，其中汽车制造加工用地20 km²，起步区7 km²。按照汽车整车与零部件生产、研发与检验、贸易与物流、汽车文化与旅游等多功能于一体的建设思路，规划出生产加工区、研发区、物流配套区、公共服务及生活配套区、零部件配套区、职业教育培训基地6大功能区。

（四）沈辽鞍营通海产业带

沈辽鞍营通海产业带是沈西工业走廊向西南进一步的延伸，止于营口滨海大道，全长 152 km，将辽宁中部城市群与沿海经济带连接起来。辽宁中部城市群雄厚的产业和人才优势与沿海的开放效应，将在沈辽鞍营通海产业带上融会贯通，腹地与沿海良性互动的格局将随之形成。沈辽鞍营通海产业带以鞍海经济带建设为基础，旨在发挥已有产业基地和营口港的双重优势，重点建设沈西装备制造产业集群、鞍山达道湾钢铁深加工产业集群、营口仙人岛石化产业集群和辽阳芳烃及化纤原料产业集群。

1. 辽阳芳烃及化纤原料产业集群

辽阳芳烃及化纤原料产业集群旨在开发以炼油、乙烯和芳烃为代表的石油化工、精细化工和化工新材料三大产品链，建设全国重要芳烃及化纤原料基地。辽阳芳烃及化纤原料产业集群以辽阳芳烃及化纤原料基地为依托，该基地规划面积 20 km²，充分利用辽化及周边地区可提供的基础原料和产业优势发展石油化工、精细化工、化工新材料三大产品。截至 2009 年，基地精细化工园区累计入驻企业 10 家，新入驻项目 15 项，项目总投资 32×10⁸ 元，实现了"精细化工园区累计开发 2 km²，引进项目 10 个以上，新增投资 20×10⁸ 元"的目标。2010 年 1 月，以辽阳石化公司为核心区的辽阳芳烃基地被国家科技部正式认定为"国家芳烃及精细化工高新技术产业化基地"。预计到"十二五"末，全面完成基地建设，完成投资 500×10⁸ 元，实现产值 1 200×10⁸ 元。届时，辽阳将成为全国最大的芳烃及化纤原料生产基地，并向世界级大型芳烃产业基地迈进。

2. 沈西先进装备制造业产业集群

沈西先进装备制造业产业集群以沈阳铁西装备制造业聚集区为中心，依据各地自身优势，发展各具特色的装备类产品和配套产品，形成装备制造业布局优化、协调发展的格局。2009 年 12 月，国家发展改革委批复《沈阳铁西装备制造业聚集区产业发展规划》，授予铁西区打造国家级装备制造业聚集区的旗帜，这标志沈阳铁西装备制造业聚集区装备制造业发展上升为国家战略。在数控机床、输变电、大型工程机械、冶金矿山、石化设备等关系国计民生和国家安全的重大技术装备和重大产品领域的 77 个主要产品中，沈阳铁西区的 44 个产品在国内市场率居同行业首位，装备制造业聚集效应和规模效应已基本形成。到 2020 年，沈阳铁西装备制造业聚集区装备制造业销售收入达到 5 000×10⁸ 元以上，形成 9 个主导产业、20 个基础产业集群、5 个公共服务平台、20 个世界一流企业、100 个世界一流产品。

3. 鞍山达道湾钢铁深加工产业集群

鞍山达道湾钢铁深加工产业集群位于达道湾新城，依托鞍钢钢铁资源，重点发展精特钢、钢材制品与加工、钢铁装备、钢铁副产品深加工、钢铁物流产业，旨在建设世界级钢铁产业及钢铁产品精深加工产业基地。2010 年 3 月，达道湾新城钢铁深加工产业集群项目正式开工建设。此次开工的达道湾新城钢铁深加工产业集群项目包括标准厂房、光电大厦、五金电动工具市场、研发及企业技术中心大厦和商务酒店。项目总占地面积 103×10^4 m^2，总建筑面积 108×10^4 m^2，总投资 30×10^8 元。项目全部建成后不仅可容纳近百户钢铁深加工企业入驻，而且可以带动相关投资近百亿元，为做强、做大钢铁深加工集群提供产品配套、创新平台、孵化基地等全方位服务，从而将达道湾钢铁深加工产业打造成为沈阳经济区的钢铁旗舰，把达道湾新城打造成为辽宁省新城建设的标杆区、示范区。

4. 营口仙人岛石化产业集群

营口仙人岛石化产业集群旨在充分利用港口优势，依靠进口国外原油，从而全力推进仙人岛能源化工区建设，发展临港石化产业，新建大型油化一体化项目，为城市群石化原料提供保障。仙人岛区位优势明显，交通方便快捷，沈大高速公路、哈大铁路和哈大客运专线纵贯全境，距修建中的营口机场只有半小时车程。石化产业是仙人岛未来发展的重头戏，通过发挥沿海优势，依托龙头企业，积极发展上下游产品，拉长产业链条，重点发展油品加工、精细化工、改性树脂、新材料等，形成产业链条，拉动相关项目，打造高附加值的石化产业集群。新城区规划建设集研发、孵化、论坛、会展等于一体的"仙人岛化工科技城"，并以此为载体，积极引进海外跨国公司、国内科研院所和民营企业研发机构以及为之服务的中介机构，搞好产品开发，努力把仙人岛能源化工区建设成为中国北方的重要石化产业基地和研发创新高地、科技成果转化高地。

（五）沈阜产业带

沈阜产业带依靠沈阳中心城市的带动和锦州港的拉动，以新民和彰武为主要支撑点，重点建设彰武林产品加工产业集群，大力发展新型能源、农产品深加工和装备制造配套产业。沈阜产业带以 102 线（新民段）、304 线（阜新段）为主轴线。新民段长度 70 km，总规划面积为 2 100 km²；阜新段东起沈阳新民市，向西延伸至沈彰新区、阜新市主城区、清河门区，全长150 km，总规划面积 1 750 km²。

1. 沈彰新城

根据"突破辽西北"的战略目标，提出要把彰武作为沈阜经济带的重要节点，规划建设全国重要的板材家具加工制造基地，把彰武打造成以板材家具加工制造基地为主导的主题产业新城——沈彰新城。规划中的沈彰新城总占地 175 km²，东起沈通高速公路、南至新民市交界、西至柳河西岸、北至省道彰康公路出口处。其中建设用地 90 km²，由 8 km² 的中国北方家具制造研发基地、12 km² 的彰武县城、50 km² 的新城和 20 km² 的柳河水岸新区 4 部分组成，包括西六家子乡、彰武镇、兴隆山乡三个乡镇和四个街道办事处。到 2015 年，沈彰新城将粗具规模，全部完成将在 2030 年。2015 年规划人口达到 30×10^4，2020 年规划人口达到 50×10^4。"新城"的重点是发展家居产业，主要分为北欧家具、国际家具、配套产业、家饰环境、物流产业等八大园区和设计创意、商贸展示两个中心。未来的沈彰新城将要成为北欧家具产业在东北地区的集聚中心和全球生产、研发、物流基地。

2. 阜新彰武林产品加工产业集群

阜新彰武林产品加工产业集群依托区域林业资源优势，旨在培育林产品深加工产业链，高起点规划阜新彰武林木家具深加工园区，建设全国最大的林产品加工集散地和林产品交易中心。彰武林产品加工园区位于彰武县城东北，距县城约为 3 km，据沈通高速公路出口约 150m，紧临省道彰桓线，靠近大郑铁路彰武站和 304 国道，区位优势明显。规划面积 5.36 km²，其中林产品交易中心 0.41 km²，物流仓储用地 0.53 km²，公共服务设施用地 0.07 km²。园区旨在大力引进林产品储运、粗精加工、各种板材、地板、家具生产、木制品区域性贸易、林产品设备制造和配套化工原料等规模化产业，将林产品加工产业建成彰武的支柱产业和龙头产业。林业产业集群的建成，将使转型中的阜新经济结构得到进一步优化，产业布局将更加合理；可再生资源利用比例将大大提高；全市经济总量和各级财政收入都将实现历史性突破。

复习思考题

1. 简述辽宁省在全国、东北和环渤海中的区位特征。

2. 举例说明辽宁省文化在全国文化中的地位。

3. 举例说明辽宁省作为清王朝发祥地的地理条件。

4. 从山脉作为分水岭的角度理解辽宁省的地貌结构和水系特征。

5. 说明渤海海冰的资源价值。

6. 思考辽宁省的四季特征与我国其他省区的不同。

7. 为什么辽宁省的动植物资源是多样化的？试从地理环境的角度理解。

8. 说明"水资源丰富却分布不均"的原因。

9. 分析辽宁省矿产分布"配套好，区位条件好"的特点如何影响辽宁省的工矿城市的发展？

10. 从灾害链的角度分析辽宁省的"暴雨—洪涝—泥石流"灾害。

11. 比较辽宁省雪灾与新疆雪灾灾情的不同。

12. 以自己的家乡所在县市为例，说明存在的生态环境问题。

13. 以一种特色农产品为例，说明辽宁省特色农产品的生产情况。

14. 辽宁省传统的资源—加工型产业是如何延长产业链向高新技术产业转型的？

15. 综合辽宁省的陆路和水路运输，说明如何实现海陆联运？

16. 选择一个自己曾经去过的旅游景点，说明其旅游资源价值。

17. 说明辽宁省的人口老龄化特征。

18. 以一个民族为例，从衣食住行角度说明其民俗特征。

19. 以赵本山的二人转、小品为例说明文化的传播与扩散。

20. 以一个县市为例，说明不同地理要素在地理区划中的地位和作用。

21. 思考是否有其他的地理区划方法？

22. 说明自然要素和行政要素在区划中是如何综合考虑的？

23. 什么是地理区位划分？思考辽宁省为何划为辽东、辽南、辽西、辽北和辽中 5 个部分？

24. 简述辽东地区的自然条件和自然资源特点及其对本区经济发展的影响。

25. 以本溪市为例，阐述辽东地区的区域可持续发展与问题。

26. 从丹东边境城市的角度，阐述辽宁省与东北亚的国际合作前景。

27. 如何利用辽东地区的资源优势发展振兴辽东经济发展？

28. 简述辽南地区的区位特征与区域地位。

29. 论述辽南地区的旅游资源优势。

30. 论述辽南地区的矿产资源优势。

31. 论述辽南地区的海洋资源优势。

32. 简述大连创建东北亚航运中心的优势地位。

33. 与"南水北调"工程对比，分析引水入连工程的可持续发展意义。

34. 简述辽中地区的区域特征与区域概况。

35. 论述盘锦油气资源开发与经济发展。

36. 将辽中地区的城市每个城市概括一个突出特征，并解释说明。

37. 试述辽中城市群的环境污染与可持续发展的问题与对策。

38. 阐述辽西地区的区域特征与地理概况。

39. 论述辽西地区的矿产资源开发。

40. 阐述辽西地区的水资源分布问题。

41. 阐述辽西农业经济的发展现状和发展方式选择。

42. 说明辽西水土流失和土地沙漠化的治理。

43. 简述辽北地区的区位特征与地理概况。

44. 阐述辽北地区的农业生产条件与农业经济特征。

45. 分析辽北地区的水土流失与生态环境建设。

46. 分析辽宁老工业基地形成的原因。

47. 阐述辽宁老工业基地存在的问题及原因。

48. 论述辽宁老工业基地未来发展的策略。

49. 简述辽宁沿海经济带形成的背景和条件。

50. 论述"五点一线"的辽宁沿海经济发展模式。

51. 论述辽宁沿海经济带的发展重点。

52. 简述沈阳经济区一体化的基础与发展现状。

53. 分析沈阳经济区"一核、五带、十群"的产业发展格局。

参考文献

[1] 2005 年辽宁省政府工作报告. 辽宁省人民政府网站，http://www.ln.gov.cn/.

[2] 蔡大为，黄毅，王政. 辽西丘陵偏旱区土壤侵蚀与生态建设 [J]. 水土保持科技情报，2002，(3)：40-42.

[3] 曹晓峰. 2009 年辽宁经济社会形势分析与预测 [M]. 北京：社会科学文献出版社，2009.

[4] 曹中夫，郝殿华. 朝阳油页岩储量达 10 亿吨 辽西仍存在大量勘查空白区. 中国国土资源网，http://fushun.nen.com.cn/80784422122553344/20070703/1875668_7.shtml.

[5] 柴宇，陆秀君，王铁良. 沈阳生态安全屏障——卧龙湖的退化原因分析与对策 [J]. 安徽农业科学，2006，34 (20)：5312-5313.

[6] 陈宝玉. 东北地区经济发展与大连港吞吐量关系研究 [J]. 商业现代化，2007，(34)：327-328.

[7] 陈素艳，贾艳，赵莹. 铁岭市规模化畜禽养殖现状及污染防治对策研究 [J]. 吉林农业，2009，(12)：62.

[8] 陈秀山，孙久文. 中国区域经济问题研究 [M]. 北京：商务印书馆，2005.

[9] 陈玉成. 加快农业结构调整 促进辽西农业现代化建设 [J]. 农业经济，2003，(7)：12.

[10] 程伟，等. 东北老工业基地改造与振兴研究 [M]. 北京：经济科学出版社，2009.

[11] 邓伟，张平宇，张柏. 东北区域发展报告 [M]. 北京：科学出版社，2004.

[12] 东北沿海经济带产业布局研究课题组. 东北沿海经济带产业布局研究 [R]. 2007.

[13] 董峰. 振兴沈阳铁西工业区的路径选择和基本经验 [J]. 宏观经济管理，2007，(7)：67-69.

[14] 杜一鸣，王德忠. 沈阳浑南重点产业都流动电子信息"血液"[N]. 沈

阳日报，2010-4-27（A3）.

[15] 方力. 辽宁中部城市群大气污染状况的概述与分析 [J]. 黑龙江气象，2007，（2）：25-26.

[16] 冯贵盛. 辽宁生产力布局与区域发展研究 [M]. 沈阳：辽宁大学出版社，2008.

[17] 冯玉兴. 辽宁葫芦岛即将建设国内最大的风力发电场 [N]. 辽沈晚报，2004-4-16.

[18] 付百臣. 中国东北地区发展报告（2009）[M]. 北京：社会科学文献出版社，2009.

[19] 高慧斌. 做好沈抚连接大文章——解读《沈抚连接带总体发展概念规划》（上）[N]. 辽宁日报，2008-9-17（A03）.

[20] 高新力. 中朝边境小额贸易与丹东城市经济发展 [J]. 辽东学院学报（社会科学版），2007，9（4）：63-66.

[21] 龚强，于华深，蔺娜，等. 辽宁省风能、太阳能资源时空分布特征及其初步区划 [J]. 资源科学，2008，30（5）：654-661.

[22] 关宏侠，谢军. 辽北地区水土流失现状与防治对策 [J]. 水利发展研究，2002，2（8）：46-47.

[23] 关宏侠，张伟. 搞好矿区水土保持 建设煤城新环境 [J]. 中国水土保持，2005，（1）：27-28.

[24] 郭辉，陈平. 加快沈铁工业走廊与沈北新区一体化的建议 [J]. 环渤海经济瞭望，2007，（6）：8-11.

[25] 国家发展和改革委员会官方网站，http：//www. ndrc. gov. cn/.

[26] 国务院振兴东北地区等老工业基地领导小组办公室. 大型文献纪录电影《振兴东北》[M/CD]. 辽宁：辽宁文化艺术音像出版社出版，2008.

[27] 韩东太. "五点一线"沿海经济带理论与实践 [M]. 沈阳：辽宁出版社，2008.

[28] 韩增林. 关于推进辽宁沿海经济带与沈阳经济区统筹发展的建议 [J]. 决策咨询通讯，2009，（6）：19-20.

[29] 侯天琛，董小香. 城市生态转型与生态城市建设 [J]. 中国科技信息，2006，（4）：114.

[30] 胡建伟. 论环渤海开发战略背景下的辽宁沿海经济带建设 [J]，管理世界，2006，（12）：58-59.

[31] 纪辛. 矿业史话 [M]. 北京：社会科学文献出版社，2000.

[32] 贾涛，王建，刘娟霞. 辽西沿海经济区新型工业化对策 [J]. 大连民族

学院学报，2009，11（6）：503-506.

[33] 建设沈铁工业走廊——加快铁岭工业化城镇化步伐 [J]. 辽宁人大，2006，（4）：F0002.

[34] 姜玉林. 辽宁西北部地区土地沙化成因及防治对策 [J]. 杂粮作物，2008，28（2）：123-124.

[35] 金凤君，张平宇，樊杰，等. 东北地区振兴与可持续发展战略研究 [M]. 北京：商务印书馆，2006.

[36] 金明玉. 推进"五点一线"经济带建设研究——加强丹东与朝鲜的经贸合作 [J]. 沈阳师范大学学报（社会科学版），2009，13（1）：64-66.

[37] 经济参考报，http://jjckb. xinhuanet. com/gnyw/2010-05/12/content_220963. htm.

[38] 荆敏. 建设大连北方航运中心 [J]. 东北亚论坛，2001，（2）：80-81.

[39] 康秀华. 资源型城市"盘锦"发展对策 [J]. 沿海城市，2006，（2）：103-106.

[40] 李诚固. 东北老工业基地衰退机制与结构转换研究 [J]. 地理科学，1996，16（2）：106-114.

[41] 李海明，方天堃. 辽西农村经济发展的方式选择 [J]. 农业经济，2005，（10）：22-23.

[42] 李焕. 卧龙湖湿地干涸原因的剖析 [J]. 环境保护科学，2009，35（1）：67-68.

[43] 李靖宇，韩青. 正确认知辽宁沿海经济带的区域价值 [N]. 科技时报，2010-04-13.

[44] 李胜贤，曹敏建，于海秋，等. 铁岭市绿色农业发展途径探讨 [J]. 农业科技与装备，2008，4（2）：93-95.

[45] 李铁立，袁晓勐. 辽宁省边境地区与朝鲜经济贸易合作研究 [J]. 东北亚论坛，2004，13（2）：27-30.

[46] 李向平，王希文，陈萍. 通向复兴之路 东北老工业基地振兴政策研究 [M]. 北京：社会科学文献出版社，2008.

[47] 李智军，潘忠颖. 沈阳国家航空高技术产业基地向国际化迈进 [N]. 中国高新技术导报，2009-3-9（A19）.

[48] 连尚. 沈阳经济区一体化建设正在加速 [J]. 中国商贸，2010，（2）：67.

[49] 梁启东. 沈阳经济区一体化的战略定位、目标模式与路径选择 [J]. 社会科学辑刊，2008，（6）：119-122.

[50] 辽宁（本溪）生物医药产业基地晋升国家级科技产业基地 [N]. 中国高

新技术产业导报，2008-2-8（A1）.

[51] 辽宁本溪地质公园. 百度百科，http://baike. baidu. com/view/1042013. htm.

[52] 辽宁发展和改革委员会官方网站，http://www. lndp. gov. cn/.

[53] 辽宁国土规划总项目组. 区域（辽宁）国土规划研究［M］. 沈阳：辽宁人民出版社，2010.

[54] 辽宁人民政府网，http://www. ln. gov. cn/.

[55] 辽宁省交通厅. 2007 年度辽宁省交通经济运行分析［R］. 2008.

[56] 辽宁师范大学海洋经济与可持续发展研究中心课题组. 辽宁沿海"五点一线"经济带开发研究——东北优化开发主体功能区建设进程中的辽宁沿海经济带开发研究［J］. 经济研究参考，2009，（16）：2-13.

[57] 辽宁振兴老工业基地领导小组办公室. 辽宁省振兴老工业基地 2008 年报告［M］. 沈阳：辽宁人民出版社，2009.

[58] 辽宁振兴网，http://www. lnzxb. gov. cn/.

[59] 辽宁中部城市群（沈阳经济区）商贸流通业合作协议. 沈阳经济区网，http://www. ln. gov. cn/qmzx/senyang/xgzc/200808/t20080825_258828. html

[60] 林森. 辽宁沿海经济带与腹地互动协同发展的路径分析——基于区域经济一体化的视角［J］. 财经问题研究，2009，（10）：119-123.

[61] 凌铁. 铁岭 一座生产快乐的城市［J］. 今日辽宁，2009，（4）：50-53.

[62] 刘新卫. 辽宁沿海经济带发展战略中的土地利用问题与对策建议［J］. 国土资源，2009，（10）：44-48.

[63] 刘兴双等. 辽宁省自然保护区的现状与发展对策［J］. 辽宁农业科学，2002，（6）：20-24.

[64] 吕殿录，江厚. 气候变暖与铁岭农业生态环境［J］. 环境科技（辽宁），1991，11（1）：47-50.

[65] 孟雷. 辽宁西部工业化发展现状分析［J］. 商业经济，2010，（3）：18-20.

[66] 孟令久，高岩，赵庆. 铁岭黑土区水土流失防治措施浅析［J］. 水土保持科技情报，2005，（4）：36-37.

[67] 苗森. 国内外沿海地区经济发展的模式与启示［J］. 经济纵横，2009，（8）：111-113.

[68] 戚馨，韩增林. 大连港与营口港集装箱运输竞争力比较分析研究［J］. 海洋开发与管理，2009，26（2）：79-84.

[69] 乔玲. 全面提高农产品质量是农业发展的必然选择［J］. 农业经济，2006，（3）：37.

[70] 曲丽梅，丛丕福．营口市海洋资源可持续开发研究［J］．辽宁师范大学学报（自然科学版），2001，24（2）：199-201．

[71] 沈铁工业走廊，http://www.stgyzl.gov.cn/．

[72] 沈铁工业走廊，http://www.stgyzl.gov.cn/showcommen.asp? menu_ID =25．

[73] 沈阳经济区金融市场一体化．新浪地产网，http://news.dichan.sina.com.cn/sy/2010/04/08/144161.html．

[74] 沈阳经济区网，http://www.syma.gov.cn/．

[75] 沈阳市计划委员会，沈阳市铁西工业区改造办公室．沈阳铁西工业区"十五"区域性总体改造调整计划纲要及 2010 年发展设想［R］．2001．

[76] 沈阳市铁西区工业改造指挥部．老工业城区复兴的成功探索：沈阳铁西区模式［J］．中共青岛市委党校青岛行政学院学报，2009，（12）：57-59．

[77] 史兆光，林红霞．大连海洋资源与环境可持续开发与保护对策［J］．大连海事大学学报（社会科学版），2007，6（5）：47-49．

[78] 司成钢．沈本一体化战略布局本溪三大主导产业［N］．辽宁日报，2010-3-3．

[79] 宋冬林，等．东北老工业基地资源型城市发展接续产业问题研究［M］．北京：经济科学出版社，2009．

[80] 宋爽．阜新最耀眼的晶莹之光——记第四届中国·阜新玛瑙博览会［J］．辽宁经济，2009，（10）：8．

[81] 孙彪．用工业理念经营农业 实现农业大县向经济强县的跨越［J］．农业经济，2004，（7）：64．

[82] 孙光圻．大连东北亚重要国际航运中心的基本概念和功能定位［J］．大连海事大学学报（社会科学版），2004，3（1）：68-71．

[83] 孙义鹏．基于水足迹理论的水资源可持续利用研究——以沿海缺水城市大连为例［D］．博士学位论文，大连理工大学，2007．

[84] 汤士安．东北城市规划史［M］．沈阳：辽宁大学出版社，1995．

[85] 田银华，高延绪，高慧．基于制度变迁视角的盘锦油转海战略研究［J］．城市，2007，（59）：26-29．

[86] 铁岭市科技局．昌图县朝阳镇大力发展特色农业产业［J］．辽宁科技参考，2007，（5）：29．

[87] 铁岭政府网站，http://www.tieling.gov.cn/．

[88] 王丹丹，薛万琦，段冶．中国辽西化石的王国［J］．生物学通报，2007，42（1）：17-18．

[89] 王福君. 辽东半岛经济区比较优势与发展建议——浅析环渤海经济带北边经济区的构建 [J]. 鞍山师范学院学报，2005，7 (1)：18-21.

[90] 王丽霞，吴晓姝. 卧龙湖湿地天然恢复的可行性分析 [J]. 环境保护与循环经济，2008，(12)：53-55.

[91] 王明贤，李连清. 盘锦市石油化工行业的产业结构调整与区域经济发展的探讨 [J]. 辽宁化工，2002，(12)：524-526.

[92] 王树欣. 大连滨海旅游业发展对策研究. 资源网，http://www.lrn.cn/stratage/resmanagement/201001/t20100126_456695.htm.

[93] 王晓川. 沈抚连接带：生态文明都市走廊——基于生态视角的产业与空间规划 [C]. 中国城市规划论文集，2008.

[94] 王振. 解析新东北现象 [J]. 中国粮食经济，2003，(6)：9-12.

[95] 邬冰. 辽宁沿海经济带城市化发展对策研究 [J]. 辽宁师范大学学报（社会科学版），2008，31 (3)：33-36.

[96] 无声. 二十六年调兵山——一座城市的光明之路 [J]. 今日辽宁，2008，(4)：12-19.

[97] 吴存东，王刚. 以鞍钢西部开发为契机加速振兴鞍山老工业基地 [J]. 技术经济，2004，(4)：28-29.

[98] 吴铮争，吴殿廷，冯小杰. 东北地区装备制造业的地位及其变化研究 [J]. 人文地理，2007，(1)：86-91.

[99] 仙人岛能源化工区，http://www.ykxrd.gov.cn/index.htm.

[100] 肖春苹，杜一鸣. 八城市长聚沈畅谈沈阳经济区发展战略各城定位 [N]. 沈阳日报，2010-4-7 (A4).

[101] 新华网辽宁频道专题报道，http://www.ln.xinhuanet.com/ztjn/syjjq/index.htm.

[102] 新望. "新东北现象"与"中部塌陷"[J]. 中国改革，2003，(9)：45-47.

[103] 邢铭. 刍议面向沈抚同城化的城市规划. 抚顺新闻网，http://fushun.nen.com.cn.

[104] 徐江. 辽宁"五点一线"沿海经济带的重要作用和战略意义 [J]. 理论界，2008，(3)：57-58.

[105] 徐晓敬. 辽西北新探明煤层气 365 亿立方米 [N]. 辽宁日报，2010-2-8 (A06).

[106] 许广义. 东北老工业基地改造模式研究 [D]. 博士学位论文，哈尔滨工程大学，2006.

[107] 许檀. 清代前中期东北的沿海贸易与营口的兴起 [J]. 福建师范大学学

报（哲学社会科学），2004，（1）：6-11.

[108] 薛巍．发挥辽宁沿海经济带的优势 打造东北对外开放的新平台 [J]. 商场现代化，2009，4（10）：235-237.

[109] 闫丽红．对资源枯竭型城市在提高人口素质、扩大就业方面的思考——阜新市经济转型分析 [J]. 职大学报（中国·包头），2009，（1）：84-85.

[110] 闫世忠，常贵晨，丛林．《辽宁沿海经济带发展规划》解读 [J]. 中国工程咨询，2009，（11）：42-44.

[111] 杨明．21 世纪初铁岭地区水资源状况及其综合评价分析 [J]. 科技创新导报，2009，（19）：132.

[112] 杨鸣．辽宁中部城市群可持续发展模式探讨 [J]. 理论界，2008，（10）：62-63.

[113] 杨琦．辽北地区无公害花生丰产栽培技术 [J]. 中国农业信息，2007，（11）.

[114] 杨向东．资源型城市盘锦可持续发展战略模式研究 [D]. 硕士学位论文，辽宁工程技术大学，2002.

[115] 杨振凯．老工业基地的衰退机制研究 [D]. 博士学位论文，吉林大学，2008.

[116] 杨志安．"大沈阳经济区"的构建与辽宁老工业基地的振兴．沈阳工程学院学报（社会科学版）[J]，2005，1（3）：34-36.

[117] 姚震．大沈阳经济区与城际交通一体化的先导意义 [J]. 城市建设，2006，（7）：220-222.

[118] 叶逗逗．葫芦岛钼矿的两次整顿 [J]. 财经，2006，（4）：70-74.

[119] 引碧入连工程．中国水利国际合作与科技网，http://www.cws.net.cn/.

[120] 于长晖．本溪新城建设生态城市框架体系的构建 [J]. 辽宁科技学院学报，2010，12（1）：35-36.

[121] 于得水，等．卧龙湖湿地生态系统恢复与保护对策．中南林业调查规划 [J] 2004，23（1）：36-37.

[122] 袁宏志，贾晓晴．资源型城市培育接替产业的思考——以盘锦市为例 [J]. 现代城市研究，2010，（3）：65-69.

[123] 远帝红，王云峰．辽宁全面打响母亲河治理攻坚战．新华网辽宁频道，http://www.xinhuanet.com/chinanews/2008-05/30/content_13407788.htm.

[124] 张本家，吕凤山．铁岭市城市水土流失治理与成效 [J]. 东北水利水电，2003，21（5）：51-52.

[125] 张德祥．振兴辽宁老工业基地首批重大决策项目研究报告集 [M]. 大连：东北财经大学出版社，2007.

[126] 张凤民，马占一. "关外第一市"的魄力——葫芦岛市整顿和规范矿产资源开发秩序工作纪实 [J]. 国土资源通讯，2010，(1)：29-32.

[127] 张福全. 辽宁近代经济史 [M]. 北京：中国财政经济出版社，1989.

[128] 张洁. 辽宁矿产资源的百年开发及对老工业基地发展和振兴的影响 [J]. 大连大学学报，2006，27 (3)：86-89.

[129] 张军涛. 经济全球化与我国资源型城市产业结构转化研究——以辽宁省盘锦市为例 [J]. 资源型城市可持续发展，2003，(3)：36-38.

[130] 张坤民，温宗国，杜斌，等. 生态城市评估与指标体系 [M]. 北京：化学工业出版社，2003.

[131] 张平宇. 沈阳铁西工业区改造的制度与文化因素 [J]. 人文地理，2006，(2)：45-49.

[132] 张姝. 关于对铁岭生态市建设的几点思考 [J]. 现代农业，2009，(9)：69-70.

[133] 张耀光，王宁，赵永宏. 大连港在建设东北亚国际航运中心中的作用 [J]. 地域研究与开发，2006，25 (1)：19-22.

[134] 张玉麟，郭忠孝. 对振兴东北地区等老工业基地问题的若干思考 [J]. 辽宁行政学院学报，2004，(6)：60-61.

[135] 赵德海，冯德海. 东北老工业基地装备制造业创新发展路径研究 [J]. 商业经济，2008，(1)：11-14.

[136] 赵蕾. 东北三省装备制造业现状分析及对策研究 [J]. 商业经济，2008，(8)：17-18.

[137] 赵彦昌. 共和国工业长子的足迹——档案印证辽宁工业 60 年发展. 中国档案资讯网，http://www.zgdazxw.com.cn/NewsView.asp? ID＝9081.

[138] 赵映慧. 辽西走廊地带城市协调发展研究 [D]. 硕士学位论文，东北师范大学，2005.

[139] 振兴东北网，http://www.chinaneast.gov.cn/.

[140] 志文. 昌图：县域经济渐入佳境 [J]. 共产主义，2007，(3)：8.

[141] 中共辽宁省委政策研究室，辽宁省振兴老工业基地领导小组办公室. 辽宁振兴历程 2003～2008 [M]. 沈阳：辽宁人民出版社，2008.

[142] 中国丹东政府网站，http://www.dandong.gov.cn/.

[143] 中国抚顺政府门户网，http://www.fushun.gov.cn/.

[144] 中国绿色时报. 铁岭榛子产业进入发展快车道 [J]. 果农之友，2010，(2)：32.

[145] 中国岫岩政府网站，http://www.xiuyan.com.cn/.

［146］中华人民共和国交通运输部. 中国交通运输 60 年［M］. 北京：人民交通出版社，2009.

［147］周凤杰. 辽西地区发展乡村旅游问题与对策研究［J］. 渤海大学学报（哲学社会科学版），2006，28（6）：93-95.

［148］朱国恩. 辽西化石的文化内涵及其传播［J］. 辽宁工学院学报，2002，4(4)：47.

［149］资源型城市转型的阜新经验［J］. 领导决策信息，2009，(20)：11.

［150］邹小月. 葫芦岛钼矿整合实现新突破［J］. 有色设备，2007，(4)：62.